MEHR IST NICHT NÖTIG

SoAI07.57

Seidel/Noack
Der Kältemonteur

Rolf Seidel/Hugo Noack

Der Kältemonteur

Handbuch für die Praxis

11., überarbeitete und erweiterte Auflage

C. F. Müller Verlag, Heidelberg

ISBN 978-3-7880-7809-6

Satz: Janß GmbH, Pfungstadt
Druck und Verarbeitung: J.P. Himmer GmbH & Co. KG, Augsburg
Printed in Germany

Vorwort zur 11. Auflage

Im Jahre 1979 hat Herr Hugo Noack (†), im Vorwort zur 1. Auflage des **Kältemonteurs** das Anliegen des Werks definiert: dem Monteur soll in verständlichen Worten der Kältemittelkreislauf in Theorie und Praxis nahegebracht werden. Das Gleiche gilt für Montage, Inbetriebnahme sowie Fehlersuche und -behebung an Kälteanlagen unterschiedlicher Art. Diese Zielsetzung gilt noch immer und wurde in nachfolgenden Auflagen unter Berücksichtigung der technischen Weiterentwicklung sowie sicherheits- und umweltrelevanter Anforderungen von Rolf Seidel konsequent weiter verfolgt.

Schwerpunkt der 10. Auflage des **Kältemonteurs** war die Wiedereinführung von CO_2 als Kältemittel in einer Reihe von Anwendungen, z.B. im Bereich der Gewerbe- und Industriekälteanlagen sowie der Klimatechnik.

Im Juli 2007 ist die Verordnung (EG) Nr. 842/2006 (F-Gase Verordnung) in Kraft getreten. Damit kommt der Dichtheit von Kältemittelkreisläufen im laufenden Betrieb wachsende Bedeutung zu. Diese Verordnung regelt die Durchführung regelmäßiger Dichtheitsprüfungen von Anwendungen mit fluorierten Treibhausgasen, zu denen Kälteanlagen zählen, die mit FKW-Kältemitteln betrieben werden.

Weitere Regelwerke mit Relevanz für die Kältetechnik sind seit der 10. Auflage in Kraft. Deren Aufnahme in den Kältemonteur ist der Schwerpunkt der 11. Auflage.

Köln, im September 2007 Rolf Seidel

Der Autor

Rolf Seidel ist von der Ausbildung her Schiffsingenieur, war allerdings nahezu 40 Jahre in der kältetechnischen Industrie tätig. Viele Jahre arbeitete er als Inbetriebnahme-Ingenieur für Industriekälteanlagen bei der Linde AG, bevor ihm die Leitung dieser Abteilung übertragen wurde. Später wurde er Leiter der Abteilung Montage/Service/Weiterbildung im Geschäftsbereich Kältetechnik der Linde AG. Diese Aufgabe erfüllte er bis zum Eintritt in den Ruhestand Ende 1999.

Nach dieser aktiven Berufsphase arbeitet er bis heute im Normenausschuss Kältetechnik des DIN und in verschiedenen Europäischen Ausschüssen bei der Harmonisierung und Erstellung von Normen mit.

Inhaltsverzeichnis

1 Physikalisches Fachwissen

1.1 Temperatur

Mit dem Begriff Temperatur beschreiben wir einen bestimmten thermischen Zustand eines Stoffes. Die Temperatur ist die Größe eines Zustandes, die im Zusammenhang mit anderen Größen (Masse, Wärmekapazität) den Energieinhalt ausweist (Temp-Web.de)

1.1.1 Wärmeempfinden

Durch das Gefühl lassen sich verschiedene Abstufungen von *warm* und *kalt* unterscheiden. Dabei ist unser Urteil über die Temperatur aber recht unzuverlässig. Stellen wir uns drei Töpfe mit Wasser vor: in Topf A befindet sich kaltes Wasser, in Topf B lauwarmes und in Topf C heißes. Die Temperatur des Wassers in Topf B wird als kalt empfunden, wenn man die Hand erst in den mit heißem Wasser gefüllten Topf C taucht. Dagegen empfindet man das Wasser in Topf B als warm, wenn die Hand erst in den kalten Topf A gehalten wurde.

Zweifel in der Beurteilung des Wärmeempfinden werden durch das *Messen* der Temperatur beseitigt.

1.1.2 Temperaturskalen

Die bekanntesten Temperaturmessverfahren beruhen auf physikalischen Eigenschaften von Stoffen, die sich mit der Temperatur ändern:

- der Ausdehnung fester, flüssiger und gasförmiger Stoffe (z. B. Bimetall- oder Quecksilberthermometer)
- der Thermospannung von Metallpaaren,
- der elektrischen Widerstandsänderung (Widerstandsthermometer, NTC-Widerstände).

Diese Eigenschaften erlauben es, *Temperaturskalen* aufzustellen, nach denen die jeweilige Temperatur definiert werden kann. Seit 1924 gilt in Deutschland als gesetzliche Temperaturskala die Skaleneinteilung nach *Celsius* (Schwede, 1701–1744). Diese ist durch zwei Fixpunkte festgelegt: dem *Eispunkt* (Schmelzpunkt) bei 0 °C und dem *Siedepunkt* des Wassers unter Atmosphärendruck 1013 mbar bei 100 °C. Die Teilung zwischen diesen beiden Fixpunkten beträgt 100, ein Teil ist gleich ein Grad Celsius (°C).

Im englischsprachigen Raum ist die Temperaturskala nach *Fahrenheit* (°F) (Deutscher, 1686–1736) noch üblich, wird aber nach und nach durch die Celsiusskala abgelöst.

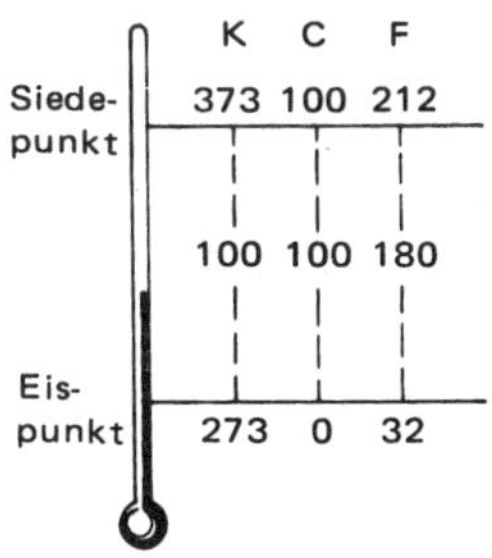

Abb. 1-1: Thermometer-Teilungen

In der Fahrenheit-Skala ist der *Eispunkt* (des Wassers) mit 32 °F, der *Siedepunkt* mit 212 °F festgelegt, der Abstand zwischen beiden Punkten beträgt 180 °F (1 °F ist der 180ste Teil der Temperaturdifferenz zwischen Eis- und Siedepunkt).

Der Nullpunkt der Fahrenheit-Skala entspricht der Temperatur einer Kältemischung von Eis und Salmiak zu gleichen Teilen. Als 100 °F wählte Fahrenheit die (vermeintlich) normale Körpertemperatur des Menschen.

Der Abstand zwischen dem Eispunkt und dem Siedepunkt des Wassers ist bei der Fahrenheitskala in 180 Grade, bei der Celsiusskala in 100 Grade unterteilt. Demnach entfallen auf 9 Fahrenheitgrade 5 Celsiusgrade.

Daraus ergibt sich:
°C = 5/9 · (°F – 32 °)
°F = 9/5 · (°C + 32 °)
1 Grad *Fahrenheit* entspricht 0,55 °C
1 Grad *Celsius* entspricht 1,8 °F

Dazu ein Beispiel:
Das ablaufende Kühlwasser eines Verflüssigers wird mittels eines Thermometers gemessen, das 95 °F anzeigt. Wieviel °C sind dies?

$$t = \frac{5}{9}\ (°F - 32)\ (°C)$$

$$t = \frac{5}{9}\ (95 - 32)$$

$$t = 35{,}0\ °C$$

1.1.3 Absoluter Nullpunkt, SI-System

Die tiefste denkbare, doch unerreichbare Temperatur, liegt bei –273,15 °C gleich 0 *Kelvin* (Engländer, 1826–1907), früher als absoluter Nullpunkt bezeichnet. Im weiteren Verlauf dieser Ausführungen werden wir nur von –273 °C sprechen und die Dezimalstellen fortlassen.

Nach Einführung der gesetzlichen SI-Einheiten (internationales Einheitensystem), ist auch in der Bundesrepublik Deutschland ab 1. 1. 1978 als Grund- oder Basiseinheit für die Temperatur das Kelvin (K) verbindlich anzuwenden.

Merke: Die Temperatur ist eine Basisgröße des SI mit der Basiseinheit Kelvin (K). Grad Celsius (°C) ist bei der Angabe von Celsius-Temperaturen ein besonderer Name für Kelvin.

Die Einheit Kelvin ist nicht als Skala, sondern als Größe zu verstehen. Deshalb gibt es das früher übliche *Grad* Kelvin (°K) nicht mehr.

Celsius dagegen bleibt Skala! Deshalb der Einheitenname Grad Celsius. Die Zahlenwerte oberhalb 0 °C werden mit + Zeichen und unterhalb 0 °C mit – Zeichen gekennzeichnet. Temperaturdifferenzen werden *stets* in Kelvin angegeben. Nicht mehr zulässig ist die Verwendung des Zeichens *grd* (Kurzzeichen für Grad) für Temperaturdifferenzen, Temperaturbereiche usw.

Die Einheiten temperaturbezogener Größen führen somit die Einheit Kelvin an Stelle von grd (oder °C). Im Bereich der Klima- und Kältetechnik sind das die folgenden Größen mit ihren Einheiten:

spezifische Wärmekapazität c	$\frac{kJ}{kg\,K}$
Wärmeleitfähigkeit λ	$\frac{W}{mK}$
Wärmeübergangskoeffizient α Wärmdurchgangskoeffizient k	$\frac{W}{m^2\,K}$

Temperaturangaben in °C oder Kelvin werden folgendermaßen umgerechnet:
°C = K –273, K = °C +273

Bei thermodynamischen Berechnungen werden Temperaturen immer in Kelvin mit dem Formelzeichen T eingesetzt, während sich das Formelzeichen t stets auf Celsiusgrade bezieht.

Bei Laborversuchen wurden bisher 0,001 K erreicht. Beim absoluten Nullpunkt würde jede Bewegung der Atome aufhören. Es macht Schwierigkeiten, sich den absoluten Nullpunkt vorzustellen. Wie soll das Volumen eines Stoffes gleich Null werden? Eine vereinfachte Erklärung: Alle bekannten Gase werden vor Erreichen des absoluten Nullpunktes flüssig und im absoluten Nullpunkt auch fest. Man stelle sich vor, ein Kubikmeter Gas schrumpft bei tiefsten Temperaturen auf wenige Tropfen zusammen. Dann hat das Gas wirklich kaum noch ein Volumen. [1]

1.1.4 Thermometer

Erwähnt werden sollen hier die in der Klima- und Kältetechnik gebräuchlichen Berührungsthermometer.

1.1.4.1 Glasthermometer

Flüssigkeits-Glasthermometer sind Thermometer, bei denen die thermische Ausdehnung einer Flüssigkeit für die Temperaturmessung verwendet und die Temperatur aus dem Stand der Flüssigkeit in einer Glaskapillare ermittelt wird. Ihr Verwendungsbereich liegt zwischen –200 °C und +630 °C. Flüssigkeitsgefüllte Glasthermometer sind immer nur in gewissen Temperaturgrenzen einsetzbar. Z. B.:

Quecksilberthermometer	**–38,9 ... +280 °C**
Pentanthermometer	**–200 ... +20 °C**
Ethylalkoholthermometer	**–110 ... +50 °C**
Toluolthermometer	**–90 ... +100 °C**

Die Fehlergrenzen sind von der Skaleneinteilung und dem Temperaturbereich abhängig. Für Glasthermometer der Klima- und Kältetechnik nennt *VDE/VDI 3511* folgende Eichfehlergrenzen in %:

Temperaturbereich (° C)	Skaleneinteilung (K)			
	0,2	**0,5**	**1**	**2**
oberhalb –58 bis –5	0,4	0,7	1	2
oberhalb –5 bis 60	0,2	0,5	0,7	1
oberhalb 60 bis 110	0,3	0,5	1	1,5
oberhalb 110 bis 210	0,5	1	1,5	2

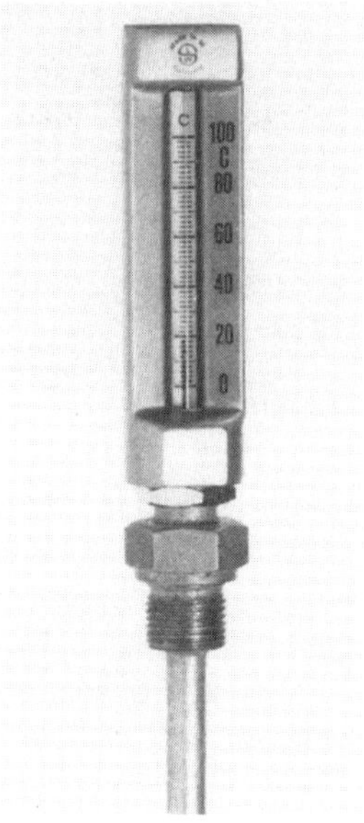

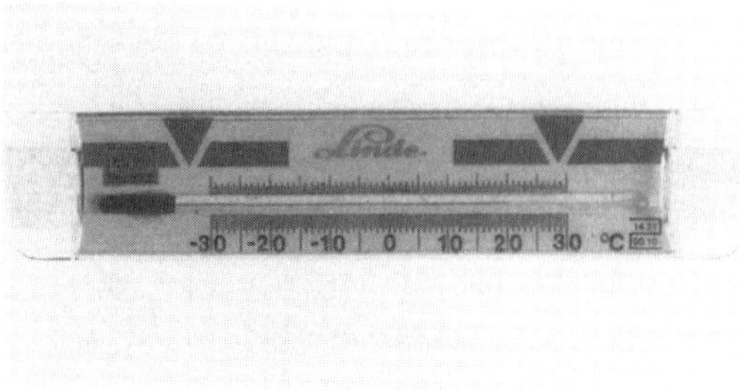

Abb. 1-3: Flüssigkeitsthermometer *(Linde)*

Abb. 1-2: Flüssigkeitsthermometer

1.1.4.2 Flüssigkeits-Federthermometer

Flüssigkeits-Federthermometer (Kapillarrohrthermometer) bestehen aus dem als Tauchrohr ausgebildeten Temperaturfühler und einem Messglied (Rohr-oder Schneckenfeder) einschließlich einem Anzeigeteil, die durch ein Kapillarrohr miteinander verbunden sind. Das ganze System ist mit einer Füllflüssigkeit gefüllt. Durch das auf Volumenänderung ansprechende Messglied wird die Ausdehnung der Flüssigkeit im Temperaturfühler zur Anzeige gebracht.

Als Füllflüssigkeit dient z. B. Quecksilber unter dem Druck von 100 bis 150 bar. Damit wird eine fast gleichmäßige Skalenteilung zwischen –35 und 500 °C erreicht.

Einfach aufgebaute Flüssigkeits-Federthermometer werden bei einer Umgebungstemperatur der Kapillare von 20 °C geeicht. Weicht diese hiervon ab, entstehen Anzeigefehler. Bei Thermometern mit Ausgleich im Anzeigeteil wird dieser Fehler weitgehend kompensiert. Die Fehlergrenzen betragen:

Geräte der Güteklasse 1	**1 % vom Skalenendwert**
Geräte der Güteklasse 2	**2 % vom Skalenendwert**

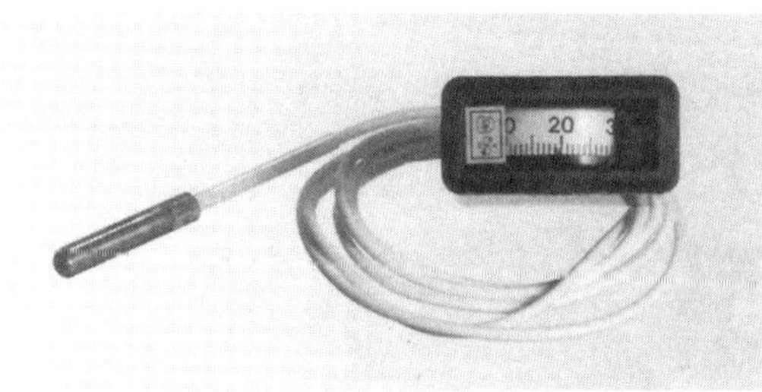

Abb. 1-4: Flüssigkeits-Federthermometer

1.1.4.3 Bimetallthermometer

Bimetallthermometer bestehen aus zwei fest miteinander verbundenen Metallstreifen, die unterschiedliche thermische Ausdehnungskoeffizienten besitzen. Bei Temperaturänderung krümmen sie sich nach der Seite des Metalls mit dem geringeren Ausdehnungskoeffizienten (DIN 1715). Hierdurch wird ein Anzeigegerät betätigt.

Bei gut gealterten Bimetallthermometern kann mit einer Fehlergrenze von ± 1 % bis ± 1,5 %, bei höheren Temperaturen bis ± 3 % gerechnet werden.

1.1.4.4 Thermoelemente

Wird ein Metalldraht an einem Ende erhitzt, so wird der wärmere Teil positiv und der kältere Teil negativ aufgeladen. Diesen Effekt macht man sich im Thermoelement zu Nutze. Es werden zwei Drähte aus unterschiedlichen Metallen, ein sogenanntes Thermopaar, an einer Stelle miteinander verbunden. Diese elektrische Verbindungsstelle nennen wir die *Messstelle.* Setzt man diese Messstelle einer anderen Temperatur aus als die beiden offenen Enden der Drähte, wird zwischen diesen eine Spannung, die *Thermospannung,* messbar (Seebeck-Effekt). Die Höhe der Thermospannung hängt von den Werkstoffen der beiden Drähte sowie dem Temperaturunterschied zwischen der Messstelle und der Umgebungstemperatur der beiden offenen Drahtenden, *der Vergleichsstelle,* ab [2].

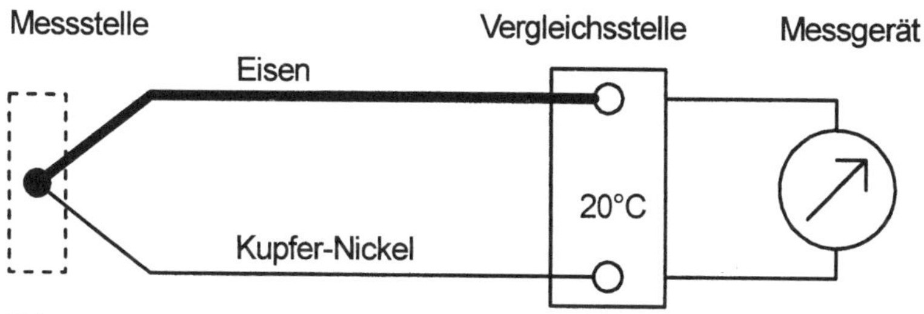

Abb. 1-5: Thermoelement Typ J

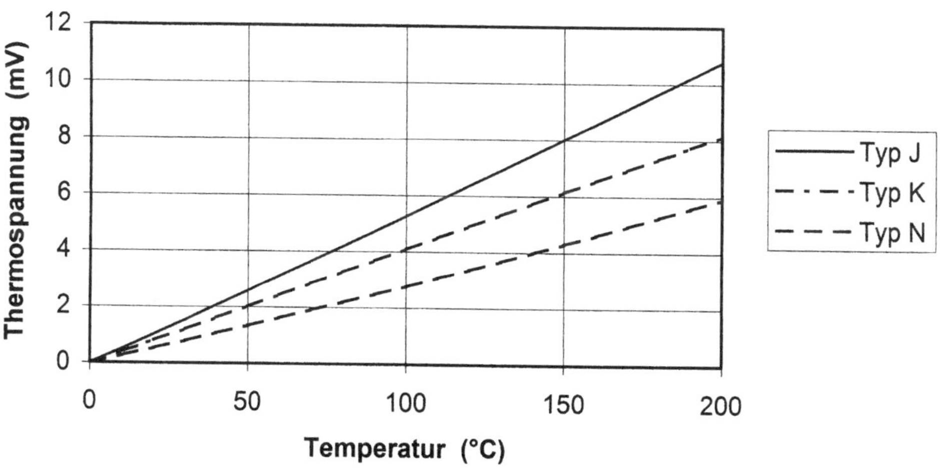

Abb. 1-6: Grundwertreihen (Thermospannungskurven) von Thermoelementen nach DIN EN 60584-1

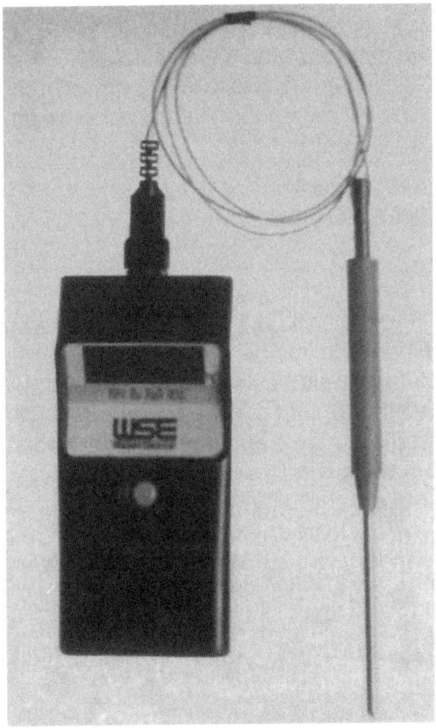

Abb. 1-7: Sekundenthermometer
Digital anzeigendes Berührungsthermometer *(Waldsee-Electronic)*

Zur Temperaturmessung wird die Messstelle der zu messenden Temperatur ausgesetzt und die Vergleichsstelle auf einer bekannten, möglichst konstanten Temperatur gehalten. Das Messgerät wird an einer nicht im Temperaturgefälle, sonst aber beliebigen Stelle des Stromkreises eingeschaltet.

Die verschiedenen Thermopaare sind nach DIN EN 60584-1 (früher DIN 43710) genormt. In dieser Norm sind die *Grundwertreihen* der Thermoelemente, d. h. die Spannung (mV) bei verschiedenen Temperaturen, aufgeführt. Diese beziehen sich auf 0 °C (an der Vergleichsstelle).

Es lassen sich Temperaturen von –200 °C bis +1600 °C recht genau messen.

Der Kältemonteur wird in der Regel Anzeigegeräte mit Temperaturteilung benutzen. Bei solchen Geräten kann die gesuchte Temperatur ohne Rücksicht auf die Vergleichstemperatur unmittelbar abgelesen werden, wenn man den Zeiger im stromlosen Zustand durch Drehen der Nullpunktschraube auf die Vergleichstemperatur einstellt. Diese kann z. B. mit einem Glasthermometer bestimmt werden.

Moderne, tragbare Temperatur-Messgeräte für den Service, z. B. digitalanzeigende Sekundenthermometer, besitzen eine eingebaute, automatische Kompensation zur Berücksichtigung der Vergleichsstellentemperatur.

Eine Messgenauigkeit bis 0,3 % ist erreichbar.

1.1.4.5 Widerstandsthermometer

Die Wirkungsweise von Widerstandsthermometern beruht darauf, dass Metalle ihren elektrischen Widerstand mit zunehmender Temperatur vergrößern. Zur Ausnutzung die-

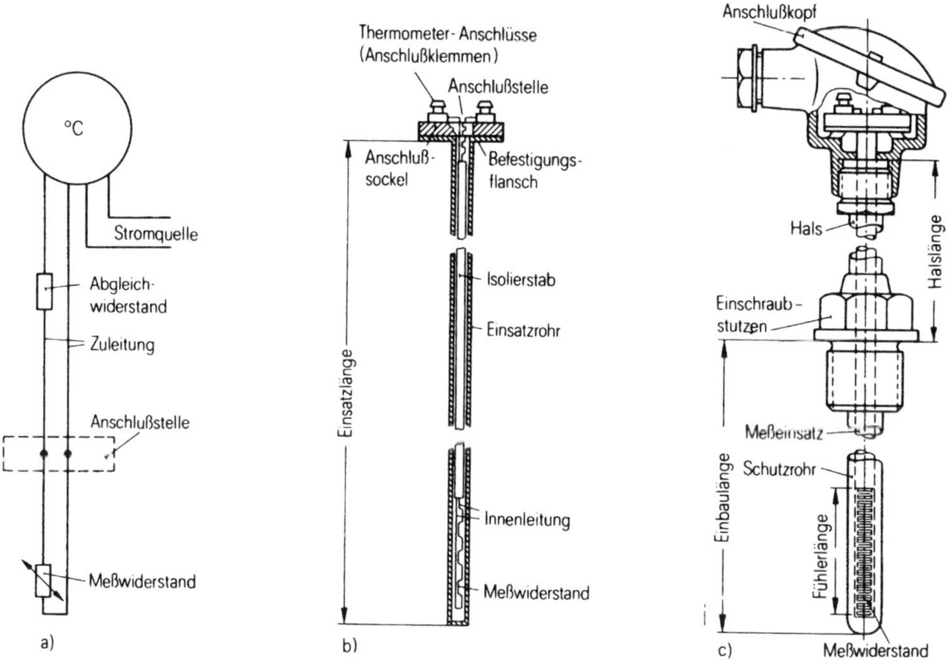

Abb. 1-8: Einschraub-Widerstandsthermometer,
Schnittbild des vollständigen Widerstandsthermometers *(Siemens)*

ser Temperaturabhängigkeit von metallischen Widerständen für die Temperaturmessung wird beim Widerstandsthermometer ein genormter Messwiderstand der Messtemperatur ausgesetzt. Die Widerstandsänderung des Messwiderstandes wird dann als Änderung eines Stromes, der durch den Widerstand hindurchgeleitet wird, an einem Messgerät angezeigt. Als Bestandteile einer Messanlage ergeben sich demnach folgende Einzelgeräte:

- der Temperaturfühler mit *Messwiderstand,*
- die *Übertragungseinrichtung* und
- das *Messgerät.*

Die Beziehung zwischen Temperatur und Widerstand wird in Grundwertreihen angegeben. Diese sind in DIN EN 60751 bzw. DIN 43760 festgelegt. Der Verwendungsbereich liegt zwischen –200 °C und +850 °C.

Die Leitungen zwischen Messfühler und Anzeigegerät müssen bei einigen Schaltungsarten abgeglichen werden. Wie dies durchzuführen ist, muss der Betriebsanleitung des Herstellers oder der Fachliteratur entnommen werden. Auch die Messfühler tragbarer Temperaturmessgeräte sind für einige Messbereiche als Widerstände, meist Pt 100 oder Pt 1000, ausgeführt.

1.1.5 Messen von Temperaturen

Beim Messen mit Berührungsthermometer kommt das Thermometer mit dem Stoff in Kontakt, dessen Temperatur gemessen werden soll. Das Thermometer ist ein Fremdkörper im Temperaturfeld. Es entzieht dem Stoff Wärme oder führt ihm welche zu, bis es dessen Temperatur angenommen hat. Durch Wärmeleitung und -strahlung steht das Thermometer in Wärmeaustausch mit der Umgebung. Es wird deshalb nicht die *wirkliche,* sondern eine *geänderte* Temperatur gemessen. Mit einem im Service üblichen elektrischen Berührungsthermometer kann auf der Oberfläche eines Rohres z. B. die Temperatur des strömenden Mediums im Rohr nur annähernd genau gemessen werden. Der Messfehler wird umso größer, je größer der Temperaturunterschied zwischen dem zu messenden Medium und der Umgebungstemperatur ist.

Bei stationär angeordneten Thermometern können diese Messfehler durch geeignete Auswahl, richtige Anordnung und normgerechten Einbau meist so weit verringert werden, dass sie praktisch bedeutungslos werden.

Beim Messen mit tragbaren Geräten (elektrischen Thermometern) sind einige Regeln einzuhalten:

Bei den am häufigsten durchzuführenden Oberflächenmessungen ist zu berücksichtigen, dass der thermische Kontakt nur an einer sehr kleinen Berührungsfläche stattfindet. Über diese Berührungsfläche kann nur ein geringer Wärmestrom fließen. Deshalb sollten isolierende Schichten zwischen der Oberfläche (z. B. Farbe) und dem Messfühler von der Messstelle entfernt werden.

Ferner ist zu verhindern, dass Wärmeabfuhr von der Messstelle und dem Messfühler an die Umgebungsluft das Ergebnis zu stark verfälschen. Die benachbarten Flächen der Messstelle müssen provisorisch isoliert und Luftbewegung ferngehalten werden. Bei den meisten Oberflächen-Messfühlern sind unvermeidbare Temperaturabweichungen einkalibriert. Deshalb ist zwischen *Oberflächen-* und *Tauchfühlern* zu unterscheiden.

Die vorgenannten Thermometer sind eich- und kalibrierfähig.

1.1.6 Thermograf

Neben elektrischen Punkt- und Linienschreibern sowie Datenloggern zum Aufzeichnen von Temperaturabläufen sei noch der einfach und zuverlässig arbeitende Thermograf erwähnt. Bei diesem Gerät werden die Temperaturen auf einem von einem Uhrwerk lang-

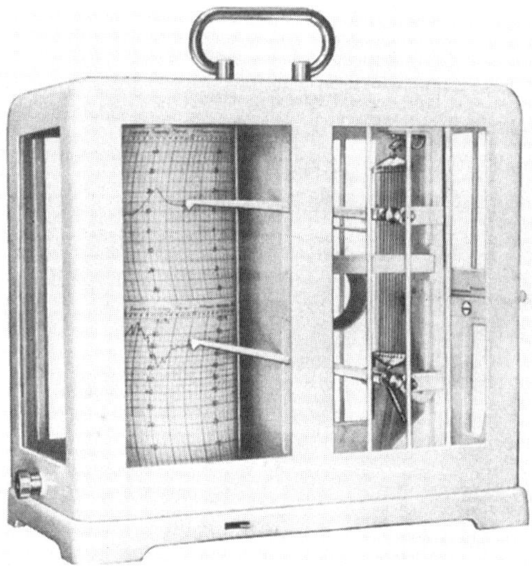

Abb. 1-9: Thermograf *(Wilh. Lambrecht)*

sam gedrehten Schreibstreifen durch eine mit Tinte gefüllte, mit einem Thermometer in Verbindung stehende Schreibfeder aufgezeichnet.

1.2 Kraft und Druck

1.2.1 SI-Einheiten

Seit dem Inkrafttreten des Gesetzes über die SI-Einheiten tritt an Stelle der älteren technischen Krafteinheit *Kilopond* (kp) die gesetzliche Einheit, das *Newton* (N) (Engländer, 1642–1727). Zwischen diesen beiden Einheiten besteht der Zusammenhang:

1 kp = 9,81 N	**ca. 10 N**
1 N = 0,102 kp	**ca. 0,1 kp**

Für den Druck als flächenbezogene Kraft wurde die Druckeinheit *Pascal* (Pa) eingeführt und als besonderer Name für 10^5 Pascal das *Bar* (bar).

1 Pa = 1 N/m²
1 bar = 100 000 Pa

Druckhöhen in Millimeter Wassersäule (mmWS) und Millimeter Quecksilbersäule (mmQS gleich *Torr*) sind entfallen. Vielfache und Teile der Einheiten werden durch Vorsilben bezeichnet. Von dieser Möglichkeit wird in der Klima- und Kältetechnik Gebrauch gemacht, und zwar mit

Megapascal (MPa)	**= 1 000 000 Pa und**
Kilopascal (kPa)	**= 1000 Pa**
Hektopascal (hPa)	**= 100 Pa und**
Millibar (mbar)	**= 1/1000 bar**

Besonders zu beachten ist, dass die Einheit (z. B. Bar) für Druck und für Druckdifferenz die Gleiche ist. Eine zusätzliche Kennzeichnung für Absolut-, Über- oder Unterdruck kann durch Indices zum Formelzeichen *p* für Druck erfolgen (gemäß DIN 1314), z. B.:

p_{abs} für absoluten Druck
p_{amb} für umgebenden Atmosphärendruck
p_e für Druckdifferenz zwischen absoluten Druck und umgebenden Atmosphärendruck
$p_e = p_{abs} - p_{amb}$

Betriebsdruck, Einstelldruck oder Prüfdruck ist immer der Druck (p_e) über dem Atmosphärendruck, d. h. Überdruck.

In Dampftafeln und Diagrammen bedeutet *p* auch ohne Index immer den absoluten Druck.

Gemessen wird (in der Regel) der Überdruck, gerechnet wird mit dem absoluten Druck.

In Diagrammen wird häufig die Einheit MPa verwendet. 1 MPa = 0,1 bar

Die Druckdifferenz wird beispielsweise geschrieben:

Δp = 0,1 bar oder 100 mbar oder 100 hPa [3]

1.2.2 Druckmessgeräte

Die Methoden zur Druckmessung sind sehr vielfältig. Hier können nur die erwähnt werden, die von dem Kälte- und Klimamonteur benutzt werden müssen.

1.2.2.1 Flüssigkeitsdruckmesser

Als die Urform der Flüssigkeitsdruckmesser kann das U-Rohrmanometer mit seinen beiden senkrecht stehenden und zu einer U-Form verbundenen Glasrohrschenkeln angesehen werden. Die Schenkel sind entweder selbst mit einer Skala versehen oder an eine mit einer Skala versehenen Tafel montiert. Im Inneren des U-Rohres befindet sich eine Flüssigkeit, die *Sperrflüssigkeit.* Deren Höhe steht bei drucklosen Schenkeln beidseitig auf gleichem Niveau. Werden die U-Rohranschlüsse unterschiedlichen Drücken ausgesetzt, so werden die Flüssigkeitsstände in den Schenkeln verschoben, bis die Druckdifferenz der Differenz der Flüssigkeitsspiegel, multipliziert mit der Dichte der Sperrflüssigkeit, entspricht. Da das U-Rohrmanometer die Druckdifferenz misst, lassen sich nach diesem Messprinzip Über- und Unterdruckmessungen durchführen. Die Druckdifferenz ermittelt sich:

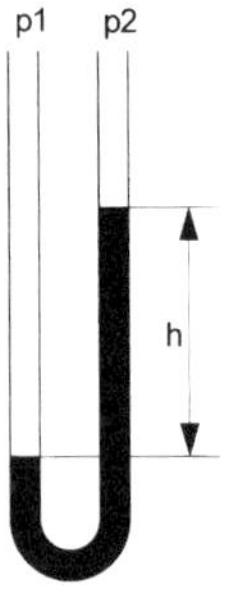

$$\Delta p = p_1 - p_2 = h \cdot (\varrho_1 - \varrho_2) \cdot 10^{-4} \text{ [bar]}$$

ϱ_1 = Dichte der Sperrflüssigkeit
ϱ_2 = Dichte des getrennten Mediums

Abb. 1-10: U-Rohrmanometer mit gleichen, offenen Schenkeln

Im Schrägrohrmanometer wird eine Spreizung der Ableseskala durch Schräglegen des einen – schmalen – Schenkels des U-Rohrmanometers mit ungleichen Schenkelweiten und damit eine höhere Ablesegenauigkeit erreicht [4].

1.2.2.2 Druckmesser mit Rohrfeder

Hierbei handelt es sich um die am meisten verwendeten Manometer, z. B. die in der *Monteurhilfe.*

Ein flachgewalztes Rohr aus Messing, Neusilber, Edelstahl o. ä., das an einem Ende geschlossen und zu einem Kreisbogen von etwa 270 ° gekrümmt wird, stellt das Messwerk dieser Druckmessgeräte dar. Wird der Innenraum des Rohres unter Druck gesetzt, so strebt sein ovaler Querschnitt der Kreisform zu und biegt dabei den Kreisbogen zu einem vergrößerten Krümmungsradius auf. In den Druckmessgeräten ist die Rohrfeder mit dem offenen Ende fest in ein Tragstück mit Druckdurchführung eingespannt. Veränderungen im Krümmungsradius der Rohrfeder bewirken deshalb Lageverschiebungen des geschlossenen Rohrendes, die schließlich durch Hebel- und Zahnradübersetzungen auf einen Zeiger übertragen werden. Die Anzeige erfolgt nahezu linear. Überlastsicherung ist nur mit Anschlägen zu erreichen, die die Messfelder bei Drücken über den Skalenendwert hinaus abstützen.

Rohrfederdruckmesser sind in verschiedene Güteklassen eingeteilt. Geräte der Güteklasse 0,6 und darunter werden auch als *Feinmessmanometer* bezeichnet.

Abb. 1-11: Rohrfedermesswerk *(Haenni)*

Abb. 1-12: Druckmesser *(Haenni)*

1.2.2.3 Druckmessung durch Ausnutzung elektrischer Effekte

Bei der Betriebsführung von Kälteanlagen werden in zunehmendem Maße Sensoren zur Druckmessung eingesetzt. Dabei handelt es sich meist um *Kristalle.*

Hierbei wird der *piezoelektrische* Effekt genutzt, wodurch sich schnell veränderliche Drücke messen lassen. Kristalle wie Quarz, Turmalin, Rochellesalz u. a. haben die Eigenart, ihre Oberfläche dem Druck proportional elektrisch aufzuladen, was praktisch trägheitsfrei geschieht.

Die Messbereiche liegen zwischen 0 bis 20 mbar und 0 bis 1000 bar.

Handliche Service-Manometer sind im Handel.

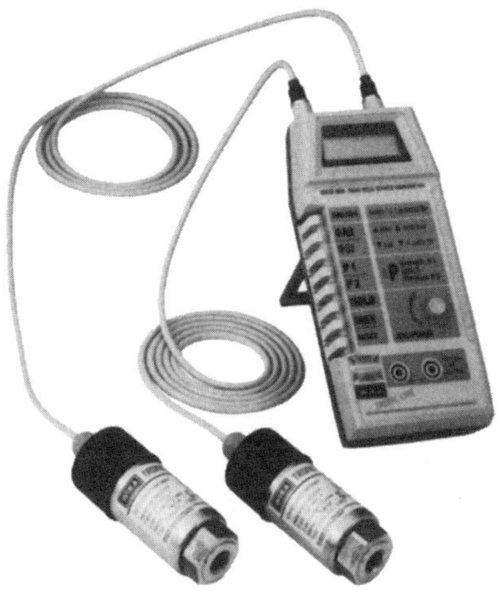

Abb. 1-13: Druckmessgerät mit piezoresistiven Sensoren

1.3 Ausdehnung

1.3.1 Ausdehnung fester Körper

Die Zeitungen berichteten im heißen Sommer 1976 von einer Zugentgleisung, weil sich die Schienen infolge ungewöhnlicher Erwärmung gelängt und aus ihrer Verankerung herausgerissen hatten. Wenn angenommen wird, dass sich die Schienen von 25 °C auf ca. 85 °C, also um 60 K erwärmt hätten, so würden sie sich nach folgender Formel für die Längenausdehnung gelängt haben:

Ausdehnung $\Delta\ell = \ell_o \cdot \alpha \cdot (t_2 - t_1)$ mit:

$\Delta\ell$ = die Längenausdehnung der Schiene

ℓ_o = die Länge der Schiene (angen. 15 m)

α = der Längenausdehnungskoeffizient = $0{,}000011 \ \frac{1}{K}$

t_2 = die Temperatur der erwärmten Schiene (85 °C)

t_1 = die ursprüngliche Temperatur der Schiene (25 °C)

dann wird:

$$\Delta\ell = 15 \cdot 0{,}000011 \cdot (85–25) \ [m]$$

$$\Delta\ell = 0{,}0099 \ m = 9{,}9 \ mm$$

Diese beträchtliche Ausdehnung führte zu einer folgenschweren Verformung der Schiene und zur Zugentgleisung.

Um bei großen Rohrleitungsnetzen eine Verspannung und damit eine evtl. eintretende Leckage zu verhindern, werden Bogenstücke oder Kompensatoren eingebaut.

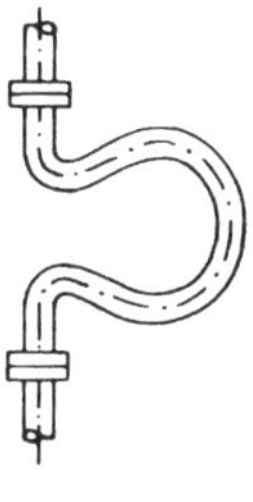

Abb. 1-14: Bogenstück

Die Ausdehnung der meisten Körper ist zwischen 0 und 100 °C gleichmäßig. Die in Zahlentafeln enthaltenen Werte über *Längenausdehnungskoeffizienten* α gelten deshalb für diesen Temperaturbereich. Einige Längenausdehnungskoeffizienten betragen:

Invar	**0,000 001**	**1/K**	**Messing**	**0,000 019**	**1/K**
Glas	**0,000 008**	**1/K**	**Zink**	**0,000 030**	**1/K**
Stahl	**0,000 011**	**1/K**	**Kupfer**	**0,000 016**	**1/K**

Bei der Herstellung von Präzisionsuhren wird Invar zur Fertigung des Pendels benutzt, dessen geringe Ausdehnung durch Messingröhrchen im Innern der Linse ausgeglichen wird.

Die temperaturbedingte Ausdehnung verschiedener Metalle führte zur Herstellung von *Bi-Metall-Thermometern* und *Temperaturbegrenzern* (Klixon).

Die räumliche Ausdehnung von Körpern erfolgt nach demselben Gesetz wie die von Stäben; da die Ausdehnung dabei aber dreidimensional vor sich geht, ist der *Volumenausdehnungskoeffizient* dreimal so groß wie die Längenausdehnungskoeffizienten γ. D. h.: $\gamma = 3 \cdot \alpha$.

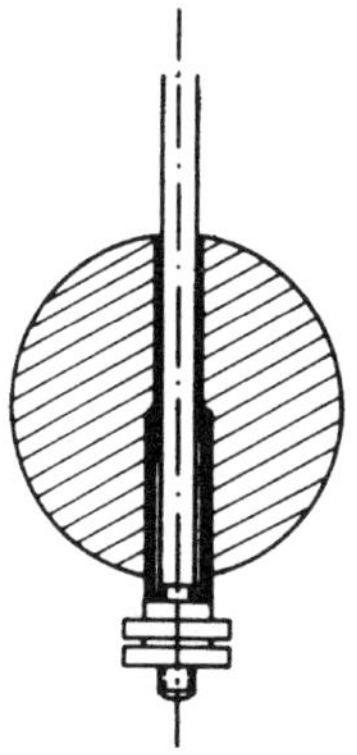

Abb. 1-15: Kompensationspendel

Beispiel: Eine Messingkugel mit einem Durchmesser d_0 = 50 mm wird um 80 K erwärmt. Wie groß ist dann der Durchmesser d_2?

Gegeben:

d_1 = 50 mm
ΔT = 80 K
α = 0,000 019 1/K

Es ist:

$d_2 = d_1 + (d_1 \times \alpha \times \Delta T)$
$d_2 = 50 + (50 \times 0{,}000\,019 \times 80)$
$= 50{,}076$ mm

Man kann das auch über das Volumen rechnen, das Ergebnis ist in beiden Fällen dasselbe:

$\gamma = 3 \times \alpha$
$\gamma = 0{,}000\,057$ 1/K
$V_1 = \frac{4}{3} \pi r^3$

$V_1 = 65\,450$ mm^3
$V_2 = V_1 + (V_1 \times \gamma \times \Delta T)$
$V_2 = 65\,450 + (65\,450 \times 0{,}000\,057 \times 80)$
$= 65\,748$ mm^3

daraus ergibt sich derselbe Durchmesser d_2 zu: $d_2 = 50{,}076$ mm

1.3.2 Ausdehnung von Flüssigkeiten

Auch Flüssigkeiten dehnen sich wie Stäbe und feste Körper bei Erwärmung aus und ziehen sich bei Abkühlung zusammen.

Das Wasser bildet dabei insofern eine Ausnahme, weil es sich zunächst von 0 °C bis 4 °C zusammenzieht und dann erst ab 4 °C ausdehnt. Erst bei 8 °C besitzt es bei weiterer Erwärmung wieder das gleiche Volumen wie bei 0 °C. Die Raumausdehnungszahl des Wassers γ steigt mit höherer Temperatur und beträgt bei 18 °C = 0,00018 1/K und bei 100 °C 0,00078 1/K. Das Wasser hat also bei 4 °C seine größte Dichte; daraus resultiert, dass ein See oder Teich immer von der Oberfläche her einfriert.

Streicht über einen See ein kalter Wind, so kühlt sich zunächst die obere Wasserschicht ab, wird spezifisch schwerer und sinkt zu Boden, während das wärmere Wasser emporsteigt. Es tritt also eine Strömung ein. Diese dauert so lange an, bis der See an allen Stellen die Temperatur von 4 °C angenommen hat. Kühlt sich die nun oberste Schicht von 4 °C auf 3 °C usw. ab, so wird sie spezifisch leichter und bleibt oben. Es tritt Schichtbildung ein. Die untere Temperatur bleibt 4 °C. Das ist für das Überleben der Fische wichtig, da der See von oben zufriert.

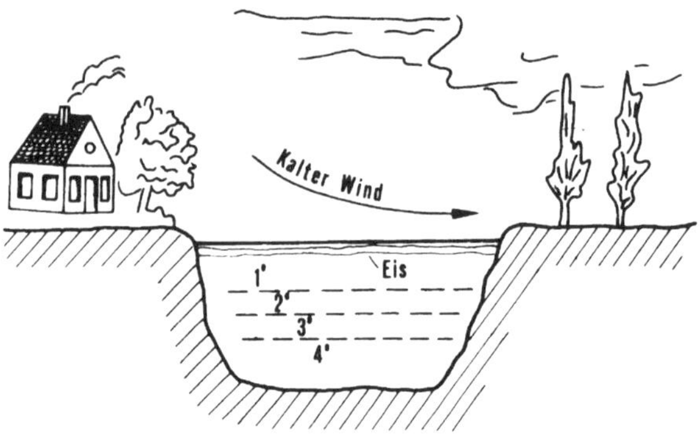

Abb. 1-16: Gefrieren eines Sees von oben

Hier einige Raumausdehnungskoeffizienten für Flüssigkeiten

Quecksilber	**= 0,000181**	**1/K**	**Glycerin**	**= 0,00050**	**1/K**
Alkohol	**= 0,00111**	**1/K**	**Aether**	**= 0,00160**	**1/K**

1.3.3 Ausdehnung von Gasen

Der Zustand eines Gases wird nicht nur von der Temperatur bestimmt, sondern auch von den Größen Volumen und Druck.

Die Größen Volumen *(V)*, Druck *(p)* und Temperatur *(T)* werden daher als Zustandsgrößen bezeichnet.

Was ist ein Gas? Das muss vorrangig definiert werden, da zwischen verschiedenen *gasförmigen* Stoffen unterschieden werden muss:

- *Gase,*
- *überhitzte Dämpfe* und
- *gesättigte Dämpfe.*

Als *Gase* im engeren Sinne bezeichnet man gasförmige Stoffe, die nur bei Temperaturen weit unterhalb 0 °C verflüssigt werden können, die in der Natur als Flüssigkeit nicht vorkommen: z. B. Sauerstoff, Stickstoff, Wasserstoff usw.

Überhitzte Dämpfe sind gasförmige Stoffe, die durch verhältnismäßig geringe Änderung von Temperatur oder Druck verflüssigt werden können: z. B. überhitzter Wasserdampf und Kältemitteldämpfe.

Gesättigte Dämpfe sind gasförmige Stoffe im Siedezustand, die bereits durch unendlich kleine Änderung von Temperatur und Druck in den flüssigen Zustand übergeführt werden können.

Die nachstehenden Gleichungen und Formeln gelten nur genau für ideale oder vollkommene Gase. Das Verhalten der Dämpfe weicht, je nach Größe der Überhitzung, von dem eines idealen Gases ab.

Der Physiker Gay-Lussac (Franzose, 1778–1840) fand bei Versuchen im Jahre 1802 folgendes heraus:

Wird ein Gas bei gleichbleibendem Druck erwärmt, so dehnt es sich um das 1/273,15fache seines Volumens pro Kelvin aus.

Der Volumenausdehnungskoeffizient ist also für *alle* Gase (fast) gleich, nämlich $\gamma = 1/273{,}15 = 0{,}00366\ 1/\text{K}$

Bei gleichbleibendem Druck verhalten sich demnach die Gasvolumina wie ihre absoluten Temperaturen

oder in einer Formel ausgedrückt:

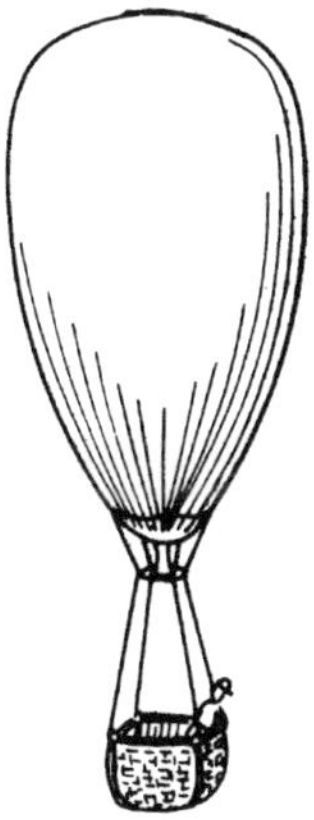

$$\frac{V_1}{V_2} = \frac{T_1}{T_2}$$ und, da die Masse der Luft im Ballon gleich bleibt,

$$v = \frac{V}{m},$$ auch

$$\frac{v_1}{v_2} = \frac{T_1}{T_2}$$

Abb. 1-17: Luftballon

Dazu folgendes Beispiel: Ein nur wenig gefüllter Luftballon fasse bei 7 °C (280 K) 560 m³ Gas. Wie groß wird das Volumen des Ballons, wenn die darauf scheinende Sonne das Gas auf 37 °C (310 K) erwärmt?

Es ist $V_1 = 560\ \text{m}^3$, $T_1 = 280$ K,
$T_2 = 310$ K, $V_2 = ?$

da die Masse m konstant bleibt, kann man schreiben:

$$V_2 = \frac{560 \cdot 310}{280} = 620\ m^3$$

Das Volumen des Ballons vergrößert sich um 60 m³.

Wird aber der Druck eines idealen Gases bei gleichbleibender Temperatur verändert, so wird das Volumen bei Druckminderung größer und bei Druckerhöhung kleiner. *R. Boyle* (Engländer, 1627–1691) und *E. Mariotte* (Franzose, 1627–1684) haben auf diese Tatsache zum erstenmal hingewiesen. Das nach diesen Forschern bezeichnete Naturgesetz in Worten:

Wird der Druck des idealen Gases bei konstanter Temperatur geändert, verhalten sich die Volumina umgekehrt wie die Drücke.

oder als Gleichung ausgedrückt:

$$\frac{V_1}{V_2} = \frac{p_2}{p_1}$$ oder $p \cdot V = \text{konst.}$ (bei konstanter Temperatur!)

Wird nun zunächst die Temperatur des idealen Gases bei konstantem Druck p_1 von T_1 auf T_2 erhöht, so nimmt das spezifische Volumen v_1 zu auf

$$v'_2 = v_1 \cdot \frac{T_2}{T_1}$$

Wird anschließend der Druck dieses Gases von p_1 auf p_2 bei konstanter Temperatur erhöht, so wird am Ende sein spezifisches Volumen

$$v_2 = v'_2 \cdot \frac{p_1}{p_2} = v_1 \cdot \frac{T_2}{T_1} \cdot \frac{p_1}{p_2} \left[\frac{m^3}{kg}\right]$$

Mit diesen Gleichungen kann man von einem Zustand 1 (p_1, v_1, T_1) auf einen Zustand 2 (p_2, v_2, T_2) umrechnen. Dabei müssen 5 von 6 Größen gegeben sein.

Dafür folgendes Beispiel:
Ein Verdichter (Abb. 1-18) enthalte einen Kolben von der Fläche 1 m^2, der vom Zylinderdeckel den Abstand a_1 = 1,5 m hat, während das Manometer den Druck von 5 bar bei 7°C anzeigt.

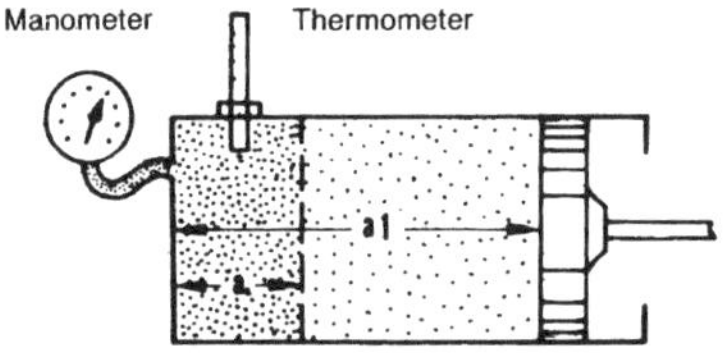

Abb. 1-18: Verdichter

Wie groß ist der absolute Druck, wenn der Kolben bis auf a = 0,5 m zum Zylinderdeckel hin verschoben wird und die Temperatur dabei auf t = 15 °C ansteigt?

Antwort:
Zustand 1: $V_1 = 1{,}5\ m^3$ $p_1 = 5$ bar $T_1 = 273 + 7 = 280$ K
Zustand 2: $V_2 = 0{,}5\ m^3$ $p_2 = ?$ $T_2 = 273 + 15 = 288$ K

Wir wenden die letzte Zustandsgleichung an:

Da die Masse konstant bleibt, ist auch bei $v_1 = \frac{V_1}{m}$ *und* $v_2 = \frac{V_2}{m}$ die Schreibweise zulässig:

$$\frac{V_2 \cdot p_2}{T_2} = \frac{V_1 \cdot p_1}{T_1} \text{ woraus}$$

$$p_2 = \frac{V_1 \cdot p_1 \cdot T_2}{V_2 \cdot T_1} \text{ wird}$$

$$p_2 = \frac{1{,}5 \cdot 5 \cdot 288}{0{,}5 \cdot 280} = 15{,}4 \text{ bar}$$

Diese Gleichung nennt man die allgemeine Zustandsgleichung der Gase.

1.4 Die Aggregatzustände

Flüssigkeiten und Dämpfe sind zwei Stoffzustände, mit denen wir uns im Folgenden eingehender beschäftigen müssen. Dabei ist der Stoff Wasser als Demonstrationsobjekt infolge des täglichen Umgangs und der dadurch gewonnenen Erfahrung bestens geeignet. Wasser in flüssiger Form wird zu Eis, sobald dessen Temperatur unter 0 °C absinkt. Es erstarrt, wird ein fester Körper. Erwärmt man Wasser über 100 °C, so verwandelt es sich in Dampf, der oberhalb der kritischen Temperatur zum unkondensierbaren Gas wird, auch wenn man den Druck noch so weit steigert.

Die drei *Aggregatzustände* sind nachfolgend aufgezählt und deren Umwandlungspunkte eingezeichnet.

feste Form	**flüssige Form**	**Dampf** ——→	**(Gas)**
Schmelzpunkt	**Siedepunkt**	**krit. Temp.**	

1.4.1 Enthalpie

Zum weiteren Verständnis der physikalischen Vorgänge ist die Erläuterung der Begriffe *Enthalpie* und *spezifische Wärmekapazität* erforderlich.

Die *Enthalpie* (Wärmemenge) ist eine Größe zur Beschreibung eines Energiezustandes. Sie ist die Bezeichnung für abgegebene oder aufgenommene Wärmemenge einer thermodynamischen Reaktion.

In technischen Aufgabenstellungen ist stets die *Enthalpieänderung* (nicht ihr absoluter Wert) zu berechnen. Der Enthalpie-Nullpunkt kann deshalb beliebig festgelegt werden. Im Allgemeinen wird die Enthalpie bei 0 °C gleich Null gesetzt. Bei beliebigen Temperaturen können dann die spezifischen Enthalpiewerte aus Tabellen und Diagrammen entnommen werden.

Gerechnet wird in der Technik ausschließlich mit der *spezifischen Enthalpie h,* das ist die auf die Masse bezogene Enthalpie. Sie hat die Einheit kJ/kg.

Die Einheitsbezeichnung *J* steht im SI-System für Arbeit, Energie und Wärme, benannt nach dem Physiker *J. Joule* (Engländer, 1818–1889).

1 J = 1 Nm

Die *spezifische Wärmekapazität,* spezifische Wärme, ist diejenige Wärmeenergie, mit der die Temperatur eines Stoffes mit der Masse 1 kg um 1 K geändert werden kann.

Die spezifische Wärmekapazität von Wasser beträgt c = 4,19 kJ/kg K.

Einige weitere Werte für die spezifische Wärmekapazität von:

Platin	**0,17 kJ/kg K**	**Blei**	**0,13 kJ/kg K**
Eisen	**0,47 kJ/kg K**	**Zinn**	**0,23 kJ/kg K**
Kupfer	**0,39 kJ/kg K**	**Wachs**	**3,4 kJ/kg K**
Messing	**0,385 kJ/kg K**	**KM-Öl (50 °C)**	**2 kJ/kg K**

Zum besseren Verständnis folgendes Rechenbeispiel:

100 kg Wasser sind von 20 °C auf 90 °C, also um 70 K zu erwärmen. Welche Wärmeenergie ist dazu erforderlich?

H = Wärmeenergie (kJ)
m = Masse des zu erwärmenden Wassers (kg)
$\Delta H = m \cdot c \cdot \Delta T = 100 \cdot 4{,}19 \cdot 70 = 29.330$ kJ

Ein weiteres Beispiel:
Über einem Bunsenbrenner wird 1 kg Wasser von 20 auf 80 °C erhitzt. Die dazu erforderliche Zeit wird mit einer Stoppuhr festgehalten.

Bei gleicher Brennerstellung, d. h. Wärmezufuhr, und über den gleichen Zeitraum wird anschließend 1 kg Kältemaschinenöl VG 46 über den Bunsenbrenner gestellt. Die Temperatur des Öles steigt hierbei auf ca. 145 °C.

Grund für die höhere Temperatur ist die geringere spezifische Wärmekapazität des Kältemaschinenöles. Bei gleicher Zufuhr an Wärmeenergie ergibt sich entsprechend der Formel:

$\Delta H = m \cdot \Delta T \cdot c$
für 1 kg Wasser $H = (80 - 20) \cdot 4{,}19 = 251{,}4$ kJ
für 1 kg Kältemaschinenöl (bei mittlerem c_m für (20 + 80) : 2 = 50 °C)
$\Delta H = (145 - 20) \cdot 2{,}0 = 250{,}0$ kJ

1.4.2 Der Schmelzpunkt

Führt man einem festen Körper Wärme zu, so steigt dessen Temperatur bis zu einem bestimmten Punkt. Danach geht er vom festen in den flüssigen Zustand über.

Im *Schmelzpunkt* ändert also ein Körper seinen Aggregatzustand. Kühlt man den verflüssigten Körper wieder ab, so erstarrt er bei der gleichen Temperatur.

Beim Silvester-Bleigießen werden beide Aggregatzustände, zuerst durch Erwärmen, dann durch schnelles Abkühlen, durchgespielt.

Abb. 1-19: Bleigießen

Einige Schmelz- u. Erstarrungstemperaturen

Platin	**1774 °C**	**Zinn**	**232 °C**
Eisen	**1530 °C**	**Wachs**	**64 °C**
Kupfer	**1083 °C**	**Wasser**	**0 °C**
Messing	**950 °C**	**Quecksilber**	**–39 °C**
Blei	**327 °C**	**Alkohol**	**–114 °C**

1.4.3 Die Schmelzenthalpie (Schmelzwärme)

Beim Schmelzen nimmt ein Körper Wärme auf, ohne dass sich dabei seine Temperatur ändert. Die zugeführte Wärmemenge dient allein der Änderung des Aggregatzustandes.

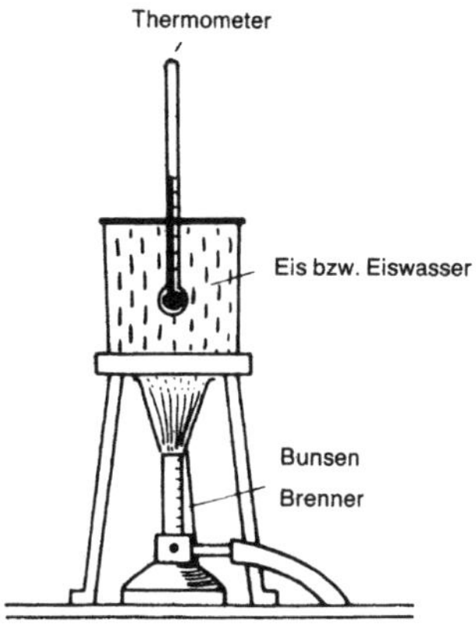

Abb. 1-20: Schmelzenthalpie

Man nennt diese Wärme *latente Wärme.* Ebenso verschieden wie die Schmelztemperaturen ist auch die zum Schmelzen notwendige Wärmeenergie. Mit Wasser lässt sich leicht folgender Versuch durchführen:

Ein Topf enthalte 1 kg Eis, dessen Temperatur 0 °C beträgt. Das unter Atmosphärendruck stehende Gefäß wird so lange erhitzt, bis alles Eis geschmolzen und zu Wasser von 0 °C geworden ist. Die Schmelzzeit betrug 10 Minuten. Erhitzt man das Eiswasser nun weitere 10 Minuten bei unveränderter Wärmezufuhr, so steigt seine Temperatur auf 80 °C und hat dabei 80 · 4,19 = ca. 335 kJ aufgenommen. Dieser Versuch ergibt: 1 kg Eis verbraucht beim Schmelzen 335 kJ (der exakte Wert der Schmelzwärme beträgt 333 kJ/kg).

Schmelzenthalpie = Wärmeenergie, die erforderlich ist, um 1 kg eines festen Stoffes, dessen Schmelztemperatur gerade erreicht ist, vollständig zu schmelzen, d. h. in den flüssigen Zustand zu versetzen.

Platin	**113,9 kJ/kg**	**Blei**	**22,6 kJ/kg**
Eisen	**205 kJ/kg**	**Zinn**	**59 kJ/kg**
Kupfer	**172 kJ/kg**	**Wachs**	**140 kJ/kg**
Messing	**167 kJ/kg**	**Wassereis**	**333 kJ/kg**

1.4.4 Der Siedepunkt

Wird einer einheitlichen Flüssigkeit (Reinstoff) unter konstantem Druck Wärmeenergie zugeführt, so nimmt ihre Temperatur nur bis zu einem stoffabhängigen Wert zu. Bei weiterer Wärmezufuhr setzt ohne Änderung der Temperatur das Sieden ein.

Der Siedepunkt beschreibt die Bedingungen (Druck und Temperatur), die beim Übergang eines Stoffes vom flüssigen in den gasförmigen Aggregatzustand vorliegen.

Dieser Vorgang ist für den Kältefachmann von besonderer Bedeutung, darauf beruht die Wirkungsweise jedes Verdampfers einer Kälteanlage. Aber bleiben wir vorerst bei dem Beispiel Wasser.

Der Siedepunkt des Wassers bei einem Luftdruck von 1013 mbar liegt bei 100 °C.

Auf den Bergen ist der Luftdruck niedriger als auf Meeresspiegelhöhe. Auf dem Mont Blanc siedet Wasser beispielsweise schon bei 84 °C, da in 4800 m Höhe nur noch ein Luftdruck von 555 mbar herrscht.

Folgende Gesetzmäßigkeit kann abgeleitet werden:

Je höher der Druck über einer Flüssigkeit ist, desto höher liegt die Temperatur am Siedepunkt; je geringer der Druck, desto niedriger liegt die Temperatur am Siedepunkt.

Durch Einstellen eines höheren oder niedrigeren Druckes kann eine Flüssigkeit innerhalb gewisser Grenzen bei *gewünschter Temperatur* zum Sieden gebracht werden.

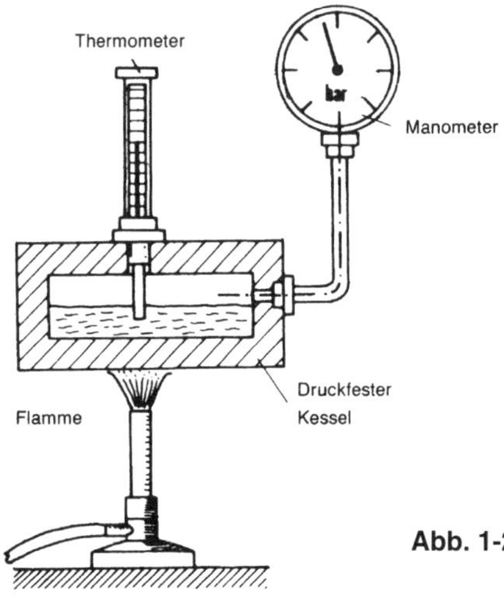

Abb. 1-21: Einrichtung zur Ermittlung des Siedepunkts des Wassers bei unterschiedlichen Drücken

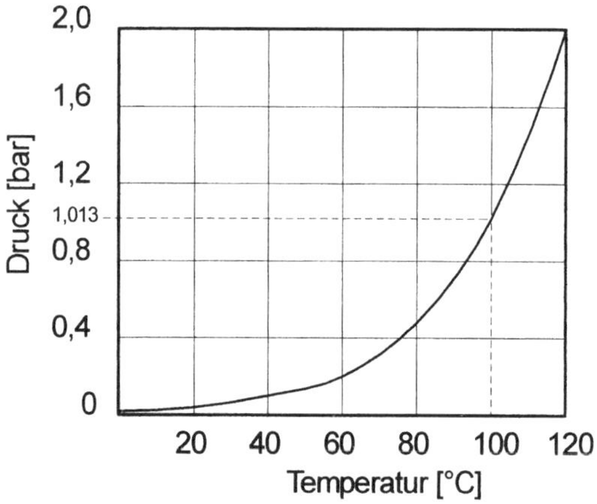

Abb. 1-22: Zusammenhang zwischen Druck und Siedetemperatur bei Wasser

Wie sehr die Siedetemperatur vom Druck abhängt, lässt sich an Versuchen mit Wasser leicht zeigen. In Abb. 1-22 zeigt den Anstieg der Siedetemperatur mit zunehmendem Druck bei fortlaufender Wärmezufuhr.

Beispiel: Die beim Militär übliche Gulaschkanone (Papinscher Topf) lässt Wasser unter höherem Druck z. B. 1,96 bar bei 119 °C sieden, damit die Erbsensuppe schneller gar wird (Dampfkochtopf).

1.4.5 Die Verdampfungsenthalpie

Führen wir einem mit siedendem Wasser gefüllten Topf auf dem Herd weiter Wärmeenergie zu, so beobachten wir, dass das Wasser bei gleichbleibender Temperatur langsam abnimmt. Das Wasser verdampft.

Diese Erscheinung veranlasste 1760 den Physiker *Black*, einen Versuch zu unternehmen, um die Verdampfungsenthalpie des Wassers zu ermitteln.

Braucht man bei konstanter Wärmezufuhr 3 Minuten, um Wasser in einem Gefäß von 0 °C auf 100 °C, also um 100 K zu erwärmen, so sind zum restlosen Verdampfen des Wassers bei gleicher Wärmezufuhr 16 Minuten erforderlich.

Die Verdampfungswärme ist demnach 16/3 = 5,33mal größer als die zum Erwärmen von 0 °C auf 100 °C benötigte Wärme.

Um 1 kg Wasser von 0 °C auf 100 °C, also um 100 K zu erwärmen, sind 100 · 4,19 kJ/kg = 419 kJ/kg erforderlich; zum restlosen Verdampfen demnach:
5,33 × 419 kJ/kg = 2233 kJ/kg tatsächlich lt. Tabelle 2256,9 kJ/kg

Nach dieser Erkenntnis merken wir uns den folgenden Satz:

Die Verdampfungsenthalpie entspricht der Wärmemenge in kJ, die man benötigt, um eine bestimmte Menge Flüssigkeit bei Siedetemperatur in die gleiche Menge Dampf von gleicher Temperatur umzuwandeln.

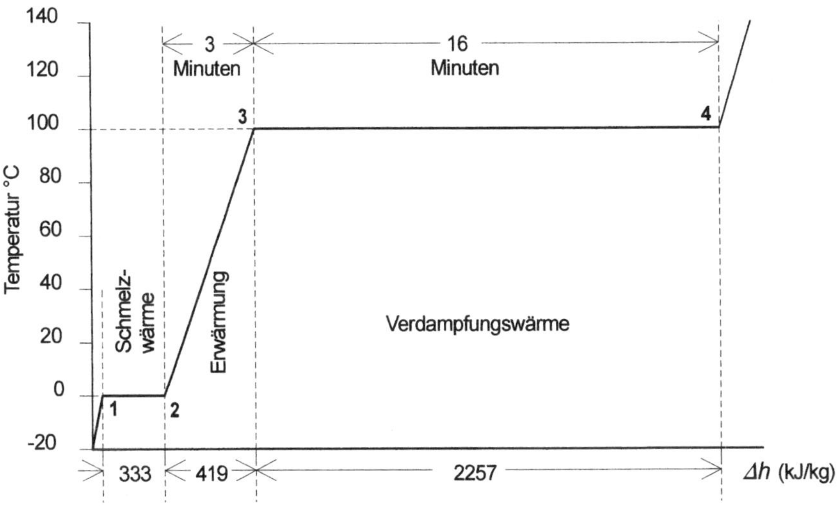

Abb. 1-23: Zustandsänderung beim Erwärmen und Verdampfen von Wasser unter konst. Druck

Die spezifische Verdampfungsenthalpie des Wassers beträgt 2257 kJ/kg bei 100 °C und einem Luftdruck von 1013 mbar.

1.4.6 Verhalten der Dämpfe

Ein Übergang vom flüssigen in den dampfförmigen Zustand ist auch schon bei Temperaturen unter dem Siedepunkt möglich. In einem Gefäß mit Wasser von Zimmertemperatur gehen an der Oberfläche Wassermoleküle aus der Flüssigkeit in die Luft über. Dieser Vorgang hält so lange an, bis die über dem Wasser befindliche Luftschicht mit Wasserdampf gesättigt ist.

Verdunstung ist der langsame Übergang von der Oberfläche einer Flüssigkeit in den dampfförmigen Zustand unterhalb des Siedepunktes.

Bei gleichen Druckverhältnissen ist die spezifische Verdunstungsenthalpie gleich der spezifischen Verdampfungsenthalpie.

Beispiele aus dem *Alltag:*
Wasserpfützen auf der Straße trocknen,
Wäsche trocknet auf der Leine.

Beispiele aus der *Technik:*
Im Verdunstungsverflüssiger und im Kühlturm wird im Gegenstrom zum herabrieselnden Wasser Luft geleitet, die durch Verdunstung eines Teiles des Wassers mit Wasserdampf gesättigt wird. Die beim Verdunsten entzogene Wärme kühlt das restliche Wasser ab.

Dampfbildung tritt unter bestimmten Bedingungen auch aus der festen Phase eines Stoffes auf. Diesen Vorgang nennt man *Sublimation.*

Die Sublimationsenthalpie ist gleich der Summe von Schmelzenthalpie und Verdampfungsenthalpie.

Bekannte Beispiele sind das Verdunsten von Eis in der Natur bei entsprechenden Wetterlagen sowie die gute Kühlwirkung und lange Haltbarkeit von Trockeneis (fester Kohlensäure).

Bei der Dampfbildung vergrößert sich das Volumen der Flüssigkeit V' auf das Volumen des gesättigten Dampfes V''. Aus der Dampftafel für gesättigten Wasserdampf kann man entnehmen:

Aus 1 kg Wasser entwickelt sich bei einer Siedetemperatur von 100 °C und einem Druck von 1.013 mbar ein Dampfvolumen von 1,67 m^3.

Denken wir an unser Beispiel zurück, „Verdampfen von Wasser auf dem Mont Blanc", so finden wir:

Bei einem Luftdruck von 555 mbar beträgt die Siedetemperatur des Wassers etwa 84 °C und aus 1 kg Wasser entstehen 2,99 m^3 Dampf. Bei dem stark verminderten Luftdruck entsteht aus der gleichen Masse Flüssigkeit nahezu das doppelte Dampfvolumen.

In der Gulaschkanone kann sich beim Sieden bei 120 °C der unter Druck von etwa 2 bar bestehende Dampf nicht ausdehnen und nimmt nur ein Volumen von 0,9 m^3/kg ein, also bei fast doppeltem Druck etwa das halbe Volumen.

Das spezifische Volumen des Dampfes v'' ist der Raum, den 1 kg gesättigter Dampf einnimmt.

Für den Fortgang unserer Betrachtungen ist es wichtig, sich die bisher beschriebenen Zustände richtig vorzustellen und die Abhängigkeit von Druck, Temperatur und Volumen zu erkennen. Das Verdampfen und Verflüssigen von Kältemittel sind wesentliche Faktoren im Kältemittelkreislauf.

1.5 Arbeit, Energie, Wärme

Arbeit = Kraft · Weg

Energie ist gespeicherte Arbeit oder Arbeitsfähigkeit. Somit wird die Energie auch in den gleichen Einheiten gemessen wie die Arbeit, und zwar im Technischen Einheitensystem in kpm:

1 kpm = 9,81 kgm^2/s^2

Wärme ist ebenfalls Energie, nämlich Bewegungsenergie der Moleküle. Hier wurde bisher eine besondere Einheit verwendet, die Kilokalorie (kcal). Definitionsgemäß ist das die Wärmemenge, die erforderlich ist zur Erwärmung von 1 kg Wasser von 14,5 auf 15,5 °C.

1.5.1 Das mechanische Wärmeäquivalent, 1. Hauptsatz der Thermodynamik

R. Mayer (Deutscher, 1814–1878) entdeckte 1840 das Gesetz von der Erhaltung der Energie. 1842 bestimmte er das Mechanische Wärmeäquivalent. Damit wurde der Zusammenhang zwischen Wärmeeinheit kcal und Arbeit kpm hergestellt.

A = 426,8 kpm/kcal

Man bezeichnet das Gesetz von der Gleichwertigkeit von Wärme und Arbeit als den *1. Hauptsatz der Thermodynamik.* Diese Gleichwertigkeit bedeutet jedoch auf keinen Fall, dass die eine Energieform in die andere verlustfrei umgewandelt werden kann! Arbeit lässt sich zwar verlustfrei in Wärme umwandeln, aber nicht umgekehrt.

Da Arbeit, Energie und Wärme als Größen gleicher Art zu betrachten sind, erhielten sie im *SI-System* die gleiche Einheit. Die gesetzliche Einheit für Arbeit, Energie und Wärme ist das *Joule* (J).

1 J = 1 Nm

In bestimmten technischen Bereichen (insbesondere in der Elektrotechnik) wird als Energieeinheit neben dem Joule die *Wattsekunde* (Ws) oder die *Kilowattstunde* (kWh) verwendet (Tabelle 1).

$$1\ \text{J} = 1\ \text{Ws} = \frac{1}{3{,}6} \cdot 10^{-6}\ \text{kWh}$$

Während die Einheit Wattsekunde nur eine andere Bezeichnung für Joule darstellt (denn: 1 W = 1 J/s), ist die Kilowattstunde eine neue Einheit, die nicht durch einen dezimalen Faktor mit der Einheit Joule verbunden ist. Das kommt daher, weil die Stunde kein *dezimales* Vielfaches der Sekunde darstellt.

Die neue gesetzliche Regelung erlaubt die Verwendung von *zwei Energie- bzw. Wärmeeinheiten,* und zwar:

Joule (oder Wattsekunde) mit dementsprechenden dezimalen Vielfachen z. B. Kilojoule (kJ), Megajoule (MJ) und Gigajoule (GJ) und daneben Kilowattstunde bzw. dezimale Vielfache davon.

Gas und Fernwärme werden z. B. in der Einheit *Megajoule* bzw. *Gigajoule* angeboten und verkauft. Dabei sind folgende Umrechnungen zu beachten:

1 kWh = 3,6 MJ
1 MJ = 0,278 kWh
1 GJ = 278 kWh wobei
1 kJ = 10^3fache der Einheit J
= 1000 J und
1 MJ = das 10^6fache der Einheit J
= 1 000 000 J
1 GJ = das 10^9fache der Einheit J
= 1 000 000 000 J bedeutet.

Durch die folgende Tabelle soll die Umrechnung der Einheiten für Wärme, Energie und Arbeit erleichtert werden [3].

Tabelle 1-1: Umrechnungstabelle für Einheiten von Energie, Arbeit, Wärme

$$1 \text{ N m} = \frac{1}{9{,}8} \text{ kp m} = 0{,}102 \text{ kp m}$$

	J	kJ	kWh	kcal	kp m
1 J (1 N m = 1 W s)	1	0,001	$2{,}78 \cdot 10^{-7}$	$2{,}39 \cdot 10^{-4}$	$0{,}102_3$
1 kJ	1000	1	$2{,}78 \cdot 10^{-4}$	0,239	102
1 kWh	3 600 000	3600	1	860	367 000
1 kcal	4190	4,19	0,00116	1	427
1 kp m	9,81	0,00981	$2{,}72 \cdot 10^{-6}$	0,00234	1

1.5.2 Der 2. Hauptsatz der Thermodynamik

Die Abkühlung einer warmen Flasche, gleich welchen Inhalts, ist nur in kälterem Wasser möglich, während zum Aufwärmen wärmeres Wasser benötigt wird.

Wenden wir diese uns bekannten, naturbedingten Tatsachen für unsere weiteren Betrachtungen an, so kommen wir zum *2. Hauptsatz der Thermodynamik:*

Wärme kann nicht von einem niedrigen Temperaturniveau auf ein höheres übergeführt werden, ohne Energie aufzuwenden und
Wärme kann nur in Arbeit umgewandelt werden, wenn ein Temperaturgefälle vorhanden ist.
Das heißt auch, Wärme fließt immer nur von einem Körper oder Stoff mit höherer Temperatur zu einem mit niedrigerer Temperatur.

Dieser 2. Hauptsatz wurde 1867 von dem Physiker *Clausius* (Deutscher, 1822–1888) aufgestellt.

Wenn also Wärme stets nur auf Stoffe mit niedrigerer Temperatur überströmt, dann ist die Aufgabe der Kältetechnik, diese niedrigeren Temperaturen zu schaffen, bzw. sie zu

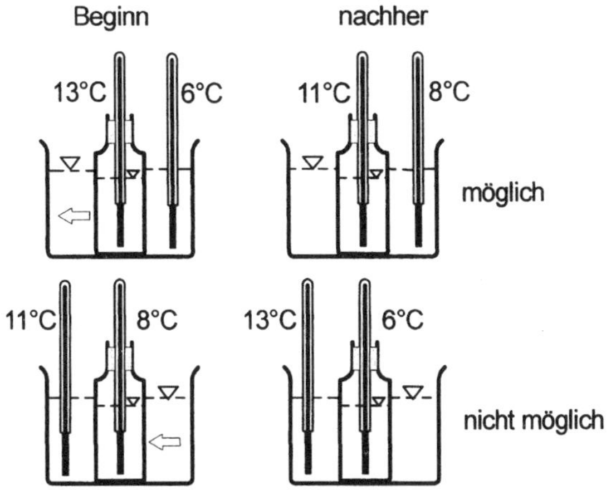

Abb. 1-24: Wärmeübertragung

halten, klar definiert. Das geschieht schließlich in Kühlschränken, Kühlräumen, Klimageräten, Kühlmöbeln, Tiefkühltruhen etc.

Hier wollen wir gleich auf eine unrichtige Ausdrucksweise hinweisen:

Es sollte nicht heißen, der Verdampfer macht den Kühlraum kalt, sondern der Verdampfer entzieht dem Kühlraum die Wärme. Die im Kühlraum vorhandene Wärme fließt zum kältesten Punkt, also zum Verdampfer.

1.5.3 Wärmeübertragung

Beschäftigt man sich mit der Tatsache, dass Wärme gemäß dem 2. Hauptsatz immer nur von einem Körper höherer Temperatur zu einem anderen mit niedrigerer Temperatur überströmen kann, dann muss man zwischen 3 Möglichkeiten für Wärmeübertragungsvorgänge unterscheiden:

1. *Strahlung*
2. *Konvektion* (Strömung)
3. *Leitung*

Zu 1: Die Sonne, ein glühender Ball von 1,4 Mill. km Durchmesser mit über 6000 K Temperatur an der Oberfläche, ist ungefähr 150 Mill. km von uns entfernt, und nur ein winziger Bruchteil ihrer Strahlen trifft die Erde. Diese *„Strahlung“* bedeutet für uns Erdenbewohner aber das Leben.

Sonnenstrahlung ist umgewandelte Energie; sie entsteht aus einem nuklearen Verschmelzungsprozess.

Das Licht der Sonne stellt eine intensive Strahlungsquelle dar.

Die Strahlung gelangt über die riesige Entfernung von der Sonne zur Erde ohne jede *Leitung*, und erst beim Auftreffen wandelt sich ihre Strahlungsenergie wieder in Wärme um.

Gegen Wärmestrahlen kann man sich durch Vorsetzen geeigneter Gegenstände schützen (Markisen – Ofenschirme).

Zu 2: Einen stark vereisten Verdampfer (Störfall) kann man mit einer elektrischen Heizsonne *oder* mit einem Heizlüfter abtauen, wobei eine Heizsonne allein durch *Strahlung* wirkt, während ein Heizlüfter neben Strahlung auch durch *Konvektion*, d. h. Strömung der vom Heizlüfter fortgeblasenen Warmluft, das dem Verdampfer anhaftende Eis zum Schmelzen bringt.

Zu 3: Ein Beispiel für die dritte Form der Wärmeübertragung, die *Leitung,* jedem Monteur gut bekannt, ist das Heißwerden eines Hartlötstabes. Während er auf der einen Seite beim Löten abschmilzt, wird die zum anderen Ende des Stabes hingeleitete Wärme u. U. unangenehm fühlbar.

Die drei Möglichkeiten der Wärmeübertragung wirken in der Praxis in vielen Fällen zusammen. Will man sich gegen Strahlung schützen, so verwendet man weiße Flächen, wie z. B. bei Kühlfahrzeugen, die dadurch weniger Strahlungswärme aufnehmen (adsorbieren).

Berührt ein flüssiger oder gasförmiger Stoff eine kältere oder wärmere Fläche, dann erfolgt an den berührten Flächen ein Wärmeaustausch, der bei Abkühlung zu einer Verringerung bzw. bei Erwärmung zu einer Vergrößerung des spezifischen Volumens führt. Verändert sich aber die Dichte, so kommt es zwangsläufig zu einer Strömung durch Auftriebskräfte bzw. durch Abtriebskräfte.

Die durch einen statischen Heizkörper streichende Luft wird sowohl durch Strahlung als auch durch Konvektion erwärmt und steigt infolge Verringerung der Dichte nach oben, während kalte Luft von unten nachströmt.

Die in einem Kühlraum über einen Verdampfer (stille Kühlung) streichende Luft erhält durch Strahlung und Konvektion eine Dichtevergrößerung, die sie nach unten fallen lässt. (Dabei spielt auch noch die in der Luft enthaltene Feuchtigkeit eine Rolle, siehe 1.6.2.)

1.6 Der Luftdruck, die Umgebungsluft

1.6.1 Das Barometer

Unsere Erde ist von einer Lufthülle umgeben, der Atmosphäre, die unter einem gewissen Druck steht. Um diesen Druck näher zu bestimmen, machte der Italiener *Torricelli* 1643 einen Versuch, den man als die Erfindung des *Quecksilber-Barometers* bezeichnet.

Dabei verwendete er eine etwa 1 m lange einseitig zugeschmolzene Glasröhre, die mit Quecksilber gefüllt worden war. Nachdem die freie Öffnung mit dem Finger verschlossen gehalten wurde, stülpte er die umgekehrte Röhre so tief in ein mit Quecksilber gefülltes Gefäß, dass Finger und zugehaltene Röhre im Quecksilber eintauchen. Nach Entfernen des Fingers sinkt das Quecksilber im Rohr etwas ab, steht aber schließlich ca. 76 cm höher als die Oberfläche der Quecksilberflüssigkeit im Gefäß.

Torricelli schloss daraus, dass auf die Oberfläche des Quecksilbers eine Kraft einwirkt, die das Quecksilber in der Röhre am Ausfließen hindert. Dies aber ist nichts anderes als der Druck der Luft, der gleich dem Druck einer 76 cm hohen Quecksilbersäule ist.

Die Höhe der Quecksilbersäule markiert den Barometerstand. Die Mess-Vorrichtung wird *Barometer* genannt. Bei 1 cm^2 Querschnitt der Glasröhre würden sich darin 76 cm^3 Quecksilber befinden. Da die Dichte des Quecksilbers 13,596 g/cm^3 ist, wiegt die Säule

$76 \cdot 13{,}596 = 1033\ g = 1{,}033\ kg/cm^2$.

Diesen Druck nannte man früher *Atmosphäre* (Atm) und den Druck von *1 mm Quecksilbersäule 1 Torr* – zu Ehren des Erfinders.

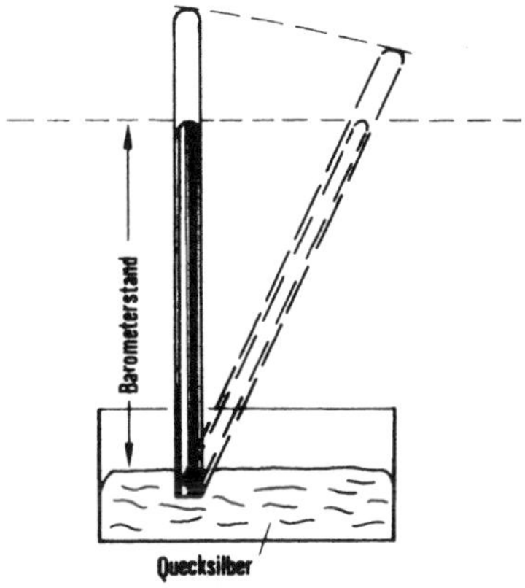

Abb. 1-25: Quecksilber-Barometer

Abb. 1-26: Barometer

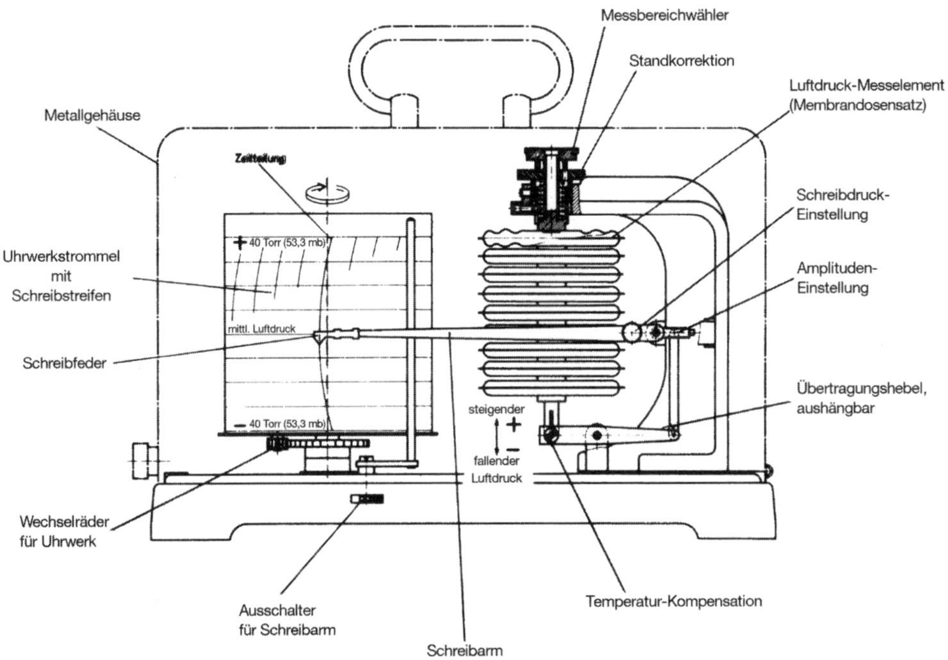

Abb. 1-27: Barograph *(Wilh. Lambrecht)*

Dazu ein Beispiel:
Herrscht an einem Ort ein Barometerstand von 720 mm Quecksilbersäule, so heisst dies, dass die Luft dort auf 1 cm^2 wie eine Quecksilbersäule von 72 cm drückt, also mit einem Gewicht von $72 \cdot 13{,}59 = 978{,}5$ g oder 0,9785 kg/cm^2.

Quecksilber-Barometer liefern die exaktesten Luftdruckwerte; sie sind aber wegen ihrer Länge (ca. 1 m), der Zerbrechlichkeit des Glases und der Giftigkeit des Quecksilbers mit großer Vorsicht zu behandeln! Daher haben Metallbarometer weite Verbreitung gefunden.

Abb. 1-27 zeigt einen *Barographen,* der selbsttätig den atmosphärischen Luftdruck registriert. Bei Änderung des Luftdruckes bewegt sich die mit Tinte gefüllte Schreibfeder in einem vertikalen Kreisbogen auf dem Zylindermantel der mit ihrer Achse senkrecht stehenden Schreibtrommel. Die mit einem 7-Tage-Laufwerk versehenen Geräte müssen für die Höhe des Einsatzortes vom Hersteller entsprechend justiert werden (Meereshöhe 1013 mbar; 4000 m Höhe 616 mbar).

Druckeinheiten auf der Basis Torr oder at sind inzwischen unzulässig, ab Januar 1978 gilt, benannt nach dem gleichnamigen franz. Philosophen und Mathematiker das *Pascal* (Pa) sowie das *Bar* (bar) als besonderer Name für 10^5 *Pascal* (siehe 1.2.1).

1 Pa = 1 N/m^2
1 bar = 100 000 Pa

Damit wird es in Zukunft auch keine Druckangaben in Form von Druckhöhen (= Höhe einer Flüssigkeitssäule, die am Fuß der Säule einen bestimmten Druck ausübt) mehr geben. Der Millimeter *Wassersäule* (mm WS) wird damit genauso verschwinden wie der Millimeter *Quecksilbersäule* mm QS – mm Hg – Torr.

Tabelle 1-2: Umrechnung von Druckeinheiten

	Pa = N/m^2	bar	at	atm	kp/m^2	Torr
1 Pa = 1 N/m^2 *	1	10^{-5}	$0{,}102 \cdot 10^{-4}$	$0{,}987 \cdot 10^{-5}$	0,102	0,0075
1 bar = 0,1 MPa	100 000 = 10^5	1 = 1000 mbar	1,02	0,987	10 200	750
1 at = 1 kp/cm^2	98 100	0,981	1	0,968	10 000	736
1 kp/m^2	9,81	$9{,}81 \cdot 10^{-5}$	10^{-4}	$0{,}968 \cdot 10^{-4}$	1	0,0736
1 atm = 760 Torr	101 325	1,013 = 1013 mbar	1,033	1	10 330	760
1 Torr $= \frac{1}{760}$ atm	133	0,00133	0,001 36	0,00132	13,6	1

* $1 \text{ Pa} = 1 \text{ N/m}^2 \approx \frac{1}{9{,}81} \text{ kp/m}^2 = 0{,}102 \text{ kp/m}^2$

Für den barometrischen Luftdruck gilt:

750 Torr = 1 bar = 1000 Millibar (mbar) = 1,018 at = 1,018 kp/cm^2 = 100 000 Pa
735 Torr = 0,98 bar = 980 mbar = 98 000 Pa
720 Torr (aus unserem Beispiel werden) = 960 mbar = 96 000 Pa
1 mbar = 0,75006 Torr = 0,75 Torr = 100 Pa

Druckangaben im Heizungsbau, im Bereich der Verdichterkältemaschinen (Wasserdruck, Dampfdruck, Druckangabe in Dampftafeln) in bar – nicht mehr in kp/cm^2.

Tabelle 1-3: Umrechnung von Druckhöhen (Flüssigkeitssäulen) und Druck (teilweise nur angenähert)

	μbar	mbar	bar	Pa = N/m²
1 mm WS = 1 kp/m² ≈ 1 daN/m²	100	0,1	0,0001	10
1 m WS = 0,1 at = 0,1 kp/cm² = 0,1 daN/cm²	100 000	100	0,1	10 000
10 m WS = 1 at 1 kp/cm² ≈ 1 daN/cm²	1 000 000	1000	1	100 000
1 mm Hg (mm QS) = 1 Torr	1330	1,33	0,00133	133

1.6.2 Luftfeuchte

Die Luft enthält normalerweise immer Wasserdampf. In diesem Fall wird von *feuchter Luft* gesprochen. Je nach Druck und Temperatur ist die Aufnahmefähigkeit der Luft für den Wasserdampf verschieden. Wenn die maximal mögliche Wasserdampfmenge enthalten ist, so spricht man von gesättigter Luft. Eine weitere Zufuhr von Wasserdampf würde zum Kondensieren des Wassers führen, ein Vorgang, den wir z. B. beim *Schwitzen* von Rohrleitungen beobachten können, wo die Aufnahmefähigkeit der Luft für den Wasserdampf herabgesetzt wurde durch die Abkühlung der feuchten Luft.

Tabelle 1-4: Auszug aus der Dampftabelle für feuchte Luft [5]
Dichte und Wassergehalt der Luft bei 1013 mbar

Temp. °C	Dichte der trockenen Luft kg/m³	Wassergehalt der gesättigten Luft g/kg tr. Luft	Wassergehalt der gesättigten Luft g/m³	Sättigungsdruck des Wasserdampfes mbar
–20	1,396	0,63	0,882	1,026
–10	1,342	1,60	2,134	2,59
0	1,293	3,78	4,91	6,10
+10	1,248	7,63	9,51	12,2
+20	1,205	14,7	17,70	23,3
+30	1,165	27,2	31,7	42,4
+40	1,128	48,8	55,0	73,8
+50	1,093	86,2	94,4	123,3
+60	1,060	152	161	199,1

1.6.2.1 Das Gesetz von Dalton

Nach dem *Daltonschen Gesetz* (*I. Dalton,* engl. Physiker, 1766–1844) setzt sich der Druck der atmosphärischen Luft p aus den Teildrücken der Luft p_L und des Wasserdampfes p_W zusammen. Der Teildruck (Partialdruck) des Wasserdampfes kann bei einer bestimmten Temperatur nicht größer sein als derjenige des gesättigten Dampfes bei dieser Temperatur, wie er sich aus den Tabellen für gesättigten Wasserdampf ergibt.

$$p = p_L + p_W$$

Die Teildrücke p_L und p_W sind voneinander unabhängig und so groß, als würde der Stoff – hier L oder W – den Raum allein ausfüllen. Der Gesamtdruck der Mischung ist gleich der Summe der Partialdrücke.

Betrachtet man beispielsweise Luft mit einer Temperatur von 20 °C bei einem Druck von 1013 mbar, so ergibt sich aus der Dampftafel ein Sättigungsdruck des Wasserdampfes in der Luft p_W von 23,3 mbar. Nach dem *Daltonschen* Gesetz ergäbe sich für diese Luft das folgende Bild (siehe Abb. 1-28):

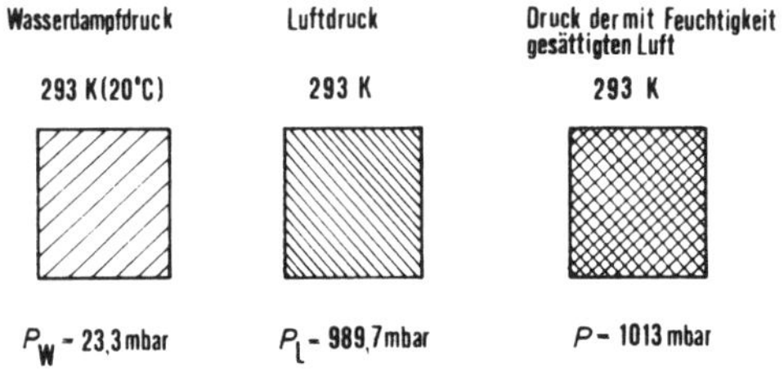

Abb. 1-28: Partialdrücke von Luft nach Dalton (p = 1,013 bar, t = 20 °C)

Was ist nun unter Sättigungsdruck der Luft mit Wasserdampf zu verstehen? Die damit im Zusammenhang stehenden Begriffe sind in der Klima- und Kältetechnik sehr wichtig, und man muss sie sich unbedingt einprägen.

1.6.2.2 Maximale, absolute und relative Feuchte der Luft

Luft, die mit der Maximalmenge Wasserdampf (p_W = 23,3 mbar bei 20 °C) gemischt ist, heißt *gesättigt.* Ist die Wasserdampfmenge geringer, enthält also die Luft je kg weniger Wasserdampf, als sie äußersten Falls aufnehmen könnte, so heißt sie *ungesättigt.* Ungesättigte Luft kann noch Wasserdampf aufnehmen, also *feuchter* werden.

Die Gewichtsmenge Wasserdampf x in g, die in 1 kg Luft tatsächlich enthalten ist, heißt *absoluter Feuchtigkeitsgehalt.*

Die Gewichtsmenge Wasserdampf x' in g, die 1 kg Luft bei dem maximalen Dampfdruck (Sättigungsdruck) aufnehmen könnte, heißt *maximaler Feuchtigkeitsgehalt.* Das Verhältnis des *absoluten* zum *maximalen Feuchtigkeitsgehalt* heißt *relative Feuchte.*

x in g/kg trockener Luft

$$\frac{x}{x'} = \varphi \qquad \varphi \times 100\,\% = \text{relative Feuchte in } \%$$

D. h., die rel. Feuchte gibt an, welchen Prozentsatz der in der Luft enthaltene Wasserdampf von der Sättigungsmenge ausmacht, die die Luft bei gleicher Temperatur enthalten könnte.

Wie lässt sich nun die absolute Feuchte ermitteln? Wir zeigen dafür 3 Messmethoden bzw. Messgeräte.

1.6.2.3 Messung der Luftfeuchte

Hygrometer sind Instrumente, in denen sich z. B. ein Haar oder ein Haarbündel bei feuchter Luft ausdehnt oder bei trockener Luft zusammenzieht und die Feuchtigkeit an einer Skala anzeigt (z. B. *Lambrecht-Polymeter*). Mit diesem Gerät ist es möglich, eine Vielzahl von Messgrößen zu bestimmen, nämlich die relative Feuchte in Prozent; die Temperatur und den Taupunkt in °C; den Sättigungsdruck, den Dampfdruck und das

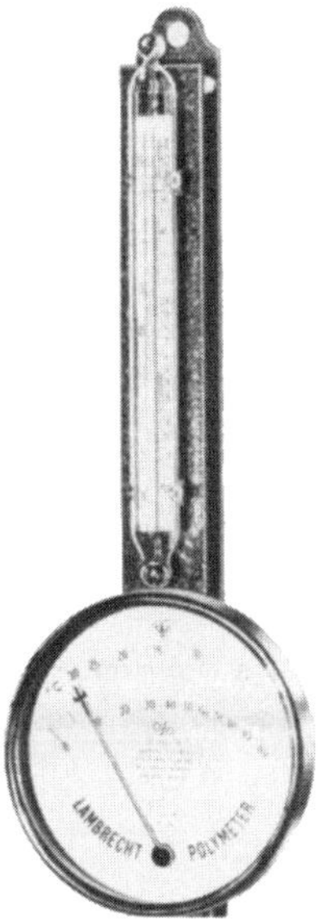

Abb. 1-29: Polymeter *(Wilh. Lambrecht)*

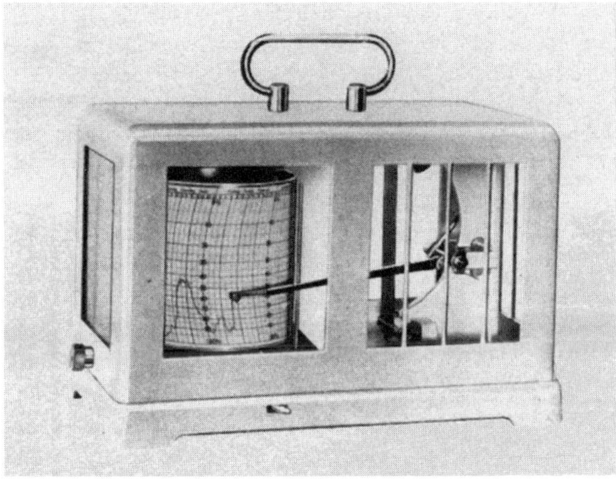

Abb. 1-30: Hygrograf *(Wilh. Lambrecht)*

Sättigungsdefizit sowie die absolute Feuchte in g/kg tr. L. (trockene Luft). Als einfaches Kontrollgerät ist das *Polymeter* deshalb in allen klimatisierten Räumen unentbehrlich.

Abb. 1-30 zeigt einen *Hygrograf,* der die Luftfeuchte auf einen Schreibstreifen mit Hilfe eines 24-Stunden- oder 7-Tage-Uhrwerkes registriert.

Haar-Hygrometer müssen geeicht und auch häufiger nachgeeicht werden!

Genauer ist die Messung mit dem *Psychrometer,* das aus einem trockenen und einem durch einen Baumwollstrumpf feucht gehaltenen Thermometer mit 1/10 Grad Einteilung besteht. Die relative Feuchte wird aus der Differenz der Ablesungen mit Hilfe der Psychrometertafeln ermittelt (Pohlmann, Taschenbuch der Kältetechnik).

Wegen des nachfolgenden Beispiels bringen wir in Tab. 1-5 einen Auszug aus der erwähnten Psychrometer-Tafel [5].

Tabelle 1-5: Psychrometer-Tafel (Auszug) relative Luftfeuchte in %

Trocken-temperatur °C	Psychrometrische Differenz K											
	0,5	1	1,5	2	2,5	3	3,5	4	4,5	5	5,5	6
0	91	82	73	64	56	47	39	31				
5	93	86	79	72	65	58	51	45	38	32	26	19
10	94	88	82	77	71	65	60	55	49	44	39	34
15	95	90	85	80	75	71	66	61	57	53	48	44
20	96	91	87	83	78	74	70	66	63	59	55	51
25	96	92	88	85	81	77	74	70	67	63	60	57

Messungen mit dem trockenen und feuchten Thermometer müssen bei pendelnder Bewegung des Psychrometers ausgeführt werden.

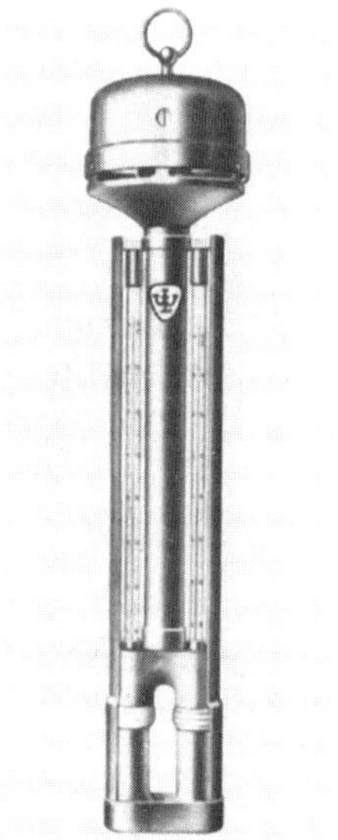

Abb. 1-31: *Assmann*-Aspirations-Psychrometer *(Wilh. Lambrecht)*

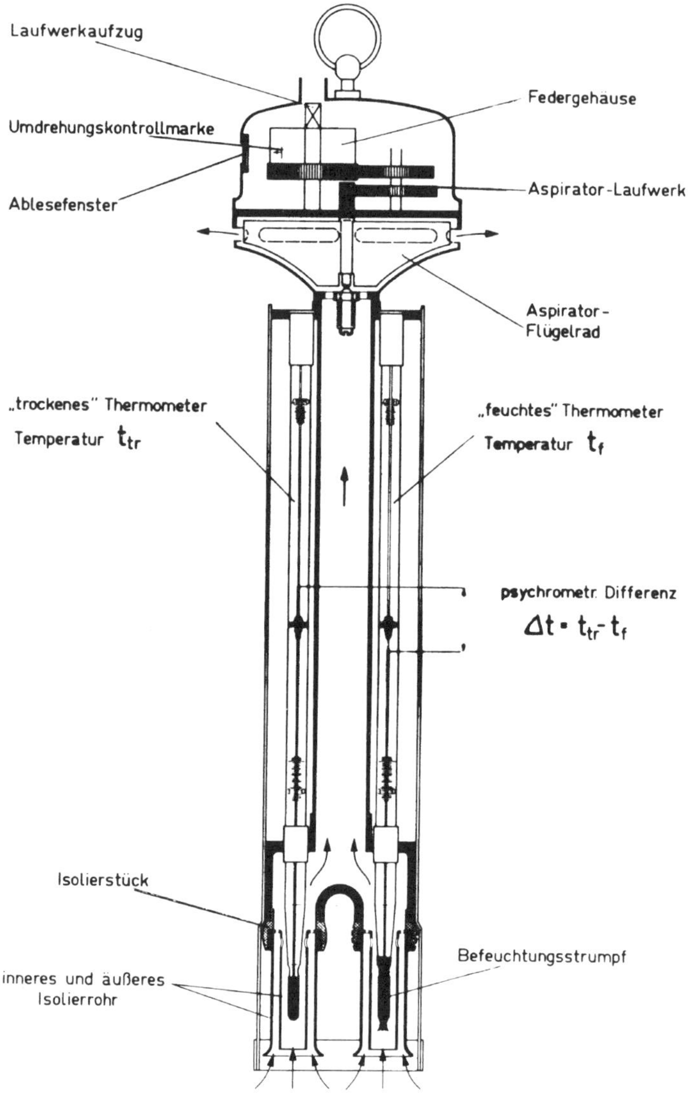

Abb. 1-32: Schnitt des Aspirations-Psychrometers

Beispiel: Liest man am trockenen Thermometer 20 °C und am feuchten Thermometer 16,5 °C ab, so beträgt die *psychrometrische Differenz* 3,5 K.

Aus der Psychrometer-Tafel liest man ab: φ = 70 %.

Die Luft ist also bei einer Temperatur von 20 °C noch nicht mit Wasserdampf gesättigt, sondern nur zu 70 %, könnte also noch 30 % Wasserdampf aufnehmen bis zur Maximal-Sättigung.

Um bei diesem Beispiel zu bleiben, entnimmt man der Dampftafel, dass der Wert für den Wassergehalt der gesättigten Luft bei 20 °C = 14,7 g/kg ist. Am Tage der Messung betrug die relative Feuchte φ = 70 %.

d. h. $\frac{70\,\% \cdot 14{,}7\ \text{g/kg}}{100\,\%} = 10{,}29\ \text{g/kg}.$

Die absolute Feuchte betrug also 10,29 g/kg. Diese Luft hätte bis zur Sättigung noch 14,7–10,29 = 4,41 g/kg Wasserdampf aufnehmen können, um gesättigt zu werden.

Am zuverlässigsten sind die Messungen mit dem *Assmannschen-Aspirations-Psychrometer,* bei dem ein Luftstrom an den gegen Strahlungswärme geschützten Thermometerkugeln vorbeigeführt wird.

Der *Aspirations-Psychrometer* nach *Assmann* ist das allein anerkannte Normalgerät zur Messung der Luftfeuchtigkeit bei Messungen an Klimaanlagen. Die jedem Gerät mitgegebene Gebrauchsanweisung ist sehr sorgfältig zu beachten. Abb. 1-31 zeigt den *Aspirations-Psychrometer* in der Ansicht, Abb. 1-32 das gleiche Gerät im Schnitt, das keiner besonderen Erläuterung bedarf.

Das Gerät enthält im Kopf einen Federkraft-Aspirator, der die Luft unten in die Hüllrohre der Thermometer mit einer Geschwindigkeit von mehr als 2 m/s einsaugt. Statt des Handaufzugs kann man auch ein Gerät mit einem Elektro-Aspirator und Antrieb durch einen 220 V Induktionsmotor erhalten.

1.6.2.4 Der Taupunkt

Bestellen wir uns in einer Gaststätte ein Bier, so können wir beobachten, dass sich außen am Glas eine Feuchtigkeitsschicht bildet, die das Glas wie mit feinsten Perlen überzieht. Dieser Feuchtigkeits-Überzug rührt daher, dass die Luftfeuchtigkeit der Umgebungsluft sich am kalten Bierglas niederschlägt. Die Luft wurde dabei bis unter ihren Taupunkt abgekühlt, und der Wasserdampf der Luft kondensierte an der kältesten Stelle, dem Bierglas.

Wir schließen daraus:

Die Temperatur, auf welche die Luft abgekühlt werden muss, damit der absolute Feuchtegehalt zum maximalen wird, heißt Taupunkt. Bei Unterschreitung des Taupunktes beginnt der Dampf zu kondensieren.

Betrachten wir noch einmal unser Beispiel zur relativen Feuchte der Luft:

Die Temperatur betrug 20 °C, die absolute Feuchte 10,29 g/kg, die relative Feuchte = 7 0 %, d. h., die Luft hätte noch 4,41 g Wasserdampf pro kg aufnehmen können, um gesättigt zu werden.

Nun fragen wir aber nach dem Taupunkt der Luft, die 10,29 g/kg Feuchtigkeit enthält.

Laut Dampftabelle hat die gesättigte Luft

bei +20 °C x = 14,70 g/kg
und bei +10 °C x = 7,63 g/kg
Δx = 7,07 g/kg für 10 K

$\frac{10\ \text{K} \cdot 4{,}41\ \text{g/kg}}{7{,}07\ \text{g/kg}} = 6{,}23\ \text{K}$ 20–6,23 = 13,77 °C

Der Taupunkt liegt bei ~ 14 °C. Wenn die 20 °C warme Luft um ~ 6 K abgekühlt wird, ist sie im Taupunkt angelangt.

Der in der feuchten Luft enthaltene Wasserdampf wird an den Flächen kondensiert, d. h. niedergeschlagen, deren Oberflächentemperatur niedriger ist als der Taupunkt. Bei Verdampfern von Klimaanlagen wird auf die Weise die Luft entfeuchtet; der Wasserdampf bildet auf Verdampferflächen von Verdampfern für Tiefkühlung Reif, sodass von Zeit zu Zeit abgetaut werden muss.

1.7 Zustandsänderungen der Luft

1.7.1 Die spezifische Wärmekapazität der Luft

Nachdem die Grundbegriffe zum Thema *Luftfeuchtigkeit* behandelt worden sind, müssen weitere physikalische Regeln besprochen werden, die mit der Erwärmung oder Abkühlung der Luft zusammenhängen und die Enthalpie betreffen.

In 1.4.1 wurde der Begriff spezifische Wärmekapazität bereits erläutert und soll hier für das Beispiel Luft noch einmal wiederholt werden.

Die spezifische Wärmekapazität ist die Wärmemenge, mit der die Temperatur eines Stoffes mit der Masse 1 kg um 1 K erhöht oder abgesenkt werden kann.

Während aber das Beispiel der Wassererwärmung ohne Schwierigkeiten durchgerechnet werden konnte, ist dies bei Gasen, wozu auch die Luft gerechnet wird, etwas anderes. Die feuchte Luft, mit der wir es bei Kälte- und Klimaanlagen immer zu tun haben, folgt den Gasgesetzen. Während es bei unserem Wassererwärmungsbeispiel für Wasser nur *eine* spezifische Wärmekapazität c = 4,19 kJ/kg gibt, müssen bei den Gasen zwei verschiedene Wärmekapazitäten unterschieden werden:

- die spezifische Wärmekapazität c_v bei gleichem Rauminhalt
- die spezifische Wärmekapazität c_p bei gleichem Druck.

Es ist bereits aus 1.3.3 bekannt, dass sich Gase bei Erwärmung ausdehnen und bei Abkühlung zusammenziehen. Der unter 1.3.3 beschriebene Vorgang spielt sich bei konstantem Druck ab (c_p). Würde aber ein Gas in einem geschlossenen Behälter erwärmt, so steigt sein Druck; das Volumen bliebe dabei konstant (c_v).

Da sich Abkühlungs- oder Erwärmungsvorgänge der Luft in der Kälte- und Klimatechnik üblicherweise bei konstantem Druck vollziehen, interessiert hauptsächlich die spezifische Wärmekapazität c_p.

Diese beträgt für trockene Luft c_p = 1,0067 kJ/kg bei 20 °C und 1,013 bar
und für Wasserdampf c_p = 1,94 kJ/kg bei 100 °C und 1,013 bar.

Soll Luft, wie in einer Klimaanlage üblich, abgekühlt und dabei entfeuchtet werden, so muss der (feuchten) Luft nicht nur Wärme, sondern auch ein Teil des Wasserdampfgehaltes entzogen werden. Es muss demnach die Summe der Enthalpie ermittelt werden, welche

a) für die Kühlung und
b) für die Entfeuchtung erforderlich ist.

Diese *Enthalpie für feuchte Luft,* die aus trockener Luft und Wasserdampf besteht, führt zu einer Gleichung, die dem von *Mollier* (1863/1935, Prof. TH in Dresden) vorgeschlagenen Enthalpie-Wassergehaltsdiagramm (*h*-*x*-Diagramm) der feuchten Luft zu Grunde

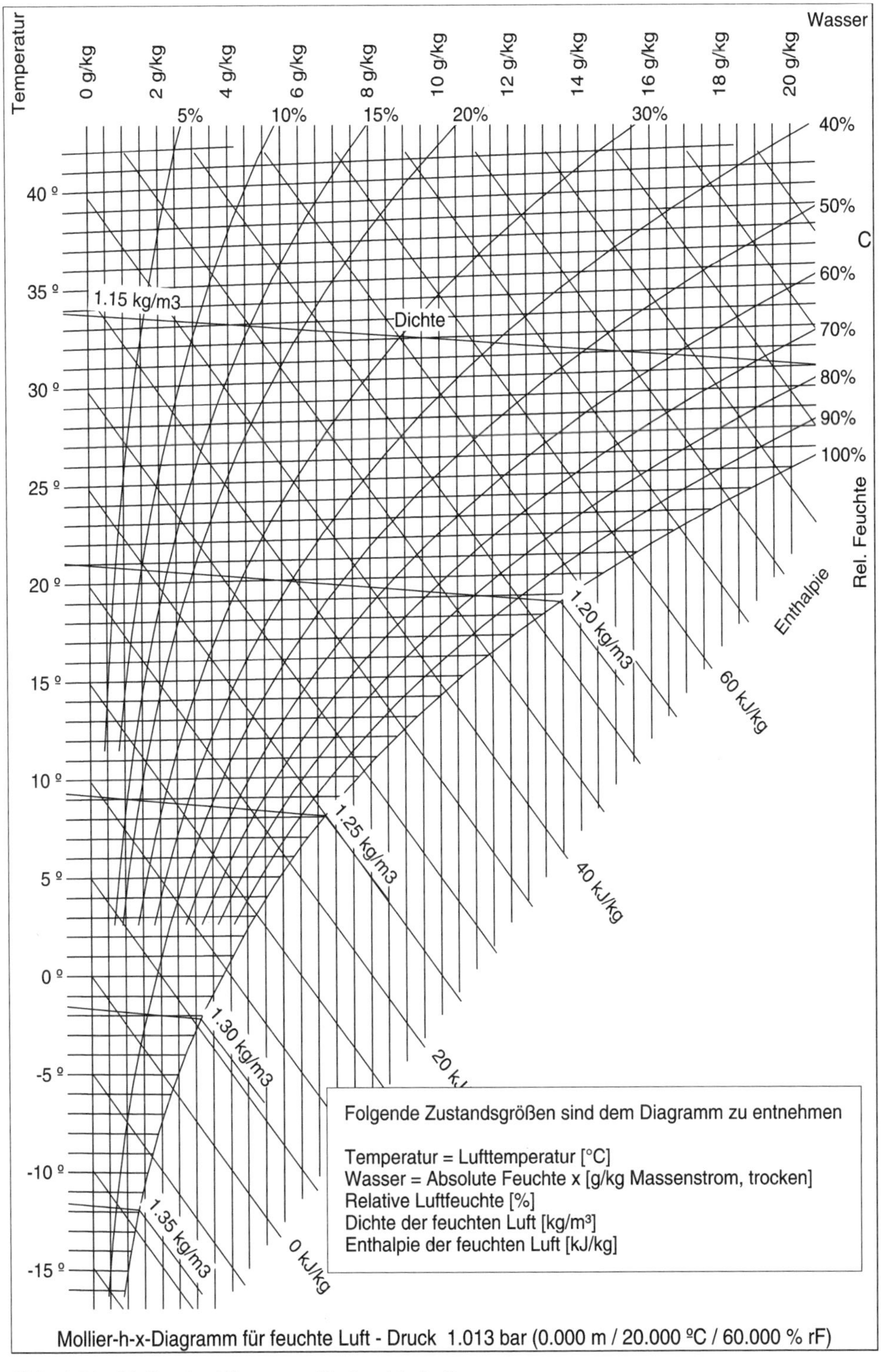

Abb. 1-33: Mollier-*h*-*x*-Diagramm für feuchte Luft

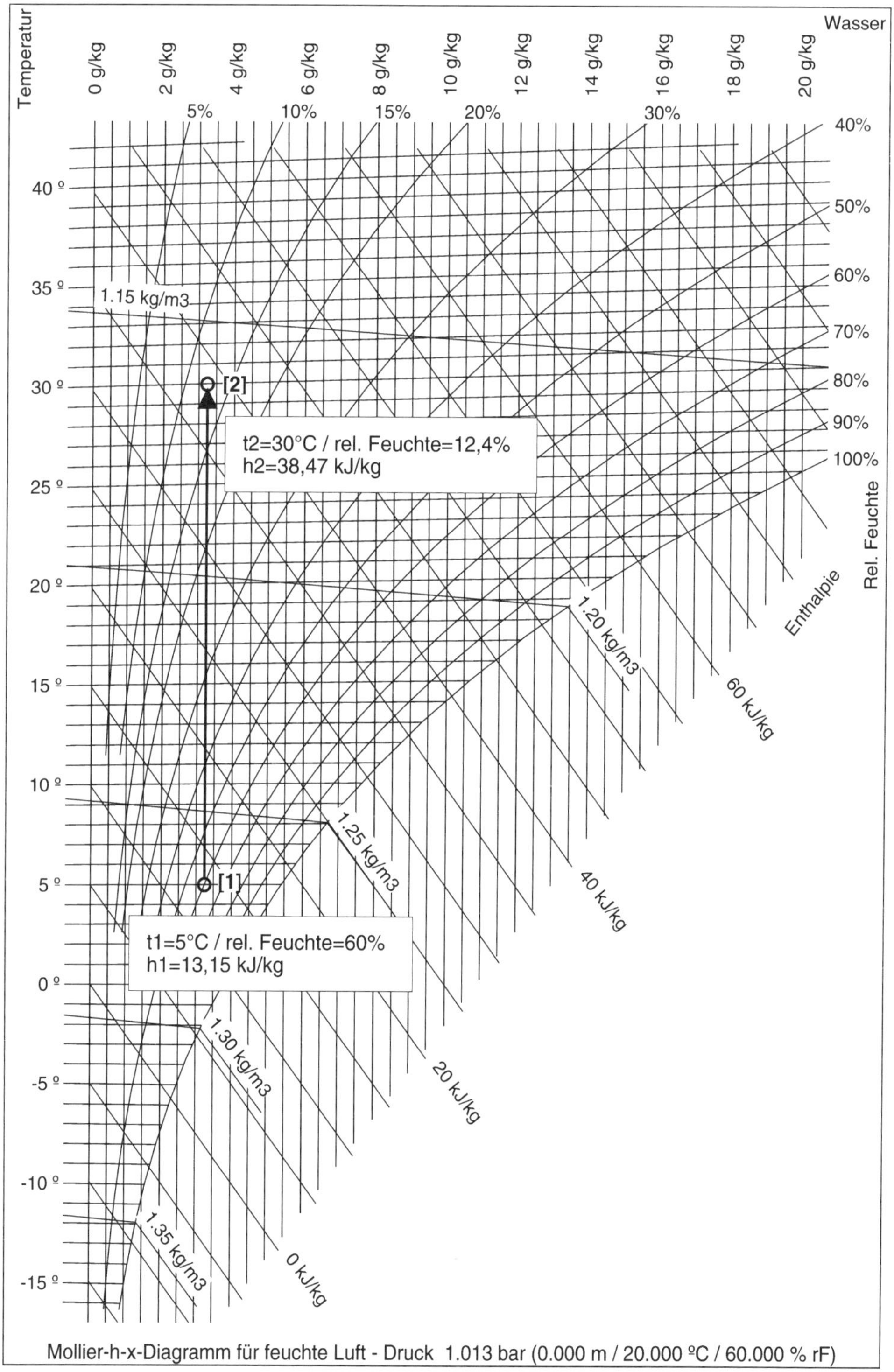

Abb. 1-34: Erwärmung

liegt. Dieses Diagramm wird in der Klimatechnik zur Berechnung und übersichtlichen Darstellung beliebiger Zustandsänderungen der feuchten Luft benutzt.

In diesen Bereichen ist es zweckmäßig, die Temperaturen in °C anzugeben. Diese Einheit ist gemäß den Ausführungsverordnungen des Gesetzes über Einheiten im Messwesen als besonderer Name für Kelvin (K) zugelassen.

Abweichend von vorherigen Auflagen des ***Kältemonteur*** wurden die Zustandsgrößen der Luft bei den nachfolgenden Beispielen mit Hilfe eines Computerprogramms [7] ermittelt. Dennoch werden die Zustandsänderungen so erläutert, dass der Kältemonteur auch mittels eines gedruckten Diagramms mit Stift und Lineal diese Zustandsgrößen auffinden kann. Hierzu wird das Wesentliche des Diagramms nachfolgend erläutert.

1.7.2 Das Mollier-*h*-*x*-Diagramm

Das rechteckige Diagramm hat schiefwinklige Koordinaten (s. Abb. 1-33). Die Ordinate nimmt die Lufttemperatur-Skala in °C auf, deren Scharen aber nicht parallel zur Abszisse verlaufen. Auf ihr sind auch die Dichten ϱ der Luft in kg/m³ aufgetragen. Die Abszisse zeigt den Wassergehalt *x* in g/kg *trockener* Luft und – in manchen Diagrammausgaben – den Wasserdampfpartialdruck *p*, der nur in besonderen Rechnungen eine Rolle spielt. Die von links oben unter einem Winkel von etwa 45 ° nach rechts unten verlaufenden Linien stellen die spezifischen Enthalpiewerte *h* in kJ/kg *feuchter Luft* dar. Weitere wichtige Kurvenscharen sind die von links unten ins Diagramm hinein nach rechts oben gezogenen Linien der relativen Feuchte φ, und zwar von 5 % bis 100 %. φ = 100 % stellt die Sättigungskurve dar, links dieser Kurve ist die Luft ungesättigt, rechts davon enthält die Luft Nebel (Wasserdampfüberschuss). Der Randmaßstab $\Delta h/\Delta x$ – in manchen Diagrammausgaben – ist für Berechnungen von Zustandsänderungen vorgesehen, die über den von uns gesteckten Rahmen hinaus gehen.

Aber was kann der Kältemonteur nun alles aus dem Diagramm entnehmen? Das soll in den nachfolgenden Abschnitten erläutert werden.

1.7.2.1 Erwärmung

Bei Wärmezufuhr ohne Änderung des Wassergehaltes (*x* = konstant) stellt sich der Vorgang im *h*-*x*-Diagramm als eine Gerade dar, die vom Anfangszustand (1) aus senkrecht nach oben – also parallel zu den *x*-Linien – bis zum Schnittpunkt mit der Temperaturlinie, die erreicht werden soll (2), verläuft (siehe Abb. 1-34).

Beispiel:
1 kg Luft mit t_1 = 5 °C und rel. Feuchte φ_1 = 60 % wird auf 30 °C aufgeheizt.
a) Welche Wärmemenge muss der Luft zugeführt werden?
b) Welche relative Feuchte hat die Luft nach der Erwärmung?

Zustandsänderung Erwärmung siehe Abb. 1-34

Zu a) h_1 = 13,15 kJ/kg
h_2 = 38,47 kJ/kg
$h_2 - h_1$ = 38,47–13,15 = 25,32 kJ/kg

zu b) φ_2 = 12,4 %

1.7.2.2 Abkühlung

Beim Kühlen von Luft in Oberflächenkühlern sind zwei Fälle zu unterscheiden:

- Die Kühlflächentemperatur liegt *oberhalb* der Temperatur des physikalischen Taupunktes. Eine Kondensation des Wasserdampfes an den Kühlflächen kann nicht auftreten.

- Die Kühlflächentemperatur liegt *unterhalb* der Temperatur des physikalischen Taupunktes. Mit der Kühlung erfolgt gleichzeitig eine Wasserausscheidung der zu kühlenden Luft.

Da Abkühlung der gegenteilige Vorgang von Erwärmung ist, geht der Vorgang dabei senkrecht von oben nach unten wiederum parallel zu den *x*-Linien, weil der Wasserdampfgehalt der Luft gleich bleibt. Der Luft wird Wärme entzogen; die absolute Feuchte bleibt konstant, die relative Feuchte nimmt zu (siehe Abb. 1-35).

Beispiel:
Luft von t_1 = 35 °C und relativer Feuchte φ_1 = 25 % wird durch einen Oberflächenkühler mit einer mittleren Kühlflächentemperatur von 15 °C auf t_2 = 22 °C abgekühlt.
a) Um welche Temperaturdifferenz liegt die Kühlflächentemperatur über der Temperatur des Taupunktes?
b) Welche Wärmemenge Δh in kJ/kg wird der Luft entzogen?
c) Mit welcher relativen Feuchte φ_2 verlässt die Luft den Kühler?

Lösung:
zu a) Den Zustandspunkt 1 im Diagramm einzeichnen und zwar im Schnittpunkt von t_1 und φ_1 und weiterhin eine Linie senkrecht nach unten bis zum Schnittpunkt mit der Taupunktlinie (φ = 100 %) ziehen. Die Kühlflächentemperatur liegt um die Temperaturdifferenz
$\Delta t = 16{,}8 - 12{,}0 = 4{,}8$ K
über der Taupunktlinie.
zu b) $\Delta h = h_1 - h_2 = 57{,}60 – 44{,}30 = 13{,}30$ kJ/kg
zu c) $\varphi_1 = 53{,}1$ %

Kühlflächentemperatur liegt unter der Taupunkttemperatur

Die meisten unmittelbar an die Kühlfläche gelangenden Luftteilchen nehmen die Temperatur der Kühlfläche an und scheiden daher wegen Unterschreitung der Taupunkttemperatur Wasser ab. Ein Teil der Luft, nämlich derjenige, der nicht direkt mit den Kühlflächen in Kontakt kommt, erfährt zunächst kaum eine Veränderung. Beide Teile mischen sich und verlassen den Kühler im Zustandspunkt 2 des Diagramms. Wasserausscheidung ist im Diagramm immer dann erkenntlich, wenn vom Zustandspunkt 1 die Linie zum Zustandspunkt 2 nach links unten verläuft, d. h. in das Gebiet niedrigeren Feuchtigkeitsgehaltes (s. Abb. 1-36).

Beispiel:
Luft von t_1 = 32 °C und relative Feuchte φ_1 = 40 % (Punkt 1) wird auf t_2 = 20 °C abgekühlt, wobei die mittlere Kühlflächentemperatur bei t_3 = 5 °C liegt.
a) Welche Wärmemenge Δh in kJ/kg wird je kg feuchter Luft entzogen?
b) Wie groß sind *fühlbare* und *latente* Wärme?
c) Welche Wassermengen werden ausgeschieden?

Lösung:
zu a) Im Diagramm ist zuerst der Zustandspunkt 1 auf der 32 °C-Isotherme mit dem Schnittpunkt der φ_1 = 40 %-Linie zu markieren. Der Punkt 3 liegt im Schnittpunkt der Kühlflächentemperatur t_3 = 5 °C mit der Sattdampflinie φ = 100 %. Eine gerade Verbindungslinie zwischen den Zustandspunkten 1 und 3 trifft die 20 °C-Isotherme im Punkt 2, dem Zustandspunkt des Luftaustritts aus dem Kühler. Die Enthalpie für die Zustandspunkte 1 und 3 beträgt

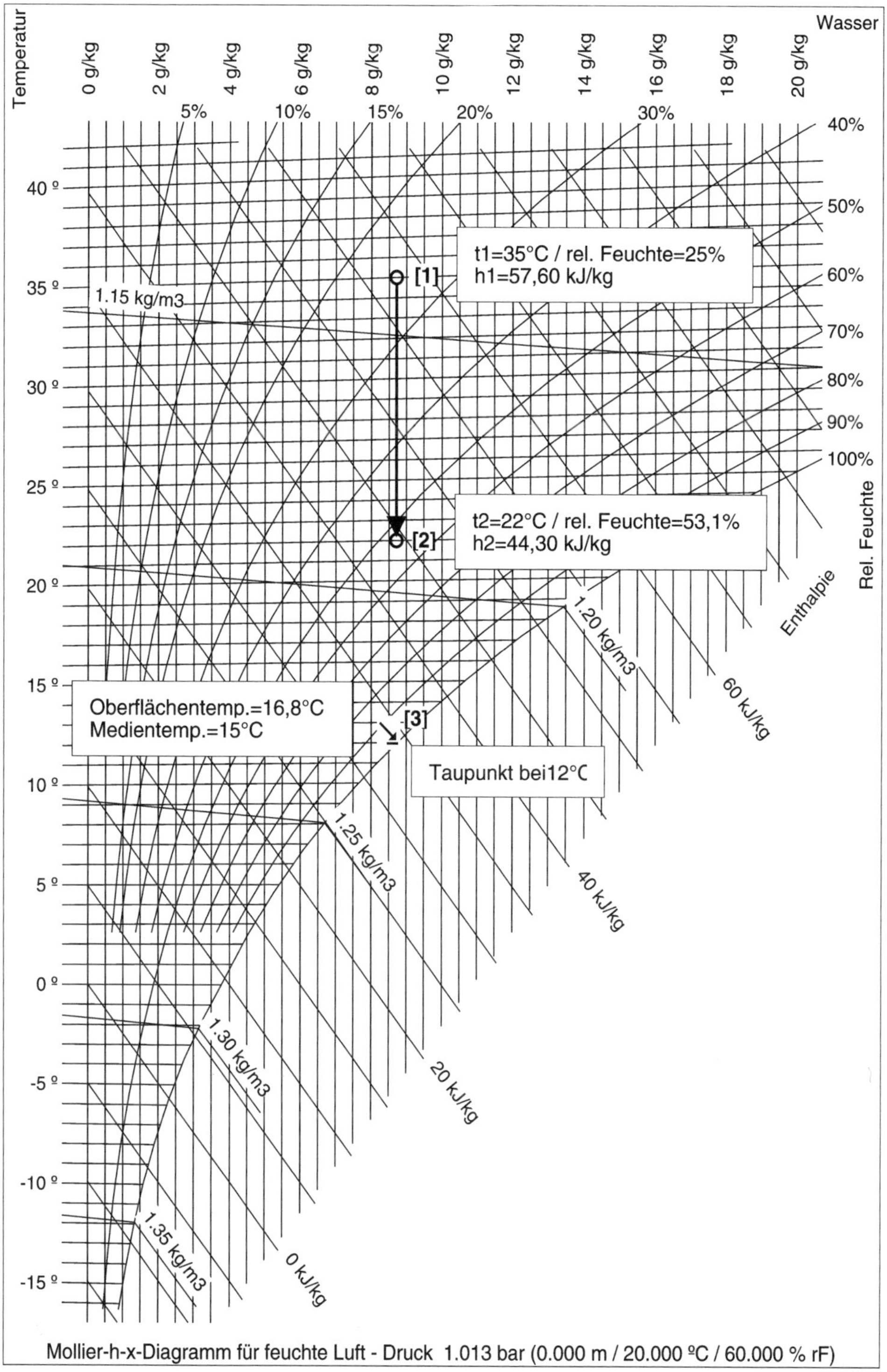

Abb. 1-35: Zustandsänderung Kühlen

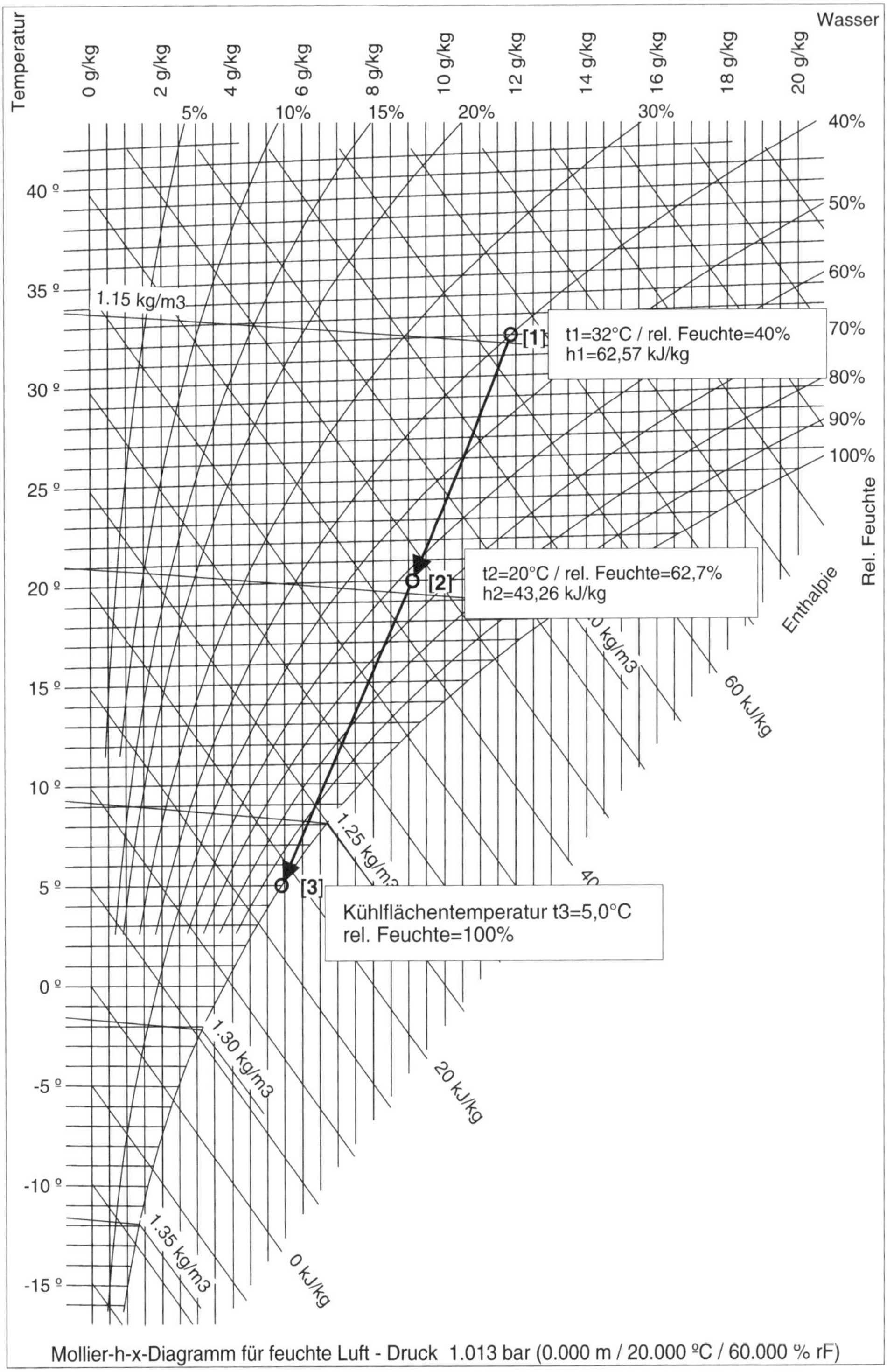

Abb. 1-36: Zustandsänderung Kühlen und Entfeuchten

$h_1 = 62{,}57$ kJ/kg
$h_2 = 43{,}26$ kJ/kg.
$\Delta h = h_1 - h_2 = 62{,}57 - 43{,}26 = 19{,}31$ kJ/kg

zu b) Die Wärmemenge Δh setzt sich aus zwei Anteilen zusammen: dem *fühlbaren* Wärmeanteil h_f und dem *latenten* Wärmeanteil h_l.
Abkühlung der Luft = fühlbar
Wasserdampfentzug = latent

Der fühlbare Wärmeanteil wird berechnet nach der Formel:
$h_f = c_p \cdot \Delta t$
$h_f = 1{,}01\ (32 - 20) = 12{,}12$ kJ/kg
Der latente Wärmeanteil beträgt:
$h_l = \Delta h - h_f$
$h_l = 19{,}31 - 12{,}12 = 7{,}19$ kJ/kg

zu c) Absolute Feuchte $x_1 = 11{,}86$ g/kg, $x_2 = 9{,}12$ g/kg
$\Delta x = 11{,}86 - 9{,}12 = 2{,}74$ g/kg Wasser werden ausgeschieden.

1.7.2.3 Mischung

Werden zwei Luftströme, z. B. ein Umluftstrom G_1, in kg/h vom Zustand t_1 und φ_1 oder x_1 und h_1 mit einem Außenluftstrom G_2 in kg/h vom Zustand t_2 und φ_2 oder x_2 und h_2 gemischt (ohne dass eine Zu- oder Abfuhr von Wärme oder Feuchtigkeit erfolgt), müssen zur Bestimmung des Mischungspunktes die Zustandspunkte für G_1 und G_2 im Diagramm eingezeichnet werden. Der Mischungspunkt M liegt auf der Verbindungsgeraden zwischen den Zustandspunkten 1→2. Seine Lage auf der Verbindungsgeraden hängt danach nur noch von den Anteilen der beiden zu mischenden Luftströme ab. Wäre dabei $G_1 = G_2$, so läge der Mischungspunkt M in der Mitte der Verbindungsgeraden zwischen den Zustandspunkten 1→2. Ein größerer Anteil an kälterem Luftstrom G_1 reduziert den Enthalpiewert h_M und die Temperatur im Mischungspunkt der beiden Luftströme G_1 und G_2, ein kleinerer erhöht h_M und t_M. Für einen größeren Anteil des wärmeren Luftstroms G_2 verhält es sich umgekehrt.

Die Bestimmung des Mischungspunktes M soll an einem Beispiel erläutert werden, (s. Abb. 1-37).

Beispiel:
3000 m³/h Umluft (V_1) von $t_1 = 21$ °C und $\varphi_1 = 63$ % werden mit 1000 m³/h Außenluft (V_2) von $t_2 = -10$ °C und $\varphi_2 = 50$ % gemischt und sollen anschließend auf $t_3 = 18$ °C erwärmt werden.

Welche Werte φ_3, x_3 und h_3 hat die Luft als Zuluft?

Erläuterung: Die Angaben für Außenluft sind als Volumenströme in m³/h angegeben. Da das *h,x*-Diagramm auf der Masseeinheit kg aufgebaut ist, muss zuerst eine Umrechnung von Volumenstrom in Massestrom erfolgen.

$G = V^* \varrho$

Luft von $t_1 = 21$ °C und $\varphi_1 = 63$ % hat eine Dichte $\varrho_1 = 1{,}193$ kg/m³
Luft von $t_2 = -10$ °C hat $\varphi_1 = 50$ % hat eine Dichte $\varrho_2 = 1{,}341$ kg/m³

Damit werden
$G_1 = 3000 \cdot 1{,}193 = 3579$ kg/h
$G_2 = 1000 \cdot 1{,}341 = 1341$ kg/h

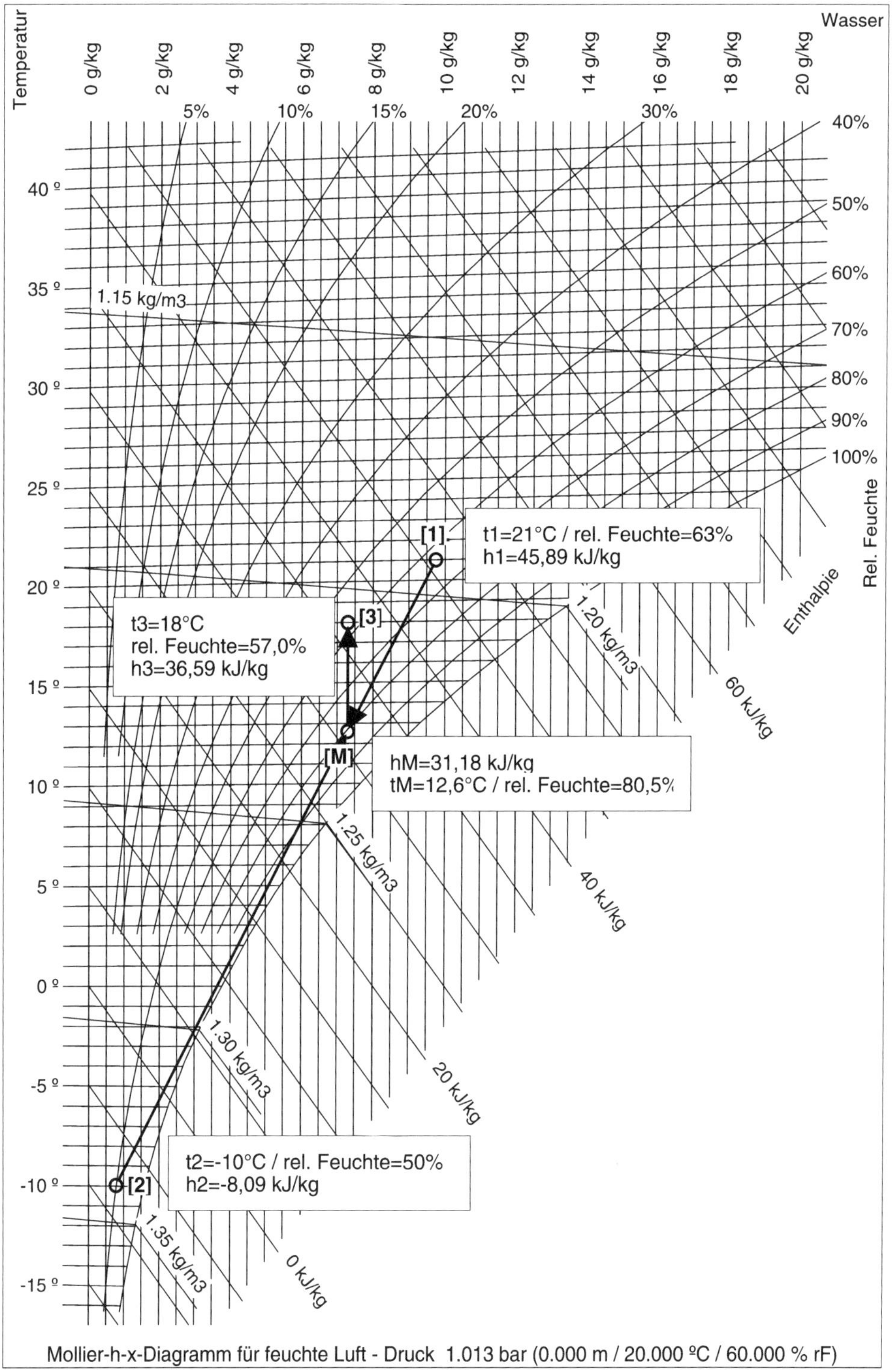

Abb. 1-37: Mischung

In das Diagramm werden die Zustandsgrößen für die Umluft (Zustandspunkt 1) und die Außenluft (Zustandspunkt 2) eingetragen:

Zustandspunkt 1: t_1 = 21 °C und φ_1 = 63 % und
Zustandspunkt 2: t_2 = –10 °C und φ_2 = 50 %.

Dann wird folgende Wärmebilanz aufgestellt, um den Mischungspunkt *M* ermitteln zu können:

$$G_1 \cdot h_1 + G_2 \cdot h_2 = (G_1 + G_2) \cdot \mathrm{h_M}$$

$$h_M = \frac{G_1 \cdot h_1 + G_2 \cdot h_2}{(G_1 + G_2)} \text{ in kJ/kg}$$

M liegt auf einer Geraden, welche die Zustandspunkte 1 und 2 verbindet und vom errechneten Wert von h_M unterteilt wird.

Lösung: Aus dem *h,x*-Diagramm werden jetzt die *h*-Werte für die beiden Zustandspunkte 2 und 1 abgelesen

h_1 = 45,89 kJ/kg
h_2 = –8,09 kJ/kg

In die obige Gleichung der Wärmebilanz werden jetzt die Werte eingesetzt und h_M errechnet.

$$h_M = \frac{(3579 \cdot 45{,}89) + (1341 \cdot -8{,}09)}{(3579 + 1341)} = 31{,}18 \text{ kJ/kg}$$

Die dem Punkt *M* eigenen Zustandsgrößen können nach Einzeichnen der h_M-Linie in deren Schnittpunkt mit der Verbindungsgeraden zwischen den Zustandspunkten 1 und 2 aus dem Diagramm abgelesen werden.

t_M = 12,6 °C φ_M = 80,5 % x_M = 7,3 g/kg ϱ_M = 1,23 kg/m^3

Die im Mischungspunkt *M* zusammengefassten Luftmengen $G_1 + G_2$ (492,0 kg/h) sollen nun auf 18 °C erwärmt werden.

Im Zustandspunkt 3 sind folgende Werte ablesbar:
$x_3 = x_M$ = 7,3 g/kg φ_3 = 57,0 % h_3 = 36,6 kJ/kg

Die Heizleistung $\dot{Q}_h$ beträgt dann:

$h_3 - h_M$ = 36,6 – 31,1 = 5,5 kJ/kg
$\dot{Q}_h = (G_1 + G_2) \cdot (h_3 - h_M)$
$\dot{Q}_h$ = 4920 · 5,5 = 27 060 kJ/kg oder
$\dot{Q}_h$ = 27 060 / 3600 = 7,52 kJ/h

da 3600 kJ/h = 1 kW.

1.7.2.4 Psychrometer-Auswertung

Der Kältemonteur braucht das *h,x*-Diagramm auch für die Messung der Luftfeuchtigkeit nach Gebrauch des *Assmann*schen Aspirations-Psychrometers gemäß 1.6.2.3.

Wir wollen das an einem Beispiel zeigen (s. Abb. 1-38):

Das feuchte Thermometer zeigt eine Temperatur (genannt: *Feuchtkugeltemperatur*)

t_f = 15,5 °C
das trockene Thermometer
t_{tr} = 22,0 °C

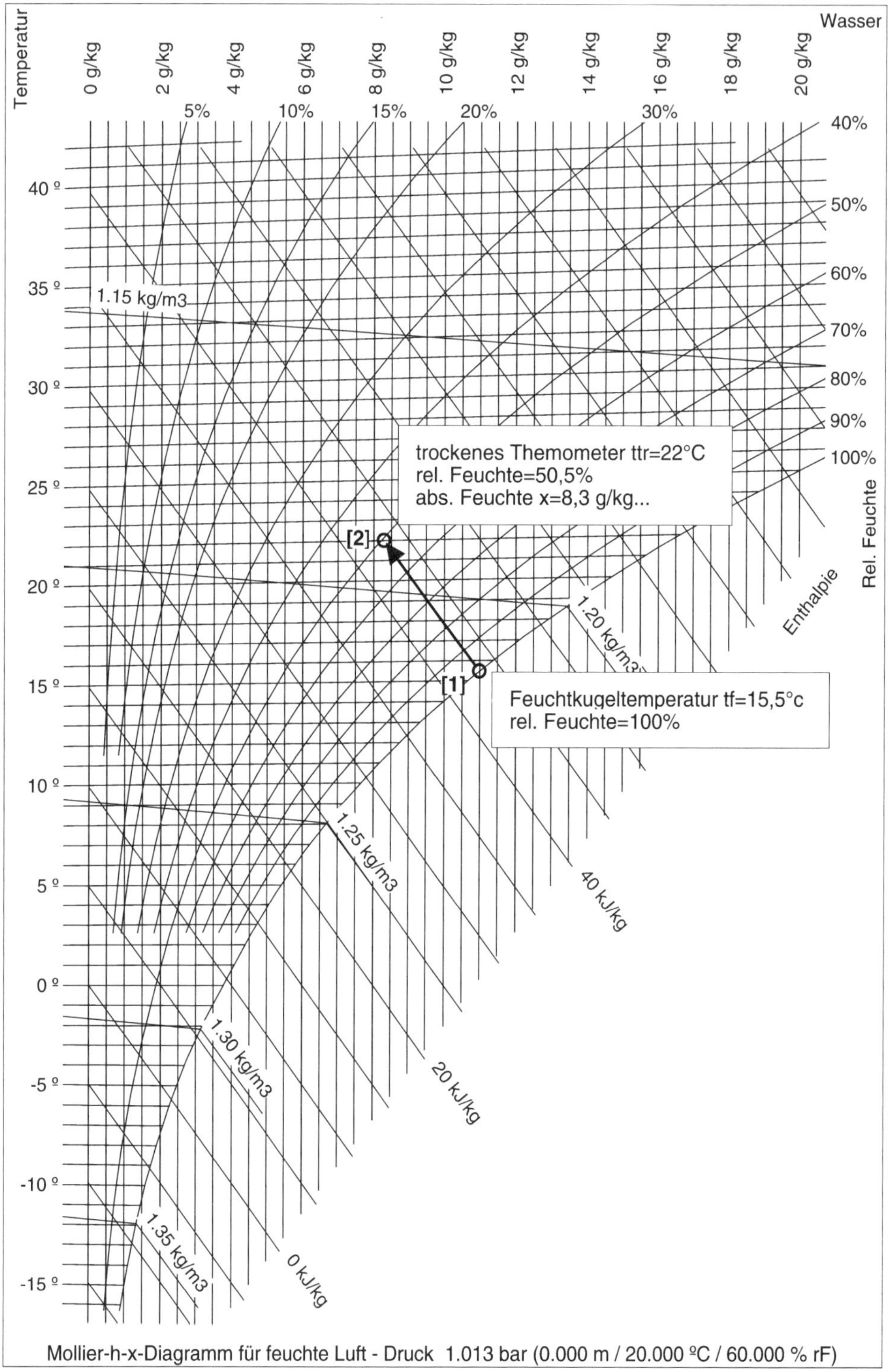

Abb. 1-38: Mollier-*h*-*x*-Psychrometer

Die Feuchtkugeltemperatur entspricht immer dem Luftzustand bei maximaler relativer Luftfeuchte, φ = 100 %.

Wir tragen eine Linie für t_f – am linken Randmaßstab abzulesen – in das Diagramm ein und eine zweite Linie für t_{tr}. Vom Schnittpunkt der t_f-Isotherme mit der Linie φ = 100 % (Punkt 1) finden wir unseren Ausgangspunkt. Durch diesen Punkt wird eine weitere Linie – parallel zu den Enthalpielinien – bis zur t_{tr}-Isotherme (Punkt 2) gezogen. Das Charakteristische ist, dass beide Zustandspunkte die *gleiche* Enthalpie besitzen.

Am Punkt 2 können auf bereits beschriebene Weise die relative Feuchte, die absolute Feuchte und die Enthalpie der feuchten Luft abgelesen werden, was mit dem Versuch bestimmt werden sollte.

Es ist darauf zu achten, dass das *h,x*-Diagramm nur für den auf dem Diagramm angegebenen Luftdruck gilt. Falls andere Luftdruckzustände herrschen, ist ein geeignetes Diagramm für diesen Druck zu verwenden. Auch Computerprogramme müssen auf den aktuellen Luftdruck eingestellt werden.

Bei unserem Versuch beträgt:

- die gemessene Luftfeuchtigkeit im Raum φ = 50,5 %
- der Wassergehalt der Luft x = 8,3 g/kg
- die Enthalpie h = 43,21 kJ/kg.

Neben den dargestellten Fällen von Zustandsänderungen der Luft lassen sich im *h,x*-Diagramm noch weitere Vorgänge zeigen, wie z. B. Befeuchten der Luft. Diese hängen weitgehend von den technischen Einrichtungen der Klimaanlage ab. Hier soll nur kurz darauf hinwiesen werden, dass es sowohl Vorrichtungen zum Einblasen von Wasserdampf als auch zum Zerstäuben von Wasser gibt. Zur Berechnung solcher Prozesse mit Hilfe des *h,x*-Diagramms muss Spezialliteratur heran gezogen werden oder – einfacher noch – der Kältemonteur kann sich eines geeigneten Computerprogramms bedienen. [7].

1.8 Kältemittel

Kälteanlagen haben die Aufgabe, einem Medium bei niedriger Temperatur Wärme zu entziehen und es dabei abzukühlen oder kalt zu halten und diese Wärme an die Umgebung, d. h. an die Luft oder an Wasser abzugeben. Außer den dazu erforderlichen Anlagenkomponenten – Verdichter, Apparate, Rohrleitungen und Regelgeräte, auf die im Nachfolgenden noch eingegangen wird – ist hierzu ein *Kältemittel* nötig, das diesen Wärmetransport übernimmt.

Als Kältemittel werden chemische Stoffe verwendet, deren Siedepunkte bei technisch sinnvollen Drücken (1 bis 4 bar) bei den in der Kühltechnik benötigten Temperaturen von –50 °C bis +10 °C betragen. In der Verfahrenstechnik sind in besonderen Anwendungsfällen auch noch niedrigere Temperaturen erforderlich.

In einem Verdampfer siedet flüssiges Kältemittel unter niedrigem Druck bei niedriger Temperatur und entzieht die zum Sieden erforderliche Wärme Kühlgütern oder Wärmeträgern (Luft, Wasser, Sole usw.), die sich dabei abkühlen. Der entstehende Kältemitteldampf wird in einem Verdichter auf einen Druck (und damit auf eine Verflüssigungstemperatur) gebracht, bei dem die Verflüssigungswärme durch Luft oder Kühlwasser entzogen werden kann. Die jetzt unter hohem Druck stehende Kältemittelflüssigkeit wird in einem Expansionsventil oder Kapillardrosselrohr entspannt und dem Verdampfer wieder zugeführt.

Das Kältemittel muss demnach ein Stoff sein, der bei technisch gut beherrschbaren Drücken bei niedrigen Temperaturen verdampft und bei natürlichen Umgebungstemperaturen verflüssigt werden kann.

Prüfen wir einmal, inwieweit z. B. Wasser als Kältemittel geeignet wäre. Es sei hier kurz wiederholt: Wasser geht unter Zufuhr von Wärme bei normalem Luftdruck von 1013 mbar und einer Temperatur von 100 °C vom flüssigen in den dampfförmigen Zustand über. Dem Wasser muss zur Änderung des Aggregatzustandes die beträchtliche Verdampfungsenthalpie von 2257 kJ/kg zugeführt werden. Dabei entwickeln sich jedoch aus einem kg Wasser 1,65 m^3 Wasserdampf. Wasser hat von allen Stoffen die höchste Verdampfungsenthalpie und wäre, wenn wir nur diese Eigenschaft betrachten, bestens als Kältemittel geeignet. Da in Kälteanlagen eine Verdampfungstemperatur von 100 °C ungeeignet ist, müsste bei einem Verdampfungsdruck erheblich unter dem Atmosphärendruck verdampft werden. Nachteilig ist neben den beträchtlichen Dampfvolumina, die sich beim Verdampfen von Wasser bei niedrigen Temperaturen und niedrigen Drükken ergeben (siehe Tabelle 1–6), die technische Schwierigkeit, den erforderlichen niedrigen Druck oder anders ausgedrückt, das entsprechende Vakuum zu erzeugen.

Tabelle 1–6: Verdampfen von 1 kg Wasser bei niedrigem Druck und niedrigen Temperaturen

Druck [mbar]	1,27	2,87	6,0	8,69	12,2
Siedepunkt [°C]	–20	–10	0	5	10
Wasserdampfvolumen [m^3]	995	451	204	146	106

In Verdichterkälteanlagen scheidet Wasser als Kältemittel demnach aus, da die Verdampfungsdrücke zu niedrig und die Dampfvolumina zu groß sind.

Es gibt dennoch Wasserdampfkälteanlagen, die als Dampfstrahlkälteanlagen arbeiten und wirtschaftlich dort eingesetzt werden, wo Abdampf in größeren Mengen zur Verfügung steht, z. B. in der chemischen Industrie.

Kältemittel in den von uns zu betreuenden Kältesätzen und -anlagen (Kühlmöbel, Anlagen für Verbrauchermärkte, Kühlhäuser und industrielle Anwendungen, einschließlich Wärmepumpen) müssen folgende physikalische und thermodynamische Eigenschaften aufweisen:

- **Je nach Einsatzbestimmung sollen die gewünschten Verdampfungstemperaturen mit einem Sättigungsdruck erreicht werden können, der zumindest geringfügig über dem Atmosphärendruck liegt, um bei Undichtigkeiten keine Luft in den Kreislauf einzusaugen. Diese Forderung ist jedoch nicht immer zu erfüllen.**
- **Um die Verflüssigungsenthalpie an Kühlwasser oder Umgebungsluft abgeben zu können, sind in der Regel Verflüssigungstemperaturen von 30 °C bis 50 °C (in tropischen Regionen bis 65 °C) erforderlich. Bei diesen Temperaturen soll der Verflüssigungsdruck möglichst niedrig sein. Je niedriger der Verflüssigungsdruck, desto kleiner wird das sogenannte *Druckverhältnis* (Verflüssigungdruck dividiert durch Verdampfungsdruck), um so besser der Liefergrad der Verdichter und desto niedriger der Auslegungsdruck der Apparate, Rohrleitungen und Armaturen. Darüber hinaus bedeutet ein kleines Druckverhältnis geringeren spezifischen Energiebedarf.**

- **Die sich im Verdichter einstellende Verdichtungsendtemperatur – abhängig vom Druckverhältnis und von dem Isentropenexponenten des Kältemittels – soll möglichst niedrig sein, um einen großen Anwendungbereich zu erzielen und um das Öl im Verdichter thermisch so wenig wie möglich zu belasten.**
- **Die Kälteleistungszahl ε (oder COP, Coefficient of Performance), d. h. das Verhältnis der Kälteleistung zur zugeführten Antriebsleistung sowie die volumetrische Kälteleistung, d. h. die je 1 m^3/s vom Verdichter angesaugten Kältemitteldampfes erzeugte Kälteleistung, sollen günstig sein.**

Daneben sind noch eine Reihe chemischer Eigenschaften der Kältemittel von Bedeutung, z. B. thermische Stabilität, Verhalten gegenüber Werkstoffen, Öl und Wasser sowie Toxizität und Brennbarkeit, auf die im Abschnitt 1.8.4 des Buchs eingegangen wird.

1.8.1 Zusammenhang zwischen Druck und Temperatur

Nehmen wir als Beispiel unserer Betrachtungen das Kältemittel R134a, chemisch ein fluorierter Kohlenwasserstoff der Ethan-Reihe. Seine chemische Formel lautet CF_3-CH_2 F, Tetrafluorethan. R134a ist bei Atmosphärendruck, genauer bei 1013 mbar und einer Temperatur von –26,1 °C eine Flüssigkeit. Mit dieser soll jetzt ein Versuch durchgeführt werden.

In eine offene Schale wird Kältemittel R134a gefüllt, das vorsichtig aus einer Stahlflasche, mit dem Ventil nach unten, abgelassen wird. Steht die Flasche mit dem Ventil nach oben, so entströmt bei nur wenig geöffnetem Absperrventil nur Dampf, weil in der Flasche bei Raumtemperatur Überdruck herrscht (beim Umgang mit Kältemitteln immer persönliche Schutzausrüstung benutzen). Bei t = 20 °C beträgt der Sättigungsdruck von R134a p = 5,72 bar.

In die siedende Flüssigkeit, die wie kochendes Wasser aussieht, taucht man ein Thermometer. Dessen Quecksilberfaden wird schnell auf etwa –26 °C absinken. Beobachtet man das Sieden des Kältemittels bis zum restlosen Verdampfen, dann erkennt man, dass die Temperatur gleich bleibt. Erst wenn die Kugel des Thermometers nicht mehr allseitig vom siedenden R134a umspült wird, lässt der Temperatureinfluss der Umgebung den Quecksilberfaden etwas ansteigen.

Die zum Sieden und restlosen Verdampfen des Kältemittels in der offenen Schale erforderliche Wärme (hier handelt es sich also allein um die *latente* Wärme) wurde aber nicht etwa durch eine Flamme oder eine andere spezielle Wärmequelle erzeugt, sondern dazu genügte allein die Wärme der Umgebungsluft, die mit 20 °C gemessen wurde und demnach um 46 K höher lag als die Verdampfungstemperatur des Kältemittels R134a. Würde man den gleichen Versuch mit R507A durchführen, so ließe sich dabei eine Temperatur von –47 °C am Thermometer ablesen.

Stellen wir weitere Druck/Temperatur-Beobachtungen an: Schließen wir an eine mit R134a gefüllte Kältemittelflasche ein Manometer an und platzieren sie in einen Kühlraum, in dem eine Temperatur von exakt 0 °C herrscht. Nach einiger Zeit wird das Manometer einen Überdruck von 1,93 bar anzeigen. In einem noch kälteren Kühlraum, in dem beispielsweise –10 °C herrschen, wird das Manometer weiter sinken und schließlich nur noch einen Überdruck von 1,01 bar anzeigen.

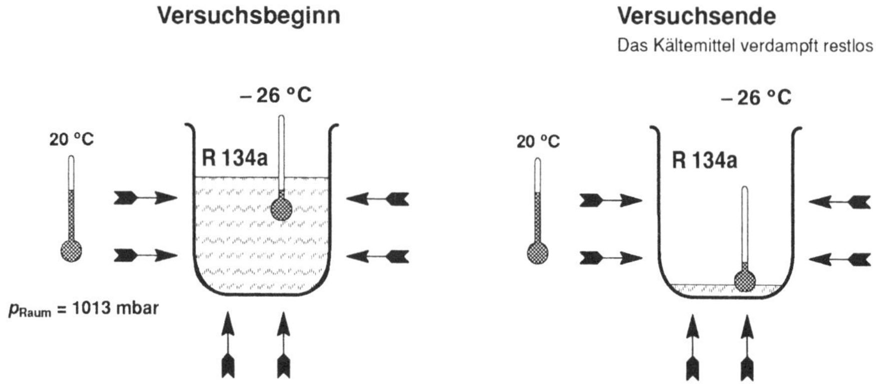

Abb. 1-39: Versuch mit R134a

Nehmen wir nun die Kältemittelflasche wieder aus dem Kühlraum heraus und warten, bis diese Umgebungstemperatur von angenommen 20 °C erreicht hat. Das Manometer ist dabei auf einen Überdruck von 4,72 bar angestiegen.

Öffnen wir jetzt das Ventil der senkrecht stehenden Flasche, sodass der im Inneren der Flasche befindliche Kältemitteldampf entweichen kann, so fällt der am Manometer ablesbare Druck rasch auf den Luftdruck der Umgebung ab. Bei längerem Ausströmen bereift die Außenfläche der Flasche, und zwar da, wo sich im Inneren flüssiges, siedendes Kältemittel befindet. Es wird ein *Flüssigkeitsstand* sichtbar. Die zum Sieden erforderliche Wärmemenge wird der Umgebungsluft entzogen, die zur kalten Flasche hinströmt (zweiter Hauptsatz). An der Flaschenwand wird die Umgebungsluft unter ihren Taupunkt abgekühlt, der in der Luft enthaltene Wasserdampf schlägt sich nieder. Bei siedendem R134a wird die Flasche etwa –26 °C kalt!

Das Beispiel lehrt uns folgende Erkenntnis:

Bei jedem Kältemittel besteht ein eigener, unabänderlicher Zusammenhang zwischen Druck und Temperatur. Ändert sich der Druck, so ändert sich zwangsläufig die Temperatur und umgekehrt.

Diese unabänderliche Zusammengehörigkeit von Stoffwerten, u. a. von Druck und Temperatur, machte die Erstellung von *Diagrammen und Dampftafeln* möglich, mit denen wir uns noch beschäftigen werden.

Eine Zusammenstellung der Diagramme und Dampftafeln einer Reihe der in der Kältetechnik üblichen Kältemittel ist in den Kältemaschinenregeln des Deutschen Kälte- und Klimatechnischen Vereins enthalten. Entsprechende Unterlagen neuer Kältemittel geben die Hersteller dieser Stoffe heraus.

1.8.2 Enthalpie von Kältemitteln

Eine weitere wichtige Zustandsgröße für das Verstehen von thermodynamischen Vorgängen und das einfache Berechnen derselben ist die Enthalpie H in kJ bzw. die spezifische Enthalpie h in kJ/kg eines Kältemittels bei gegebenen Verhältnissen.

Greifen wir einmal diese Werte aus der Dampftafel für R134a heraus, die für $t = -10$ °C gelten: Es betragen die

spezifische Enthalpie der Flüssigkeit h' = 186,9 kJ/kg und die
spezifische Enthalpie des Dampfes h'' = 391,3 kJ/kg.

Für die spezifische Verdampfungsenthalpie finden wir den Wert
Δh_d = 204,4 kJ/kg, also
$h'' - h' = \Delta h_d$
391,3 – 186,9 = 204,4 kJ/kg

Nach Abschnitt 1.4.5 ist die *spezifische Verdampfungsenthalpie* die Anzahl von kJ die man benötigt, um 1 kg Flüssigkeit bei Siedetemperatur völlig in Dampf von gleicher Temperatur überzuführen *(latente Wärme)*.

Es sei noch einmal besonders auf den Begriff *Verdampfungsenthalpie* hingewiesen. Die Verdampfungsenthalpie ist ganz klar nur diejenige Wärmemenge, welche der bei Siedetemperatur befindlichen (und nicht etwa unterkühlten) Flüssigkeit zugeführt werden muss, um sie vom flüssigen in den dampfförmigen Zustand umzuwandeln. In den Dampftafeln ist dies der Wert Δh_d, während h' der Wert für die spezifische Enthalpie der Flüssigkeit und h'' den Wert für die spezifische Enthalpie des Dampfes darstellt, wobei im Dampf also beide Enthalpiebeträge, nämlich die der Flüssigkeit und die der Verdampfung enthalten sind.

$h'' = h' + \Delta h_d$

Im Verdampfer einer Kälteanlage spielt sich der Siedevorgang des Kältemittels zwischen der Enthalpie des Dampfes und der Enthalpie der Flüssigkeit ab. Es interessieren uns also besonders die *Enthalpiedifferenzen* und natürlich auch die in einer Zeiteinheit umlaufende Kältemittelmasse sowie die Temperatur, bei welcher der Siedevorgang stattfindet.

Dazu ein Beispiel:
In einem Verdampfer (Luftkühler) sollen 100 kg R134a bei einer Temperatur von t = –10 °C vom flüssigen in den dampfförmigen Zustand überführt werden.

a) Bei welchem Druck findet dieser Vorgang statt?
b) Welche Wärmeenergie wird dabei der Umgebungsluft entzogen?

Lösung:
Zu a) Der Dampftafel für R134a entnehmen wir den zu t = –10 °C gehörenden Druck
p = 2,01 bar.

Zu b) Ebenfalls finden wir dort die Werte der spezifischen Enthalpien.
h'' = 391,3 kJ/kg
h' = 186,9 kJ/kg
Δh_d = 204,6 kJ/kg

daraus ergibt sich eine zur Verdampfung erforderliche Enthalpie von
$H_0 = 100\ \text{kg} \cdot \Delta h_d$
$H_0 = 100\ \text{kg} \cdot 204{,}6 = 20\,460\ \text{kJ}$

der Umgebungsluft werden demnach 20 460 kJ entzogen.

Dieses Beispiel war rein theoretisch, und wir haben dabei eine Kleinigkeit außer Acht gelassen. Es ist nämlich nicht berücksichtigt worden, dass es praktisch nicht möglich ist, Kältemittel mit einer Temperatur von –10 °C in einen Verdampfer hinein zu bekommen. Es sei denn, das flüssige Kältemittel wäre bereits auf –10 °C vorgekühlt.

In einem geschlossenen System, einem Kältemittelkreislauf, gehört zum Verdampfer ein Expansionsventil, in dem Druck abgebaut werden kann, da das Kältemittel aus dem Verflüssiger unter hohem Druck steht. Nehmen wir an, vor diesem Expansionsventil hat das Kältemittel durch Unterkühlung (siehe Abschnitt 1.9.2) eine Temperatur von +20 °C. Erst im Expansionsventil kühlt es sich durch Entspannung auf Verdampfstemperatur (bei teilweiser Verdampfung) auf –10 °C ab.

Die Kältemittelflüssigkeit vor dem Expansionsventil ist also 30 K wärmer als die im Verdampfer und hat in diesem Zustand eine höhere Enthalpie. Die Flüssigkeit muss noch um 30 K abgekühlt werden, bis sie Siedetemperatur erreicht hat. Der Verdampfungsvorgang in unserem Verdampfer (einschließlich Expansionsventil) wird sich also folgendermaßen abspielen;

Spezifische Enthalpie der Flüssigkeit bei +20 °C	h'	= 227,2 kJ/kg
spezifische Enthalpie der Flüssigkeit bei –10 °C	h'	= 186,9 kJ/kg
Differenz	$\Delta h'$	= 40,3 kJ/kg
spezifische Verdampfungsenthalpie bei –10 °C	Δh_d	= 204,4 kJ/kg

Von der spezifischen Verdampfungsenthalpie muss folglich die Differenz der spezifischen Enthalpien der Flüssigkeit abgezogen werden, um den wirklichen Wert der spezifischen Enthalpiedifferenz des Verdampfers zu erhalten.

$\Delta h_d - \Delta h' = 204{,}4 - 40{,}8 = 164{,}1$ kJ/kg

Sollen ebenfalls 100 kg R134a verdampft werden, so ist eine Enthalpie von

$H_0 = 100\ \text{kg} \cdot 164{,}1 = 16\,410$ kJ

erforderlich oder, wenn je Stunde 100 kg R134a verdampft werden, beträgt die Kälteleistung:

$\dot{Q}_0 = H_0/3600 = 16\,410/3600 = 4{,}56$ kW

Sinngemäß wird auch der Verflüssigungsvorgang berechnet.

1.8.3 Gegenwärtig eingesetzte Kältemittel

Die Geschichte der Kältemittel reicht zurück in das Jahr 1834; damals meldete Jacob Perkins eine Verdichterkältemaschine zum Patent an, die mit *Ethyläther* als Kältemittel arbeiten sollte. Die leichte Entzündbarkeit des Ethyläthers hemmte jedoch diese Entwicklung.

Erst Carl von Linde verhalf mit dem Einsatz von *Ammoniak* als Kältemittel (1876) der Verdichterkältemaschine zum Durchbruch.

Die Einführung von *Kohlendioxid* ermöglichte (um 1880) u. a. den Bau von Kälteanlagen für die Schifffahrt, und die Verwendung von *Schwefeldioxid* und *Methylchlorid* (um 1920) in Kleinkältemaschinen leitete die Entwicklung der Haushalts- und Gewerbekältetechnik ein.

Fluorierte, chlorierte Kohlenwasserstoffe (FCKW) wurden erstmals 1930 als Kältemittel vorgeschlagen. Wegen ihrer günstigen thermodynamischen und toxikologischen Eigenschaften sowie einer hohen thermischen und chemischen Stabilität führte ihr Einsatz zu einer wesentlichen Verbesserung der Zuverlässigkeit und Betriebssicherheit von Verdichterkälteanlagen. Im Gegensatz zu Ammoniak und Methylchlorid werden sie als Sicherheitskältemittel bezeichnet. Aus heutiger Sicht können wir sagen, der Begriff *Sicherheit* bezog sich auf den Umgang mit diesen Kältemitteln, nicht auf deren Einfluss auf die Umwelt.

Die Definition der Kältemittel und deren Kurzzeichen sind in der ISO 817 festgelegt. Diese sind der ASHRAE-Nomenklatur entnommen. Das Kurzzeichen setzt sich aus dem Buchstaben *R* (für *Refrigerant*, dem englischen Wort für Kältemittel) und der Kältemittelnummer zusammen, z. B. R404A (siehe auch EN 378-1, Anhang E).

Als Kältemittel werden Reinstoffe, azeotrope und zeotrope Gemische verwendet. Azeotrope Gemische sind dadurch gekennzeichnet, dass die Zusammensetzung der Massenanteile in der Flüssigkeitsphase und der Dampfphase gleich ist (korrekterweise nur bei einer Temperatur). Bei zeotropen Gemischen ist das nicht der Fall. D. h., bei einem Wechsel des Aggregatszustandes ist die Zusammensetzung der Massenanteile von Flüssigkeit und Dampf unterschiedlich. Das bedeutet auch, dass in einem Trockenexpansions-Verdampfer bei gleichem Druck die Temperatur am Eintritt einen andere ist als am Austritt. Auf diesen Effekt wird später noch eingegangen.

Die Nummern für Reinstoffe sind aus deren chemischer Formel hergeleitet, die für Kältemittel-Gemische sind Zählnummern. Zeotrope Kältemittelgemische sind der Reihe 400 (z. B. R404A) zugeordnet, azeotrope der Reihe 500 (z. B. R502, R507). Die Nummer 404 steht für bestimmte Gemischkomponenten, und zwar für R143a, R125 und R134a. Die Zusammensetzung aus 52% R143a, 44% R125 und 4% R134a erhält hinter der Nummer R404 ein A. Gemische aus den gleichen Komponenten, aber anderer Zusammensetzung, würden mit B, C usw. gekennzeichnet.

Tabelle 1–7: Auswahl häufig eingesetzter Kältemittel

Bisherige Kältemittel*	Chlorfreie Kältemittel	Service-Kältemittel*	Handelsname	Einsatztemperatur	Anwendung
R11		R123		±0 °C bis +20 °C	Kälteanlagen mit Turboverdichter in der Klimatechnik, auch als Wärmeträger
R114				–20 °C bis +20 °C	Kälteanlagen mit hoher Verflüssigungstemperatur, Kranklimatisieranlagen, Wärmepumpen
R12	R134a R152a R413A	R401A R401B R409A	MP 39 MP 66 FX 56 Isceon 49	–40 °C bis +10 °C	Kälteerzeugung im Haushalt, gewerbliche Kälteanlagen, Raum- und KFZ-Klimaanlagen, Wärmepumpen, industrielle Großkälteanlagen (Turboverdichter)
R22	R404A R507 R417A R407C		HP 62 Isceon 59	–50 °C bis +10 °C	Gewerbliche Kälteanlagen, Supermärkte, industrielle Kälteanlagen, Schiffskälteanlagen, Fenster- und Raumklimaanlagen, Wärmepumpen
R502	R404A R507 R407C	 R402A R402B R403B	HP 62 HP 80 HP 81 Isceon 69L	–60 °C bis –20 °C	Tiefkühl-Kälteanlagen in Supermärkten und Kühlhäusern bei einstufiger Verdichtung und luftgekühlten Verflüssigern, Tiefkühltruhen. Große Kälteleistung bei niedriger Verdampfungstemperatur

Bisherige Kältemittel*	Chlorfreie Kältemittel	Service-Kältemittel*	Handelsname	Einsatztemperatur	Anwendung
R13	R23			–100 °C bis –60 °C	Tieftemperatur-Kälteanlagen in Kaskadenschaltung für Spezialanwendungen, z. B. Gaszerlegung
R13 B1	R410A		Isceon 89	–80 °C bis –40 °C	Ein- und zweistufige industrielle Kälteanlagen für Anwendungen der chemischen und petrochemischen Industrie, Gefrieranlagen
	R717		Ammoniak	–50 °C bis ±0 °C	Industrielle Kälteanlagen für Kühlhäuser, Brauereien, Schlachthöfe
	R744		Kohlenstoffdioxid	–50 °C bis +15 °C	Industrielle und gewerbliche Kälteanlagen (ND-Teil von Kaskadenanlagen), Fahrzeugkühlung, Wärmepumpen
	R290		Propan	–50 °C bis ±0 °C	Flüssigkeitskühlsätze
	R1270		Propen	–50 °C bis ±0 °C	Flüssigkeitskühlsätze
	R600a		Isobutan	–20 °C bis +10 °C	Haushaltskühlung, Klimatechnik

* Chlorhaltige Kältemittel, die in Deutschland nicht mehr zugelassen sind und für die nach Verordnungen (EG) Ausstiegszeitpläne existieren.

Verbreitet ist auch die Verbindung aus einer Handelsbezeichnung mit der Kältemittelnummer oder herstellerinternen Bezeichnungen, z. B. Suva HP62 (R404A) von DuPont, Klea 61 (R407B) von ICI, AZ50 (R507) von Allied Signal und Solvay, ISCEON von Rhodia.

Anwendungsfälle für Kälteanlagen gibt es für Temperaturen von +10 °C bis –80 °C und in Ausnahmefällen darüber hinaus.

Das ist verständlicherweise mit nur einem Kältemittel nicht zu bewältigen. Es stehen für die unterschiedlichen Anwendungsfälle eine Vielzahl von Kältemitteln zur Verfügung.

Bis Ende der achtziger Jahre wurde neben dem Kältemittelklassiker Ammoniak die gesamte Anwendungspalette durch FCKW- und HFCKW-Kältemittel abgedeckt.

Ausgelöst durch das Montreal-Abkommen zum Schutz der Erdatmosphäre sowie nationaler und europäischer Gesetzgebung (s. 1.8.4), hat Anfang der neunziger Jahre ein Substitutionsprozess für die FCKW-Kältemittel eingesetzt. Mehr und mehr wurden FCKW durch FKW (chlorfreie, fluorierte Kohlenwasserstoffe) ersetzt.

Die Auswahl des geeigneten Kältemittels obliegt den Konstrukteuren und Planern der Kälteanlagen und -sätze.

Für den Kältemonteur ist es wichtig zu wissen, welches Kältemittel die von ihm betreute Anlage enthält. Dies kann am Anlagenschild abgelesen werden, das gemäß EN 378-2 an jeder Kälteanlage angebracht sein muss.

Bei eventuell erforderlichem Nachfüllen darf keinesfalls ein anderes Kältemittel verwandt werden.

Die Vermischung von Kältemitteln ist grundsätzlich nicht statthaft. Aus Gründen der Wiederverwertbarkeit von Stoffen verbietet in Deutschland das Kreislaufwirtschafts- und Abfallgesetz u. a. das Vermischen von Kältemitteln. Verwertbare Abfälle müssen getrennt gehalten werden.

Aus der Sicht des Kältemonteurs gibt es hierfür mindestens zwei weitere Gründe:

Erstens können bei der Vermischung von Kältemitteln (gedacht ist hier an FKW-Kältemittel) unzulässig erhöhte Drücke auftreten, die in keiner Weise mehr der Temperaturskala auf dem Manometer entsprechen. In jedem Fall müsste die gesamte Füllung entnommen und entsorgt werden.

Zweitens würden z. B. bei Vermischung von Ammoniak mit HFCKW- bzw. FKW-Kältemitteln chemische Reaktionen stattfinden, deren Folgen (Verstopfungen) im Einzelfall nicht zu übersehen sind.

Gegenwärtig werden zwei grundsätzlich unterschiedliche Arten von Kältemitteln verwendet:

- **Fluorkohlenwasserstoffe**, sogenannte Derivate der Kohlenwasserstoff-Verbindungen Methan und Ethan, z. B.
  R134a und
  eine Vielzahl von Gemischen (sogenannnten Blends), auf die im Folgenden noch eingegangen wird.
- **Natürliche Kältemittel**, z. B.
  Ammoniak, R717
  Kohlenstoffdioxid, R744
  Propan, R290
  Propen, R1270
  Butan, R600
  Isobutan, R600a

Die Anforderungen an ungebrauchte, zur Verwendung in Kältemaschinen bestimmte Kältemittel, regelt die DIN 8960. Anforderungen an Einrichtungen zur Aufbereitung gebrauchter Kältemittel sind in ISO 11650 spezifiziert.

1.8.4 Umgang mit FKW-, HFCKW- (und FCKW-)Kältemitteln

Diese Kältemittel haben folgende Eigenschaften:

- FKW (HFKW, FCKW) haben meist niedrige Siedepunkte und sind daher leicht flüchtig.
- Als **Handelsmarken** gekennzeichnete FKW, Reinstoffe oder Gemische (Blends), sind nicht brennbar und bilden auch mit Luft keine explosionsfähigen Gemische. Die Gemischkomponenten können sehr wohl brennbar sein.
- Sie sind bei sachgemäßer Anwendung nicht giftig, MAK-Wert 1000.
- Sie sind nicht krebserregend.
- Achtung, sie sind praktisch geruchlos. Erst bei höheren Konzentrationen in der Atemluft (20 Vol.-% in der Luft) lassen sie sich mit dem Geruchssinn wahrnehmen.
- In Gegenwart offener Flammen, heißer oder glühender Oberflächen, UV-Licht, Lichtbogen (Elektroschweißen) werden die FKW ebenso wie andere

- Halogen- Kohlenwasserstoffe zersetzt. Die dabei entstehenden Zersetzungsprodukte sind giftig.

Für die sichere und sachgerechte Anwendung gelten bestimmte Regeln (s. EN 378-4; Gefahrstoffverordnung).

Werden FKW-Kältemittelbehälter geöffnet, kann der Inhalt je nach Ausführung flüssig oder dampfförmig austreten. Dieser Vorgang verläuft umso heftiger, je höher der Druck im Behälter ist. Das hängt außer vom speziellen Kältemittel auch von der Umgebungstemperatur ab.

Beim Umgang mit Kältemitteln ist deshalb stets *persönliche Schutzausrüstung* erforderlich.

Schutzbrille aufsetzen: Sie verhindert, dass Kältemittel in die Augen gelangt und schwere Erfrierschäden verursacht.

FKW (HFCKW, FCKW) lösen Öle und Fette recht gut. Im Kontakt mit der Haut entfernt es daher den schützenden Fettfilm. Entfettete Haut ist empfindlich gegen Kälte und Krankheitskeime. Geeignete Handschuhe schützen wirksam vor Hautentfettung.

Kältemittel soll kühlen. Dazu muss es verdampfen. Flüssiges Kältemittel entzieht die dazu erforderliche Wärme der Umgebung, auch der menschlichen Haut. Dabei können sehr niedrige Temperaturen auftreten. Die Folge sind örtliche Erfrierungen (Frostbeulen).

Sämtliche FKW-Kältemittel – auch diejenigen, die bei Raumtemperatur flüssig sind – verdampfen oder verdunsten, wenn der Behälter geöffnet wird. Die Dämpfe vermischen sich mit der Umgebungsluft. Werden sie in hoher Konzentration eingeatmet, können sie gesundheitsschädigende Wirkung auf den menschlichen Organismus haben.

FKW- (HFCKW, FCKW-)Kältemittel zersetzen sich bei Löt- oder Schweißarbeiten sowie in Zigarettenglut. Die dabei entstehenden Substanzen sind giftig und dürfen nicht eingeatmet werden.

Um das Auftreten höherer Konzentrationen zu vermeiden, sind Arbeitsplätze gut zu belüften. Ggf. muss eine Absaugeinrichtung in Bodennähe eingesetzt werden. Die Verwendung von *Filterschutzmasken* zum persönlichen Schutz gegen hohe FKW-Konzentration sind unzulässig. Es dürfen nur Atemschutzgeräte verwendet werden, die unabhängig von der Umgebungsluft wirken.

1.8.5 FCKW-Kältemittel in der Atmosphäre

Ab etwa 1950 begann ein verstärkter Einsatz von FCKW-Kältemitteln in Kälteanlagen für die Klimatechnik sowie in Gewerbe- und Haushaltskälteanlagen. Schnell kamen den Bedarfsfällen immer besser angepasste FCKW auf den Markt. Diese Kältemittel, gemeinhin *Sicherheitskältemittel* genannt, ermöglichten eine stürmische Entwicklung der Kältetechnik auf allen ihren Arbeitsgebieten.

Seit den 70er Jahren erheben nun Wissenschaftler den Vorwurf, dass diese Kältemittel am globalen Abbau der die Erde umgebenden Ozonschicht maßgebenden Anteil haben.

Die Ozonschicht befindet sich in der Stratosphäre in 15 bis 50 km Höhe. Die dort verteilten Ozonanteile adsorbieren etwa 99 % der energiereichen UV-Strahlung der Sonne und bewirken durch diese Abschirmung den Schutz des Lebens auf der Erde. In die Atmosphäre gelangte FCKW werden in der Troposphäre (Höhe etwa 15 km) weder chemisch noch photolytisch nennenswert abgebaut. Erst nach Erreichen der Stratosphäre werden die FCKW-Moleküle durch die immer stärker werdende energiereiche UV-Strahlung der Sonne photolytisch aufgebrochen. Dadurch wird das Chlor aus den FCKW freigesetzt. Dieses Chlor baut in komplexen Reaktionsprozessen das dreiatomige Sauerstoffmolekül Ozon zum zweiatomigen Sauerstoff ab. Dabei kann ein Chloratom theoretisch bis zu 10 000 Ozonmoleküle abbauen, bevor es selber durch chemische Prozesse gebunden wird. Dies erklärt auch seine lange Verweilzeit von mehreren Jahren.

FCKW werden als maßgebliche Mitverursacher des sogenannten *Ozonlochs* über der Antarktis genannt, das jährlich am Ende des arktischen Winters mit zunehmender Ozonausdünnung und räumlicher Ausdehnung beobachtet wird.

Dass durch die geschilderten Vorgänge ein globaler Abbau der Ozonschicht erfolgt, muss nach vorliegenden Erkenntnissen angenommen werden. Die Existenz des Ozonlochs ist messtechnisch nachgewiesen.

Verhaltenskodex

Im Jahre 1984 wurde von der Kommission der EU eine Anleitung (Verhaltenskodex) zur Verringerung von Emission der FCKW R11 und R12 aus Kälte- und Klimaanlagen herausgegeben. Teile dieses Verhaltenskodex sind inzwischen in eine Reihe von Verordnungen eingeflossen und haben Gesetzeskraft.

Neben Hinweisen für die Konstruktion von Kälteanlagen, Verdichtern und anderen Komponenten werden im Hinblick auf die Verringerung von Kältemittel-Emissionen auch solche für den Betrieb, die Montage und den Service gegeben. Die aufgeführten Hinweise bleiben richtungsweisend und aktuell, auch wenn Kälteanlagen mit R11 und R12 (und anderen FCKW) nicht mehr in Betrieb sind.

Nachfolgend die wesentlichen Punkte für Montage und Service:

- Saubere Montage; Schmutz oder Metallspäne dürfen nicht in die Anlage gelangen, um Beschädigungen von Motorwicklungen, Wellenabdichtungen u.ä. zu vermeiden.
- Löten mit Schutzgas (Formiergas, Stickstoff, Spiritus) ist zur Vermeidung von Zunder dringend geboten.
- Sorgfältige Durchführung von Dichtheitsprüfungen vermeidet Entweichen von Kältemittel in die Atmosphäre.
- Evakuieren der fertigen Anlage mit nachfolgender Standprüfung (Trockenheit, Dichtheit) bei tiefem Vakuum (1mbar) gibt Hinweis auf Undichtigkeiten (speziell an schwerzugänglichen Stellen).
- Verwendung von Rückgewinnungsgeräten (Entsorgungsgeräten) bei Wartungsarbeiten, z. B. Ölwechsel, Trocknerwechsel usw. reduziert Kältemittel-Emission.
- Regelmäßige Dichtheitsprüfungen der in Betrieb befindlichen Kälteanlagen beugen Kältemittelverlusten vor und vermindern den Energiebedarf.
- Benutzung der Kappen von Absperrventilen reduzieren Kältemittel-Emission.
- Kritische Beurteilung des Schwingverhaltens der in Betrieb befindlichen Anlage, speziell der Rohrleitungen, helfen Brüchen durch Dauerwechselbelastung an Rohrleitungen und Verbindungen vorzubeugen.

Auf einzelne Punkte wird im Folgenden noch näher eingegangen.

Hinweis: In früheren Auflagen des *Kältemonteur* wurde auf die *VDMA-Einheitsblätter 24 243, Teil 1 bis 5*, unter dem Titel *Emissionsminderung von Kältemitteln, insbesondere FCKW, aus Kälteanlagen* aufmerksam gemacht, deren Inhalt eine sehr ähnliche Zielsetzung wie der Verhaltenskodex verfolgte. Diese VDMA-Einheitsblätter 24 243 wurden zurückgezogen und 2005 unter der gleichen Nummer 24 243, Teil 1 bis 3 und dem Titel

Dichtheit von Kälteanlagen und Wärmepumpen, Lecksuche/Dichtheitsprüfung veröffentlicht (Beuth Verlag, Berlin).

Umweltkriterien von Kältemitteln

Im Vorstehenden wurde bereits auf den schädigenden Einfluss der FCKW-Kältemittel, präziser auf den Chloranteil in den FCKW auf die Ozonschicht der Atmosphäre, eingegangen.

Neben der Ozonschichtschädigung ist jedoch auch der sogenannte Treibhauseffekt in die Betrachtung einzubeziehen.

Zur Bewertung der Schädigungspotentiale wurden folgende Größen eingeführt:

ODP → Ozone Depletion Potential

auf deutsch: *Ozon-Gefährdungs-Potential*

ODP sagt aus, in welchem Maße ein Stoff die Ozonschicht der Atmosphäre mehr oder weniger schädigt als R11 (ODP von R11 = 1).

Da die Ozonschichtschädigung durch Kältemittel ausschließlich von deren Chloratomen hervorgerufen wird, haben chlorfreie Kältemittel (FKW) ein ODP = 0.

GWP → Global Warming Potential **HGWP → Halocarbon Global Warming Potential**

auf deutsch: *Erderwärmungs-Potential oder Treibhauseffekt*

GWP sagt aus, in welchem Maße ein Stoff zum Treibhauseffekt mehr beiträgt als Kohlenstoffdioxid (CO_2).

HGWP sagt aus, in welchem Maße ein Stoff zum Treibhauseffekt mehr beiträgt als R11 (HGWP von R11 = 1).

Das Verhältnis von *GWP* (CO_2-bezogen) zu *HGWP* (R11-bezogen) beträgt etwa 4000, d. h. 1 kg R11 trägt etwa 4000mal mehr zum Treibhauseffekt bei als 1 kg CO_2.

Da CO_2 in der Atmosphäre eine sehr lange Verweilzeit besitzt (ca. 500 Jahre), die betrachteten Kältemittel (FCKW, H-FCKW, FKW) jedoch geringere Verweilzeiten, ist der Vergleich schwierig. In der Regel wird eine zeitliche Betrachtung, ein sogenannter *Zeithorizont*, von 100 Jahren zu Grunde gelegt.

Leider haben auch die chlorfreien, aber fluorhaltigen Kältemittel einen GWP > 0. Nur bei den natürlichen Kältemitteln Ammoniak und Kohlenwasserstoffen ist sowohl das ODP als auch das GWP = 0. Bei dieser Gelegenheit sei jedoch erwähnt, dass ein natürlicher Treibhauseffekt auf der Erde lebensnotwendig ist. Erst durch die Treibhausgase Kohlenstoffdioxid, Methan, Wasserdampf, Ozon u. a. m. erfolgt eine Erwärmung der Erdatmosphäre von durchschnittlich –15 °C (kein Leben möglich) auf +15 °C.

Wissen wir nun, dass CO_2 und andere Treibhausgase maßgebend für die Erwärmung der Erdatmosphäre sind, so stellt sich die Frage nach der Aussagekraft der GWP-Betrachtung bei der Bewertung einer Kälteanlage im Hinblick auf den Treibhauseffekt. Entweicht beispielsweise einem dichten Kreislauf kein Kältemittel und gelangt somit auch aus der Anlage kein Kältemittel in die Atmosphäre, dann kann es auch nicht schädigend wirksam werden.

Zum anderen wird bei der Erzeugung der erforderlichen elektrischen Energie unweigerlich ein CO_2-Ausstoß verursacht (sofern die elektrische Energie nicht durch Atomkraft,

Wind oder Wasser erzeugt wurde). Die Größenordnung wird vom Energiebedarf der Kälteanlage, dem COP (**C**oefficient **o**f **P**erformance = Leistungszahl), und Nebenverbrauchern (Abtauheizungen, Kälteträgerpumpen usw.) bestimmt.

D. h., zur Beurteilung des Einflusses auf den Treibhauseffekt durch eine Kälteanlage sind mehrere Faktoren zu berücksichtigen. Im Einzelnen:

- Treibhauspotential des verwendeten Kältemittels GWP [CO_2-bezogen]
- Leckrate der Kälteanlage/Jahr L [kg]
- Lebenszeit der Kälteanlage n [Jahre]
- Füllgewicht der Kälteanlage m [kg]
- Recycling-Faktor der Kältemittelfüllung α_{re} [–]
- CO_2-Emission (abhängig vom Energie-Mix*) β [kWh]
- Energiebedarf pro Jahr E_{an} [kWh]

* Verhältnis Energieerzeugung aus fossilen Brennstoffen zu Atomstrom-, Wind- oder Wasserstrom.

Aus diesen sieben Begriffen wurde der Beurteilungswert TEWI abgeleitet.

TEWI → Total Equivalent Warming Impact [kg CO_2/a]

Der TEWI berücksichtigt beide Treibhauseffekte, nämlich den direkten (Kältemittelverluste aus der Kälteanlage und Recyclingsverluste) und auch den indirekten (aus dem Energiebedarf der Kälteanlage).

Der TEWI ist zahlenmäßig errechenbar nach folgender Formel:

$$\mathbf{TEWI = GWP \cdot L \cdot n + [GWP \cdot m \cdot (1 - \alpha_{re}) + n \cdot E_{an} \cdot \beta]}$$

Der Kältemonteur wird kaum TEWI-Berechnungen durchführen. Die Formel macht ihm dennoch deutlich, worauf zu achten ist, um mit seinen Möglichkeiten den Einfluss von Kälteanlagen auf den Treibhauseffekt zu reduzieren.

- Kältemittelkreisläufe müssen dicht sein (L so klein wie möglich).
- Kreisläufe dürfen nicht überfüllt werden (m so klein wie möglich)
- Entnommene Kältemittel dürfen nicht vermischt werden, und sie müssen recyclebar bleiben (α_{re} so groß wie möglich).
- Die Kälteanlage muss bei der Inbetriebnahme und bei Servicearbeiten so einreguliert werden, dass der Energiebedarf möglichst gering ist (E_{an} so klein wie möglich).

Die Auswahl des Kältemittels *(GWP)* sowie der Verdichter und die Dimensionierung der Rohrleitungen und Apparate *(m, E_{an})* ist Sache der Planungsingenieure. Der Energie-Mix (β) hängt von der nationalen Energiepolitik ab.

Auch die natürlichen Kältemittel (Ammoniak, Kohlenwasserstoffe) sind nicht völlig ohne Einfluss auf die Atmosphäre. Dieser Einfluss ist weniger global als vielmehr regional zu sehen. Quantifiziert wird dieser als auf die Ozonbildung des Sommersmogs wirkender Einfluss; als POCP Wert.

POCP → Photochemical Ozone Creating Potential

auf deutsch: *Photochemisches Ozonerzeugungspotential*

POCP sagt aus, in welchem Maße ein Stoff höheren Einfluss auf die regionale Ozonbildung hat als Methan (CH_4).

Gesetzgeberische Maßnahmen

Schon wenige Jahre nach der Veröffentlichung der *FCKW-Ozon-Theorie* im Jahre 1974 wurde der Einsatz der FCKW-Kältemittel in Spraydosen in einigen Ländern stark eingeschränkt, teilweise sogar verboten.

Erst die in den 80iger Jahren nachgewiesene Ausdünnung der Ozonschicht über der Antarktis hat Entscheidungen beschleunigt. So wurde am 16. 09.1987 in Montreal auf der Grundlage einer am 22. 03. 1985 in Wien vereinbarten *Konvention zum Schutze der Ozonschicht* ein Vertragswerk von 25 Staaten unterzeichnet. Der Inhalt dieses Protokoll wurde durch eine Reihe nachfolgender Konferenzen verschärft und ergänzt.

Über Inhalte und Termine des *Montreal Abkommens* hinausgehend, wurde in der Bundesrepublik Deutschland die Verordnung zum Verbot von bestimmten die Ozonschicht abbauenden Halogenkohlenwasserstoffen (FCKW-Halon-Verbots-Verordnung) am 01. 08. 1991 in Kraft gesetzt.

Am 01. 10. 2000 ist die Verordnung (EG) 2037/2000 des Europäischen Parlaments über Stoffe, die zum Abbau der Ozonschicht führen, in Kraft getreten. Am 01. 12. 2006 löste die Chemikalien-Ozonschichtverordnung die FCKW-Halon-Verbots-Verordnung ab. Die Chemikalien-Ozonschichtverordnung gilt in Deutschland ergänzend zur genannten Verordnung (EG) 2037/2000.

Diese Verordnungen greifen entscheidend in den Arbeitsbereich des Kältemonteurs ein.

Die nachstehenden Erörterungen beschränken sich auf die für die Kältetechnik relevanten Substanzen (Kältemittel), die in den Verordnungen jetzt als *geregelte Stoffe* bezeichnet werden. Es sind dies alle chlorhaltigen Kältemittel; u. a. R11 (auch als Treibmittel für Isolierschäume oder Kälteträger verwendet), R12, R13, R13B1, R114, R502 und auch R22 sowie die R22 enthaltenden Servicekältemittel, z. B. R401A bis C.

In gekürzter Form besagen die Verordnungen:

1. Verboten ist
   - die Herstellung, das in Verkehr bringen und die Verwendung dieser geregelten Stoffe (Kältemittel) sowie
   - die Herstellung und das in Verkehr bringen von Erzeugnissen, die diese Kältemittel enthalten.
     (Anmerkung: Übergangsfrist endete am 31.12.1999)
2. Für die Rückgewinnung von geregelten Stoffen (Kältemitteln) ist der Besitzer der Kälteanlage verantwortlich. Der Verantwortliche kann die Erfüllung seiner Pflichten Dritten übertragen.
3. Hersteller und Vertreiber von geregelten Stoffen (Kältemitteln) sind verpflichtet, gebrauchte Kältemittel zurückzunehmen oder die Rücknahme über einen Dritten sicherzustellen.
4. Über Art und Menge der zurückgenommenen oder entsorgten Kältemittel sowie über deren Verbleib sind vom Hersteller oder Vertreiber Aufzeichnungen zu führen.
5. Beim Betrieb, bei Instandsetzungen und bei Außerbetriebnahmen von Kälteanlagen (Altanlagen) ist der Austritt von Kältemittel in die Atmosphäre zu verhindern oder sofern dies nach dem *Stand der Technik* nicht möglich ist, auf das dem Stand der Technik entsprechende Maß zu reduzieren.
   Hinweis: Wenn also bei den genannten Arbeiten ein Anlagenteil drucklos gemacht werden muss, ist die Verwendung eines Rückgewinnungsgerätes zwingend erforderlich.
6. Kälteanlagen die drei Kilogramm oder mehr geregelter Stoffe als Kältemittel enthalten müssen regelmäßig fachgerecht inspiziert und gewartet werden. Die Häufigkeit

der Inspektionen und Wartungen ist abhängig vom Alter, der Beschaffenheit und der Größe der betreffenden Anlage und muss in einem Betriebshandbuch unter Berücksichtigung der vom Hersteller gemachten Angaben festgeschrieben sein.
Über die Inspektionen und Wartungen, einschließlich der Dichtheitsprüfungen und etwaiger Instandsetzungsarbeiten sind im Betriebshandbuch unter Angabe von Art und Menge eingesetzter oder rückgewonnener Kältemittel Aufzeichnungen zu führen.
Hinweis: Dem Anlagenbetreiber sind diese Mengen vom Kältemonteur in geeigneter Form mitzuteilen.

7. Die Rückgewinnung und Rücknahme von geregelten Stoffen (Kältemitteln) dürfen nur von Personen ausgeführt werden, welche die hierfür erforderliche Sachkunde nachgewiesen haben und über hierzu erforderliche technische Ausstattung verfügen. Sie müssen zuverlässig sein und im Falle von Inspektions- und Wartungstätigkeiten hinsichtlich dieser Tätigkeiten keinen Weisungen unterliegen.

Im vorstehenden Abschnitt *Umweltkriterien von Kältemitteln* wird neben dem ODP, dem Ozongefährdungs-Potential, auch der GWP, Erderwärmungs- Potential oder der Treibhauseffekt, behandelt.

Seit dem 04. 07. 2007 ist die Verordnung (EG) 842/2006 über bestimmte Treibhausgase, die sogenannte *F-Gase Verordnung*, in Kraft.

Bei diesen bestimmten Treibhausgasen (Kältemitteln) handelt es sich u. a. um chlorfreie, aber fluorhaltige Kältemittel (z. B. R134a, R507, R404A).

Die Verordnung (EG) 842/2006 regelt, ähnlich wie die Chemikalien-Ozonschichtverordnung für chlorhaltige Kältemittel, den Umgang mit fluorierten Kältemitteln. Diese Regelungen betreffen im wesentlichen

- die Reduzierung von Emissionen,
- die Rückgewinnung (von Kältemitteln),
- Anforderungen an Ausbildung und Zertifizierung an betroffenes Personal,
- Berichterstattung (über Produktion und Inverkehrbringen),
- Kennzeichnung von Produkten, die fluorierte Treibhausgase (fluorhaltige Kältemittel) enthalten,
- das Inverkehrbringen von fluorierten Treibhausgasen (fluorhaltige Kältemittel).

Wichtig zu wissen ist, dass bei Verwendung fluorierter Treibhausgase als Kältemittel ebenfalls vorgeschriebene, regelmäßige Dichtheitsprüfungen durchgeführt werden müssen, dass darüber Aufzeichnungen gemacht werden müssen und das betroffene Personal ausgebildet und zertifiziert sein muss.

Service- und Ersatz-Kältemittel

Gemäß der FCKW-Halon-Verbots-Verordnung wurde die Verwendung einer Reihe von Kältemitteln verboten, und diese mussten ersetzt werden. Das traf in der Gewerbekälte in besonderem Maße auf die Kältemittel R12 und R502 zu.

Neue Kältemittel mussten ein ODP = 0 haben, also chlorfrei sein. Allenfalls durften sie (bis zum 1. 1. 2000 als Kältemittel für Neuanlagen) den HFCKW R22 als Komponente enthalten.

Grundsätzlich musste zwischen zwei Anforderungen an neue Kältemittel unterschieden werden:

- Kältemittel, die ohne weitere Änderungen an einer FCKW-Kälteanlage ersatzweise eingefüllt werden können. D. h. im Wesentlichen, es kann dasselbe Kältemaschinenöl und dasselbe TEV weiter verwendet werden.

Tabelle 1-8: Eigenschaften einiger Kältemittel

Kältemittelbezeichnung		Sicherheitsgruppe[1)]	Siedepunkt [°C]	ODP	GWP[2)]	Prakt. Grenzwert [kg/m³]	Brennbarkeit LFL[1)] [kg/m³]	Bemerkungen
H-FCKW	R22	A1	–41	0,055	1500	0,3	–	Reinstoff
H-FKW	R134a	A1	–26	0	1300	0,25	–	Reinstoff
FKW	R404A (R143a/R125/ R134a)	A1	–47 bis –46	0	3260	0,48	n/a	Nahezu azeotropes Gemisch
	R507 (R143a/R125)	A1	–47	0	3800	0,49	–	Azeotropes Gemisch
	R407A (R32/R125/ R134a)	A1	–45 bis –39	0	1770	0,33	n/a	Zeotropes Gemisch
	R407C (R32/R125/ R134a)	A1	–44 bis –36	0	1520	0,31	n/a	Zeotropes Gemisch
	R717, (NH3)	B2	–33	0	0	0,00035	0,104	Reinstoff
KW	R1270, (Propen)	A3	–48	0	4)	0,008	0,047	Reinstoff
	R600a, (Isobutan)	A3	–12	0	3	0,011	0,038	Reinstoff

1) Siehe prEN 378-1:2007, Anhang E
2) Bezogen auf CO_2 bei einem Zeithorizont von 100 Jahren

Diese Kältemittel sind Gemische mit einem Anteil R22 oder Kohlenwasserstoff. Man spricht von *drop-in-* oder *Servicekältemitteln*. Servicekältemittel mit R22-Anteil sind nicht mehr zulässig.

- Kältemittel, deren Verwendung ein spezielles Kältemaschinenöl (Polyol-Ester) und spezielle Komponenten, z. B. TEV, erforderlich machen. Diese Kältemittel sind chlorfrei, sowohl als Reinstoffe oder Gemische. Man spricht von *Retrofit- oder Ersatzkältemitteln.*

Servicekältemittel wurden zum Austausch von FCKW aus vorhandenen Kälteanlagen, im Wesentlichen von R12 und R502, eingesetzt. Das ODP der Servicekältemittel ist > 0 jedoch < 0,05 (ODP R22) Bei Gemischen mit Kohlenwasserstoffanteilen kann der ODP auch 0 sein.

Ersatzkältemittel (FKW) werden vorzugsweise in Neuanlagen eingesetzt. Das ODP der Ersatzkältemittel = 0.

Ersatzkältemittel erfordern einige andere Komponenten im Kältemittelkreislauf. Die chlorfreien Ersatzkältemittel sind mit den bekannten Kältemaschinenölen – Mineralölen, Alkylbenzolen, Poly-α-Olefinen (SHC-Ölen) – nicht mischbar. Diese Mischbarkeit ist aber eine Voraussetzung, dass Verdampfer für Trockenexpansions (Einspritzverdampfer) nicht verölen, und die Ölrückführung vom Verdampfer zum Verdichter störungsfrei erfolgen kann. Für die Ersatzkältemittel wurden eigens TEV, Filtertrockner und Feuchteindikatoren entwickelt.

Die Umstellung von Kälteanlagen mit FCKW auf FKW ist möglich. Diese Umstellung ist im Besonderen wegen der Notwendigkeit eines völlig anderen Schmiermittels (Polyol-Esteröl) erheblich aufwendiger als bei Servicekältemitteln (s. 4.2).

Der in Tabelle 1-8 genannte *Praktische Grenzwert [kg/m³]* für ein Kältemittel benennt die höchste Konzentration in einem Personen- Aufenthaltsbereich, die noch keine akuten Maßnahmen für eine Flucht erfordert. Dieser Wert wird für die Festlegung der maximalen Kältemittel-Füllmenge des jeweiligen Kältemittels für einen bestimmten Anwendungsfall zu Grunde gelegt.

Der Wert *LFL* für *Brennbarkeit* nennt die untere Explosionsgrenze (Low Flammable Limit), für Blends ist dieser Wert nach dem Anteil der brennbaren Komponente(n) zu errechnen (s. prEN 378-1:2007, Anhang E).

Unter *Bemerkungen* wurden die Begriffe *azeotrope* und *zeotrope* Gemische genannt.

Azeotrop bedeutet, dass bei der Änderung des Aggregatszustandes eines Gemisches (z. B. von flüssig auf dampfförmig) die Masseanteile in der flüssigen und der dampfförmigen Phase gleich sind.

Bei *zeotropen* Gemischen ist dies nicht der Fall. Die Folge ist, dass bei konstantem Druck die Temperatur am Anfang der Verdampfung (oder Verflüssigung) anders ist als am Ende. Man spricht von einem *Temperaturgleit*. Bei den angebotenen Kältemittelgemischen kann die Temperatur am Anfang der Verdampfung (im Trockenexpansions-Verdampfer) bis zu 7 K niedriger als am Ende des Verdampfers sein.

Wegen der Eigenschaft zeotroper Kältemittel, unterschiedliche Masseanteile in der flüssigen und der dampfförmigen Phase zu haben, ist der Einsatz derartiger Gemische in Kälteanlagen mit überfluteten Verdampfern ungeeignet.

Die in Tabelle 1-8 aufgeführten Kältemittel stellen nur eine geringe Auswahl der heute verfügbaren Kältemittel dar.

1.8.6 Ammoniak

Eine Alternative zu den HFKW und FKW-Kältemitteln stellen natürliche Kältemittel dar, deren Schädigungspotentiale ODP = 0 sowie GWP $\leq$ 3 betragen.

Dies sind im Wesentlichen:

• **Ammoniak**	**R717**
• **Kohlenstoffdioxid**	**R744**
• **Propan**	**R290**
• **Propen**	**R1270**
• **Isobutan**	**R600a**

Näher eingegangen werden soll in diesem und im folgenden Kapitel auf die schon klassischen Kältemittel *Ammoniak und Kohlenstoffdioxid.*

Ammoniak wurde bis 1990 hauptsächlich in Industriekälteanlagen eingesetzt. Neuerdings werden mehr und mehr Flüssigkeitskühlsätze mit Ammoniak als Kältemittel gebaut, die auch in gewerblichen Kälteanlagen Anwendung finden. Grundsätzlich wird Ammoniak dort eingesetzt, wo seine toxischen Eigenschaften beherrscht werden und kein öffentliches Publikum gefährdet wird. Regelwerke (z. B. Technische Regel für Anlagensicherheit, TRAS 110: *Sicherheitstechnische Anforderungen an Ammoniak-Kälteanlagen*) erleichtern den Planern den Bau sicherer Ammoniak-Kälteanlagen.

Eigenschaften von Ammoniak

Ammoniak, chemische Formel NH_3, ist giftig. Es ist ein stechend riechendes Gas, das auf die Atmungsorgane und die Schleimhäute wirkt.

Ammoniak ist brennbar. Die Zündgrenze liegt bei 630 °C, in Abwesenheit von katalytisch wirkendem Stahl sogar bei 840 °C. Mit einem brennenden Span kann Ammoniak nicht entzündet werden, wohl aber mit einem Schweißbrenner.

Ammoniak ist explosibel. Die untere Explosionsgrenze in Verbindung mit Luft beträgt 15,4 %, die obere Explosionsgrenze 33,6 % (bezogen auf 20 °C und 1,013 bar).

Die *thermodynamischen Eigenschaften* sind, verglichen mit anderen Kältemitteln, günstig.

Die *ökologischen Werte* sind ausgezeichnet: *ODP = 0, GWP = 0.*

Die *Warnwirkung* liegt bei einem Geruchsschwellenwert von *5–10 ppm* (Volumen in Luft) weit unterhalb der Gefahrengrenze.

20 ppm	**beträgt der AGW-Wert*, (früher MAK-Wert**)**
400 ppm	**Erstickungsgefühl, Brechreiz, Schwindel, Magenschmerzen, Verätzung der Luftwege, Schädigung der Hornhaut.**
1000 ppm	**sind unerträglich. Nach maximal 1 Stunde Einwirkung noch keine lebensbedrohenden gesundheitlichen Auswirkungen zu erwarten.**
2000 ppm	**wirken nach 0,5–1 Stunde tödlich. An den Augen treten Horn-**
5000 ppm	**hautentzündungen auf.**
	führen nach 0,5 Stunden zu Erblindung und zum Tode.

* Arbeitsplatz-Grenzwert

** Maximale Arbeitsplatz Konzentration

Es sei an dieser Stelle bezüglich des Umgangs mit Ammoniak auf das *VDMA Einheitsblatt 24020:2007, Betriebliche Anforderungen an Kälteanlagen, Teil 1: Ammoniakkälteanlagen* hingewiesen (zu beziehen bei Beuth Verlag GmbH, Berlin). Darin sind auf der Grundlage der Betriebssicherheits-Verordnung die relevanten Regelwerke aufgeführt und in Anhängen auszugsweise zitiert. Weitere Hinweise finden sich in den *Sicherheitsdatenblättern*, die über die Ammoniakhersteller erhältlich sind sowie in der *BGR 500, Kapitel 2.35* (früher Unfallverhütungsvorschrift).

Das in Kälteanlagen verwendete Ammoniak wird durchweg synthetisch hergestellt. Eine Zersetzung in seine Bestandteile Stickstoff und Wasserstoff tritt bei den im praktischen Betrieb vorkommenden Drücken und Temperaturen nicht auf. Werden in der Anlage inerte Fremdgase festgestellt, handelt es sich meist um Luft, die bei Montage oder Service in der Anlage verblieben ist oder an undichten Stellen eingesaugt wurde.

Wie vorstehend bereits erwähnt, ist Ammoniak in gewissen Mischungsverhältnissen mit Luft explosiv und brennbar. Deshalb sollten zum Aufsuchen von Undichtigkeiten nicht die bekannten Schwefelfäden benutzt werden. Hierzu eignet sich am besten angefeuchtetes *Phenolphthalein-Papier*, das sich bei der Berührung mit Ammoniak rot verfärbt. Vor Schweißarbeiten, z. B. an Rohrleitungen, ist Spülen mit Stickstoff zwingend erforderlich.

Verhalten gegenüber Wasser und Öl

Dampfförmiges Ammoniak wird von Wasser begierig absorbiert. Deshalb lässt man vor dem Öffnen von Verdichtern, Apparaten und anderen Anlagenteilen den Restdruck zur Geruchsvermeidung üblicherweise in Wasser ab.

Hiermit muss allerdings kurz vor dem Ausgleich zum Atmosphärendruck aufgehört werden, sonst bildet sich in dem in das Wasser eingetauchten Schlauch durch weitere Absorption ein Unterdruck. In Sekundenschnelle wird ein Eimer Wasser in die Anlage eingesaugt. In Ammoniakanlagen festgestelltes Wasser ist häufig auf eine solche Unachtsamkeit zurückzuführen.

In flüssigem Ammoniak ist Wasser in jedem Verhältnis löslich. In die Anlage eingedrungenes Wasser gelangt deshalb rasch mit der Ammoniakflüssigkeit in den oder die Verdampfer, die dann eine entsprechend konzentrierte Ammoniakwasserlösung enthalten. Da der Wasserdampf bei niedrigen Verdampfungstemperaturen nur einen sehr geringen Druck besitzt, bleibt das Wasser bei überfluteten Verdampfern dort zurück. Im übrigen Kreislauf der Anlage ist Wasser nur in Spuren vorhanden. Bei Verdampfern für Trockenexpansion würde ammoniakhaltiges Wasser mit dem Kältemaschinenöl den Verdampfer verlassen und die Ölqualität beeinträchtigen. In solchen Kreisläufen müssen Trockner eingebaut werden.

Bei wasserhaltiger Ammoniakfüllung in überfluteten Verdampfern ist der Zusammenhang zwischen Druck und Temperatur (s. Dampftafeln) gegenüber reinem Ammoniak mehr und mehr verändert. Bei gleichem Verdampfungsdruck ergibt sich für wasserhaltiges Ammoniak eine höhere Verdampfungstemperatur als bei reinem Ammoniak.

Tabelle 1-9: Anstieg der Verdampfungstemperatur in Abhängigkeit des Wasseranteils bei t_o =

Wasseranteil	**± 0 °C**	**–10 °C**	**–20 °C**	**–30 °C**	**–40 °C**	**–50 °C**
2 %	0,6 °C	0,5 °C	0,4 °C	0,4 °C	0,3 °C	0,3 °C
5 %	1,3 °C	1,2 °C	1,1 °C	0,9 °C	0,8 °C	0,7 °C
10 %	2,6 °C	2,4 °C	2,1 °C	1,9 °C	1,6 °C	1,3 °C

Das führt zu einer Verminderung der Kälteleistung.

Tabelle 1-10: Kälteleistungsverlust in Abhängigkeit des Wasseranteils bei t_o =

Wasseranteil	**± 0 °C**	**–10 °C**	**–20 °C**	**–30 °C**	**–40 °C**	**–50 °C**
2 %	2,6 %	2,4 %	2,3 %	2,2 %	2,1 %	2,0 %
5 %	6,0 %	5,7 %	5,5 %	5,4 %	5,3 %	5,3 %
10 %	11,8 %	11,4 %	11,0 %	10,8 %	10,6 %	10,5 %

Die Feststellung des Wasseranteils in oben genannter Größenordnung erfolgt recht einfach durch Verdunsten lassen einer Ammoniakflüssigkeitsprobe aus dem Verdampfer (Vorsicht bei der Entnahme, persönliche Schutzausrüstung benutzen) in einem besonderen Probeglas.

Der Wassergehalt der Ammoniakfüllung eines überfluteten Verdampfers soll nicht mehr als 2 bis 3 % betragen. Ist mehr Wasser enthalten, muss es entfernt werden. Dazu kann in vielen Fällen nach weitgehendem Absaugen des Ammoniaks aus dem Verdampfer das Wasser an der Entölungsstelle abgelassen werden (persönliche Schutzausrüstung benutzen, *BGR 500, Kapitel 2.35 – betreiben von Kälteanlagen, Wärmepumpen und Kühleinrichtungen*, früher BGV D4, beachten), nachdem der Druck im Verdampfer wieder über Atmosphärendruck angestiegen ist. Es ist darauf zu achten, dass z. B. Rohrbündelverdampfer zur Wasserkühlung dabei nicht eingefroren werden.

Bei der Ammoniakfüllung von Verdampfern für Trockenexpansion wird von wesentlich geringeren Wasseranteilen ausgegangen. Werte von 100 bis 200 ppm sind anzustreben.

Das abgelassene Wasser, Öl und Ammoniak ist gesetzeskonform zu entsorgen.

Kältemaschinenöle, ob Mineralöle oder synthetische Öle (Ausnahme ammoniaklösliche PAG-Öle, s. 4.3.2), sind in flüssigem Ammoniak nur in sehr geringen Mengen löslich.

Tabelle 1-11: Löslichkeit von Kältemaschinenöl in flüssigem Ammoniak (Messungen Linde AG)

Ölsorte	–40 °C	–20 °C	–10 °C	±0 °C	+10 °C	+20 °C
Mineralöl ISO VG 22	660 ppm	1500 ppm	2100 ppm	2800 ppm	3500 ppm	4600 ppm
Mineralöl ISO VG 68	100 ppm	240 ppm	360 ppm	520 ppm	760 ppm	1100 ppm
SHC-Öl ISO VG 32	–	26 ppm	45 ppm	90 ppm	170 ppm	340 ppm

Das aus einem Verdichter abwandernde Öl gelangt mit dem geförderten Ammoniakdampf in den Verflüssiger. Da normalerweise die ausgetragene Ölmenge – gemessen an der geförderten Ammoniakmenge – sehr gering ist (ca. 100 ppm), wird das Öl trotz des geringen Lösungsvermögens auf der HD-Seite der Kälteanlage vollständig im flüssigen Ammoniak gelöst. Aus dem Kältemittelsammler kann also kein Öl abgelassen werden. Erst im Verdampfer oder im ND-Flüssigkeitsabscheider einer Umpumpanlage – ggfl. auch im Mitteldruckbehälter einer zweistufigen Kälteanlage – kommt es zur Ölausscheidung. Grund hierfür ist, dass erstens mit sinkender Temperatur immer weniger Öl im flüssigen Ammoniak gelöst werden kann und zweitens mit der zugeführten Ammoniakflüssigkeit ständig geringe Ölmengen eingebracht werden. Damit steigt der Ölanteil ständig an, weil nur ölfreier Ammoniakdampf den Verdampfer verlässt.

Da Öl spezifisch schwerer ist als flüssiges Ammoniak, sammelt es sich an der tiefsten Stelle des überfluteten Verdampfers des ND-Abscheiders einer Umpumpanlage oder MD-Behälters an und kann an einem dort vorgesehenen *Sicherheitsentölungsventil* abgelassen werden (persönliche Schutzausrüstung benutzen, BGR 500, Kapitel 2.35 beachten). Besonders bei Schraubenverdichter-Kälteanlagen (thermische Belastung des Öles geringer als in Kälteanlagen mit Hubkolbenverdichtern) wird das Kältemaschinenöl zunehmend automatisch dem Verdichter wieder zugeführt (s. 4.3.3).

1.8.7 Kohlenstoffdioxid

Kohlenstoffdioxid – in der Umgangssprache Kohlendioxid oder einfach CO_2 genannt – wurde neben Ammoniak bereits in den Kinderjahren der Kältetechnik als Kältemittel vorgeschlagen und eingesetzt.

Die ersten CO_2-Kältemaschinen wurden ab 1860 gebaut. Es handelte sich dabei um einfache Kälteanlagen. CO_2 wurde wegen einiger Vorteile, z. B. günstige physiologische Eigenschaften, geringes Füllgewicht (weil hohe volumetrische Kälteleistung, 5 bis 8fach von NH_3) und geringem Raumbedarf der Kälteanlagen sowie deren Betriebssicherheit – trotz hoher Drucklage von CO_2 – ursprünglich hauptsächlich für Schiffskälteanlagen eingesetzt. Bis 1950 wurde noch etwa die Hälfte der Schiffskälteanlagen mit CO_2 betrieben. Ab 1960 setzten sich zunehmend die sogenannten Sicherheitskältemittel, d. h. die halogenierten Kohlenwasserstoffe (FCKW) durch. Schlechtere energetischen Eigenschaften und die ungünstigere Drucklage im Kältemittelkreislauf bewirkte, dass CO_2 schnell verdrängt wurde.

Wegen der umweltschädigenden Eigenschaften der halogenierten Kohlenwasserstoffe wird auch Kohlenstoffdioxid als Kältemittel wieder interessant.

CO_2 ist ein kostengünstiges Kältemittel. Vorteil beim Service ist die fehlende Notwendigkeit der Rückgewinnung und Entsorgung.

Auf die unterschiedlichen Anwendungen wird in den nachfolgenden Kapiteln noch eingegangen.

Eigenschaften von Kohlenstoffdioxid

Kohlenstoffdioxid, chemische Formel CO_2, ist nicht giftig und nicht brennbar. Gasförmiges CO_2 ist schwerer als Luft, bei hoher Konzentration besteht Erstickungsgefahr. CO_2 ist farblos und geruchlos.

Die für CO_2 als Kältemittel (R744) erforderliche Reinheit sollte 3.0 d. h. 0,999 betragen.

Die *chemische und thermische* Stabilität ist im Bereich kältetechnischer Anwendungen sehr gut; die Zersetzungstemperatur $\geq$ 1200 °C. Bei tiefen Temperaturen können Elastomere, die CO_2 ausgesetzt werden, verspröden.

Die *ökologischen Werte* sind gut: ODP = 0, GWP = 1. Wird CO_2 aus industriellen Abgasen gewonnen, ist der Treibhauseffekt praktisch = 0.

5000 ppm	**beträgt der AGW (Arbeitsplatzgrenzwert)**
50 000 ppm	**Reizung der Atemwege**
70 000 bis 100 000 ppm	**Bewusstlosigkeit wegen Sauerstoffmangel**

Wichtig für den Kältemonteur ist es zu wissen, dass beim Umgang mit CO_2 ungewollt Schnee (Trockeneis) produziert werden kann. Ursache ist die Lage des sogenannten *Tripelpunktes* von Kohlenstoffdioxid.

Unter 1.8.1 wurde der Zusammenhang zwischen Druck und Temperatur bei Kältemitteln erläutert. Im Mollier-lg *p,h*-Diagramm (s. 1.9.2) stellt das Nassdampfgebiet zwischen den Grenzkurven das Gleichgewicht zwischen Flüssigkeits- und Dampfphase dar, das durch den Druck *oder* die Temperatur definiert ist.

Der Tripelpunkt (Dreiphasenpunkt) ist der durch Temperatur *und* Druck im Phasendiagramm eines chemisch einheitlichen Stoffes (z. B. Kohlenstoffdioxid) festgelegte Punkt, in dem alle drei Phasen (fest, flüssig und dampfförmig) nebeneinander im Gleichgewicht auftreten.

Der Tripelpunkt kann im Mollier-*p,h*-Diagramm nicht als geometrischer Punkt dargestellt werden. Vielmehr könnte man sich diesen Gleichgewichtszustand als unterste Nassdampflinie – die Eislinie – vorstellen.

Tripelpunkt des CO_2: Temperatur t_{tr} = – 56,6 °C bei p_{tr} = 5,18 bar

Bei niedriger Temperatur oder niedrigerem Druck kann (zumindest derzeit) keine Verdichter-Kältemaschine betrieben werden.

Werden diese Werte – z. B. durch Reglerversagen – im Verdampfer unterschritten, bildet sich darin CO_2-Eis und die Anlage fällt aus. Eisbildung tritt auch dann auf, wenn Anlagenteile, die CO_2-Flüssigkeit enthalten, geöffnet werden und dabei rascher Druckabfall eintritt. Vor dem Öffnen sind solche Anlagenteile abzusaugen und ihre Erwärmung ist abzuwarten.

Der Tripelpunkt anderer Kältemittel ist für den Betrieb der Kälteanlagen nicht von Bedeutung. Eine Ausnahme bildet Wasser, jedoch nicht als Kältemittel sondern als Betriebsmittel bei der Vakuum-Eiserzeugung.

Tripelpunkt des Wassers: Temperatur t_{tr} = 0,01 °C bei p_{tr} = 6 mbar (absolut, also Vakuum).

Der Tripelpunkt von Wasser ist beim Evakuieren der Kälteanlagen (s. 4.1.2) wichtig. Bei niedrigen Umgebungstemperaturen ist Eisbildung in den evakuierten Anlageteilen möglich und damit wäre der Trocknungsvorgang unterbrochen.

Verhalten gegenüber Wasser

CO_2 ist in gewissem Umfang in Wasser löslich, wie aus dem täglichen Leben durch den Genuss verschiedener Getränke her bekannt ist. Bei Atmosphärendruck und einer Umgebungstemperatur von 15 °C können etwa 2 g/1 l Wasser gelöst werden. Diese Eigenschaft ist für den Kältemittelkreislauf weniger von Bedeutung.

Von Bedeutung ist dagegen die Löslichkeit von Wasser in flüssigem CO_2. Diese beträgt bei

t = –30 °C etwa 180 mg/kg CO_2 und bei
t = 20 °C etwa 1000 mg/kg CO_2.

Diese Werte entsprechen nahezu denen von R22.

Die Löslichkeit von Wasser in dampfförmigen CO_2 beträgt bei

t = –30 °C etwa 11,4 ppm und bei
t = 20 °C etwa 164 ppm.

Diese Zahlen sagen aus, dass in der Flüssigkeitsphase des Kreislaufes mehr Wasser transportiert werden kann als in der Dampfphase. Bei überfluteten CO_2-Verdampfern würde sich in den Kreislauf gelangtes Wasser in diesem Verdampfer sammeln.

Die Gefahr der Wassereisbildung in den Expansionsventilen bei Trockenexpansionsverdampfung ist wegen der verhältnismäßig großen Löslichkeit von Wasser im flüssigen CO_2 bei gut geführten Kälteanlagen gering.

Dennoch muss der Kreislauf durch sorgfältiges Vorgehen bei Montage und Service sowie der Verwendung von Trocknern im Kreislauf so wasserfrei wie möglich gehalten werden, da CO_2 in Wasser Kohlensäure bildet, was zu einem unerwünschten Anstieg der Neutralisationszahl des Schmieröls der Verdichter führt und Korrosion einiger Materialien bewirken kann.

Trockner müssen Molukularsieb-Füllung enthalten.

Verhalten gegenüber Öl

Wie vorstehend erwähnt, gehört CO_2 zu den klassischen Kältemitteln. Als Schmiermittel für die Verdichter wurde ursprünglich Glyzerin, später auch Mineralöl eingesetzt. Die derart geschmierten Verdichter waren in der Regel langsam laufende Kreuzkopf-Verdichter liegender oder stehender Bauart. Das Glyzerin wurde mit Wasser gemischt, um die Viskosität herabzusetzen. Die Entölung der Anlagen war recht aufwändig.

Heute werden vorwiegend schnelllaufende Hubkolben- und Schraubenverdichter halbhermetischer Bauart eingesetzt, in industriellen Kälteanlagen auch ölfreie Kreuzkopfverdichter.

Bei der Auswahl des geeigneten Schmiermittels ist im ersten Schritt zu unterscheiden: Wird die Anlage mit Verdampfern für Trockenexpansion betrieben, dann ist ein CO_2-lösliches Öl zu wählen oder mit überfluteten Verdampfern, dann werden auch CO_2-unlösliche Öle möglich (s. 4.3.2 und 4.3.3). Bei der Verwendung von CO_2-unlöslichen Ölen sind hohe Anforderungen an den Ölabscheider zu stellen.

In den letzten Jahren sind eine Reihe von Schmiermitteln verschiedenster Art – Mineralöle und Syntheseöle – untersucht worden, auf Details soll hier nicht eingegangen werden.

Bewährt haben sich für Kälteanlagen mit Verdampfern für Trockenexpansion Polyolester-Öle (POE). Diese sind in CO_2 vollkommen löslich. In Anlagen mit überfluteten Verdampfern werden auch CO_2-unlösliche Öle, z. B. Mineralöle oder Poly-α-Olefine (PAO), eingesetzt.

Wegen der möglichen negativen Folgen ist das Einfüllen einer falschen Ölsorte unbedingt zu vermeiden. Der Kältemonteur muss sich vor Servicearbeiten genau überzeugen (Betriebsanleitung des Verdichters oder Aufkleber), welche Ölsorte zu verwenden ist.

1.9 Der Kreisprozess

In der Thermodynamik nennt man die Zustandsänderung eines Mediums – z. B. eines Kältemittels – einen *Prozess.* Zustandsgrößen wie Temperatur, Druck und Enthalpie haben wir bereits kennengelernt.

Wir haben in 1.8.1 auch gelernt, dass das Kältemittel im *Verdampfer* vom flüssigen in den dampfförmigen Zustand übergeführt wird. Dieser Prozess wird durch Wärmezufuhr aus der Umgebung des Verdampfers herbeigeführt. Es wäre jedoch wirtschaftlich nicht vertretbar, den dem Verdampfer entströmenden Kältemitteldampf einfach in die Luft zu blasen. Der Dampf wird deshalb mit einem *Verdichter* abgesaugt und in einen *Verflüssiger* gefördert. Wenn man dort die Wärme, die das Kältemittel im Verdampfer aufgenommen hat und die Wärme, die dem Kältemittel durch die Arbeit des Verdichters zugeführt wurde, entzieht, wird es wieder flüssig. Dieser Wärmeentzug erfolgt durch Luft oder Kühlwasser. Über ein *Drosselorgan* (Expansionsventil) gelangt das flüssige Kältemittel zurück in den Verdampfer. Damit wird der Kältemittelkreislauf geschlossen.

Tragen wir die einzelnen Prozesse in ein Diagramm ein (Abb. 1-43), d. h. *Verdampfen, Verdichten, Verflüssigen* und *Entspannen,* so entsteht ein *geschlossener* Linienzug. Solche Prozesse nennt man *Kreisprozesse.*

Diese Erklärung zeigt, dass ein Kältemittelkreislauf ohne Verdichter nicht möglich ist. Genau das sagt auch der *2. Hauptsatz* (1.5.2) aus:

Wärme kann nicht von selbst von einem Körper mit tieferer Temperatur auf einen Körper mit höherer Temperatur übergehen.

Warum dem Kältemittel im Verdichter durch die aufgebrachte Energie Wärme zugeführt wird, soll an einem bekannten Beispiel erläutert werden:

Der eine oder andere erinnert sich sicherlich noch an das Aufpumpen der Schläuche seines Fahrrades. Dabei stellte er eine beträchtliche Erwärmung der Luftpumpe fest, die sich mit steigendem Druck erhöhte.

Das Gleiche geschieht in einem Kältemittelverdichter. Entsprechend dem Grundsatz des mechanischen Wärmeäquivalentes setzt sich Verdichterarbeit in Wärme um, wobei Druck und Temperatur des verdichteten Kältemittels steigen.

In der nachfolgenden Abb. 1-40 (siehe S. 68) wird ein Kältemittelkreislauf dargestellt.

Eine wichtige, bisher nicht besonders beschriebene Stelle im Kreislauf ist das *Regel- oder Expansionsventil,* das die Aufgabe hat, nicht mehr Kältemittel in den Verdampfer hineingelangen zu lassen, als der Verdichter bei gewünschtem Druck an Dampf absaugen kann. Hier merken wir schon die wichtigste Voraussetzung für die einwandfreie Funktion einer Anlage.

Es kommt ganz wesentlich darauf an, die zu einer Anlage gehörenden Hauptteile so aufeinander abzustimmen, bzw. ihre Größe so zu bemessen, dass der Kälteprozess tatsächlich genauso abläuft wie geplant.

Das Planen und Festlegen der einzelnen *Komponenten* (ein gern gebrauchter Ausdruck für die Hauptteile einer Kälteanlage) ist Sache der Planer und der Hersteller.

Der Kältemonteur hat dafür zu sorgen, dass die einzelnen Komponenten der Anlage unter den zugedachten Betriebsbedingungen einwandfrei arbeiten und das zur Zufriedenheit des Betreibers (Kunden).

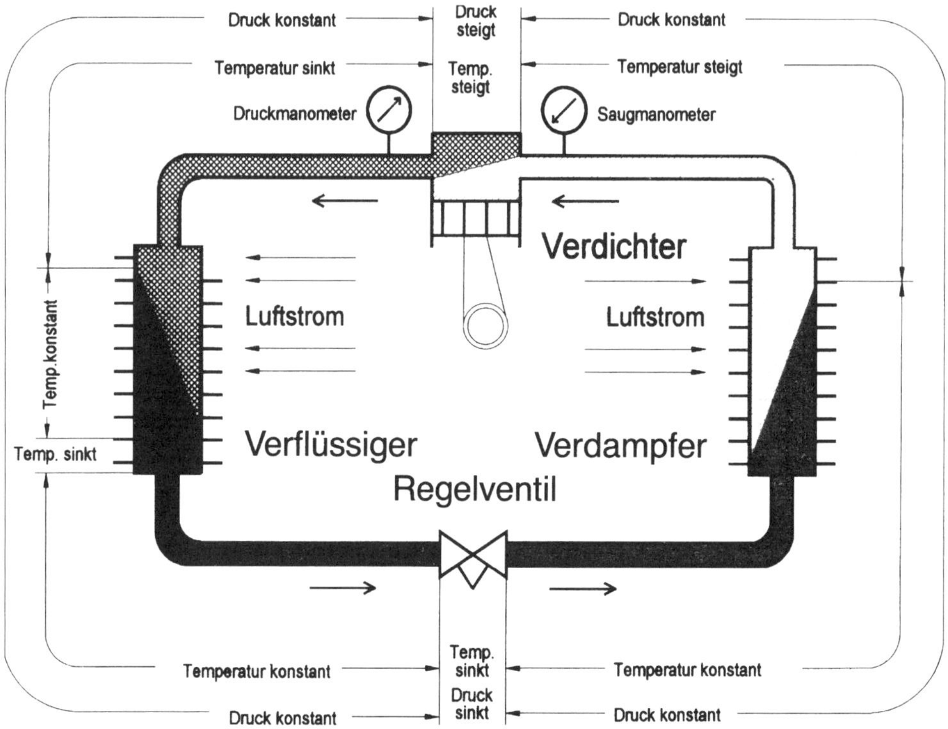

Abb. 1-40: Schema Kältemittelkreislauf

Fassen wir die Hauptteile der Kälteanlage zusammen:

- Verdichter
- Verflüssiger
- Kältemittelstromregler (z.B. thermostatisches Expansionsventil, Schwimmerventil)
- Verdampfer

Wird die Kälteanlage auf einer Baustelle aus den genannten *Komponenten* zusammengesetzt, so gehört das Verlegen der Rohrleitungen zur Aufgabe des Kältemonteurs. Die fachlich richtigen Bezeichnungen dieser Rohrleitungen lauten:

- Saugleitung vom Verdampfer zum Verdichter
- Druckleitung vom Verdichter zum Verflüssiger
- Kondensatleitung vom Verflüssiger zum Kältemittelsammler
- Flüssigkeitsleitung vom Kältemittelsammler/Verflüssiger zum Kältemittelstromregler
- Einspritzleitung vom Kältemittelstromregler zum Verdampfer

Meist sind alle fünf vorgenannten Leitungen einer Anlage unterschiedlich dimensioniert, weil das Kältemittel im Kreisprozess (Kreislauf) laufend seine Zustandsgrößen – Druck, Temperatur, Dichte – ändert.

Zu Abb. 1-40 sollen hier keine weiteren Erklärungen abgegeben werden, weil ausreichend Hinweise im Bild selbst vermerkt sind und weil später anhand des lg *p,h*-Diagramms die einzelnen Zustände noch erörtert werden. Zum besseren Verständnis der anlageninternen Vorgänge bleiben wir vorerst bei den Dampftafelwerten und arbeiten an einem Beispiel: Verdampfen von 100 kg R134a.

1.9.1 R134a im Kreisprozess (Beispiel)

Für unser Beispiel gehen wir davon aus, 100 kg R134a zu verdampfen.

Für weitere Berechnungen sagen wir: Der umlaufende Kältemittelmassenstrom beträgt $\dot{m}$ = 100 kg/h oder 100/3600 = 0,0278 kg/s.

In einer Kälteanlage gemäß nachstehendem Schema können wir bereits einige Zustandsgrößen, Leistungen und Kältemittelströme bestimmen.

Verdampfer
Die Kälteleistung dieser Anlage wurde beispielsweise mit $\dot{Q}_0$ = 4,59 kW ermittelt.

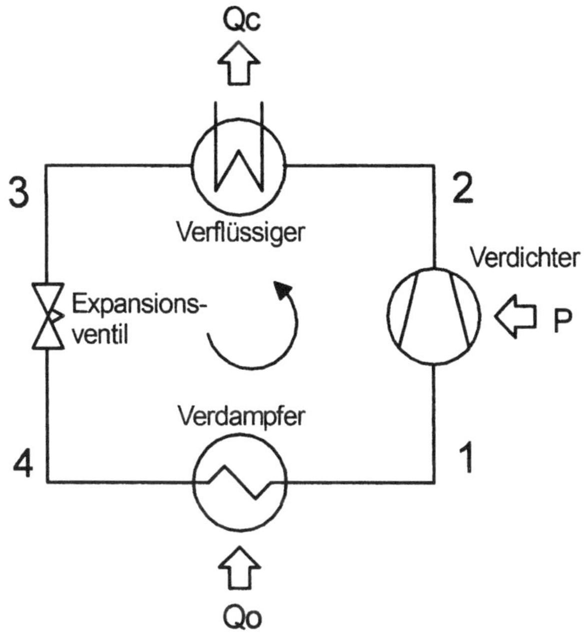

Abb. 1-41: Schema einer einstufigen Kälteanlage

Punkt 1
Aus der R134a-Dampftafel entnehmen wir für die Temperatur t = – 10 °C:

Verdampfungsdruck p = 2,01 bar
spez. Volumen des Dampfes v'' = 98,98 dm³/kg

Danach muss der Verdichter folgendes Dampfvolumen absaugen, um den Druck im Verdampfer zu halten:

$\dot{V} = \dot{m} \cdot v''$ = 100 kg/h · 98,98 dm³/kg = 9898 dm³/h
$\dot{V}$ = 9,89 m³/h

Punkt 2
Am Druckmanometer des Verdichters lesen wir einen Überdruck von p = 6,70 bar ab. Mit diesem Druck wird das Kältemittel in den Verflüssiger gefördert.

Bei einem Luftdruck von z. B. 1000 mbar (1.6.1) herrscht im Verflüssiger ein Druck von

p_c = 7,70 bar. Aus der R134a-Dampftafel entnehmen wir die zugehörige Verflüssigungstemperatur t_c = 30 °C.

Punkt 3
Werden mit einem elektronischen Berührungsthermometer auf der Flüssigkeitsleitung (Pkt. 3) tatsächlich t_u = 20 °C gemessen, so beträgt die im unteren Teil des Verflüssigers erfolgte Unterkühlung des Kältemittels 10 K.

Punkt 4
Im Expansionsventil oder Kältemittelstromregler (früher Regel- oder Drosselventil genannt) muss die Kältemittelflüssigkeit demnach von p_c = 7,70 bar auf p_o = 2,01 bar entspannt werden.

Ein Teil der Kältemittelflüssigkeit verdampft schon im Kältemittelstromregler, und in der Einspritzleitung befindet sich bereits Dampf in der Flüssigkeit. Da dieser Dampf physikalisch durch den Drosselvorgang entsteht, nennt man ihn *Drosseldampf.*

Leistungsbedarf des Verdichters

Die ausführliche Berechnung der Leistungsaufnahme eines Verdichters erfordert mathematische und thermodynamische Kenntnisse, die über den gesteckten Rahmen dieses Buches hinausgehen.

In der Praxis wie auch bei der Planung von Neuanlagen bedient man sich hierbei der von den Verdichterherstellern herausgegebenen *Leistungskurven* oder *Tabellen,* denen der Leistungsbedarf des Verdichters (und die Kälteleistung) in Abhängigkeit der Anlagenparameter entnommen werden kann.

Diese Leistungskurven und Tabellen werden weitgehend auf Versuchsständen erstellt. Man ist heute jedoch auch in der Lage, diese mit Hilfe von Rechenmodellen, die auf Versuchsstandsmesswerten basieren, im Computer zu ermitteln.

Der Vollständigkeit halber sei noch eine Methode zur überschläglichen Berechnung des Leistungsbedarfs eines Verdichters erwähnt.

In der Literatur finden sich Tabellen der *theoretischen Leistungszahl* ε_K. Die Leistungszahl ε_K gibt an, wie viel Kälteleistung in kW je aufgewandtem kW Verdichterleistung theoretisch, d. h. durch einen verlustlos arbeitenden Verdichter, erzeugt werden kann. (Die Leistungszahl kann auch auf die Klemmleistung des elektrischen Antriebsmotors bezogen sein, ist dann jedoch mit dem Index *Kl* versehen; ε_{Kl}) [10]

Da es einen verlustlos arbeitenden Verdichter nicht gibt, müssen sowohl die mechanischen Verluste des Verdichters (Reibungsarbeit der Lager, Kolben usw.) durch den mechanischen Wirkungsgrad als auch die thermischen Verluste durch den *indizierten Wirkungsgrad* oder auch innerer Gütegrad in der Berechnung berücksichtigt werden.

Beide Werte, η_m, der mechanische und η_i, der indizierte Wirkungsgrad, können nur im Versuch exakt bestimmt werden. Erfahrungsgemäß kann der indizierte Wirkungsgrad η_i zu 0,6 bis 0,87 angenommen werden – der niedrigere Wert für kleinere Verdichter –, und für η_m gilt etwa 0,8 bis 0,93. Aus diesen genannten Größen ermittelt sich der *effektive Leistungsbedarf* P_e des Verdichters für eine bestimmte Kälteleistung zu

$$P_e = \frac{\dot{Q}o}{\varepsilon_K \cdot n_i \cdot n_m}$$

Um die Leistungsaufnahme des Verdichters aus unserem Beispiel nach obiger Formel zu bestimmen, entnehmen wir der Tabelle für die theoretische Leistungszahl t_c = 30 °C, t_u = 20 °C und t_o = –10 °C den Wert ε_K = 5,92.

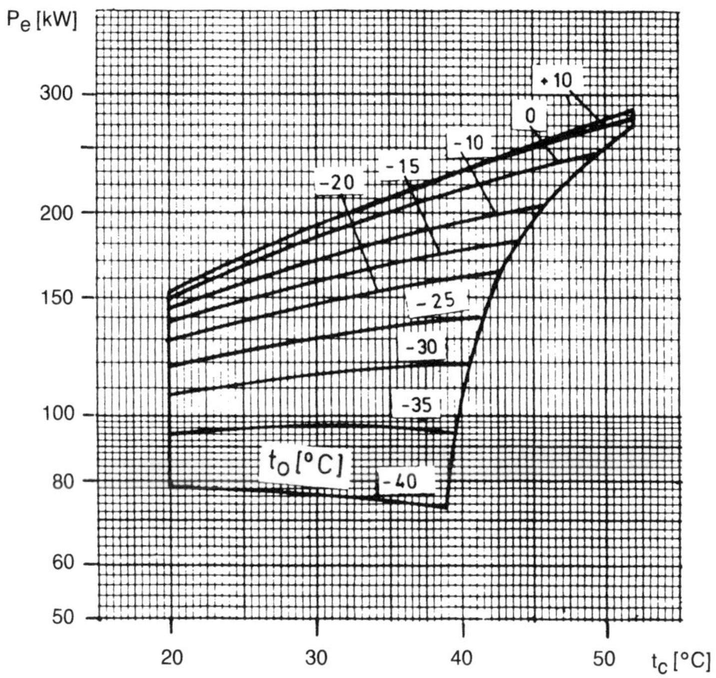

Abb. 1-42: Leistungsbedarf eines Verdichters (ohne Saugdampfüberhitzung)

$$P_e = \frac{4{,}59}{5{,}92 \cdot 0{,}7 \cdot 0{,}8} = 1{,}38 \text{ kW}$$

Es sei an dieser Stelle auch erwähnt, dass in die 7. Auflage der Kältemaschinenregeln die Leistungszahl bzw.spez. Kälteleistung nicht mehr aufgenommen wurde. Später wird gezeigt, dass sich die Leistungszahl jedoch einfach aus dem lg *p,h*-Diagramm ermitteln lässt.

1.9.2 Das Mollier lg *p,h*-Diagramm

Es gibt ein ausgezeichnetes Hilfsmittel, sich die beschriebenen Vorgänge im Kältemittelkreislauf an Hand eines Diagrammes deutlich zu machen. Dies ist das lg *p,h-Diagramm* von *Mollier* (Prof. an der TH Dresden, 1863–1935), dessen Namen wir schon vom *h,x*-Diagramm für feuchte Luft kennen.

In diesem Druck-Enthalpie-Diagramm werden Enthalpien als *Strecken* dargestellt und können abgemessen werden. Der *Druck p* wird als *Ordinate* in *logarithmischem* Maßstab aufgetragen, die spezifischen *Enthalpien h* für Flüssigkeit und Dampf auf der *Abszisse* des Diagramms.

Die Enthalpien für Verdampfung, Leistungsaufnahme des Verdichters und Verflüssigung bzw. deren Differenzen lassen sich direkt ablesen.

Das Diagramm (Abb. 1-44) zeigt von links nach rechts betrachtet die Zustände Flüssigkeit, Nassdampf und überhitzten Dampf. Das Nassdampfgebiet ist von zwei Linien oder besser gesagt Kurven begrenzt, die sich im *kritischen Punkt* an der höchsten Stelle des Diagramms treffen.

Die linke Kurve stellt den Zustand der gesättigten Flüssigkeit dar und wird mit $x = 0$ bezeichnet.

Die rechte Kurve stellt den Zustand des gesättigten Dampfes dar und wird mit $x = 1$ bezeichnet.

Die zusammengehörenden Zustandsgrößen für $x = 0$ (Flüssigkeit) und $x = 1$ (Dampf) können auch den Dampftafeln entnommen werden. Beide Kurven umschließen wie gesagt das Nassdampfgebiet des Diagrammes. In dieses Gebiet ist eine gleichmäßig verlaufende Kurvenschar eingetragen, die sich ebenfalls im kritischen Punkt trifft. Diese Kurvenschar, üblicherweise unterteilt in $x = 0{,}1$, 0,2 bis 0,9, zeigt die *Mischzustände* aus Flüssigkeit und Dampf und ermöglicht das einfache Erkennen und Berechnen von Verdampfung und Verflüssigung.

Betrachten wir einmal eine Zustandsänderung von Flüssigkeit in Dampf (von links nach rechts), d. h. in einem Verdampfer. Dann bedeutet $x = 0{,}3$, dass 30 % der Flüssigkeit bereits verdampft sind. Umgekehrt bei einer Zustandsänderung von Dampf in Flüssigkeit (von rechts nach links) in einem Verflüssiger bedeutet z. B. $x = 0{,}8$, dass noch 80 % Dampfanteil vorhanden sind. 20 % des Dampfes sind bereits verflüssigt. D. h., der x-Wert nennt immer den *Dampfanteil* des Gemisches.

Wir merken uns:

Von der linken Kurve nach rechts in das Nassdampfgebiet hinein wird immer verdampft, von rechts nach links immer verflüssigt.

Rechts von der Sattdampf-Begrenzungslinie liegt das Gebiet der überhitzten Dämpfe, wobei für uns 2 Linienscharen interessant sind. Es sind dies erstens die *s-Linien* für die *ideale* isentrope Verdichtung und zweitens die *v-Linien*, die das spez. Volumen des Kältemittels in Abhängigkeit von Druck und Temperatur anzeigen.

$h_2 - h''_2$ Überhitzung (Druckseite)
$h''_2 - h'_3$ Verflüssigung
$h'_3 - h_3$ Unterkühlung
$h_3 = h_4$ Entspannung

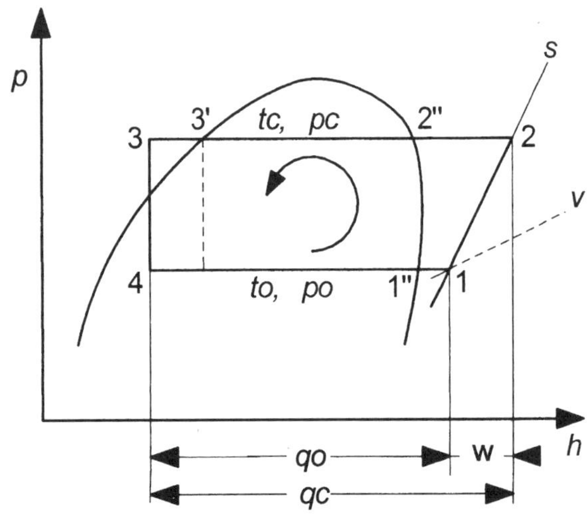

Abb. 1-43: Kreislauf einer Verdichterkälteanlage im lg *p,h*-Diagramm

$h_1 - h_4$ Kälteleistung
$h_2 - h_1$ zugeführte mechanische Energie
$h_1 - h''_1$ Überhitzung (Saugseite)

Wir werden sehen, wie man gesuchte Werte im Diagramm findet und sie für die Beurteilung der Funktion einer Anlage nutzen kann.

Die eigentliche Verdampfung des Kältemittels findet beim Druck p_o von Punkt 4 bis 1″ statt. Die weiterlaufende Linie von Punkt 1″ bis 1 zeigt die Überhitzung des Kältemittels vom Verdampfer zum Verdichter. Im Punkt 1 tritt der Kältemitteldampf in den Verdichter ein, es beginnt die Verdichtung entlang einer *s*-Linie (Entropie-Linie), die mit einer Druckerhöhung bis zum Verflüssigungsdruck im Punkt 2 endet. Im Verflüssiger muss vom Punkt 2 bis zum Punkt 2″ die sogenannte Überhitzungswärme (siehe dazu Abb. 1-40, oberer Teil des Verflüssigers) zuerst einmal abgeführt werden, und dann beginnt im Punkt 2″ beim Verflüssigungsdruck p_c die eigentliche Verflüssigung des Kältemittels, die im Punkt 3′ endet. In diesem Punkt gibt es im Verflüssiger keinen Dampfanteil mehr im Kältemittel, *x* ist wieder 0 geworden. Wie unser kleines Anlagenschema in Abb. 1-40 zeigt, fällt die Temperatur im unteren Teil des Verflüssigers noch etwas ab. In diesem Teil des Verflüssigers kann das Kältemittel ohne Änderung seines Druckes etwas unterkühlt werden.

(Insbesondere bei R404A, R407B und R507 usw. baut man oft in die Saug- bzw. Flüssigkeitsleitung einen Wärmeaustauscher ein, um gezielt eine Unterkühlung des flüssigen und Überhitzung des dampfförmigen Kältemittels zu erreichen.)

Die Verlängerung der Verflüssigungslinie von Punkt 3′ bis 3 hängt vom Grad der Unterkühlung ab. Im Punkt 3 tritt das Kältemittel in den Kältemittelstromregler ein und wird bei gleichbleibender Enthalpie senkrecht nach unten bis zum Punkt 4 entspannt. Der Schnittpunkt mit der $x = 0$-Linie (linke Kurve) liegt in dem Punkt, der der Temperatur der Unterkühlung des Kältemittels entspricht. Im Punkt 4 beginnt das Kältemittel mit einem bestimmten Dampfanteil seinen Weg durch den Verdampfer von neuem. Die Gerade der Verdampfung und die Drosselsenkrechte, die sich in Punkt 4 schneiden, markieren damit auch einen Punkt auf einer der Kurven der *x*-Werte, die den Drosseldampfanteil anzeigen.

Wir erkennen genau, wieviel Prozent des flüssigen Kältemittels bereits im Kältemittelstromregler Dampf geworden sind und somit für die effektive Verdampfung innerhalb des Verdampfers ausfallen. Deswegen ist eine gute Unterkühlung des Kältemittels vorteilhaft. Das Druckverhältnis, also der Wert p_c/p_o oder Verflüssigungsdruck geteilt durch Verdampfungsdruck, darf ein bestimmtes Maß nicht überschreiten, worüber noch gesprochen wird.

Der Zusammenhang zwischen Druck und Temperatur bei Kältemitteln wurde bereits behandelt (1.8.1). Jetzt hören wir, dass sowohl eine *Überhitzung* des Dampfes als auch eine *Unterkühlung* der Flüssigkeit möglich ist. Ergänzend merken wir uns, dass der genannte Zusammenhang zwischen Flüssigkeit und Dampf nur unter bestimmten Voraussetzungen gilt. Bezogen auf das lg *p,h*-Diagramm heißt das, der Zusammenhang gilt nur zwischen $x = 0$ und $x = 1{,}0$. Bezogen auf eine Kälteanlage heißt das, der Zusammenhang zwischen Druck und Temperatur nur gilt dort, wo flüssiges und dampfförmiges Kältemittel ungezwungen nebeneinander vorkommen. Diesen Zustand finden wir im größten Teil des Verflüssigers, im Kältemittelsammler und in einigen Verdampferbauarten vor.

Für die Zustandsbestimmung von unterkühltem oder überhitztem Kältemittel genügt nicht allein die Kenntnis von Druck oder Temperatur, sondern die Kenntnis von Druck *und* Temperatur ist erforderlich!

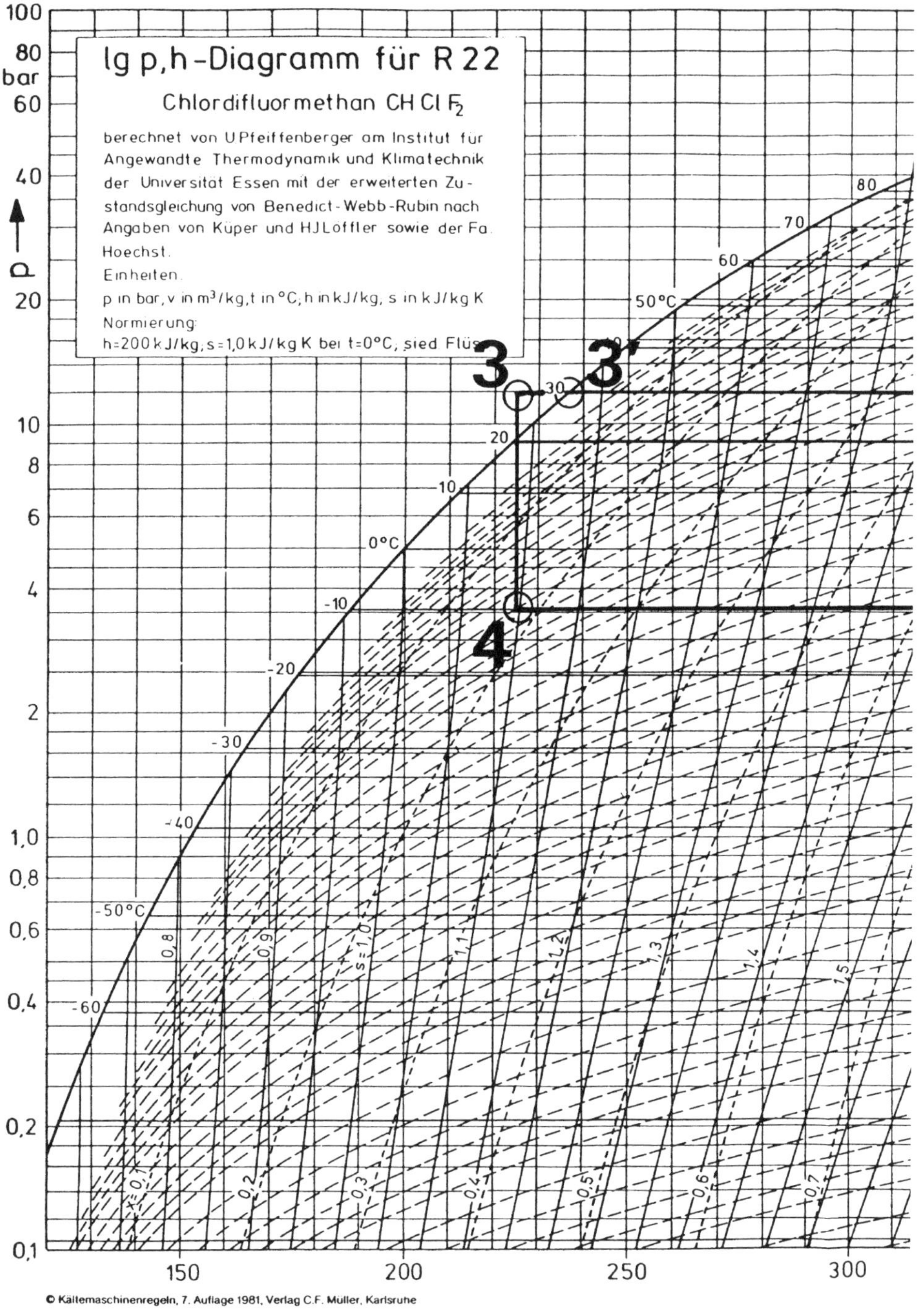

Abb. 1-44: Beispiel eines Kältemittelkreislaufes im lg *p,h*-Diagramm

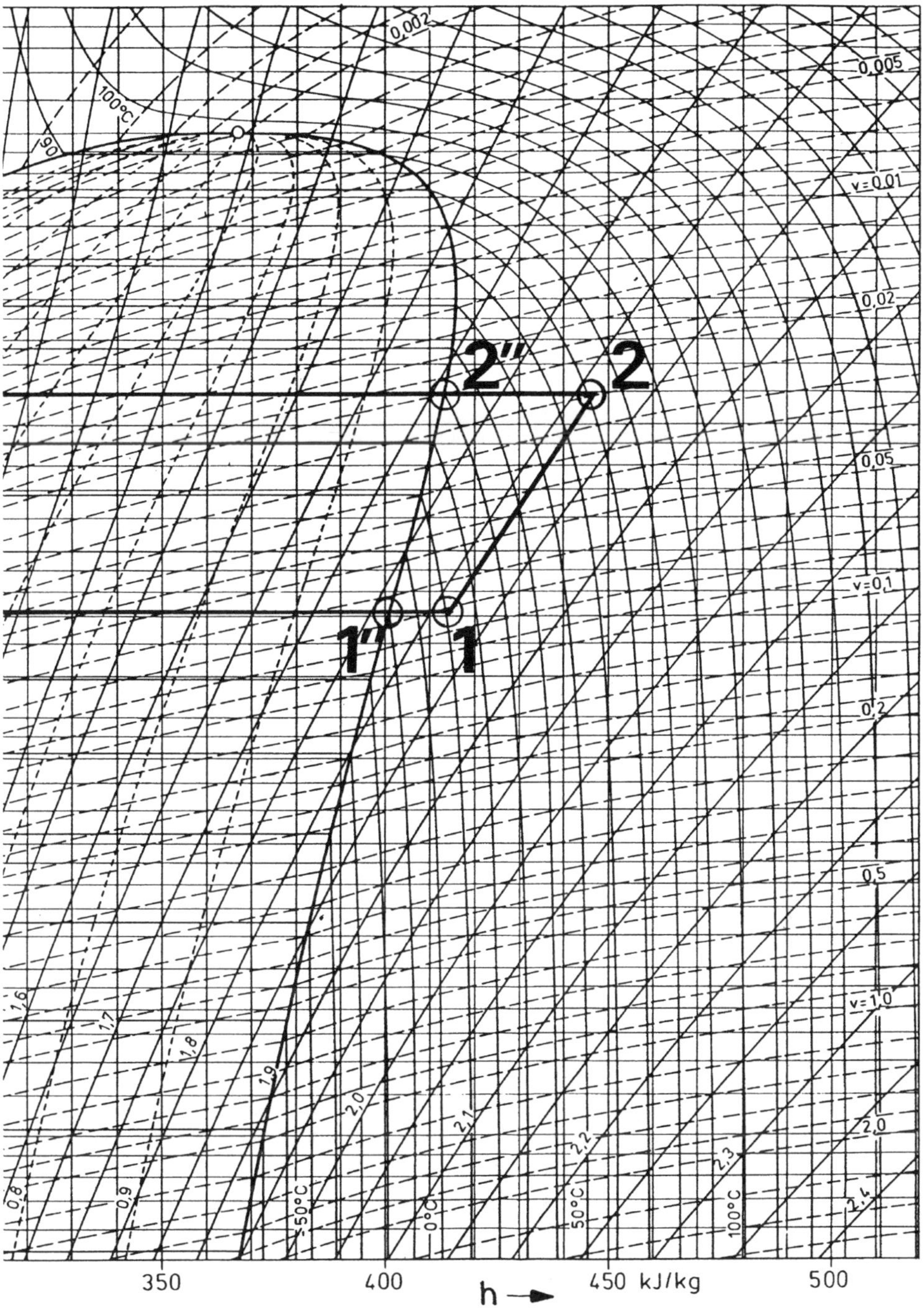

0,002
0,005
v=0,01
0,02
0,05
v=0,1
0,2
0,5
v=1,0
2,0
100°C
1,6
1,7
1,8
1,9
2,0
2,1
2,2
2,3
2,4
0,8
0,9
-50°C
0°C
50°C
100°C
2"
2
1"
1
350
400
450 kJ/kg
500
h

Beide Werte wurden mit besonderen Indices bedacht, wobei t_u für Unterkühlungstemperatur und t_h und t_{oh} für Überhitzungstemperatur stehen.

Weil es so wichtig ist, folgendes Beispiel:

Die Verdampfung des Kältemittels R134a soll z. B. bei t_o = – 10 °C und demzufolge bei p_o = 2,01 bar stattfinden. Nach dem Austritt aus dem Verdampfer (Abb. 1-44, Pkt. 1″) kann sich der Kältemittel-Dampf weiter erhitzen. In unserem Beispiel um 20 K auf t_{oh} = 10 °C, ohne dass dabei sein Druck geändert werden muss. Die Verflüssigung findet bei t_c = 30 °C unter einem Druck von p_c = 7,70 bar statt, aber man kann im flüssigen Kältemittel, das unter diesem Druck steht, eine Temperatur von beispielsweise t_u = 20 °C messen.

Kehren wir zu unserem Beispiel zurück und zeichnen die Kennlinien der Aufgabe (1.9.1) in das Diagramm ein.

Parallel zur Abszisse (also waagerecht) tragen wir die Geraden der Verdampfung und der Verflüssigung ein. Die erste Gerade wird durch die Werte t_o = –10 °C/p_o = 2,01 bar und die zweite durch die Werte t_c = 30 °C/p_c = 7,70 bar geführt.

Die Verlängerung der Verdampfungsgeraden nach rechts über den Punkt 1″ hinaus trifft auf den Punkt 1 bei t_{oh} = 10 °C. Dieser kennzeichnet den Eintritt in den Verdichter und hier beginnt der Verdichtungsvorgang. In unserem etwas idealisierten Beispiel entlang der *s*-Linie (Isentropen) bis zum Schnittpunkt mit der Verflüssigungsgeraden p_c = 7,70 bar im Punkt 2 und der Temperatur t_h = 54 °C. Der R134a-Dampf ist an diesem Punkt bezogen auf die Verflüssigungstemperatur t_c = 30 °C klar erkennbar überhitzt. Die Überhitzungsenthalpie von Punkt 2 bis Punkt 2″ wird ebenso im Verflüssiger abgeführt wie die eigentliche Verflüssigungsenthalpie von Punkt 2″ bis Punkt 3′ (in unserem Beispiel) und die Enthalpie der Unterkühlung von Punkt 3′ bis Punkt 3, und zwar um 10 K auf t_u = 20 °C. Durch den Punkt t = 20 °C auf der x = 0-Linie ziehen wir eine Senkrechte parallel zur Ordinate. Im Schnittpunkt dieser Senkrechten mit der Verlängerung der Verflüssigungsgeraden nach links finden wir den Punkt 3 und im Schnittpunkt mit der Verdampfungsgeraden den Punkt 4 unseres Kreislaufes. Punkt 4 liegt auf einer *x*-Linie mit dem ausgemessenen Wert 0,20.

Schlussfolgerungen aus dem lg p,h-Diagramm für das Beispiel:

1. Die Verdampfung beginnt mit einem Drosseldampfanteil von x = 0,20, d. h. 20,0 % Dampf im flüssigen R134a. Dieser Dampfanteil entstand bereits beim Drosselvorgang, die Verdampfungsenthalpie dieses Anteils wurde *zur Abkühlung der verbliebenen Flüssigkeitsmenge* von t_u = 20 °C auf t_o = –10 °C benötigt.

2. Der sich im Verdampfer aus dem flüssigen, bei –10 °C siedenden Kältemittel entwickelnde Dampf wird bis zum Eintritt in den Verdichter um 20 K überhitzt. Er wird demnach mit t_{oh} = 10 °C vom Verdichter angesaugt; *Punkt 1.*

3. Durch den Verdichtungsvorgang wird der mit 10 °C vom Verdichter angesaugte Dampf weiter auf etwa 54 °C überhitzt und verlässt mit dieser Temperatur die Druckseite des Verdichters, um in den Verflüssiger einzutreten; *Punkt 2.*

4. Die Wärmeabfuhr aus der Kälteanlage umfasst drei Etappen: Abfuhr der Überhitzungsenthalpie – *Punkt 2* bis *2″*, der Verflüssigungsenthalpie – *Punkt 2″* bis *3′* und der Unterkühlungsenthalpie – *Punkt 3′* bis *3.*

5. Senkrechte Linien, ausgehend von den einzelnen Diagrammpunkten (parallel zur Ordinate) zeigen in den Schnittpunkten mit der Abszissenachse die Enthalpiewerte der Zustände an.

Wir können folgende Werte ablesen:

Punkt 1 $h_1 = 408{,}8$ kJ/kg
Punkt 2 $h_2 = 439{,}4$ kJ/kg
Punkt 3 und 4 $h_4 = 227{,}2$ kJ/kg

6. Daraus ist leicht zu errechnen:

Die spezifische Kälteleistung

$q_o = h_1 - h_4 = 408{,}8 - 227{,}2 = 181{,}6$ kJ/kg

die spezifische Wärmeleistung

$q_c = h_2 - h_3 = 439{,}4 - 227{,}2 = 212{,}2$ kJ/kg

die spezifische Verdichterarbeit

$w = h_2 - h_1 = 439{,}4 - 408{,}8 = 30{,}6$ kJ/kg

In unserem Rechenbeispiel beträgt der R134a-Massenstrom im Kreislauf $\dot{m} = 100$ kg/h bzw. 0,0278 kg/s.

Unter Verwendung der Werte aus der Dampftafel hatten wir eine Kälteleistung $Q_o = 4{,}56$ kW ermittelt.

Rechnen wir jetzt mit den im Diagramm gefundenen Werten nach, so ergeben sich:

Kälteleistung

$\dot{Q}_o = \dot{m} \cdot q_o = 0{,}0278 \cdot 181{,}6 = 5{,}05$ kW (1 kJ = 1 kWs)

In unserem Beispiel hatten wir die saugseitige Überhitzung des R134a-Dampfes noch nicht berücksichtigt und nur gerechnet

$\dot{Q}_o = \dot{m} \cdot (h_1 - h_4) = 0{,}0278 \cdot (391{,}3 - 227{,}2) = 4{,}56$ kW.

Wärmeleistung (des Verflüssigers)

$\dot{Q}_o = \dot{m} \cdot q_c = 0{,}0278 \cdot 212{,}2 = 5{,}90$ kW

Leistungsaufnahme des Verdichters

$P_i = \dot{m} \cdot w = 0{,}0278 \cdot 30{,}6 = 0{,}85$ kW

Die errechnete theoretische Leistungsaufnahme des Verdichters muss noch in die effektive Leistungsaufnahme umgerechnet, also durch den indizierten und den mechanischen Wirkungsgrad dividiert werden.

$$P_e = \frac{P_i}{\eta_i \cdot \eta_m} = \frac{0{,}85}{0{,}7 \cdot 0{,}8} = 1{,}52 \text{ kW}$$

Die spezifischen Volumina am Eintritt und Austritt des Verdichters, Punkt 1 und 2, betragen

$v_1 = 0{,}109$ m³/kg
$v_2 = 0{,}0304$ m³/kg

Damit saugt der Verdichter ein Kältemittelvolumen von

$\dot{V}_1 = \dot{m} \cdot v_1 = 0{,}0278 \cdot 0{,}109 \cdot 3600 = 10{,}91$ m³/h

an und verdichtet es auf

$\dot{V}_2 = \dot{m} \cdot v_2 = 0{,}0278 \cdot 0{,}0304 \cdot 3600 = 3{,}04$ m³/h

Anmerkung: Im vorstehenden Text wurde gesagt, dass dieses Beispiel ein *idealisiertes Beispiel* ist. In einem realen Kreislauf können Verflüssigungs- und Verdampfungslinie im lg *p,h*-Diagramm nicht exakt waagerecht verlaufen, da sowohl in jedem Apparat als auch in jeder Rohrleitung Druckabfall zu verzeichnen ist. Auch die Verdichtung des Kältemitteldampfes im Verdichter verläuft nicht isentrop sondern polytrop, so dass die reale Temperatur am Verdichteraustritt etwas höher liegt.

Eine weitere Besonderheit ist das Verhalten von Kältemittelgemischen, z. B. R404A (1.8.3). Bei diesen Kältemitteln ändert sich bei Verflüssigung und Verdampfung die Temperatur.

Rechenprogramme für Kältemittelkreisläufe ermöglichen es, die Druckabfälle in den Bauteilen mit einzugeben. Die Temperaturänderungen bei Verflüssigung und Verdampfung werden in Abhängigkeit des gewählten Kältemittels berücksichtigt.

1.9.3 Das Druckverhältnis

In den vorstehenden Abschnitten wurde bereits auf das sogenannte *Druckverhältnis* hingewiesen. Dieser Wert wird im Wesentlichen für Berechnungen und die Beurteilung von Verdichtern benötigt.

Das Druckverhältnis ist der Quotient aus Verdichtungsdruck und Saugdruck des Verdichters, d. h. p_{V2}/p_{V1}.

Ein Blick auf das lg *p, h*-Diagramm (Abb. 1-44) zeigt, dass dieses in unserem etwas vereinfachten Beispiel gleich p_c/p_o ist. Allgemein kann gesagt werden: Je größer das Druckverhältnis wird, desto geringer wird die spez. Kälteleistung und desto größer der spezifische Leistungsbedarf des Verdichters.

Mit anderen Worten:

Da die Verflüssigungstemperatur sich nur in relativ engen Grenzen bewegt, können bei gleicher Kälteleistung tiefere Temperaturen nur mit steigendem Aufwand (größere Verdichter) und höherem Energieeinsatz erzeugt werden.

Das Druckverhältnis kann nicht beliebig groß gewählt werden. Für Hubkolbenverdichter liegt die obere Grenze, abhängig vom verwendeten Kältemittel, bei

p_{V2}/p_{V1} = 10 bis 11 für FKW und HFKW Kältemittel und
p_{V2}/p_{V1} = 6 für Ammoniak

Bei größeren Druckverhältnissen würde die Verdichtungsendtemperatur die zulässige maximale Temperatur für das Kältemittel im Hinblick auf seine thermische Stabilität überschreiten.

Für FKW und HFKW	**t_{max} = 140 °C**
für Ammoniak	**t_{max} = 160 °C**

Der Einfluss des Druckverhältnisses auf den *Liefergrad* des Verdichters wird im nächsten Abschnitt behandelt. Für andere Verdichterarten, Schrauben- und Turboverdichter, gelten andere maximale Druckverhältnisse.

Im lg *p,h*-Diagramm für R134a ist gut zu erkennen, wie auch der Kreisprozess thermodynamisch ungünstiger verläuft, wenn die p_c- und p_o-Linien weiter auseinander liegen, d. h., wenn das Druckverhältnis steigt. Vergleichen wir unser bisheriges Beispiel mit einem, bei dem die Anlage mit einer Verdampfungstemperatur von t_o = –25 °C und einer Verflüssigungstemperatur t_c = 35 °C, d. h. den dazu gehörenden Drücken p_o = 1,07 bar und p_c = 8,87 bar arbeitet, so wird das Druckverhältnis

$$\frac{p_c}{p_o} = \frac{8{,}87}{1{,}07} = 8{,}29$$

Bei gleicher Unterkühlung t_u = 10 °C finden wir im lg *p, h*-Diagramm im Schnittpunkt der Senkrechten 3–4 und der Waagerechten 4–1 die *x*-Kurve *x* = 0,31, d. h., 31 % des in den Verdampfer eintretenden Kältemittels sind bereits dampfförmig (Drosseldampfanteil). Die Strecke 4–1 wird, gleiche saugseitige Überhitzung vorausgesetzt, kürzer. Das bedeutet eine geringere spez. Kälteleistung. Die Verdichtungslinie 1–2 entlang der *s*-Kurve trifft die Verflüssigungslinie t_c = 35 °C im Punkt 2, der uns die Verdichtungstemperatur t_2 = 99 °C anzeigt.

Tabelle 1-12: Vergleichswerte für R134a

Beispiel		1	2
Verdampfungstemp.	t_o (°C)	–10	–25
Verflüssigungstemp.	t_c (°C)	30	35
Druckverhältnis, p_c/p_o		3,83	8,29
Drosseldampfanteil	*x* (%)	0,20	0,31
spez. Kälteleistung	q_o (kJ/kg)	181,6	164,3
spez. Wärmeleistung	q_c (kJ/kg)	212,2	212,5
spez. Arbeit	*w* (kJ/kg)	30,6	48,2
spez. Dampfvolumen	v_1 (m³/kg)	0,109	0,198
spez. Dampfvolumen	v_2 (m³/kg)	0,030	0,027

Die in Tabelle 1-12 zusammengestellten Vergleichswerte beider Beispiele bestätigen uns noch einmal anschaulich die eingangs getroffenen Feststellungen mit Zahlen. Durch das Absenken der Verdampfungstemperatur von t_o = –10 °C auf t_o = –25 °C bei gleichbleibender saugseitiger Überhitzung von 20 K vergrößert sich das spez. Dampfvolumen um das 1,8fache. Um das gleiche R134a-Gewicht absaugen zu können, muss der Verdichter ein entsprechend größeres Hubvolumen haben.

Die Tabelle zeigt aber außerdem eine geringere spez. Kälteleistung bei Beispiel 2. Um die gleiche Kälteleistung erzeugen zu können wie im Beispiel 1, müsste die Verdichterleistung zusätzlich auch noch um dieses Verhältnis größer sein.

Der Antriebsmotor dieses größeren Verdichters müsste (siehe spez. Arbeit) nahezu 60 % größer gewählt werden als bei Beispiel 1.

Das um das 2,16fache angestiegene Druckverhältnis reduziert aber aus noch weiteren Gründen die Förderleistung des Verdichters. Wie das kommt, soll kurz erörtert werden.

1.9.4 Das Druck-Volumen-Diagramm

Bei größeren Kältemittelverdichtern war es in früheren Jahren üblich, im Versuch oder bei Abnahmen ein *Druck-Volumen-Diagramm*, kurz *p,v*-Diagramm, mit Hilfe einer Indikator- Einrichtung aufzeichnen zu lassen, um sich über die genaue Leistung des Verdichters ein richtiges Bild machen zu können. Monteure von Großkälteanlagen mussten mit dem Indikator umgehen können, das Auswerten der Diagramme war Sache der Ingenieure. Die Verwendung mechanischer Indikatoren wurde mit steigender Drehzahl der Kältemittelverdichter unmöglich. Zur Indizierung von Verdichtern mit Drehzahlen > 500/min werden im Zylinderraum Quarzsensoren eingebaut, die Aufzeichnung des *p,v*-Diagramms erfolgt mit einem digitalen Speicheroszilloskop.

Für jeden mit Kühlanlagen beschäftigten Fachmann ist die Kenntnis der Vorgänge innerhalb des Verdichters interessant und fördert das Verständnis für die Wirkungsweise des Verdichters im Kältemittelkreislauf.

Was lehrt uns nun das *p,v*-Diagramm?

Es zeigt den Verlauf des Dampfdruckes und die Veränderung des Volumens im Zylinderraum eines Verdichters während einer Kurbelumdrehung. Im Saughub füllt sich der Zylinder, im Druckhub, der im unteren Totpunkt beginnt, wird der angesaugte Dampf auf den Enddruck verdichtet und durch die Druckventile in die Druckleitung und den Verflüssiger ausgeschoben. Im oberen Totpunkt bleibt immer ein bestimmtes Restvolumen im Zylinder zurück, das sich beim Abwärtsgang des Kolbens zuerst wieder vom Enddruck (Punkt 4 des Diagramms) auf den Saugdruck (Punkt 1 des Diagramms) im Zylinderraum ausdehnt. Diese *Rückexpansion* des Dampfes ist weitgehend abhängig vom *schädlichen Raum* σ der Zylinder, der bei modernen Tauchkolbenverdichtern 3 bis 5 % des Zylindervolumens ausmacht.

Je größer das Druckverhältnis, um so größer wird der durch die Rückexpansion bestimmte Kolbenweg s_e und der Ansaugweg s'_0, d. h. das angesaugte Volumen und damit der Liefergrad des Verdichters, werden kleiner. Bei höheren Drücken, bzw. Druckverhältnissen nehmen Verluste durch thermische Einflüsse, Reibung sowie Undichtigkeiten innerhalb des Zylinders zu.

Der Kolben kann also erst dann neuen Dampf aus dem Verdampfer ansaugen, wenn der im Zylinder verbliebene Dampfrest von Punkt 4 auf Punkt 1 entspannt ist, wobei der Kolben schon den Weg s_e zurückgelegt hat. Nur die Strecke s'_o bleibt für das eigentliche Ansaugen neuen Dampfes.

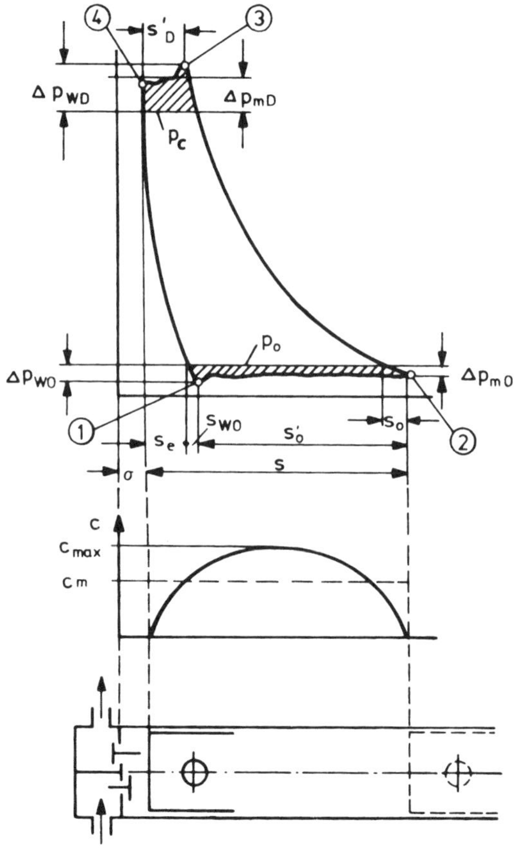

p_c	Verflüssigungsdruck
p_o	Verdampfungsdruck
Δp_{wD}	Öffungswiderstand des Druckventils
Δp_{mD}	mittlerer Druckverlust des Druckventils
Δp_{mO}	mittlerer Druckverlust des Saugventils
	schraffierte Flächen = Verlustarbeit
σ	schädlicher Raum
s_e	rückexpandiertes Volumen
s_{wo}	Öffnungsverzögerung
s	Kolbenhub
s'_D	Ausschubweg
s'_o	Ansaugweg
c	Kolbengeschwindigkeit
(1)	Saugventil öffnet
(2)	Saugventil schließt
(3)	Druckventil öffnet
(4)	Druckventil schließt

Abb. 1-45: p,v-Diagramm

Es ist also stets von Vorteil, die Verdichter in Kälteanlagen bei kleinen Druckverhältnissen zu betreiben. Sollen in einer Anlage tiefere Temperaturen erzielt werden, so werden auch aus diesem Grunde zweistufige Verdichter eingesetzt, bei denen das Druckverhältnis auf zwei Stufen verteilt ist, den *Niederdruck- und den Hochdruckteil.*

Bei zweistufigen Verdichtern ergibt sich der theoretisch optimale Zwischendruck zu $p_m = \sqrt{p_c \cdot p_o}$. Hätten wir z. B. einen Verflüssigungsdruck von p_c = 15 bar und einen Verdampfungsdruck von p_o = 1,5 bar, also ein Druckverhältnis von 10:1, so ergäbe sich in diesem Fall bei einer zweistufigen Verdichtung der nachfolgende Zwischendruck

$$p_m = \sqrt{p_c \cdot p_o}$$

$$= \sqrt{15 \cdot 1{,}5}$$

$$= \sqrt{22{,}5} = 4{,}74 \text{ bar}$$

Die Niederdruckzylinder des zweistufigen Verdichters würden das Kältemittel also mit einem Saugdruck von p_o = 1,5 bar ansaugen und auf p_m = 4,74 bar verdichten. Die Hochdruckzylinder übernehmen – meist nach *Zwischenkühlung* – den Druckdampf der Niederdruckstufe mit p_m = 4,74 bar und verdichtet diesen auf den Druck p_c = 15 bar. In jedem der beiden Verdichterstufen – Niederdruck und Hochdruck – wird das Druckverhältnis = 3,16. Ein günstiger Wert, der bei nur einstufiger Verdichtung 10 betragen würde!

1.9.5 Normtemperaturen

In unserem Beispiel hatten wir festgelegt, dass die Verdampfungstemperatur t_o = –10 °C und die Verflüssigungstemperatur t_c = 30 °C betragen sollte.

In einem sauberen, nicht bereiften Luftkühler lässt sich beispielsweise bei t_o = –10 °C Luft von ±0 °C auf –3 °C abkühlen. Mit zunehmender Bereifung des Luftkühlers ist das nicht mehr möglich. Entweder sinkt die Verdampfungstemperatur oder die Lufttemperatur steigt an.

Das Gleiche geschieht, wenn die Kühlfläche des Luftkühlers zu klein ausgelegt wurde. Dann kann die Luft bei einer Verdampfungstemperatur von t_o = –10 °C nicht auf –3 °C abgekühlt werden. Die Verdampfungstemperatur muss dann eventuell t_o –12 °C oder niedriger betragen. Die spezifische Kälteleistung sinkt.

Ähnlich verhält es sich mit dem Verflüssiger. Verschmutzte Innenrohre eines wassergekühlten Verflüssigers bewirken, dass die Verflüssigungstemperatur und damit der Leistungsbedarf des Verdichters ansteigt oder, dass zur Erhaltung einer Verflüssigungstemperatur kälteres Wasser benötigt wird.

Will man also Kälteanlagen, die sich in unterschiedlichen Zuständen befinden oder solche verschiedener Hersteller miteinander vergleichen, benötigt man *Normtemperaturen.*

(Temperaturen und *nicht* Drücke deshalb, um nicht für jedes Kältemittel eigene Werte festlegen zu müssen.)

Bei diesen *Normtemperaturen* sind die spez. Werte verschiedener Anlagen vergleichbar.

In den DKV Kältemaschinenregeln, 7. Auflage, sind Normtemperaturen folgendermaßen definiert:

Normtemperaturen sind vereinbarte Temperaturen zur einheitlichen Festlegung von Betriebsbedingungen, für die die Kälteleistung oder Wärmeleistung einer Kältemaschine, eines Kältemittelverdichters, einer Kälteanlage oder eines Kältesatzes angegeben wird.

Sie haben die Bedeutung von Vergleichstemperaturen und sollen nach Möglichkeit in der Nähe der wahren Betriebstemperaturen liegen, müssen jedoch mit diesen nicht identisch sein.

1.9.6 CO_2-Kältemittelkreisläufe

Drei unterschiedliche Anwendungen sollen betrachtet werden:
- Kohlenstoffdioxid als Wärmeträger,
- CO_2-Kälteanlagen bei unterkritischem Prozess,
- CO_2-Kälteanlagen bei überkritischem (transkritischem) Prozess

Kohlenstoffdioxid als Wärmeträger

Kälteanlagen mit Wärmeträgern – gemäß heutiger Normung *Wärmeträger-Fluide* – sind allgemein bekannte Anlagen. In der Regel werden hierfür Salzlösungen oder Wasser-Glykolgemische verwendet. Dies sind Fluide, deren Verdampfungstemperatur weit oberhalb der Einsatztemperatur liegt.

Der Unterschied zwischen diesen klassischen Wärmeträgern und CO_2 als Wärmeträger ist, dass bei CO_2 während des Umlaufs der Aggregatszustand wechselt. Es findet ein *Phasenwechsel* statt.

Ein Verdampfer in derartigen Kälteanlagen ist der CO_2-(Rück-)Verflüssiger. Verdampfungs- und Verflüssigungstemperatur des CO_2 sind bis auf die Druckverluste im Verdampfer und der Saugleitung gleich.

Das flüssige CO_2 wird mittels einer Kältemittelpumpe den Verdampfern zugepumpt und gelangt als Dampf-Flüssigkeitsgemisch (wie bei NH_3-Umpumpanlagen) in den Sammler/Verflüssiger zurück. Die Vorteile gegenüber Wärmeträgersystemen mit Sole sind im Wesentlichen beachtlich kleinere Rohrdurchmesser in den Zuleitungen und bessere Wärmeübergangswerte in den Wärmeaustauschern (Verdampfern).

CO_2-Kälteanlagen bei unterkritischem Prozess

CO_2-Kälteanlagen bei unterkritischem Prozess arbeiten wie jede andere Kälteanlage, allerdings bei wesentlich höherem Druckniveau.

Tabelle 1–13: Vergleich der Drucklage einiger Kältemittel

	R744 (CO_2)	**R717 (NH_3)**	**R404A**
Verflüssigungstemp. HD	25 °C	25 °C	25 °C
Verflüssigungsdruck HD	64,3 bar	10,0 bar	12,5 bar
Verflüssigungstemp. ND	–15 °C	–15 °C	–15 °C
Verflüssigungstemp. ND	22,9 bar	2,4 bar	3,7 bar

Diese kleine Tabelle zeigt, dass selbst bei der niedrigen Verflüssigungstemperatur von t_c = 25 °C der Sättigungsdruck von CO_2 so hoch liegt, dass für den Bau derartiger CO_2-Kälteanlagen keine Standardkomponenten mehr verfügbar wären. Der maximal zulässige Betriebsdruck solcher Komponenten liegt heute in der Regel bei PN 25 bis PN 40 bar, für Absperrventile bis zu PN 42 bar.

Nach dieser Betrachtung darf die maximale Verflüssigungstemperatur einer aus Standardkomponenten gebauten CO_2-Kälteanlage lediglich bei maximal t_c = +1 °C (p = 36 bar) liegen. Solche Anlagen sind mit natürlichen Kühlmedien (Luft, Wasser) nicht mehr

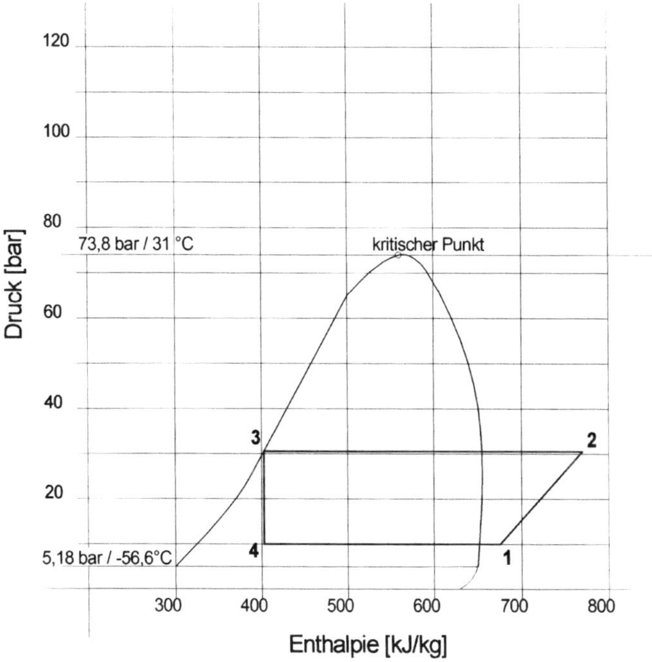

Abb. 1-46: Beispiel eines CO_2-Kreislaufs im *p,h*-Diagramm (Tieftemperatur-Teil einer Kaskadenanlage)

zu betreiben. Entweder wird deshalb ein entsprechend gekühlter Wärmeträger – z. B. eine Sole – verwendet oder es kommt eine Kaskadenanlage zum Einsatz. Letzteres ist sowohl für Industrie- als auch für gewerbliche Kälteanlagen vielfach ausgeführt worden. Die theoretische Leistungszahl dieser CO_2-Kälteanlagen beträgt etwa ε_{th} = 5 (für NH_3 ε_{th} = 4,6) bei t_0 = –50 °C und ε_{th} = 6,5 (für NH_3 ε_{th} = 6,8) bei t_0 = –40 °C.

Unter einer *Kaskadenanlage* versteht man eine Kälteanlage mit zwei von einander unabhängigen Kältemittelkreisläufen, wobei die Verflüssigungswärme des Kreislaufes mit dem niedrigeren Temperaturniveau (Tieftemperaturteil) direkt an einen Verdampfer des Kreislaufes mit dem höheren Temperaturniveau (Hochtemperaturteil) abgegeben wird. Die verwendeten Kältemittel sind in der Regel unterschiedlich und nach den Einsatzbedingungen ausgewählt (s. 5.2)

Der CO_2-Teil von Kaskadenanlagen wird für Temperaturen bis t_0 = –50 °C und t_c = –10 °C gebaut. Die Nähe dieser Verdampfungstemperatur zur Temperatur am Tripelpunkt (Gefahr der Schneebildung im Verdampfer) wird durch den beachtlichen Druckunterschied von p = 6,84 bar bei t = –50 °C und p_{tripel} = 5,18 bar möglich.

Tabelle 1-14: Zustandswerte eines CO_2-Kreislaufs

Punkt	Druck	Temperatur	Dichte
(1)	9,9 bar	–20 °C	22,5 kg/m³
(2)	30,9 bar	96 °C	50 kg/m³
(3)	30,5 bar	–5,4 °C	954 kg/m³
(4)	10,4 bar	–39,2 °C	Gemischphase

[Technical University of Denmark]

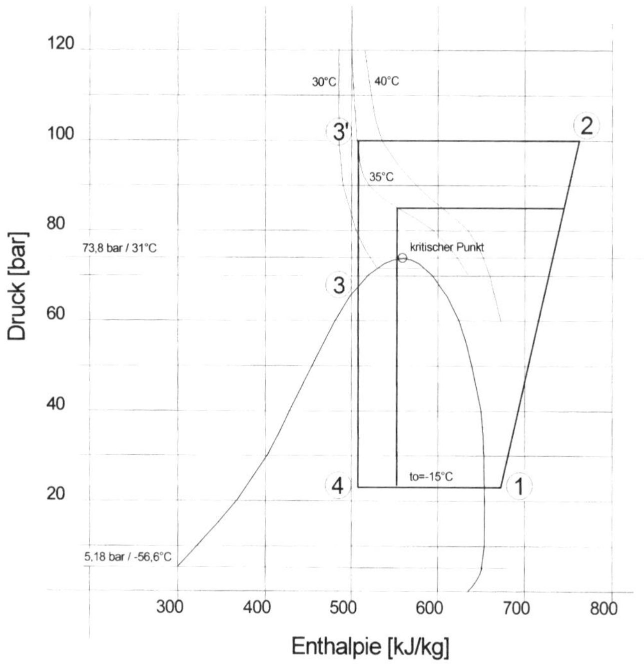

Abb. 1-47: Darstellung der Kälteleistung in Abhängigkeit des Druckes im Gaskühler bei überkritischen Prozess im *p,h*-Diagramm für CO_2

CO_2-Kälteanlagen bei überkritischem (transkritischem) Prozess

Überkritisch bedeutet, dass der Kältemitteldampf im Kreislauf auch bei steigendem Druck auf der HD-Seite nicht mehr verflüssigt werden kann. Dieser Zustand beginnt oberhalb des so genannten *kritischen Punkts*.

Der kritische Punkt von CO_2 liegt bei der kritischen Temperatur t_{kr} = 31 °C und dem Druck p_{kr} = 73,8 bar. Bei üblichen Luft- bzw. Wassertemperaturen des Kühlmediums sind diese Werte rasch überschritten. In vorstehenden Kapiteln wurde gesagt, dass CO_2-Kälteanlagen vorzugsweise auf Kühlschiffen Anwendung fanden. In tropischen Gewässern – in den Anbaugebieten von Bananen – liegen die Wassertemperaturen häufig über 35 °C. Ein Blick auf das *p, h*-Diagramm lässt erkennen, dass bei solchen Temperaturen eine Verflüssigung des CO_2 nicht mehr möglich ist. Wie funktioniert dann eine solche Kälteanlage?

Die bei überkritischem Prozess betriebene CO_2-Kälteanlage unterscheidet sich von der bei unterkritischem Prozess betriebenen Kälteanlage u. a. dadurch, dass der gewohnte Verflüssiger durch einen Gaskühler auf der HD-Seite ersetzt ist, in dem die im Kreislauf aufgenommene Wärme an die Umgebung (Kühlwasser oder Luft) abgegeben wird, ohne dass ein Phasenwechsel erfolgt. Der Dichteanstieg bei der Abkühlung ist allerdings beachtlich (s. Tabelle 1-15). Eine CO_2-Verflüssigung findet (bei $t \geq 31$ °C) nicht statt. Zwischen Gaskühler und Expansionsventil wird häufig ein Kältemittelsammler angeordnet

Den Gaskühler verlässt in der Regel keine Flüssigkeit sondern CO_2-Dampf mit hoher Dichte. Dem *p,h*-Diagramm ist zu entnehmen, dass die Dichte des CO_2-Dampfes im Punkt 3′ bei p_{HD} = 100 bar und t = 35 °C ϱ = 713 kg/m³ beträgt.

Die Dichte der CO_2-Flüssigkeit am Schnittpunkt der Expansionslinie mit der linken Grenzlinie des Nassdampfgebiets im gleichen Diagramm (Punkt 3 des gewählten Bei-

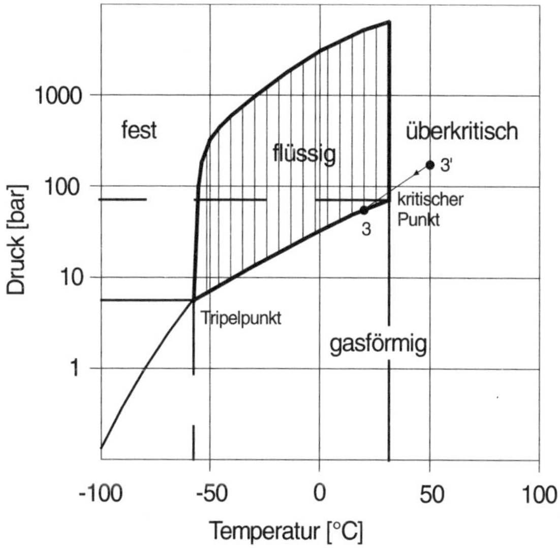

Abb. 1-48: Phasendiagramm von CO_2

spiels) liegt bei etwa 68 bar und hat mit ϱ = 667 kg/m³ eine nur geringfügig niedrigere Dichte. Trägt man diesen Expansionsvorgang in das Phasendiagramm (Abb. 1-48) ein, sollte man annehmen, beim Unterschreiten der kritischen Temperatur beginnt schlagartig die Phasentrennung zwischen Dampf und Flüssigkeit. Entsprechende Versuche ergaben jedoch, dass in diesem Bereich Flüssigkeit und Dampf nebeneinander bestehen. Die von unterkritischen Prozessen gewohnte Phasentrennung erfolgt erst eindeutig im Nassdampfgebiet.

Werfen wir nochmals einen Blick auf das *p,h*-Diagramm (Abb. 1-47). Erfahrungsmäßig möchte man sagen, geringeres HD-Niveau führt zu größerer Kälteleistung. Das ist aber im überkritischen Prozess nicht der Fall.

Es kann davon ausgegangen werden, dass abhängig von der Temperatur des Kühlmediums des Gaskühlers sich eine etwa konstante Austrittstemperatur des CO_2-Dampfes einstellt, z. B. t = 35 °C. Der Vergleich der beiden eingezeichneten Prozesse lässt aber deutlich erkennen, dass die Kälteleitung mit steigendem Druck größer wird. Betrachtet man darüber hinaus den Verlauf der theoretischen Leistungszahl ε_{th} des Prozesses, ist abhängig von der Temperatur am Gaskühler-Austritt (Abb. 1-49) ein Optimum zwischen 90 und 110 bar zu erkennen.

Tabelle 1-15: Zustandswerte eines überkritischen CO_2-Kreislaufs

Punkt	Druck	Temperatur	Dichte
(1)	22,8 bar	–5 °C	55,5 kg/m³
(2)	100 bar	etwa 125 °C	164 kg/m³
(3)	100 bar	35 °C	713 kg/m³
(3)	68 bar	27,5 °C	667 kg/m³
(4)	22,9 bar	–15 °C	Gemischphase

[Technical University of Denmark]

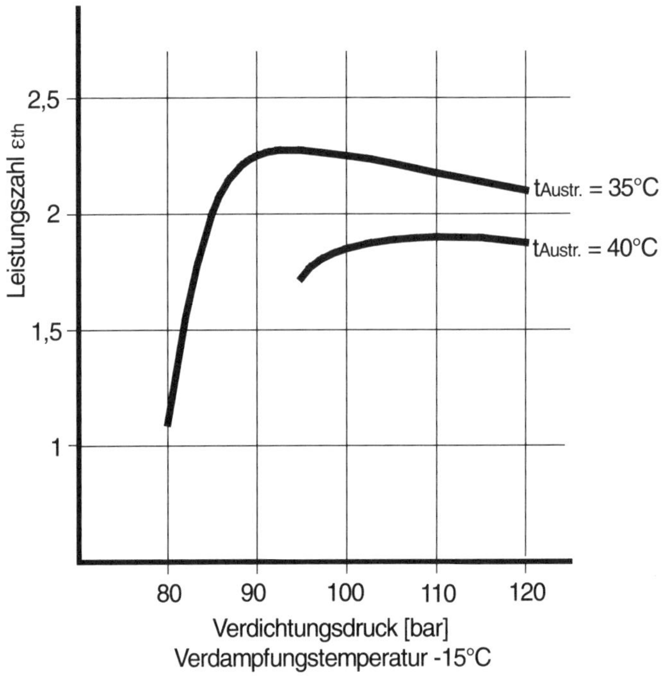

Abb. 1-49: Leistungszahl in Abhängigkeit des Verdichtungsenddrucks bei verschiedenen Gaskühler-Austrittstemperaturen

Für den Kältemonteur ist es unumgänglich, sich bei Einstellarbeiten an die Vorgaben des Herstellers halten. Erfahrungen mit üblichen Kälteanlagen helfen nicht in allen Fällen weiter. [11]

2 Die Hauptteile der Kälteanlage

2.1 Verdichter

Wir haben in Abschnitt *Der Kreisprozess* erfahren, dass gemäß dem 2. Hauptsatz der Thermodynamik ein Kältemittelkreislauf ohne Verdichter nicht denkbar ist. Ohne Verdichter kann das aus dem Verdampfer bei niedrigem Druck abgesaugte Kältemittel nicht in einen Zustand gebracht werden, der eine Verflüssigung, d. h. Wärmeentzug bei Umgebungstemperatur durch Luft oder Wasser, ermöglicht.

Zu Recht wird der Verdichter auch das *Herz* der Kälteanlage genannt. Wegen seiner mechanisch bewegten Teile ist er das empfindlichste Teil der Kälteanlage.

Der Qualitätsstand moderner Kältemittelverdichter ist durch präzise Fertigungsmethoden jedoch heute so hoch, dass bei richtiger Auslegung der Kälteanlage, sauberer Montage, Verwendung eines geeigneten Schmieröles und angemessener Wartung von einer langen Lebensdauer ausgegangen werden kann.

In der Kältetechnik sind derzeit folgende Verdichterbauarten üblich:

nach dem *Verdrängerprinzip*

- Hubkolbenverdichter,
- Scrollverdichter,
- Schraubenverdichter und
- Vielzellenverdichter (Rotationsverdichter)

nach dem *Strömungsprinzip*

- Turboverdichter

Wir wollen uns hier auf Tauchkolben-, Scroll-, Schrauben- und Turboverdichter beschränken.

Die Behandlung aller Hubkolbenverdichter würde den Rahmen dieses Buches sprengen. Kreuzkopfverdichter liegender oder stehender Bauart, ölgeschmiert oder als Trockenläufer, seien hier nur erwähnt.

2.1.1 Hubkolbenverdichter

Die in Kälteanlagen und Kältesätzen mit Abstand am häufigsten eingesetzten Hubkolbenverdichter sind *Tauchkolbenverdichter,* d. h. Verdichter in dem das Pleuel direkt im Kolben angelenkt ist.

Hier unterscheiden wir noch einmal zwischen

- **offenen Verdichtern mit mechanischer Wellenabdichtung sowie**
- **Motorverdichtern, und zwar**
  - **mit Wellenabdichtung und Flanschmotor,**
  - **halbhermetischen Motorverdichtern (Deckelmotorverdichter)**
  - **hermetischen Motorverdichtern (Kapselverdichter)**

Offene Verdichter können nach zwei Prinzipien gebaut sein: als *Gleichstrom-* oder als *Wechselstromverdichter.* Monteure im Reparaturdienst werden hin und wieder auch

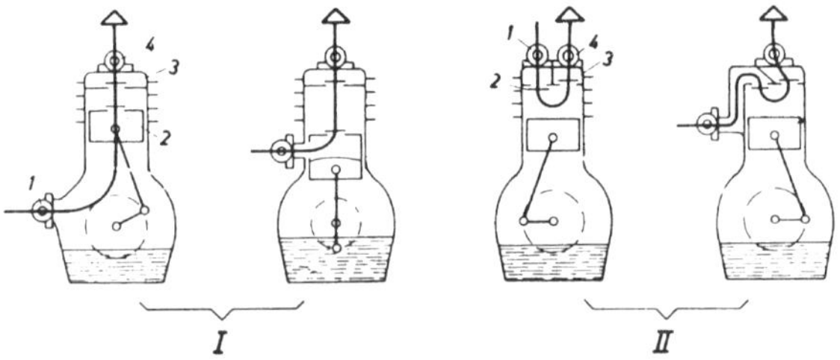

Abb. 2-1: Prinzip der Gleichstrom- und Wechselstrom-Verdichter: I Gleichstrom, II Wechselstrom. Dieses Grundprinzip gilt für alle Hubkolben- Verdichter liegender oder stehender Bauart, je nachdem ob der Kältemitteldampf ohne Umkehrung der Strömungsrichtung im Gleichstrom oder durch Umkehrung im Gegenstrom durch den Verdichter geführt wird. Die Ventilanordnung ist: 1 Saugabsperrventil, 2 Saugarbeitsventil, 3 Druckarbeitsventil, 4 Druckabsperrventil.

heute noch Gleichstromverdichter antreffen, die jedoch nicht mehr gebaut werden. Diese Verdichter sind meist in Ammoniakanlagen eingesetzt.

Wie Abb. 2-1 zeigt, strömt der angesaugte Kältemitteldampf durch das im Kolben befindliche Saugventil in den Zylinder und wird ohne Strömungsumkehr bei der Verdichtung ausgeschoben. Dieses Prinzip ergibt gute Liefergrade. Da Ventilplatten und Hubfänger im Kolben untergebracht sein müssen, wird der gesamte Kolben (aus Grauguss) sehr schwer. Die dadurch verursachten großen Massenkräfte setzen der maximal erreichbaren Drehzahl Grenzen. Die üblichen Drehzahlen betragen n = 500/min, in Ausnahmefällen wurden Gleichstromverdichter mit n = 750/min gebaut.

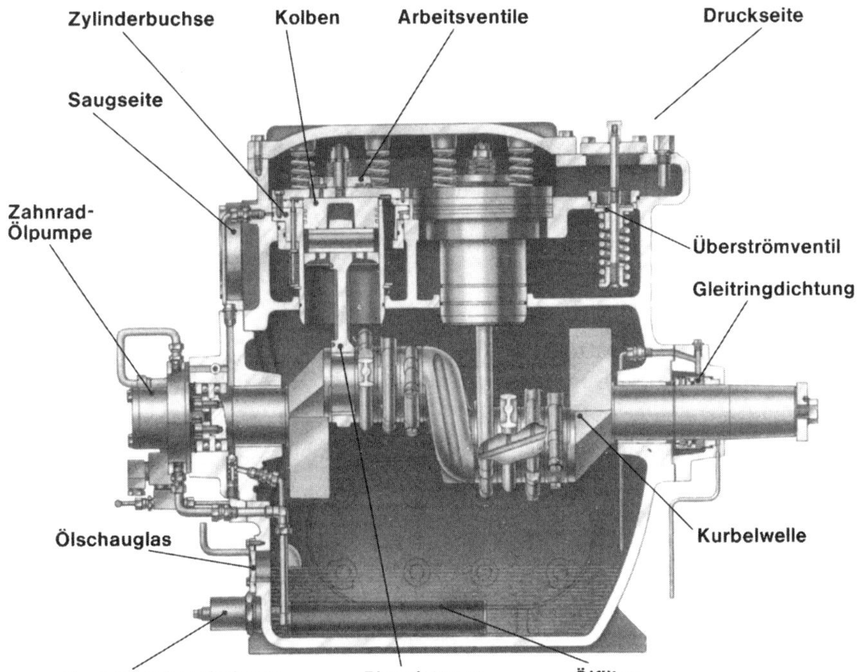

Abb. 2-2: Moderner Wechselstromverdichter

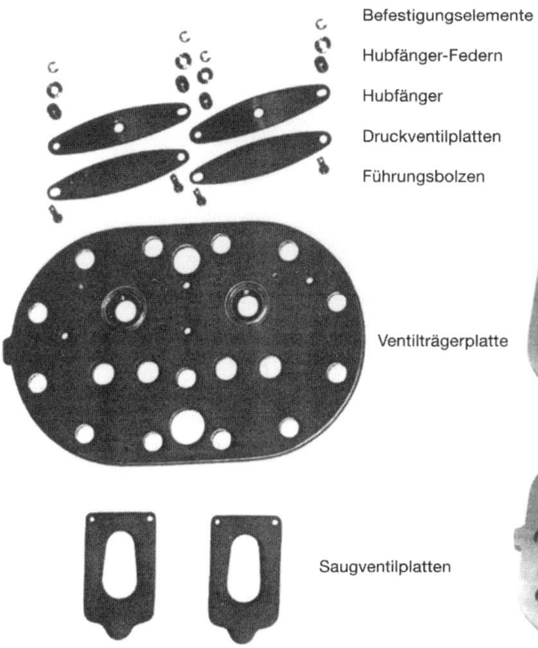

Abb. 2-3: Ventilplatte mit Saug- und Druckarbeitsventil *(Hörbiger)*

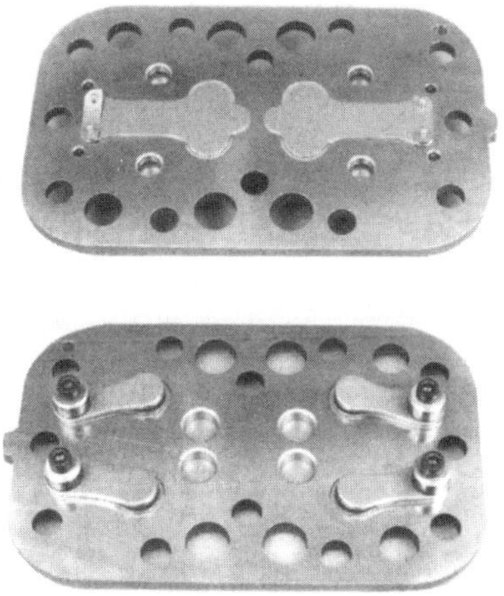

Abb. 2-4: Ventilplatte mit Saug- und Druckarbeitsventil *(Hörbiger)*

Für die Weiterentwicklung der Kältemittelverdichter, mit Leichtmetallkolben und Drehzahlen von n = 1450/min und mehr, war der Gleichstromverdichter nicht geeignet.

Moderne Tauchkolbenverdichter, die in der Kältetechnik Verwendung finden, sind *Wechselstromverdichter.*

Unabhängig von der Bauart der eingesetzten Arbeitsventile wird bei diesen Verdichtern das Kältemittel von oben in den Zylinder eingesaugt und auch nach oben wieder ausgeschoben.

Als Arbeitsventile werden für Verdichter ab einem geometrischen Fördervolumen von etwa $\dot{V}_{th}$ = 250 m^3/h konzentrisch angeordnete *Plattenventile* verwendet. Druck- und Saugventil bilden eine Einheit.

Verdichter mit geringerem Fördervolumen, das sind in der Regel Motorverdichter, besitzen *Zungenventile,* die in einer Zwischenplatte oder Ventilplatte untergebracht sind.

Als Plattenventile ausgeführte Saugarbeitsventile sind zur Leistungsregelung der Verdichter geeignet. Mit Hilfe einer mechanischen Vorrichtung werden die Ventilplatten des Saugarbeitsventils am Schließen gehindert. Das angesaugte Kältemittel wird in den Saugraum zurückgeschoben.

Auf diese Weise kann die Förderleistung des Verdichters sicher auf 50 % reduziert werden, bei geringen Druckverhältnissen auch darunter. Je weiter die Leistung reduziert wird, je schlechter wird der Verdichter gekühlt. Die Verdichtungsendtemperatur begrenzt die mögliche Leistungsregelung.

Wegen des Energiebedarfs zum Ausschieben des Kältemitteldampfes zurück in den

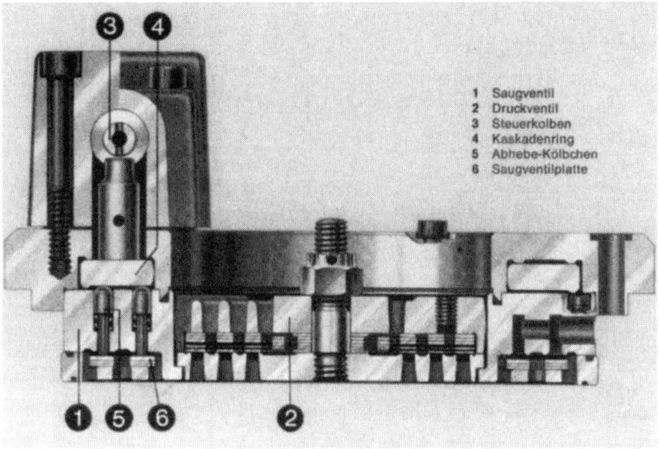

Abb. 2-5: Kombiniertes Saug- und Druckventil mit Regelaufsatz *(Linde)*

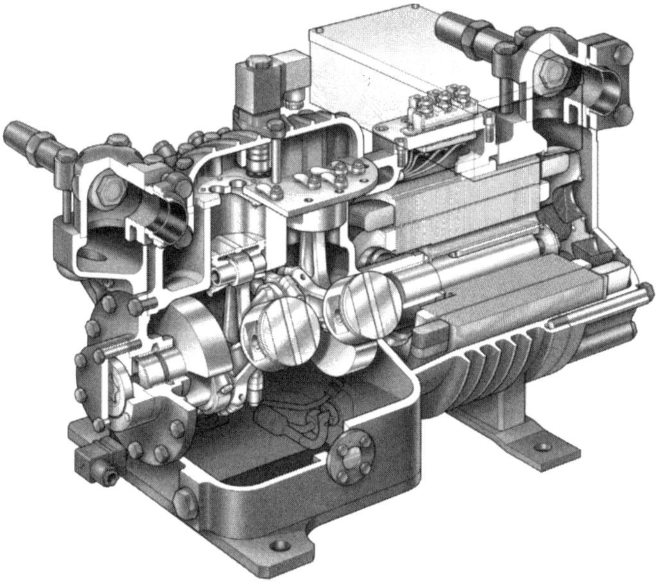

Abb. 2-6: Sauggasgekühlter Motorverdichter *(Bitzer)*

Saugraum des Verdichters arbeitet diese Leistungsregelung nicht verlustfrei. Bei Teillast sinkt die Antriebsleistung nicht in gleichem Maße wie die Kälteleistung.

Motorverdichter mit Ventilplatten haben einen Zylinderdeckel, in dem der Saugraum vom Druckraum durch einen Steg getrennt ist. Der angesaugte Kältemitteldampf wird durch eine Bohrung in der Ventilplatte in diesen Saugraum geleitet. Zur Leistungsregelung wird diese Bohrung bei einem Teil der Zylinder verschlossen. Die Wärmeabfuhr eines abgeschalteten Zylinders kann nur nach außen erfolgen, der Energieverlust ist jedoch geringer als bei den angehobenen Plattenventilen.

Die konstruktive Gestaltung der Verdichterbauteile ist naturgemäß von Hersteller zu Hersteller verschieden. Gleich ist jedoch, dass in Kältemittelverdichtern aller Fabrikate keine handbearbeiteten Teile mehr zu finden sind. Für die Lagerung der Kurbelwelle (meist aus Sphäroguss hergestellt) und für die Pleuel werden einbaufertige Lager verwendet, an denen Nacharbeiten unzulässig sind. Die Pleuel der meisten Motorverdichter haben keine Lager.

Die Kolbenringbestückung variiert sehr stark. Bei Reparatur und Wartung muss das spezielle Verdichterhandbuch herangezogen werden.

Motorverdichter werden kaum am Einsatzort repariert, sondern im Schadensfall ausgetauscht. Die Reparatur erfolgt besser im Werk.

An dieser Stelle sei betont, dass Arbeiten an Verdichtern nur mit geeignetem Werkzeug ausgeführt werden dürfen. Das gilt besonders für die Schraubverbindungen. Hier sind die angegebenen Drehmomente einzuhalten; unbedingt Drehmomentenschlüssel verwenden!

2.1.2 Scroll-Verdichter

Die Verdichtung des Kältemitteldampfes im Scroll-Verdichter erfolgt zwischen zwei Spiralen (englisch: scrolls). Eine dieser beiden Spiralen ist stationär (feste Spirale), die andere rollt auf dieser ab (orbitierende Spirale). Zwischen den Spiralen entstehen sichelförmige Taschen, in denen sich das dampfförmige Kältemittel befindet.

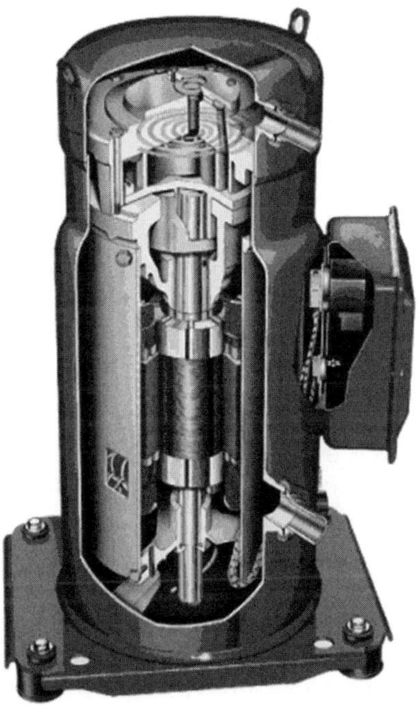

Abb. 2-7: Scroll-Verdichter *(Danfoss)*

Durch die Bewegung der orbitierenden Spirale wird der Kältemitteldampf in den sichelförmigen Taschen zum Mittelpunkt beider Spiralen bewegt, wobei sich deren Volumen verringert und der Kältemitteldampf verdichtet wird. Am Mittelpunkt der Spiralen ist eine Öffnung angeordnet, durch die das nunmehr auf Verdichtungsenddruck (etwa Verflüssigungsdruck) verdichtete Kältemittel ausgeschoben wird.

Erste Umdrehung:
ANSAUGEN

Zweite Umdrehung:
VERDICHTEN

Dritte Umdrehung:
AUSSTOSSEN

Abb. 2-8: Scroll-Verdichter; Verdichtungsprinzip *(Danfoss)*

Es wird ständig in mehreren Taschen gleichzeitig verdichtet und jeweils in zwei gegenüberliegenden Taschen bei gleichem Druck. Hierdurch wird eine gleichmäßige Verdichtung und ein pulsationsarmer Druckgasausstoß erzielt.

Drei Umdrehungen werden benötigt, um den Kältemitteldampf zu verdichten (siehe Abb. 2-8).

1. In die offenen Taschen (Saugseite) tritt der Kältemitteldampf ein.
2. Die Einströmöffnungen schließen sich. Das Volumen der geschlossenen Taschen vermindert sich, der Kältemitteldampf wird verdichtet.
3. Die Taschen haben die im Mittelpunkt angeordnete Austrittsöffnung erreicht. Der auf Enddruck verdichtete Kältemitteldampf wird ausgeschoben.

Am Austritt des Verdichters befindet sich ein Rückschlagventil, das nach dem Abschalten einen Rückwärtslauf verhindert.

Die Umsetzung der rotierenden Wellenbewegung in die orbitierende Bewegung der Spirale wird, ähnlich wie beim Kurbelantrieb, durch eine spezielle, exzentrisch gelagerte Kupplung – die Oldham-Kupplung – erreicht.

Compliant/Compliance-Prinzip

Das englische Wort bedeutet im technischen Gebrauch: *fügsam/Fügsamkeit.*

Die Spiralen des Scroll-Verdichters haben die Form von evolventenförmig gewickelten Flacheisen. Um eine möglichst verlustfreie Verdichtung zu erzielen, müssen die Spiralen sowohl radial als auch axial abgedichtet werden.

Radiale Abdichtung

Beim Verdichten müssen die beiden Spiralen möglichst ohne Spalt aufeinander abrollen. Würde die orbitierende Bewegung der beweglichen Spirale durch die konstruktive Ausführung fest vorgegeben, so wäre wegen der Fertigungstoleranzen und der Wärmedehnung ein zufriedenstellendes Abdichten der Taschen nicht zu erzielen.

Bei dem *Compliant/Compliance*-Prinzip wird diese Abdichtung dennoch erreicht, indem die bewegliche Spirale nicht starr geführt wird, sondern radial einen Freiheitsgrad hat. Sie kann sich an die feste Spirale anfügen.

Die abzudichtenden Flächen der Spiralen werden durch diese Bewegungsmöglichkeit im Betrieb durch Fliehkraft gegeneinander gepresst, was zu einer sehr effektiven Abdichtung führt. Die Oberflächen laufen ein, es kommt zu einer spiegelglatten Oberflächengüte. Dieser Einlaufprozess wird in wenigen Betriebsstunden erreicht.

Axiale Abdichtung

Bei dem *Compliant/Compliance*-Prinzip kann auf übliche Abdichtungsmaßnahmen, wie z. B. eingelassene Dichtleisten auf den Spiralen, verzichtet werden. Die Abdichtung wird durch einen sogenannten schwimmenden Dichtring bewirkt, der in der festen Spirale eingelassen ist und den Hochdruck- vom Niederdruckteil trennt. Dieser Dichtring wird druckgesteuert. Von unten wirkt während des Betriebes ein definierter Zwischendruck, der über eine Verbindungsbohrung zu einer entsprechenden Tasche übertragen wird. Auf der Oberseite steht Niederdruck. Durch Einlaufen der Oberkante der orbitierenden Spirale auf dem Boden der feststehenden Spirale wird eine effektive metallische Abdichtung erreicht. [20]

Anwendung/Ausführung

Scrollverdichter werden für einen Volumenstrom von etwa 5 m^3/h bis 45 m^3/h hergestellt. Der Einsatz ist sowohl im Normalkühlbereich (bis t_0 = –15 °C) als auch im Tiefkühlbereich (bis t_0 = –40 °C) mit den entsprechenden Kältemitteln (z. B. R404A, R407C, R507 usw.) möglich.

Beim Einsatz im Tiefkühlbereich ist die Einspritzung einer kleinen Kältemittelmenge während der Verdichtung zur Kühlung erforderlich. Dies erfolgt über eine Kapillare an geeigneter Stelle zwischen die Spiralen (die Taschen müssen zur Saugseite hin bereits geschlossen sein). Auf diese Weise wird der volumetrische Wirkungsgrad des Verdichters nicht beeinträchtigt.

Scrollverdichter werden in vertikaler und horizontaler Bauform hergestellt.

Betrieb

Scrollverdichter fördern und verdichten – ähnlich wie Schraubenverdichter – nur bei einer vorgegebenen Drehrichtung. Dies ist bei der Inbetriebnahme zu beachten. Zur Kontrolle der richtigen Drehrichtung ist vom Kältemonteur zu prüfen, ob der Druck (abzulesen an den Manometern) auf der Saugseite fällt und auf der Druckseite steigt. Bei falscher Drehrichtung liegt der Geräuschpegel höher als bei der richtigen. Kurzzeitiger Betrieb bei falscher Drehrichtung schadet dem Verdichter nicht.

Bei der Drehrichtungsprüfung müssen die Absperrventile des Verdichters, auch das saugseitige Absperrventil, geöffnet sein. Der Verdichter läuft auch bei vorhandener Druckdifferenz zwischen Hoch- und Niederdruckseite entlastet an, da die Spiralen im Stillstand voneinander getrennt sind und innerer Druckausgleich stattgefunden hat. Bei geschlossenem, saugseitigem Absperrventil würde wegen des guten volumetrischen Wirkungsgrades ein tiefes Vakuum erzeugt, das zu Lichtbogenbildung an elektrischen Kontakten und somit zur Beschädigung des Verdichters führen kann.

Ein kurzes metallisches Geräusch beim Anlaufen der Verdichter ist normal, es ist auf die anfängliche Berührung der Spiralen zurückzuführen.

Durch das Compliant/Compliance-System sind Scrollverdichter recht robust gegenüber dem Eintrag von flüssigen Kältemittelanteilen mit dem angesaugten Kältemitteldampf (z. B. nach dem Abtauen der Verdampfer). Ist im Stillstand Kältemittelverlagerung in die Verdichter möglich, dann wird zur Vermeidung der Schmierölverdünnung eine Beheizung der Kurbelgehäuse nötig.

2.1.3 Schraubenverdichter

Schraubenverdichter sind zweiwellige Rotationskolbenverdichter, die nach dem *Verdrängerprinzip* arbeiten.

Sie funktionieren vom Prinzip her ähnlich wie die allgemein bekannten Kolbenverdichter. Das zu komprimierende Gas wird in einen *Arbeitsraum* eingesaugt, der Arbeitsraum wird danach abgeschlossen und verkleinert. Dabei erfolgt die Verdichtung des zu fördernden Mediums.

Sobald im Arbeitsraum der gewünschte Verdichtungsdruck herrscht, wird er mit der Druckleitung verbunden und das komprimierte Gas in die Druckleitung ausgeschoben.

Der Arbeitsraum wird in einem Kolbenverdichter durch einen Zylinder gebildet, in dem ein Kolben hin und her bewegt wird. Beim Schraubenverdichter hingegen sind die Arbeitsräume die Zahnlücken eines schrägverzahnten Läuferpaares, das in einem das Läuferpaar eng umschließenden Gehäuse läuft.

Wird ein schrägverzahntes Zahnradpaar gedreht, so wandern die Berührungslinien, entlang deren die Zahnflanken der beiden Räder einander berühren, in axialer Richtung. Werden die Zahnlücken stirn- und mantelseitig durch ein Gehäuse abgedeckt, wird damit das in den Zahnlücken transportierte Gasvolumen beim Drehen der Läufer verkleinert und kann theoretisch beliebig hoch verdichtet werden. [12]

Durch die Lage von Auslasssteuerkanten wird der Verdichter den Bedürfnissen der Kälteanlage angepasst. Hieraus ergibt sich das *eingebaute Volumenverhältnis* des Schraubenverdichters.

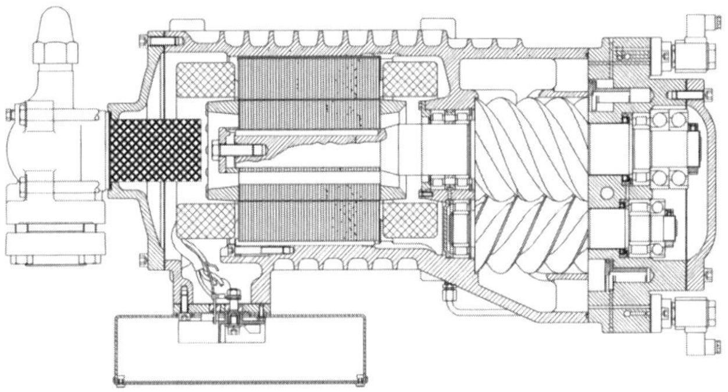

Abb. 2-9: Schnitt durch einen geregelten Schraubenverdichter *(Bitzer)*

Durch die heute verwendeten Wälzfräsmaschinen ist es möglich, Schraubenverdichter sehr genau herzustellen. Als Läufermaterial werden Sphäroguss, Stahl, rostbeständiger Stahl, Bronzen u. ä. verwendet.

Der allgemeine Trend geht zu immer größerer Genauigkeit in der Herstellung bzw. zu immer kleineren Gehäusespielen.

Schraubenverdichter für den Einsatz in Kälteanlagen werden heute für Fördervolumina ab etwa 80 m³/h bis zu etwa 5000 m³/h gebaut. Damit sind sie eingedrungen in die Arbeitsbereiche der Motorverdichter auf der einen Seite und die der großen Kolben- und Turboverdichter auf der anderen Seite.

Die Leistungsregelung der Schraubenverdichter mit einem Fördervolumen bis etwa 200 m³/h erfolgt durch Zu- und Abschalten bzw. durch Öffnen und Schließen interner Überströmkanäle.

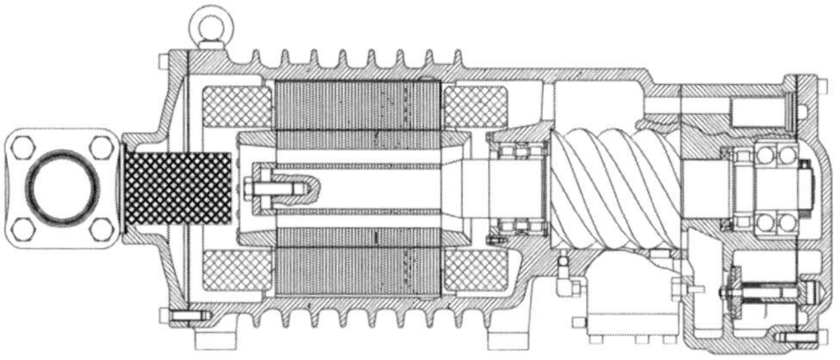

Abb. 2-10:
Integrierte Leistungsregelung eines Schraubenverdichters *(Bitzer)*

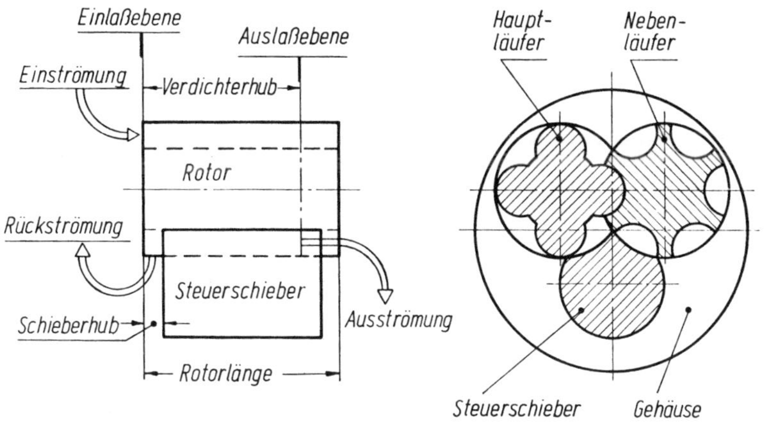

Abb. 2-11: Schema der Fördermengenregelung mit einem Steuerschieber *(MAN/GHH)*

Schraubenverdichter größerer Leistung sind mit einer Schieberregelung ausgerüstet. Hier wird mit Hilfe eines Schiebers unter dem Rotorenpaar das Zahnlückenvolumen bei Verdichtungsbeginn zur Mengenregelung verändert.

Mit dieser Regelung kann der Volumenstrom von etwa 10 bis 100 % stufenlos geregelt werden:

Außerdem ermöglicht die Schieberregelung in ihrer Minimalstellung ein sehr leichtes Anfahren des Verdichters.

Die erforderliche Antriebsleistung und das Fördervolumen sind dem Schieberweg nicht proportional. Es ist typisch für die Schieberregelung, dass zwischen 70 bis 100 % Schieberweg die Verdichterleistung progressiv ansteigt. Der günstigste Verdichterwirkungsgrad wird bei Volllast erzielt.

Da Schraubenverdichter ein eingebautes Volumenverhältnis – VI – haben (müssen), das bezogen auf ein bestimmtes Kältemittel einem Druckverhältnis gleichgesetzt werden kann, liegt das Wirkungsgradoptimum auch nur bei *einem* Verhältnis von Verflüssigungsdruck zu Verdampfungsdruck. Bei geregeltem Verdampfungsdruck wird der Wirkungsgrad demnach bei davon abweichendem Verflüssigungsdruck, nach unten oder nach oben, schlechter. Inzwischen sind Schraubenverdichter mit variablem eingebauten Volumenverhältnis auf dem Markt, die diesen Nachteil ausgleichen. Mittels einer Mikroprozessor-Regelung wird das eingebaute Volumenverhältnis den jeweiligen Anlagenbedingungen angepasst.

Der Ölvorrat des Schraubenverdichters ist in einem Ölbehälter auf der Druckseite untergebracht. Er dient gleichzeitig als Ölabscheider. Von hier aus erfolgt die Versorgung

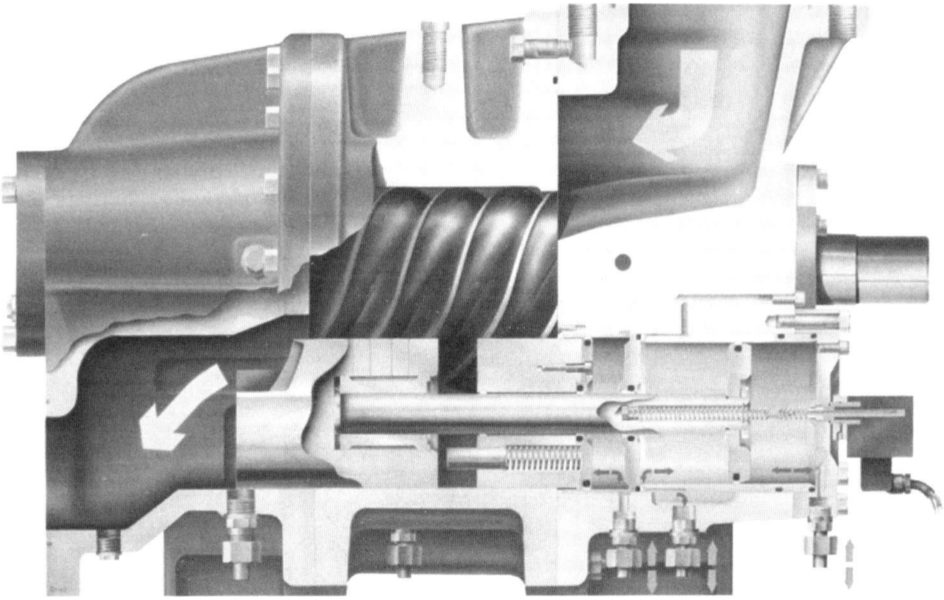

Abb. 2-12: Schnitt durch einen Schraubenverdichter, mit Leistungsregelung und verstellbarem VI *(Grasso)*

der Schmierstellen und der Einspritzstelle des oder der Verdichter mit Öl. Bei einigen Fabrikaten wird dazu die Differenz zwischen Verdichtungs- und Ansaugdruck genutzt, andere, meist größere Einheiten, sind mit einer Ölpumpe ausgerüstet.

Der gesamte Ölstrom gelangt an geeigneten Stellen in den Arbeitsraum des Verdichters und wird mit dem verdichteten Kältemittel in den Ölabscheider zurückgefördert. Dort erfolgt die Trennung von Öl und Kältemitteldampf. Der Ölanteil fließt nach unten in den Sammelraum.

Abb. 2-13:
Schraubenverdichtersatz *(Grasso)*

Kältemaschinenöle lösen FKW-Kältemittel in Abhängigkeit von Druck und Temperatur. Mit steigendem Druck (und sinkender Temperatur) wird mehr Kältemittel gelöst, und das bedeutet eine Reduzierung der Viskosität. So gesehen ist der Ölvorrat unter Verflüssigungsdruck ungünstiger als unter Saugdruck. Die Anzahl der in Schraubenverdichtern in Kälteanlagen einsetzbaren Ölsorten ist hierdurch eingeschränkt. Bei Ammoniakverdichtern spielt dieser Umstand praktisch keine Rolle.

Um den Kältemittelanteil im Ölabscheider von FKW-Schraubenverdichtern so gering wie möglich zu halten, gilt als Tendenz, eine hohe Verdichtungstemperatur anzustreben.

Eine Grenze ist allerdings durch die engen Spiele im Verdichter gegeben. Auf keinen Fall sollte die Differenz zwischen Verdichtungstemperatur und Verflüssigungstemperatur, also die druckseitige Überhitzung, weniger als 25 bis 30 K betragen. Bei geringerer Überhitzung ist partielle Verflüssigung von Kältemittel in das Öl und damit unzulässige Ölverdünnung nicht zu vermeiden. Verdichtungstemperaturen bis etwa 90 °C werden beherrscht. Dann werden jedoch Ölkühler nötig.

Durch die richtige Abstimmung von umlaufender Ölmenge, Verdichtungstemperatur und Öltemperatur nach dem Ölkühler kann die erforderliche Betriebsviskosität des Schmieröles eingestellt werden.

2.1.4 Turboverdichter

Die Verdichtung des Kältemitteldampfes erfolgt bei Strömungsmaschinen durch die Umwandlung der dem Strom des Kältemitteldampfes im Laufrad erteilten *Bewegungsenergie* in Druck. Das Ansaugen des Dampfes durch die meist als *Radialverdichter* gebauten Turbomaschinen erfolgt immer durch den zentrisch zur Verdichterachse liegenden Saugstutzen, wonach der Dampf vom Laufrad aufgenommen und durch Fliehkraftwirkung nach außen zum Diffusor gefördert und beschleunigt wird. Bereits im Laufrad findet durch dessen Gestaltung eine Druckerhöhung statt. Im nachgeschalteten Diffusor wird die erteilte Geschwindigkeitsenergie in Druck umgewandelt.

Hauptteile des Turboverdichters sind das Laufrad und der Diffusor.

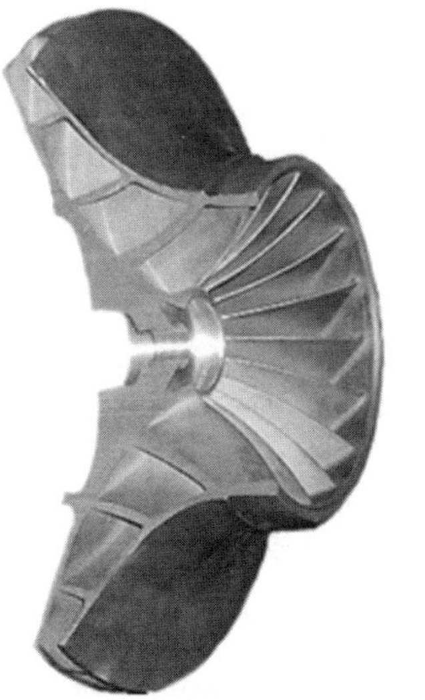

Abb. 2-14:
Laufrad eines Turboverdichters *(York International)*

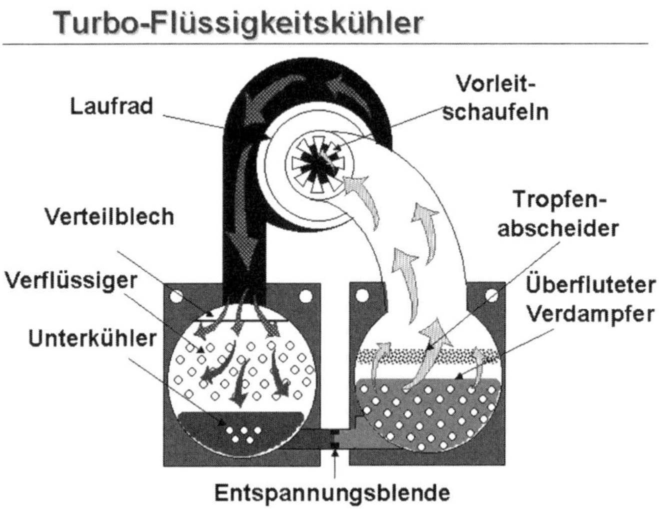

Abb. 2.15: Turbo-Flüssigkeitskühler *(York International)*

Das erreichbare Druckverhältnis eines Turboverdichters ist wesentlich kleiner als das eines Hubkolbenverdichters. Bei letzteren werden – je nach eingesetztem Kältemittel – Druckverhältenisse von 1:20 und mehr überwunden, bei Turboverdichtern in der Kältetechnik liegt der Grenzwert – ebenfalls abhängig vom verwendeten Kältemittel – bei 1:3 bis 1:4. Zur Überwindung größerer Druckverhältnisse werden mehrstufige Turboverdichter gebaut. Einstufige Turboverdichter in Kälteanlagen setzen Kältemittel mit hoher Molmasse und hohe Umfangsgeschwindigkeit des Laufrades voraus.

In der Vergangenheit wurden überwiegend die Kältemittel R11 und R12 benutzt, speziell bei Wasserkühlsätzen für Großklimaanlagen. In der chemischen und petrochemischen Industrie sind auch Ammoniak, Propan und Propen im Einsatz. Nach der Ächtung der FCKW werden als Ersatzkältemittel R134a und R123, neuerdings auch das Kältemittelgemisch Isceon 39TC (Hersteller Rhodia; ein Kurzzeichen gemäß ASHRAE-Nomenklatur ist noch nicht bekannt) verwendet.

Nach Herstellerangaben ist Isceon 39TC sogar als *Drop-in* bei der Umstellung von R12-Turbokälteanlagen auf chlorfreie Kältemittel einsetzbar. Im Gegensatz zu allen anderen Verdichterbauarten müssen bei Turboverdichtern Umbauten vorgenommen werden, wenn auf ein anderes Kältemittel umgestellt werden soll. Wegen der abweichenden thermodynamischen Eigenschaften der Ersatzkältemittel müssen vor einer Kältemittelumstellung Laufrad und Diffusor modifiziert werden.

Turbo-Kältesätze werden serienmäßig für einen großen Leistungsbereich gefertigt und vorwiegend in der Klimatechnik und als Wärmepumpen eingesetzt. Der Bedarf für verfahrenstechnische Anlagen der chemischen Industrie ist rückläufig.

Verdichter, Antriebsmotor, Verdampfer, Verflüssiger und Regelgeräte werden bereits im Werk zu einem kompakten Aggregat zusammengebaut. Dadurch ergeben sich kurze Rohrleitungen zwischen den genannten Bauteilen und damit geringe Druckverluste im Kältemittelkreislauf.

Kältemonteure, die mit Montage, Inbetriebnahme und Service von Turboverdichter-Käl-

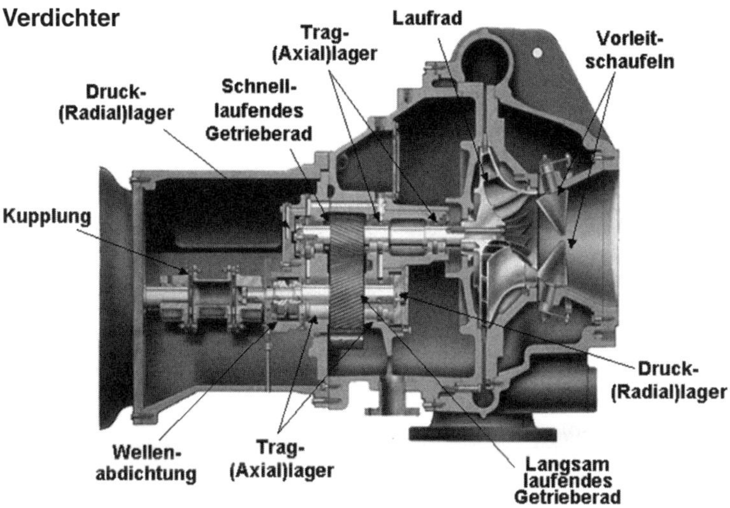

Abb. 2-16: Turboverdichter *(York International)*

teanlagen betraut sind, bedürfen einer speziellen Ausbildung. Diese erfolgt in der Regel beim Hersteller.

Das Betriebsverhalten unterscheidet sich sehr stark von dem anderer Verdichterkälteanlagen. Die Verdichtersteuerung ist völlig unterschiedlich als bei Kälteanlagen mit Verdrängerverdichtern. Leistungs- und Pumpgrenzregelung sind spezifisch für Turboverdichter.

An die Ausrichtung der Turboverdichtersätze müssen wegen der hohen Betriebsdrehzahlen höhere Anforderungen als bei offenen Hubkolbenverdichtern gestellt werden.

Auch der Ölkreislauf ist ganz auf diese Verdichterbauart zugeschnitten. Er wird durch spezielle Dichtungen, vielfach unterstützt durch Sperrgas, vom Kältemittelkreislauf getrennt. Der Ölwurf ist entsprechend gering.

Wegen der Vielfalt der möglichen Einzelfälle wurden die Themen Montage, Inbetriebnahme und Service nur angerissen, ohne auf Details einzugehen. Der Kältemonteur muss sich mit Hilfe der Betriebsanleitung informieren.

Auf weitergehende Ausführungen wird im *Lehrbuch der Kältetechnik, 4. Auflage, Band 1, Kapitel 7.4*, erschienen im C. F. Müller Verlag, Heidelberg, hingewiesen.

2.1.5 Gleitringdichtung

Offene Verdichter (Hubkolben-, Schrauben- und Turboverdichter benötigen eine Wellenabdichtung, um den Austritt von Kältemittel aus dem Verdichtergehäuse in die Atmosphäre zu verhindern. Hierzu werden Gleitringdichtungen (kurz: GLRD) verwendet.

GLRD für Hubkolben- und Schraubenverdichter bestehen aus einem *Federsystem* mit dem eingeschrumpften *Gleitring* und einem *Gegenring.*

Statt eines Federsystems werden auch *Metallfaltenbälge* eingesetzt. Die Vor- und Nachteile dieser beiden Ausführungen sollen hier nicht erörtert werden.

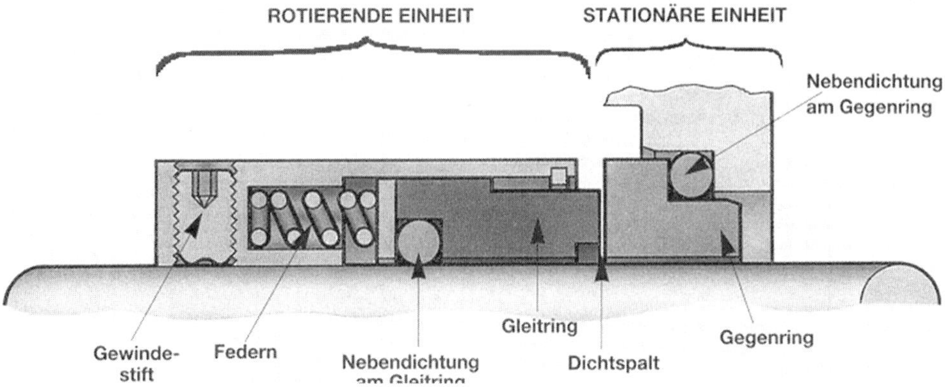

Abb. 2-17: Wellenabdichtung *(Grasso)*

Bei den in Kältemittelverdichtern eingesetzten GLRD wird das Federsystem auf der Welle umlaufend angeordnet, damit ist eine einfache Montage der GLRD gegeben. Diese Anordnung kann jedoch nur bis zu einer begrenzten Drehzahl angewandt werden.

Der Gegenring wird im Gehäusedeckel eingelagert, mittels O-Ring erfolgt die Abdichtung nach außen. Für die Abdichtung innerhalb des Federsystems sowie zwischen Federsystem und Welle werden sowohl Profil- als auch O-Ringe verwendet.

Bei offenen Turboverdichtern müssen meist Doppelgleitringdichtungen eingesetzt werden, da das Öl in der GLRD weder in den Arbeitsraum des Verdichters noch nach außen gelangen soll.

Das Material für die Profil- und O-Ringe wird abhängig von derjenigen Kältemittel- und Schmierölsorte ausgewählt, mit der es im Verdichter in Berührung kommt.

In der Vergangenheit wurden in der Kältetechnik vorwiegend Neopren (CR), Perbunan (NBR) und Teflon (PTFE) benutzt. Auswahlkriterium ist das Quellverhalten unter dem Einfluss der umgebenden Medien und eventuelle Versprödung durch chemische und thermische Einflüsse.

Durch den Einsatz von Polyol-Ester-Öl sowie PAG-Öl ist beispielsweise Neopren (CR) nur noch wenig geeignet. Es sind weitere Elastomere als Material für O-Ringe (z. B. EPDM) hinzugekommen.

Für den Kältemonteur wird die Unterscheidung beim Service-Einsatz schwierig. Alle O-Ringe sehen schwarz aus. Es dürfen deshalb nur O-Ringe eingebaut werden, die wirklich sicher zugeordnet werden können (durch Verpackung, Klebefahnen o. ä.).

Gebräuchliche Materialpaarungen der Gleitringe sind:

Chromguss gegen Hartkohle. Die Hartkohle wird hierzu imprägniert, und zwar mit Kunstharz (für Temperaturen bis ca. 220 °C) oder mit Antimon (bis ca. 400 °C).
Chromguss gegen Bronze (ammoniakbeständig).
Silizium-Karbid gegen Hartkohle. Der Vorteil von Silizium-Karbid ist die sehr gute Wärmeleitfähigkeit.

Im Hinblick auf die Umweltproblematik (Schädigung der Erdatmosphäre durch Kältemittel) kommt der Zuverlässigkeit der GLRD besondere Bedeutung zu. Schäden an der GLRD haben das Entweichen von Kältemittel zur Folge.

Auch der Kältemonteur hat bei der Montage (Ausrichtung von Verdichter und Antriebsmotor) sowie im Servicefall erheblichen Anteil an der Zuverlässigkeit von GLRD. Bei diesen Tätigkeiten sind die Einbauvorschriften der Hersteller genau zu beachten. Möglicherweise notwendige Spezialwerkzeuge müssen beschafft und benutzt werden. Der Austausch der GLRD von installierten Verdichtern ist stets mit großem Montageaufwand verbunden. Die Verdichter müssen drucklos gemacht werden, Kupplungen und eventuell sogar Schwungräder sind zu demontieren und wieder zu montieren.

Schon aus diesem Grunde ist es geboten, die Einbauvorschriften genau zu beachten, um Einbaufehler und Beschädigungen mit all den negativen Folgen zu vermeiden. Die Gleitringe selbst sind feinstbearbeitete Teile und bedürfen entsprechend sorgfältiger Behandlung.

Trotzdem ist die Entwicklung so weit fortgeschritten, dass GLRD zuverlässige Dichtelemente mit langer Standzeit sind. Voraussetzung hierfür ist eine ausreichende Ölversorgung zur Schmierung und Kühlung.

Da durch einen Ölfilm zwischen den Materialoberflächen eine Trennung der Gleitringe erreicht werden soll, ist eine Null-Ölleckage der GLRD nicht anzustreben.

Während des Betriebes soll vielmehr eine gleichmäßige Ölleckage auf möglichst niedrigem Niveau eingehalten werden, und zwar bei Hubkolbenverdichtern für einen Zeitraum von mindestens 5000 bis 6000 Betriebsstunden, bei Schraubenverdichtern wird etwa die doppelte Betriebsstundenzahl erwartet.

Erwartungswerte für die Ölleckage betragen:

GLRD	**50 mm ∅**	**etwa**	**5 ml/h (5 Tropfen/min)**
	100 mm ∅		**10 ml/h (10 Tropfen/min)**
	200 mm ∅		**15 ml/h (15 Tropfen/min)**

(Das Gewicht eines Tropfens Flüssigkeit beträgt etwa 20 bis 100 mg).

Der Kältemonteur wird von der Betreiberseite gelegentlich den Vorwurf hören: „Beim Nachbarverdichter leckt die GLRD überhaupt nicht“. Das kann natürlich nicht sein. Aber vielfach ist die Leckölmenge nicht sichtbar. Das austretende Öl wird dann vernebelt oder es verdampft.

2.1.6 Praktische Hinweise

Die vorstehenden Ausführungen lassen sicherlich deutlich werden, dass bei der Präzision, mit der Hubkolben-, Scroll- und Schraubenverdichter gefertigt werden, diese eines nicht vertragen: *Schmutz.*

Bei der Montage von Kälteanlagen, die ganz oder teilweise am Aufstellungsort durchgeführt wird, ist äußerste Sauberkeit und Sorgfalt geboten. Alle Anlagenteile wie Rohrleitungen, Armaturen und Apparate sind bis zum Einbau verschlossen und trocken zu lagern und vor dem Einbau gründlich auf Sauberkeit zu prüfen.

Trotzdem wird es nicht möglich sein, vor Ort Kälteanlagen für Gewerbe und Industrie so steril sauber zu bauen wie z. B. Kältesätze für Haushaltskühlgeräte im Werk.

Um dem Rechnung zu tragen, werden die Verdichter mit *Filtern* in der Saugleitung geschützt. Bei großen Verdichtern wird während der Inbetriebnahmephase ein Textilfilter (Nesselstoff) zusätzlich in das Filter aus Edelstahlgaze eingelegt, das jedoch nicht vergessen werden darf und nach spätestens 100 Betriebsstunden zu entfernen ist.

Bei Motorverdichtern werden häufig in die Saugleitung spezielle Filtertrockner eingebaut, deren Innenteile (Trocknerkerne) ebenfalls nach der Inbetriebnahmephase entfernt werden, um keinen unnötigen Druckabfall zu bewirken. Nach eventuellen Reparatur- oder Umbauarbeiten können dann einfach für eine befristete Zeit neue Trocknerkerne eingesetzt werden.

Bei Motorverdichtern, und das trifft selbstverständlich auch für Schrauben-Motorverdichter zu, müssen nicht nur die mechanischen Verdichterteile wie Lager usw. vor Schmutz geschützt werden, sondern auch die Einbaumotore. Häufig wird der angesaugte Kältemitteldampf zur Motorkühlung über die Motorwicklung geleitet. Mitgeführter Schmutz lagert sich an den Wicklungen ab. An diesen Stellen kommt es bei feinsten Haarrissen in der Isolierung durch Herabsetzen des Isolationswiderstands früher oder später zum Spannungsüberschlag und damit zum Ausfall des Motors.

Der vollständigste Motorschaden, der sog. *Burnout* (Ausbrenner), macht dann nicht nur den Austausch des Verdichters erforderlich. Ggf. muss die gesamte Anlage gereinigt werden, um versäuerte Ölreste zu entfernen. Eine derartige Aktion lässt sich verhindern, wenn der schadhafte Verdichter umgehend abgesperrt wird, sodass die sauren Schadstoffe nicht in den gesunden Kreislauf geschleppt werden.

Wie bei der Reinigung eines Kältemittelkreislaufs vorzugehen ist, muss besonderen Anleitungen entnommen werden. Bisher wurden versäuerte Anlagen fallweise mit R11 gespült. Auch für diesen Verwendungszweck ist der Einsatz von R11 nicht mehr zulässig.

Mit der Reinigung von Kältemittelkreisläufen, glücklicherweise nur sehr selten erforderlich, sollten Fachfirmen beauftragt werden.

2.1.7 Das Öl im Kältemittelverdichter

Die Aufgabe des Schmieröls in einem Kältemittelverdichter ist es, die Schmierung und Kühlung der Triebwerkslager, der Kolben und Zylinder, der Arbeitsventile und der Gleitringdichtung zu übernehmen sowie Abrieb und Festteilchen aus den Schmierstellen herauszuspülen.

In der Schmiertechnik nimmt die Schmierung von Kältemittelverdichtern einen besonderen Platz ein. Bei keiner anderen in der Technik bekannten Schmierstoffbeanspruchung tritt eine derartige Wechselwirkung ein wie bei den Kältemaschinen zwischen dem Schmieröl und dem Kältemittel. Die physikalischen Grundeigenschaften des Schmieröles gehen beispielsweise in Verbindung mit den öllöslichen FKW-Kältemitteln völlig verloren. Nur durch die Qualität der Schmieröle und deren sorgfältiger Auswahl ist ein langfristiger, störungsfreier Betrieb möglich.

Die *erste Voraussetzung* für einwandfreie Schmierung der eingangs genannten Bauteile ist die *Verwendung eines Kältemaschinenöles* nach DIN 51503 (Mindestanforderungen, siehe Abschnitt 4.3).

Die *zweite Voraussetzung* ist die Einhaltung einer *ausreichenden Betriebsviskosität* des Öles in der Schmierstelle.

Hierzu ist den Angaben des Verdichter-Herstellers zur Ölsorte und -temperatur strikt Folge zu leisten.

Die *dritte Voraussetzung* ist ein *ausreichender Schmieröldruck.*

Der Öldruck gewährleistet die Verteilung des Öles zu den einzelnen Schmierstellen und den zur Kühlung erforderlichen Ölstrom. Für die Bildung des *hydrodynamischen Öldrucks* im Lager ist der Schmieröldruck nur von geringer Bedeutung. Belastung, Umfangsgeschwindigkeit und Viskosität des Schmiermittels bestimmen den Mindestspalt im Lager.

Wenn auch die Konstruktionskriterien für die verschiedenen Lager in modernen Hubkolben-, Schrauben- und Turboverdichtern sehr unterschiedlich sind, hat sich gezeigt, dass die genannten Verdichter alle mit einem *wirksamen Öldruck* (Differenz zwischen Ölpumpendruckseite und Lageraustritt) von 2–3 bar betrieben werden können. Höhere Öldruckdifferenz ist eventuell für abgezweigtes Steueröl erforderlich.

Aus den Schmierstellen muss Wärme abgeführt werden. Bei einigen Verdichterbauarten oder Einsatzbedingungen ist diese Wärmemenge so gering, dass sie vom Öl über das Verdichtergehäuse ohne zusätzliche Maßnahmen an die Umgebung abgeführt werden kann.

Mit steigender Drehzahl der Verdichter und steigendem Druckverhältnis, damit höherer Verdichtungstemperatur, wird das Schmieröl thermisch mehr belastet, und es müssen Ölkühler eingesetzt werden, um die notwendige Betriebsviskosität des Öles zu halten.

Auf seinem Wege durch den Verdichter werden vorhandene Festteilchen (Abrieb, Verkokungsrückstände) vom Schmieröl aufgenommen und transportiert, solange diese Festteilchen die Lagerspalte passieren können. Größere Teilchen müssen von einem *Ölfilter* zurückgehalten werden. Folgende Siebmaschenweiten haben sich, abhängig von der Verdichterbauart, bewährt:

Hubkolbenverdichter	
Ölpumpen-Saugseite	**100 µm**
Druckseite	**40–10 µm**
Schraubenverdichter	
Ölpumpen-Druckseite	**40–25 µm**
Turboverdichter	
Ölpumpen-Druckseite	**25–10 µm**

Mehr und mehr treten anstelle der Siebfilter sog. Kerzenfilter. Kerzenfilter sind Papier- oder Textileinsätze mit dimensionierten Poren und einer Tiefenwirkung. D. h., sie können trotz feinerer Filterung (5–10 μm) mehr Schmutz aufnehmen als Siebfilter und sind Einwegfilter.

Derart feine Filterung mindert den Verschleiß. Insbesondere während der Einfahrphase wird Riefenbildung auf Wellenzapfen und Lagerschalen verhindert. Besonders schmutzbelastet während dieser Phase ist das Schmieröl in Schraubenverdichtern. Vom angesaugten Kältemittel mitgeführter Schmutz aus der Anlage, sofern nicht im Saugsieb zurückgehalten, gelangt im Arbeitsraum in enge Berührung mit dem Öl (Dichtöl). Der druckseitige Ölabscheider dient gleichzeitig als Ölbehälter und nimmt die eingetragenen Verunreinigungen auf. Bei der Montage ist hier besonders darauf zu achten, dass das Rohrmaterial einwandfrei sauber ist und zunderfrei geschweißt wird.

Bei allen Kältemittelverdichtern wandert mit dem geförderten Kältemittel mehr oder weniger Öl ab. In vielen Fällen ist es erforderlich, dieses Öl nicht in seiner Gesamtheit

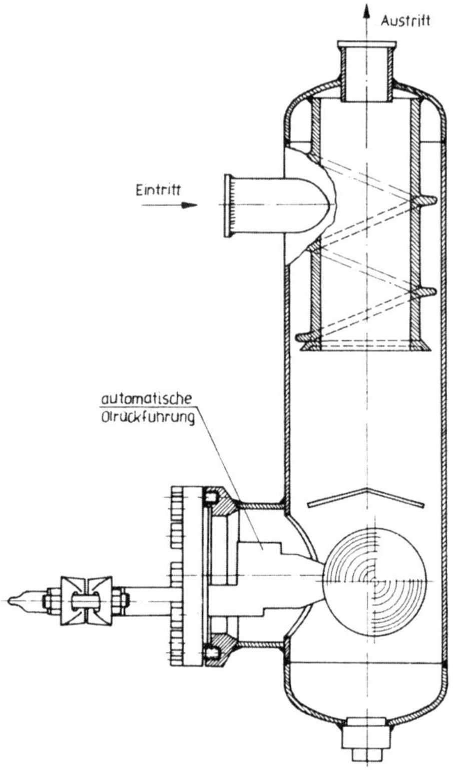

Abb. 2-18: Zyklon-Ölabscheider

in den Kältemittelkreislauf gelangen zu lassen. In Absch. 4.3 wird noch aufgezeigt, dass Öl im Kältemittelkreislauf nur ein notwendiges Übel ist.

In die Druckleitungen der Verdichter werden deshalb Ölabscheider eingebaut, und das abgeschiedene Öl wird direkt in das Kurbelgehäuse zurückgeführt. Die verbreitetsten Ölabscheider arbeiten nach dem *Zyklon-* oder dem *Schwerkraftprinzip.*

Im *Zyklonabscheider* tritt der ölhaltige Kältemitteldampf tangential in den oberen Teil des zylindrischen Abscheiders ein und wird dann durch eine Wendel schraubenförmig nach unten geführt. Die schwereren Öltropfen fliegen naturgemäß nach außen zur Wand und werden daran vom Dampfstrom und ihrem eigenen Gewicht nach unten transportiert. Durch ein konzentrisch angeordnetes Innenrohr wird der Dampf fortgeführt, das Öl sammelt sich in einem Sumpf. Über ein Schwimmerventil wird es zum Verdichterkurbelgehäuse abgeleitet.

Schwerkraftabscheider arbeiten nach einem anderen Prinzip. Die Geschwindigkeit des Kältemitteldampfes wird im Abscheider derart herabgesetzt, dass der Impuls gegen die Öltröpfchen kleiner wird als deren Gewicht. Das zeigt bereits, dass bei der Auslegung eine Grenze für abscheidbare Tropfendurchmesser (in der Praxis ca. 20 μm) festgelegt werden muss. Eine 100 %ige Abscheidung ist also nicht möglich.

In den Abscheidern von Schraubenverdichtern sind häufig zusätzlich Drahtgestricke eingebaut. Diese bewirken die Bildung abscheidefähiger Tröpfchen.

Beim Verdichtungsvorgang, besonders in Hubkolbenverdichtern, treten Verdichtungstemperaturen auf, bei denen die leichtflüchtigen Bestandteile des Öles bereits verdampfen. Dieser Anteil kann in keinem Abscheider zurückgehalten werden.

Ein Ölwurf *Null* kann nicht erreicht werden, bei Hubkolbenverdichtern wäre er auch nicht erwünscht. Hier übernimmt die ausgetragene Ölmenge die Schmierung der Arbeitsventile.

Bei Parallelbetrieb mehrerer Verdichter mit Ölabscheider kann in den Ölabscheidern der abgestellten Verdichter Kältemittelkondensation auftreten, wenn die Verflüssigungstemperatur höher als die Umgebungstemperatur der Verdichter liegt. Dieses verflüssigte Kältemittel gelangt dann über das Schwimmerventil in den Verdichter und führt zu Anlaufschwierigkeiten und Schäden.

Derartige Verdichter werden mit Rückschlagventilen in der Druckleitung ausgerüstet, um den Druck im Ölabscheider absenken zu können. Dazu wird über eine kleine Leitung mit Magnetventil (offen im Stillstand) der Ölabscheider unter Saugdruck gesetzt. Im Verbund mit der Ölheizung wird so flüssiges Kältemittel aus den abgestellten Verdichtern ferngehalten.

2.1.8 Ölwechsel

Der Sinn eines Ölwechsels nach der Einfahrphase der Verdichter ist leicht einzusehen: Alle spanabhebend bearbeiteten Teile – das gilt für Wellen, Lager, Zylinder, Schraubenverdichterrotoren usw. – laufen ein, und dabei entsteht mehr oder weniger Abrieb. Da dieser Abrieb erst bei bewegtem Verdichter anfällt, hilft dagegen auch kein Spülen oder noch so saubere Montage.

Aber auch bei der Montage gibt es Grenzen der Sauberkeit. Außerdem gelangt noch Schmutz aus unzugänglichen Apparaten mit dem Kältemittelstrom in den Verdichter und in das Schmieröl. Feinster Belag von den Innenwänden der Rohre und Armaturen wird vom Kältemittel erst abgelöst. All das führt zu frühzeitiger Verschmutzung des Öles.

Es hat sich bewährt, deshalb nach den ersten 50–100 Betriebsstunden einen Ölwechsel durchzuführen. Kriterien sind der *sichtbare Zustand des Öles, die Ölmenge im Kurbelgehäuse* oder *Ölbehälter* sowie *die Qualität der eingesetzten Ölfilter.* Alterung des Öles während der Einfahrphase ist kein Grund für den ersten Ölwechsel.

Für die weiteren Ölwechselzeiträume sind dann verschiedene zusätzliche Faktoren maßgebend: das verwendete Kältemittel, die Verdichtungstemperatur, die Ölsorte, die Dichtheit der Anlage bei Unterdruck auf der Saugseite, d. h. Luftsauerstoff und Feuchtigkeit im Kältemittel u. ä.

Als Richtwert gilt bei Hubkolbenverdichtern Ölwechsel nach 4000 bis 6000 Betriebsstunden und bei Schraubenverdichtern nach 10 000 bis 12 000 Betriebsstunden. Verbindlich sind auch hier die Vorschriften des Herstellers.

Bei Schraubenverdichtern empfiehlt sich vor einem Ölwechsel wegen der verhältnismäßig teuren Ölfüllung eine Ölanalyse.

Eine der wichtigsten Maßnahmen beim Ölwechsel und selbstverständlich auch nach Reparaturen ist die *sorgfältige Reinigung der ölbenetzten Teile.* Diese Reinigung darf sich auf keinen Fall nur auf das Kurbelgehäuse oder den Ölbehälter beschränken. Ölfilter, Saugfilter, Ölkühler und Ölabscheider müssen mitgereinigt werden. Zurückgebliebener Ölkoks und Ölschlamm bewirken frühzeitige Alterung des Frischöles. Zum Reinigen von Ammoniakverdichtern darf ausschließlich *Waschbenzin* und *keine chlorierten Kohlenwasserstoffe* (Tri, Per u. ä.) verwendet werden.

Bei werksmontierten Kältesätzen mit hermetischen oder halbhermetischen Motorverdichtern wird meist kein Ölwechsel vorgeschrieben, sofern kein Wicklungsschaden eingetreten ist. Hier empfiehlt es sich, nach etwa 5000 Betriebsstunden einen Säuretest durchzuführen. Die Beurteilung erfolgt nach der Neutralisationszahl N_z, der *Grenzwert* beträgt *0,05 bis 0,06 mg KOH/g Öl*. Einfach zu handhabende Säureprüfgeräte sind im Fachhandel erhältlich.

Bei Verbundkälteanlagen sollte nach spätestens 15 000 Betriebsstunden ein Ölwechsel durchgeführt werden.

Im Allgemeinen werden vom Hersteller der Verdichter bzw. der Kälteanlage mittels einer Schmiermitteltabelle verwendbare Kältemaschinenöle benannt.

Im Ausnahmefall kann der Monteur jedoch in die Situation kommen, ein geeignetes Öl an Hand einer Spezifikation selbst auswählen zu müssen. Für diesen Fall wird auf Abschn. 4.3 verwiesen.

2.2 Verflüssiger

Die Aufgabe der *Verflüssiger* im Kältemittelkreislauf wurde bereits im Abschnitt 1.9 dargelegt, als deren Funktion im lg *p,h*-Diagramm erläutert wurde. Es gilt gemäß Abb. 1-40, im *ersten Teil* des Verflüssigers die bei der Verdichtung aufgenommene Überhitzungswärme abzuführen, im *zweiten* – dem Hauptteil –, die Verflüssigung des Kältemittels vom dampfförmigen in den flüssigen Aggregatzustand (Entzug der latenten Wärme) zu realisieren, und im unteren, dem *dritten Teil*, eine Unterkühlung des Kältemittels herbeizuführen.

Wir unterscheiden luft- und wassergekühlte Verflüssiger und wollen uns kurz mit ihrer Bauart beschäftigen.

2.2.1 Luftgekühlte Verflüssiger

Lamellen- und Plattenverflüssiger, die entweder schräg liegend im Maschinenabteil oder flach an der Rückwand von Kühlschränken und Kleinkühlmöbeln angebracht sind, werden durch die aufsteigende und von unten kalt nachströmende Luft beim Lauf des Kältesatzes gekühlt. Ähnlich der Funktion einer Heizung, steigt die wärmere Luft infolge der *Konvektion* nach oben (siehe 1.5.3 Wärmeübertragung) und es strömt kältere Luft von unten nach.

Es ist deshalb selbstverständlich, dass immer dafür gesorgt sein muss, dass die Warmluft auch tatsächlich abströmen kann. Nicht umsonst haben Kühlschrankhersteller Luftabzugsschlitze in der oberen Blechverkleidung des Schrankes vorgesehen, und es ist sehr schlecht, wenn diese Schlitze irgendwie zugestellt werden. Der Verflüssigungsdruck steigt an und damit der Energiebedarf des Verdichters.

Da mit dem Nachströmen der Luft über das Maschinenabteil oder den Rückwandverflüssiger auch Staub mitgezogen wird, ist periodische Reinigung des Verflüssigers zu empfehlen, damit der Stromverbrauch normal bleibt.

Größere luftgekühlte Verflüssiger müssen mit Zwangsbelüftung ausgerüstet werden.

Sehr gebräuchlich ist es, diese Verflüssiger mit einem Kältemittelsammler und einem Motorverdichter als Verflüssigungssatz auf einem gemeinsamen Grundrahmen zu-

Abb. 2-19: Verflüssigungssatz *(Linde)*

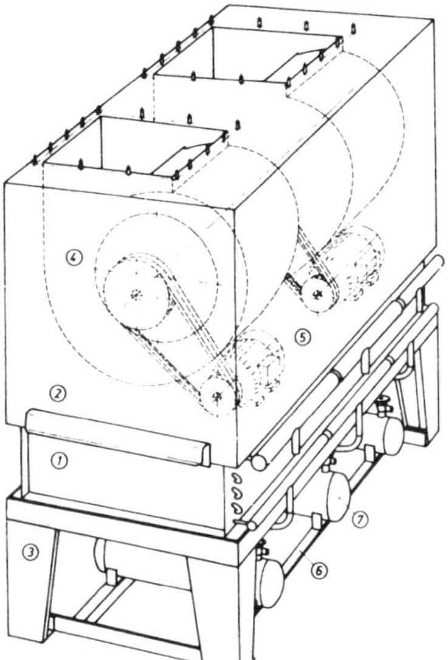

1 Verflüssigerblock, 2 Lüftergehäuse (Profilstahl mit Al-Blechummantelung), 3 Fußgestell aus Profilstahl, 4 Radiallüfter, 5 Antriebsmotoren, 6 untergebautes Sammlergestell, 7 Kältemittelsammler für die einzelnen Kreisläufe.

Abb. 2-20: Mehrkreisverflüssiger *(Güntner)*

sammenzubauen. Der Ventilator des Verflüssigers kühlt gleichzeitig den Verdichter mit.

Für Kälteanlagen in Supermärkten werden gelegentlich noch Mehrkreisverflüssiger (MKV) aufgestellt, häufig auf dem Dach im Freien. Im MKV sind mehrere, völlig voneinander getrennte Verflüssiger untergebracht. In mehrere Kreisläufe unterteilte Kühlanlagen arbeiten mit MKV wirtschaftlicher, als dies mit einzeln aufgestellten Verflüssigungssätzen der Fall wäre.

Immer mehr haben sich jedoch in Supermärkten mit vielen Kühlstellen – dem klassi-

Abb. 2-21:
Luftgekühlter Verflüssiger, Leistungsbereich 8 bis 1120 kW
(Searle/Raffel)

schen Anwendungsfall für MKV – anstatt der einzelnen Kältesätze Verbundkälteanlagen durchgesetzt. Hierfür wurde ein neuer Verflüssigertyp benötigt. Abb. 2-21 zeigt einen modernen luftgekühlten Verflüssiger in horizontaler Bauweise für die Aufstellung auf dem Dach.

Regelung des Verflüssigungsdrucks bei luftgekühlten Verflüssigern

Das *thermostatische Expansionsventil* (TEV) ist als eines der vier Hauptteile der Kälteanlage vom planenden Ingenieur sorgfältig ausgewählt worden. Dabei waren das Kältemittel, der Kältemittelmassenstrom oder die Kälteleistung, die normale Verflüssigungs- und Verdampfungstemperatur sowie die Unterkühlung maßgebliche Faktoren bei der Auswahl des Ventils.

Während bei den meisten Anwendungen ein Teil der Auswahl-Kriterien nur geringen Schwankungen unterliegen, trifft dies für die *Verflüssigungstemperatur* (folglich auch für den Verflüssigungsdruck) nicht zu. Bei den im Freien aufgestellten Verflüssigern stellen die jahreszeitlich bedingten Temperaturunterschiede für den geregelten Betrieb einer Kälteanlage ein echtes Problem dar.

Vergegenwärtigen wir uns einmal die unterschiedlichen Drücke im Verflüssiger zur Sommer- und zur Winterzeit. Dabei wollen wir annehmen, dass die Temperatur im Sommer t_S = 30 °C und im Winter t_W = –15 °C beträgt.

Wir entnehmen den Dampftafeln dazu folgende Drücke (Stillstandsdrücke/Verflüssigungsdrücke)

Umgebungstemperatur/ Verflüssigungstemperatur	**Druck R134a**	**Druck R404A**
Sommer t_S = 30 °C/t_C = 40 °C	**7,71 bar/10,18 bar**	**14,29 bar/18,29 bar**
Winter t_W = –15 °C/t_C = –5 °C	**1,64 bar/ 2,43 bar**	**3,70 bar/ 5,20 bar**

Es ist festzustellen, dass ganz ungewöhnliche Druckschwankungen zwischen Sommer- und Winterbetrieb vorhanden sind. Derartige Druckschwankungen vermag ein TEV nicht auszuregeln, zumal bei diesen Bedingungen die Kälteleistung der Verdichter größer wird.

Der Verflüssiger selbst muss vom planenden Ingenieur so ausgelegt werden, dass er bei der Umgebungstemperatur im Sommer noch einen sicheren Betrieb der Anlage sicherstellt. Im Winter wird dieser Verflüssiger für die ausgelegte Verflüssigungstemperatur viel zu groß sein. In dieser Jahreszeit geht in der Regel außerdem noch der Kältebedarf und damit die Kälteleistung zurück.

Das Kältemittel verflüssigt sich im Winter bei Stillstand der Verdichter – das kommt besonders häufig bei Einzelanlagen vor – an der kältesten Stelle, dem Verflüssiger. Das geschieht bei dem in der vorstehenden Tabelle aufgezeigten niedrigen Druck. Beim Wiederanfahren des Verdichters (bei Verbundkältesätzen des ersten Verdichters) wird das TEV wegen der zu geringen Druckdifferenz kein Kältemittel in den Verdampfer einspritzen. Der Verdichter saugt den Verdampfer ab und wird schießlich vom Saugdruckwächter abgeschaltet.

Wenn bei solchen Kälteanlagen keinerlei Vorkehrungen für den Winterbetrieb getroffen worden sind, werden diese unbefriedigend arbeiten. Bei niedrigen Außentemperaturen, z. B. im Spätherbst und im Winter, besteht die Gefahr ständiger Störungen.

Ein unerfahrener, im Herbst zu einem entsprechenden Serviceeinsatz gerufener Kältemonteur könnte die falsche Schlussfolgerung ziehen, das TEV sei falsch eingestellt und öffnet deshalb nicht weit genug. Er wird die Einstellung verändern, d. h. die Überhitzung reduzieren, um den Kältemitteldurchsatz im TEV zu erhöhen. Bei Übergangswetterlagen mag diese Maßnahme recht und schlecht erfolgreich sein. Grundsätzlich ist solches Vorgehen falsch und unzulässig. Sobald der Verflüssigungsdruck wieder ansteigt (es folgt ein wärmerer Tag), ist mit einem Durchspritzen des TEV und möglichen Verdichterschäden durch das Ansaugen von Kältemittelflüssigkeit zu rechnen.

Grundsätzlich kann der Kältemonteur in diesem geschilderten Fall nicht helfen. Bereits die vorgefundenen Betriebsdrücke sollten ihm sagen, dass hier andere Maßnahmen erforderlich sind.

Es ist Sache der planenden Ingenieure, eine der möglichen technischen Lösungen dieses Problems vorzusehen, um den Verflüssigungsdruck bei allen Jahreszeiten in betriebssicheren Grenzen zu halten.

Es gibt zwei unterschiedliche Verfahren zur Regelung des Verflüssigungsdrucks:

- Regelung der *durch den Verflüssiger transportierten Luftmenge.* Dies erfolgt durch Zu- und Abschalten von Ventilatoren oder durch den Einsatz polumschaltbarer Motore. Die derzeit eleganteste Lösung ist die Verwendung drehzahlregelbarer Ventilatormotoren. Die Drehzahlregelung kann in Abhängigkeit der Temperatur des Kältemittelkondensats oder des Verflüssigungsdrucks erfolgen. Die Druckregelung ist schneller als die Temperaturregelung, was aber nicht in jedem Fall erwünscht ist.
  Gelegentlich werden auch Klappen an den Luftein- und -austritten des Verflüssigers zur Verflüssigungsdruckregelung eingesetzt. Dieses Verfahren löst jedoch nicht die Anfahrprobleme.
- Regelung des Verflüssigungsdrucks *durch Anstauen des Kältemittelkondensats.* Das erfolgt mit Hilfe eines Druckregelventils in der Kondensatleitung am Ausgang des Verflüssigers. Hierdurch wird die wirksame Wärmeaustauschfläche des Verflüssigers angepasst. Um den Druck im Sammler zu halten – besonders beim Anfahren – wird bei sinkender Druckdifferenz über ein automatisches Regelventil (Rückschlagventil mit definierter Druckdifferenz) Druckgas in den Sammler eingeblasen.

Es stellt sich in diesem Zusammenhang die Frage nach dem niedrigsten, vertretbaren Verflüssigungsdruck.

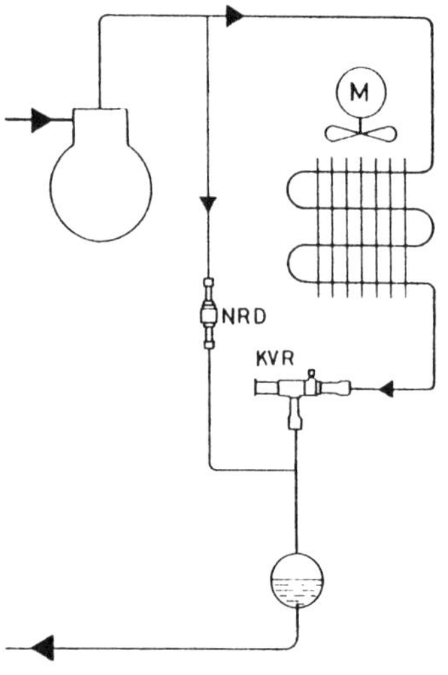

Abb. 2-22:
Verflüssigungsdruckregelung durch Kältemittelanstauung im Verflüssiger *(Danfoss)*

Im Hinblick auf den Energiebedarf einer Kälteanlage muss gesagt werden: So niedrig wie möglich. Bei günstiger Auslegung der TEV ist eine Verflüssigungstemperatur von t_C = 15 °C durchaus realistisch. Das bedeutet zwar etwas längere Laufzeiten der Verflüssigerventilatoren, aber dieser Energieaufwand ist geringer als die Energieeinsparung bei den Verdichtern.

Elektronische Expansionsventile (EEV) finden hier gute Einsatzmöglichkeiten.

2.2.2 Wassergekühlte Verflüssiger

Die Zeiten, als Wasser in wassergekühlte Verflüssiger eingeleitet und nach Durchströmen desselben in den Kanal abgeführt wurde, sind längst vorbei, und damit erübrigt sich auch ein geschichtlicher Rückblick auf die verschiedenen Bauformen wassergekühlter Verflüssiger, die es einmal gab.

Heute wird das Kühlwasser der Verflüssiger durchweg in *Kühltürmen* rückgekühlt. Kühltürme werden von der Industrie in allen Leistungsbereichen hergestellt.

Für größere Verflüssigungsleistungen werden auch *Verdunstungsverflüssiger* eingesetzt, deren Wasserverbrauch nur etwa 6–8 % von dem eines Rohrbündelverflüssigers (ohne Kühlturm) ausmacht. Verdunstungsverflüssiger sind eine Kombination von wassergekühltem Verflüssiger, Kühlturm und Kühlwasserumwälzsystem.

Sie bestehen aus einem Gehäuse, in dem sich über einem Sammelschiff für das Umwälzwasser die wasserberieselten Rohrschlangen befinden. Aus dem Sammelschiff saugt eine Pumpe und fördert das Umwälzwasser zu einer Berieselungseinrichtung (Verteilrohr) mit Sprühdüsen.

Der Kältemitteldampf in den Rohren gibt Wärme an das Rieselwasser ab, das seinerseits durch teilweise Verdunstung gekühlt wird.

Mit Hilfe der eingebauten Düsen wird das Umwälzwasser fein zerstäubt, sodass sich seine Oberfläche beträchtlich vergrößert. Dadurch wird ein guter Wärmeaustausch zwischen dem Umwälzwasser und der entgegenströmenden Luft erzielt. Der verdunstete Anteil wird mit der Luft abgeführt und über ein Schwimmerventil durch Zusatzwasser (Frischwasser) laufend ergänzt.

Abb. 2-23: Verdunstungsverflüssiger *(Raffel)*

Würde man jedoch nur das verdunstete Wasser allein ersetzen, dann blieben je nach Wasserhärte mehr oder weniger Salze im Umwälzwasser zurück. Inkrustierungen der Rohre der Verflüssiger wäre die Folge, was wiederum einen schlechteren Wärmeübergang bedeuten würde. Man muss daher *abschlämmen,* d. h. mehr Wasser erneuern als nur das verdunstete. So wird eine allmähliche Anreicherung von Feststoffen auf den Rohren vermieden.

Auch bei Verdunstungsverflüssigern werden, wie in 1.9 besprochen, drei Zonen unterschieden. Der obere Teil des Verflüssigers ist konstruktiv so ausgebildet (Rippenrohre), dass die Überhitzungswärme des Kältemittels – insbesondere bei Ammoniak – gut abgeführt wird. Dieser *Enthitzungsteil* ist durch einen Wasserabscheider gegen Spritzwasser geschützt. Dadurch wird der Wasserverlust reduziert und zu rasches Verkalken der Enthitzerrohre vermieden.

Die *Verflüssigung* und *Unterkühlung* finden in den berieselten Glattrohren statt.

Nachteilig auf den Betrieb von Verdunstungsverflüssigern wirkt sich mit aggressiven Gasen belastete Umgebungsluft (z. B. mit CO_2) aus, wie sie häufig in der chemischen Industrie anzutreffen ist. Durch den innigen Kontakt der Luft mit dem feinzerstäubten Wasser würde das Wasser ohne chemische Behandlung schnell korrosiv wirken.

Die Wasserbehandlung und das eventuelle Reinigen verkrusteter Rohrsysteme stellen für den Betreiber kostenintensive Faktoren dar.

Es ist daher verständlich, dass sich in den letzten Jahren eine Kombination für die Verflüssigung von Kältemittel durchgesetzt hat, nämlich der nahe bei der Kältemaschine aufgestellte *Rohrbündelverflüssiger* und der meist auf dem Dach montierte *Kühlturm.*

Abb. 2-24: Verdunstungsverflüssiger *(Raffel)*

Im Rohrbündelverflüssiger zirkuliert Kühlwasser, das im Kühlturm nach dem gleichen Prinzip, wie eben beim Verdunstungsverflüssiger erläutert, durch Verdunstung eines Teils der umlaufenden Wassermengen rückgekühlt wird. Wie das nun im Besonderen geschieht, soll im folgenden Abschnitt beschrieben werden.

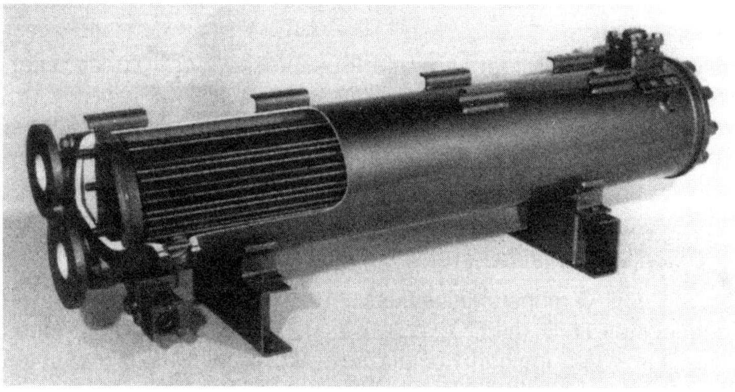

Abb. 2-25: Moderner Rohrbündelverflüssiger mit Rippenrohren *(Bitzer)*

2.2.3 Kühltürme

Wir kennen sie alle von Kraftwerken her, die großen *Kühltürme,* denen an der oberen kaminartigen Öffnung meist ein weißer Schwaden aus Wasserdampf entströmt. Diese großen Bauwerke aus Fachwerk – Holz oder neuerdings aus Beton gefertigt – sind die Vorläufer der für Kühlanlagen gebrauchten Kühltürme, deren Gehäuse aus galvanisch verzinktem Stahlblech oder aus glasfaserverstärktem Polyester bestehen. Wir sehen sie oft auf Dächern größerer Betriebe, Brauereien, Molkereien, Supermärkten, Schlachthöfen etc., wo sie eine wichtige wassersparende Komponente in unserem Fachgebiet darstellen.

2.2.3.1 Bauarten der Kühltürme

Folgende Kühlturmbauarten werden unterschieden:

- nach dem Verlauf der Luftströmung zur Wasserströmung: Gegenstrom-, Querstrom- und Quergegenstrom-Kühltürme,
- nach dem Antrieb der Luftströmung: natürlich oder künstlich belüftete Kühltürme (saugend oder drückend angeordneten Ventilatoren),
- nach der Konstruktion der Einbauteile: Tropfenfall-, Rieselflächen- oder Riesel-Tropfen-Kühltürme.

Für kleinere Leistungen werden meist *Kreuzstrom*-belüftete Kühltürme, für größere die *„Gegenstrom*-Kühltürme“ eingesetzt.

2.2.3.2 Bauelemente und Baumaterialien der Kühltürme

Die Kühlturmeinbauten haben eine große Oberfläche, gute Benetzbarkeit und eine möglichst geringe luftseitige Druckdifferenz und sind ferner gegen das herabrieselnde Wasser erosions-unempfindlich. Meist wird der Füllkörpereinsatz aus einem dauerhaften Kunststoff (z. B. Polystyrol) hergestellt.

Die Wasserverteilung erfolgt bei den *Kompakt-Kühlern* allgemein mittels des *Druckverteilsystems,* während bei großen Kühltürmen das *Schwerkraftverteilsystem* vorherrscht. Bei dem letzteren wird das Wasser im oberen Teil des Kühlturms in offenen Rinnen geführt und tritt durch Schlitze, gezackte Rinnenwände oder Löcher nach unten aus, wobei es durch Aufprall versprüht wird. Beim Druckverteilsystem wird das durch Rohre herangeführte warme Wasser mittels Sprühdüsen gleichmäßig über den Füllkörper verteilt. Die Sprühdüsen in den verzinkten Stahlrohren der einzelnen Sprühzweige bestehen aus glasfaserverstärktem Nylon und erzielen bei einem Vordruck von nur 0,5 bar eine feine Wasserversprühung.

Kompaktkühler sind meist mit im oberen Teil eingebauten *Axial-Sauglüftern* ausgerüstet, während größere Kühltürme einen oder mehrere saugende oder drückende *Radiallüfter* erhalten. Die Flügel der *Axialventilatoren* werden aus Aluminiumguss, Silumin oder Epoxydharz gefertigt und müssen sorgfältig statisch und dynamisch ausgewuchtet sein. Die Motoren sind oft polumschaltbar für 2 Drehzahlen eingerichtet.

Radiallüfter bieten dort Vorteile, wo infolge des Kühlturmeinbaus in Gebäude – anstelle freier Stellung auf dem Dach – *zusätzlich luftseitige Druckdifferenzen* zu überwinden sind. Die Laufräder der *Radiallüfter* haben meist vorwärts gekrümmte Schaufeln, da darauf geachtet werden muss, die Forderung des Umweltschutzes hinsichtlich der Geräuschentwicklung der Kühltürme zu berücksichtigen. Die meist in drückender Anordnung eingesetzten Radialventilatoren haben einen größeren Leistungsbedarf als sau-

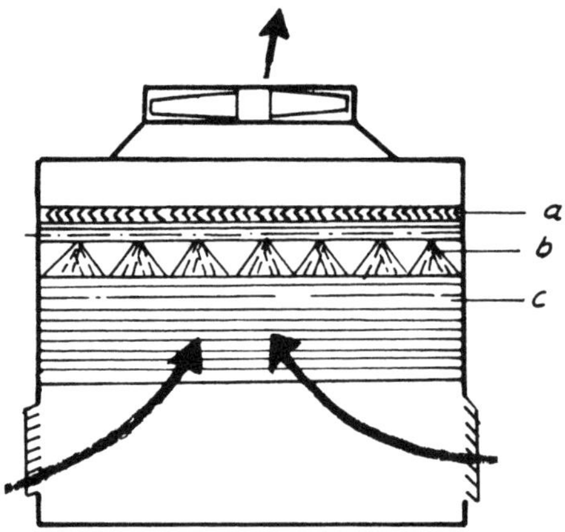

Abb. 2-26: Gegenstrom-Kühlturm mit: a) Tropfenfang, b) Wasserverteilung und c) Kühleinbauten

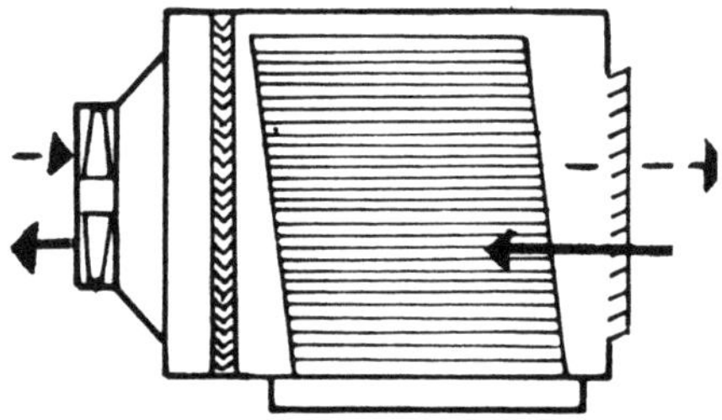

Abb. 2-27: Querstrom-Kühlturm

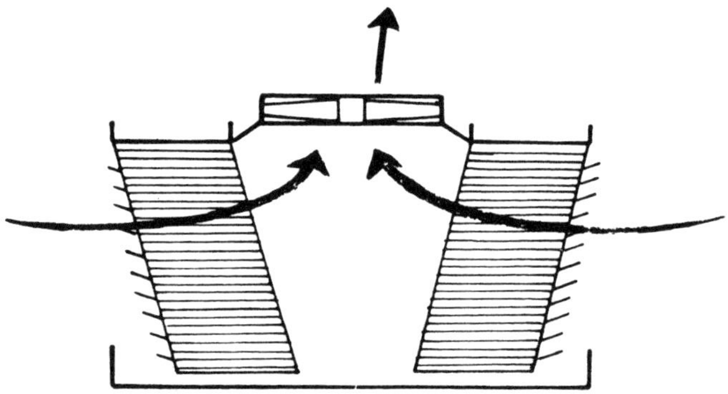

Abb. 2-28: Quer-Gegenstrom-Kühlturm

gend arbeitende Axial-Ventilatoren, weil die statischen Druckdifferenzen dabei allgemein geringer sind.

2.2.3.3 Zur Theorie der Abkühlung

Das vom Verflüssiger kommende erwärmte Kühlwasser wird dem Kühlturm über Umwälzpumpen zugeleitet und dort durch teilweise Verdunstung unter die Temperatur der Luft am *trockenen Thermometer* abgekühlt. Die Verdunstung beruht auf der Wasseraufnahmefähigkeit der ungesättigten Umgebungsluft. Durch Frischwasser ist die verdunstete und durch Verwehen verlorene Wassermenge zuzüglich einer noch näher zu bestimmenden *Abschlämmwassermenge* zu ersetzen.

Die Grenze maximaler Abkühlung ist die Temperatur des *feuchten Thermometers* (siehe 1.6.2), die sogenannte *Kühlgrenztemperatur,* die praktisch aber nicht erreicht wird. Wenn das aus dem Verflüssiger austretende Wasser mit der Temperatur t_{w1} und das in den Verflüssiger zurücklaufende, rückgekühlte Wasser mit der Temperatur t_{w2} bezeich-

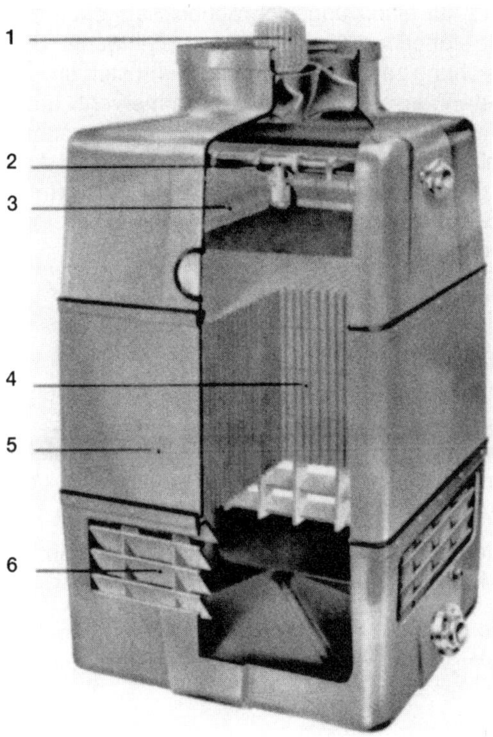

1. Der *Axialventilator* ist im Kühlturmoberteil montiert und wird von einem Elektromotor direkt angetrieben.
2. *Die Wasserverteilrohre* sind mit den Vollkegeldüsen aus Kunststoff zusammengebaut. Die Düsen verteilen das Wasser gleichmäßig. Eine Verstopfung ist durch die Drallwirkung praktisch ausgeschlossen.
3. *Der Tropfenfang* besteht aus Kunststoff Polystyrol 475 K. Die vom Luftstrom mitgerissenen Wassertropfen werden dort abgeschieden.
4. *Die Wärmeaustauschflächen* (auch Rieseleinbauten oder Füllkörpereinsätze genannt) bestehen aus Kunststoff- oder Zellulosewaben. Ein Verstopfen der Rieseleinbauten durch Ablagerungen kann ausgeschlossen werden, weil die Durchlässe 20 mm groß sind. Das Material kann weder rosten noch faulen.
5. *Das Kühlturmgehäuse und die Wassersammelschale* bestehen aus glasfaserverstärktem Polyester. Selbst aggressives Wasser kann diesen hochwertigen Werkstoff nicht beschädigen.
6. *Die Jalousien* aus Kunststoff verhindern ein Herausspritzen von Wasser. Der mitgelieferte *Siebkorb*, das *Schwimmerventil* und die *Heizung* werden in die Wassersammelschale eingebaut.

Abb. 2-29: Hauptbestandteile eines Kühlturms der EWK-Baureihe *(Escher-Wyss)*

net wird, dann ist der *Kühlgrenzabstand* oder die *Kühlzonenbreite* eines solchen Kühlturms

$Z = t_{w1} - t_{w2}$ in K.

Der normale *Kühlgrenzabstand* sollte bei etwa 4 bis 5 K liegen. Als Näherungsgleichung für Ventilator-Kühltürme gilt, dass die Größe des Kühlturms und der Leistungsbedarf der Ventilatoren umgekehrt proportional dem *Kühlgrenzabstand* sind. Soll also der *Kühlgrenzabstand* auf die Hälfte vermindert werden, so kann dies nur durch Verdoppelung der Kühlturmgröße und der Ventilatorleistung erreicht werden. Da die Bestimmung der Größe eines Kühlturms nicht unsere Aufgabe ist, wollen wir uns nicht weiter mit der schwierigen Theorie dieser Aufgabe befassen, sondern vielmehr den uns angehenden praktischen Teil diskutieren.

2.2.3.4 Zusatzwassermenge und was dabei zu beachten ist

Vor einigen Jahren war vom Verfasser ein ernster Verdichterschaden zu untersuchen, bei dem sich als Ursache ein sehr interessanter Fehler herausstellte. Der Ölkühler, im unteren Teil des Verdichtergehäuses eingebaut, hatte keinen Durchgang mehr, sodass das in der Ölwanne befindliche Kältemaschinenöl nicht gekühlt wurde. Das heiße, dabei sehr dünnflüssig gewordene Öl genügte für die Schmierung der gleitenden und sich drehenden Teile nicht mehr, und es kam zum Fressen.

Der vollkommen verstopfte Ölkühler deutete auf einen ungewöhnlichen Salzgehalt des Umlaufwassers, das in einem auf dem Dache stehenden Kühlturm rückgekühlt wurde. Dieser Kühlturm war – wie eine nähere Untersuchung zeigte – vollständig verkrustet, und es wurde festgestellt, dass zwar das verdunstete Wasser durch das Schwimmerventil automatisch ersetzt wurde, aber die Abschlämmwasserleitung war wohl vor langer Zeit von unberufener Hand zugedreht worden. Das Umlaufwasser war damit derartig eingedickt worden, dass dies sowohl zur Verstopfung des Ölkühlers als auch zur Verkrustung des Rohrbündelverflüssigers führte. Hohes Druckverhältis bei heissem Zylinderkopf und ausgefallene Ölkühlung hatten dann die Zerstörung des Verdichters zur Folge.

Zum ordnungsgemäßen Betrieb eines Kühlturmes gehört demnach nicht nur der Ersatz des verdunsteten Wassers, sondern auch die für das *Abschlämmen* erforderliche Wassermenge, die von der Beschaffenheit des zur Verfügung stehenden Wassers abhängig ist.

Die durch den Kühleffekt verdunstete Wassermenge wird durch Frischwasser, das über ein Schwimmerventil in das Wasserbassin des Kühlturmes eintritt, laufend ersetzt. Es ist nicht schwierig, die verdunstete Wassermenge G_v zu errechnen. Wir erinnern uns (siehe 1.4.5), dass 1 kg Wasser beim Verdampfen oder auch Verdunsten eine bestimmte Verdampfungsenthalpie hat. Bei einer Temperatur von 25 °C sind dies 2434,6 kJ/kg.

Da sich die Kühlturmleistung auf die umlaufende Wassermenge in m³/h bezieht, müssen wir die für 1 kg geltenden Werte auf 1000 kg bzw. 1 m³ hochrechnen.

$2434{,}6 \text{ kJ/h} \cdot 1000 = 2\,434\,600 \text{ kJ/m}^3$

Die Formel zur Errechnung der verdunsteten Wassermenge in einem Kühlturm lautet:

$$\dot{G}_v = \frac{\dot{Q}_c}{\Delta h_D} \text{ [m}^3\text{/h]} \quad \text{wobei}$$

$\dot{Q}_c$ = im Verflüssiger der Anlage abgeführte Wärme in kJ/h
Δh_D = Verdampfungsenthalpie von 1 m³ Wasser in kJ/m³ ist.

Beispiel: Angenommen $\dot{Q}_c = 1{,}5$ GJ/h, so ergäbe sich eine stündlich verdunstende Wassermenge von

$$\dot{G}_v = \frac{1\,500\,000 \text{ kJ/h}}{2\,434\,600 \text{ kJ/m}^3} = 0{,}616 \text{ m}^3\text{/h} \quad \text{oder}$$
$$= 616 \text{ l/h}$$

Zusätzlich zu der verdunsteten Wassermenge muss – wie die zugedrehte Abschlämm-Wasserleitung aufzeigte – eine gewisse Abschlämm-Menge als Frischwasser zugeführt werden, die sich nach der Beschaffenheit des Zusatzwassers und der zulässigen Härtekonzentration des Betriebskreislaufes richtet. Bei günstigen Wasserverhältnissen lässt sich bei Zumischung eines Mehrfachen von G_v zum Umlaufwasser – innerhalb wirtschaftlicher Grenzen – ein Gleichgewicht zwischen Anfangshärte des Zusatzwassers und zulässiger Endhärte im Umlaufwasserkreislauf herstellen.

Das Diagramm (Abb. 2-30) zeigt diese Abhängigkeit; z. B. bei einer Anfangshärte von 8 °dH und einer Endhärte von 16 °dH reicht zur Erhaltung des Gleichgewichts eine Zusatzwassermenge

$\dot{G}_z = 2{,}0 \cdot \dot{G}_v$ ($\dot{G}_v$ = verdunstete Menge)

aus.

Bei 14 °dH als Anfangshärte im Zusatzwasser und beim Wunsch 21 °dH als Endhärte im Umlaufwasser zu halten, muss *3,0* $\dot{G}_v$ zugesetzt werden.

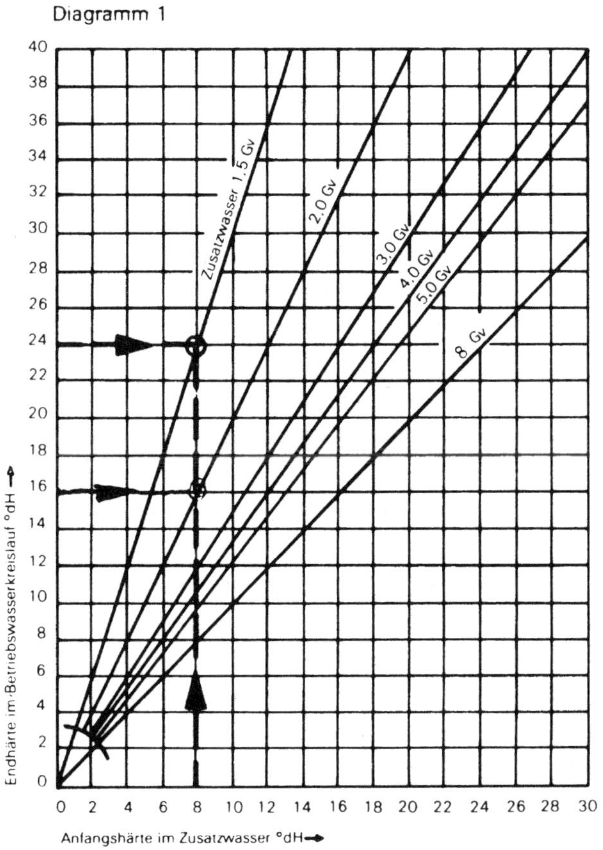

Abb. 2-30:
Zusatzwasser bei Kühltürmen

In unserem Beispiel entnehmen wir dem Diagramm die *Zusatzwassermenge* $\dot{G}_z$:

$\dot{G}_z = 2{,}0 \cdot G_v$ m³/h
$\dot{G}_z = 2{,}0 \cdot 0{,}616 = 1{,}232$ m³/h

Die *verdunstete Menge* beträgt:

$\dot{G}_v = 0{,}616$ m³/h

und die *Abschlämmwassermenge*:

$\dot{G}_A = \dot{G}_Z - \dot{G}_v = 1{,}232 - 0{,}616 = 0{,}616$ m³/h.

Dem Kühlturm müssen demnach pro Stunde 1232 l Wasser zugeführt werden.

Die von uns als Beispiel betrachtete Anlage hatte eine abzuführende Wärme von $\dot{Q}_c = 1{,}5$ GJ/h. Hätten wir in einem herkömmlichen Rohrbündelverflüssiger eine Wassererwärmung von 12 K zugelassen, so müssten

$$\dot{G}_v = \frac{1\,500\,000 \text{ kJ/h}}{4{,}19 \text{ kJ} \cdot 12 \text{ K}} = 29\,833 \text{ l/h}$$

$$= 29{,}8 \text{ m}^3\text{/h} \quad \text{durchlaufen,}$$

d. h. ~ 30 m³ Wasser wären in 1 Stunde verbraucht worden. Im Kühlturm setzten wir für die Abführung der gleichen Leistung 1,23 m³ Wasser pro Stunde zu.

Es wurden demnach nur $\frac{1,23 \cdot 100}{29,8} = 4,12\,\%$ derjenigen Wassermenge im Kühlturm verbraucht wie bei einfachem Durchlauf durch einen Rohrbündelverflüssiger.

Die Wasserersparnis durch den Einsatz von Kühltürmen beträgt – je nach Rohwasserbeschaffenheit – zwischen 95 bis 98 %.

2.2.3.5 Wasseraufbereitung

Die *Wasserbeschaffenheit* ist bei Betrieb von Kühltürmen ein wichtiger Punkt, der vom Betreiber einer Anlage *vor* der Anschaffung geklärt werden sollte. Die zuständigen Wasserwerke geben, sofern das Wasser dem Leitungsnetz entnommen werden soll, eine *Wasseranalyse,* die je nach Standort der Anlage sehr unterschiedlich ausfallen kann. (Neben dem Stadt-Leitungswasser gilt dies auch für Frischwasser aus Bächen oder Flüssen und für Brunnenwasser.)

Absolut reines Wasser kommt in der Natur nicht vor. Alle Wässer enthalten mehr oder weniger Beimengungen, u. a. Kalzium- und Magnesiumsalze, welche die Härte des Wassers bestimmen.

Unter Härte versteht man die im Wasser insgesamt gelösten Kalzium- und Magnesiumsalze. Diese sogen. Härte- oder Kesselsteinbildner lassen sich in zwei Gruppen einteilen:

- *Karbonate (kohlensaure Salze) und*
  Bikarbonate (doppelt-kohlensaure Salze), insbesondere:

Kalziumkarbonat	$CaCO_3$	schwer löslich
Kalziumbikarbonat	$Ca(HCO_3)_2$	leicht löslich
Magnesiumkarbonat	$MgCO_3$	
Magnesiumbikarbonat	$Mg(HCO_3)_2$	sowie

- Sulfate (schwefelsaure Salze), Chloride (salzsaure Salze),
  Nitrate (salpetersaure Salze) und *Silikate* (kieselsaure Salze):

Kalziumsulfat (Gips)	$CaSO_4$
Kalziumchlorid	$CaCl_2$
Kalziumsilikat	$CaSiO_2$
Magnesiumchlorid	$MgCl_2$ usw.

Die wasserlöslichen *Bikarbonate* $Ca(HCO_3)_2$ und $Mg(HCO_3)_2$ bilden die *Karbonathärte* (KH).

Die unlöslichen *Karbonate* $CaCO_3$ u. $MgCO_3$ werden beim Erwärmen des Wassers ausgeschieden und abgeschlämmt.

Die *Nichtkarbonathärte* (NKH) wird durch die in Gruppe 2 genannten Salze verursacht, die sich bei Erwärmung nicht verändern und durch Zusatz von Chemikalien unschädlich gemacht werden müssen. Diese Salze bilden nämlich insbesondere bei Anwesenheit von Gips ($CaSO_4$) den *Kesselstein.*

Die *Gesamthärte* des Wassers ist die *Summe aus Karbonat- und Nichtkarbonathärte.* GH = KH + NKH.

Sie wird in *Härtegraden* gemessen, wobei ein deutscher Härtegrad (1 °dH) einem Gehalt des Wassers von 10 mg Kalk (CaO) oder der gleichwertigen Menge MgO (7,14 g) im Liter entspricht.

1 deutscher Härtegrad (dH) = 1,25 englische = 1,79 französische Härtegrade.

Im Allgemeinen gelten Wässer mit
0 bis 8 °dH als weiche Wasser,
8 bis 15 °dH als mittelharte Wasser,
mehr als 15 °dH als harte Wasser.

Tabelle 2-1: Härtegrade von Leitungswasser in verschiedenen Städten Deutschlands

Stadt	°dH	Stadt	°dH
Berlin	bis 24	Hamburg	bis 14
Bonn	bis 23	Hannover	bis 24
Düsseldorf	bis 16	München	bis 15
Essen	bis 8	Stuttgart	bis 21
Köln	bis 22	Würzburg	bis 42

Neben einem bestimmten, wie aufgezeigt landschaftlich unterschiedlichen Salzgehalt im Frischwasser ist Kohlendioxid (CO_2) sowie Sauerstoff (O_2) in allen Wässern in freier und gebundener Form enthalten.

Dieser kleine Exkurs in die Chemie sollte jeden, der sich mit der Beschaffenheit des Wassers für das Betreiben eines Rückkühlwerkes zu beschäftigen hat, auf die Notwendigkeit aufmerksam machen, die vorhandenen Probleme nicht einfach zu ignorieren, sondern ihnen größte Aufmerksamkeit zu schenken.

Wir können es uns bei dem heute vorhandenen Engpass *Wasserversorgung* nicht mehr leisten, die Erkenntnisse der Chemie unberücksichtigt zu lassen, und nur durch entsprechende Vorkehrungen lassen sich vorzeitige Schäden an Einrichtungen und Anlagen abwenden und Verluste vermeiden.

Es gibt – abhängig von der Wasserbeschaffenheit und dem Verwendungszweck des Wassers in Kälte- oder Klimaanlagen – verschiedene Aufbereitungsverfahren, die weitgehend Schutz bieten vor:

- Korrosion,
- Ablagerungen,
- mikrobiologischem Befall.

Das *korrosive Verhalten* ist u. a. abhängig vom Gleichgewicht eines Wassers (Kalk-Kohlendioxid-Gleichgewicht) vom Gesamtsalzgehalt, wobei besonders die Höhe des Gehaltes an Chloridionen eine wichtige Rolle spielt, und vom Sauerstoffgehalt. Art und Menge der Chemikalien sollen z. B. auf Eisen eine sogenannte *Korrosionsschutzschicht* bilden, die einen weiteren Korrosionsangriff des Wassers verhindert und der Nutzungsdauer von Apparaten, Rohren etc. dienlich ist. Neben den bisher zur Impfung des Zusatzwassers üblichen Polyphosphaten verfügt die moderne Chemie über Phosphorsäuren, die die Wasserhärte schon bei geringer Dosierung stabilisieren.

Ablagerungen von Wasserinhaltsstoffen (z. B. Gipsablagerungen) lassen sich durch *Aufbereitungsverfahren* und durch den Einsatz von Stabilisierungschemikalien vermeiden. Die gesteuerte Eindickung des Kreislaufwassers kann dabei entscheidend werden.

Mikroorganismen spielen bei Störungen im Kühlwasserkreislauf und mehr noch – das soll hier gleich miterwähnt werden – in Luftbefeuchtern von Klimaanlagen eine besondere Rolle.

Die optimale Temperatur für das Wachstum der meisten *Mikroorganismen* liegt zwischen 20 °C und 40 °C, und genau diesen Temperaturbereich findet man in Kühlwasserkreisläufen und Luftwäschern. Dabei sind Algen in Kühltürmen ein wesentlicher Störfaktor.

Biocide sollten gegen alle in Kühl- und Klimawässern vorkommenden *Mikroorganismen* wirksam sein. Bedenkt man aber, für welchen Zweck das Wasser eines Systems – ob für einen industriellen Kühlwasserkreislauf oder als Befeuchtungswasser einer normalen Raumklimaanlage, eines EDV-Raumes oder gar eines Operationssaales in einem Krankenhaus vorgesehen bzw. ausgelegt werden muss, dann wird man sich darüber klar, dass es sich bei der richtigen Auswahl optimal geeigneter Mittel um ein echtes Problem handelt, zu dem einschlägige *Fachfirmen* herangezogen werden müssen [13].

2.2.3.6 Schwadenbildung, Geräusche und Wartung bei Kühltürmen

Schwadenbildung an Kühltürmen ist in manchen Fällen unangenehm und stellt einen unerwünschten Effekt dar. Die den Kühlturm verlassende Abluft ist beinahe 100 % gesättigt und kann nach Mischung mit der umgebenden Außenluft zu *Schwadenbildung* führen. Dies ist insbesondere im Winter der Fall, wenn sich die gesättigte warme Luft aus dem Kühlturm mit der kalten Außenluft mischt, für die der große Wasserdampfanteil der eintretenden Luft weit außerhalb der φ = 1-Linie des *h,x*-Diagrammes (siehe 1.7.1) liegt, d. h. also, im Nebelteil. Im Sommer kann die Luft mehr Feuchtigkeit aufnehmen, da sie meist weit unter ihrer Sättigungsgrenze *feucht* ist. Man sieht nur an bestimmten Tagen Nebelschwaden aus dem Kühlturm austreten, wenn die relative Luftfeuchte sehr hoch ist, d. h. 80 % und mehr.

Die *Schwadenbildung* bei Kühltürmen beruht demnach auf metereologischen Vorgängen, ist physikalisch bedingt, und es ist auch bei dem evtl. Verlangen eines Kunden nach Abstellung dieses Mangels dem Montagepersonal nicht möglich, Abhilfe zu schaffen.

Es gibt bereits Kühltürme, kombinierte Nass- und Trockenkühler, bei denen es nicht mehr zu einer *Schwadenbildung* kommen kann. Diese kombinierten Kühler erfordern aber eine weit kostspieligere Investition sowie auch höhere Betriebskosten.

Das beim Betrieb eines künstlich belüfteten Kühlturms entstehende Geräusch setzt sich aus *3 Komponenten* zusammen: dem *Luftgeräusch* der Ventilatoren, dem *Geräusch der Motoren* bzw. des Antriebs und dem *Geräusch des herabrieselnden Wassers.*

Bei Kühltürmen, die in der Nähe von Wohngebieten installiert sind, ist die Frage der Geräuschentwicklung bzw. der Geräuschdämpfung sehr wichtig. 35 dB(A) bei Nacht und 4 5 dB(A) am Tage lt. TA Lärm stellen hieran hohe Anforderungen. Der *Schalldruckpegel* im Schallnahfeld liegt meist höher, wenn in einer Entfernung von 3 bis 5 m von der Lufteintrittsöffnung gemessen wird.

Das *Ventilatorgeräusch* kann bei polumschaltbaren Motoren während der Nacht bei niedrigen Feuchtkugeltemperaturen durch Umschalten auf die niedrige Drehzahl um 10 bis 15 dB(A) verringert werden. Radialventilatoren verursachen im Allgemeinen geringere Geräusche als Axialventilatoren. Das Geräusch des herabrieselnden Wassers wird durch Einlegen von schwimmenden Matten oder eines Wabeneinsatzes im Wasserauffangbehälter etwas gemildert. Die Anbringung von Schalldämpferkulissen ist eine kostspielige Angelegenheit. Man denke daran, dass man einen Kühlturm schließlich nicht einmauern darf, da das der Luftbewegung abträglich wäre.

Kühltürme dienen der Wassereinsparung, andererseits belasten sie aber die Abwässer durch die zur Wasseraufbereitung erforderlichen Chemikalien.

Die *Wartung* an Kühltürmen beschränkt sich hauptsächlich auf folgende Tätigkeiten:

- **Inspektion und Wartung des Ventilator-Motors nach den entsprechenden Vorschriften,**
- **Reinigen der Düsen oder des Wasserverteilsystems,**
- **Inspektion und – falls erforderlich – Spülung des Füllkörpermaterials, um Schmutzreste und Algen zu beseitigen,**
- **Feststellen, ob Kalkstein oder sonstige Ablagerungen im Füllkörper enthalten sind oder ob eine Algenbildung eingesetzt hat, dann Kunden informieren, eine Fachfirma zu Rate ziehen,**
- **Inspektion und Reinigung des Schwimmerventils,**
- **periodisches Spülen und Reinigen der Kühlturmunterschale oder des Wasserauffangbeckens.**

2.3 Kältemittelstromregler

Gemäß den Ausführungen in 1.9 gehört das Expansionsventil oder, allgemein gesprochen, das Drosselorgan zu den vier Hauptteilen einer einfachen Kälteanlage. Im internationalen Sprachgebrauch werden gemäß der „CECOMAF-Terminologie" geregelte Drosselorgane als *Kältemittelstromregler* bezeichnet.

2.3.1 Das Kapillardrosselrohr

Die einfachste Form der Druckabsenkung durch Drosselung des Verflüssigungsdruckes p_c auf den Verdampfungsdruck p_0 erfolgt durch die *Kapillardrosselrohr-Einspritzung,* die fast bei allen Kühlschränken, Tiefkühltruhen, Fensterklimageräten und kleineren Kühlmöbeln verwendet wird. Das Wort *„kapillar"* bedeutet haarfein, und so haben wir es demnach mit einem dünnen Rohr mit sehr kleinem Innendurchmesser zu tun, dessen Länge so bemessen ist, dass der innere Rohrwiderstand den gewünschten Druckabfall von p_c auf p_0 bewirkt. Da eine Menge Faktoren den Durchflusswiderstand des Kältemittels im Kapillardrosselrohr beeinflussen, werden für in Serie gefertigte Kältesätze optimierte Kapillarrohrlängen durch eingehende Versuche ermittelt. Der Einbau von Kältemitteltrocknern mit Filterfunktion ist obligatorisch, da Verschmutzungen des Kapillardrosselrohres unter allen Umständen vermieden werden müssen.

Es gibt eine wichtige Regel für alle mit einem Kapillardrosselrohr arbeitenden Kältesätze, die sich jeder Kältemonteur einprägen muss:

Die einzufüllende Kältemittelmenge muss genau dosiert werden.

Das bedeutet ganz einfach, man darf in einen derartigen Kältesatz immer nur soviel Kältemittel einfüllen wie der Verdampfer an siedendem Kältemittel aufnehmen kann. Füllt man zuviel ein, so wird flüssiges Kältemittel über den Verdampfer hinaus in die Saugleitung gelangen und im Verdichter Schäden verursachen.

Grundsätzlich gibt es nur eine korrekte Methode, sowohl bei neuen Geräten als auch im Servicefall: Die Kältemittelfüllung neu abzustimmen, d. h. ausschließlich die im Versuch bestimmte Kältemittelmenge einzufüllen. Diese Kältemittelmenge muss auf dem Gerät erkenntlich sein.

Bei fehlerhafter Füllmenge muss die aktuelle Kältemittelmenge abgesaugt und das System evakuiert werden. Danach wird mit Hilfe eines Füllzylinders oder einer geeigneten Waage der Kältesatz neu befüllt.

Soll dennoch in einen Kältesatz mit Kapillardrosselrohr Kältemittel nachgefüllt werden, dann nur wenn der Verdichter läuft. Der Füllvorgang ist dann abgeschlossen, wenn die dem Gerät zugedachte Innentemperatur erreicht, der Verdampfer voll beaufschlagt ist, aber sich die Bereifung nicht in die Saugleitung hinein fortsetzt.

So wurde früher auch bei den Herstellern von Kühlschränken und Tiefkühltruhen vorgegangen, um die Kältemittelfüllung in einem Schlusstest zu überprüfen. Der Kältesatz erhielt nach dem Evakuieren über eine exakt arbeitende Füllvorrichtung die erforderliche Kältemittelmenge zudosiert. War im Kühlgerät die gewünschte Innentemperatur erreicht, wurde geprüft, wo die Bereifung endet. Kam sie an der Saugleitung aus dem Gerät heraus, musste etwas Füllung abgesaugt werden. Fehlte am Bereifungszustand etwas, so wurde noch ein wenig nachgefüllt. Diese Methode ist bei modernen Füllverfahren nicht mehr erforderlich, ihre Beschreibung dient jedoch dem guten Verständnis.

Ein Kapillardrosselrohr wird vom Hersteller exakt für die im Kältesatz umlaufende Kältemittelmenge berechnet bzw. ausgelegt. Dabei ist das Druckverhältnis, bei dem der Kältesatz arbeiten soll, der entscheidende Faktor.

Nehmen wir an, das Kältemittel R134a soll mit –18 °C im Verdampfer eines Kühlschrankes verdampfen, dann wird das Kapillardrosselrohr bei laufendem Verdichter immer nur soviel R134a in den Verdampfer einspritzen, dass sich darin eine Verdampfungstemperatur von –18 °C bzw. der dazu gehörende Druck von 1,45 bar hält.

Ist die am Thermostaten eingestellte Innentemperatur erreicht, so wird der Verdichter abgeschaltet. Je nach den Temperaturen der Umgebungsluft bzw. im Kühlgerät wird sich

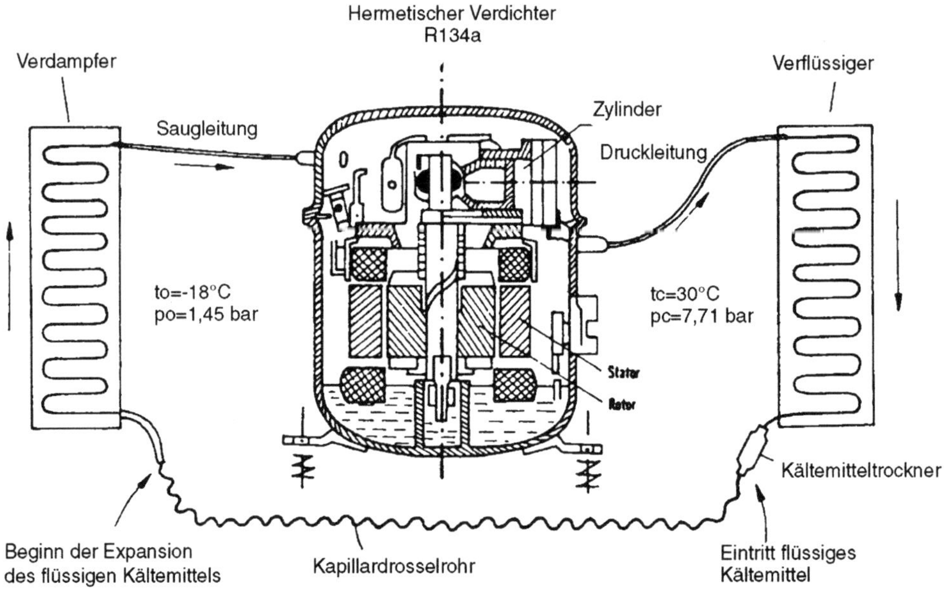

Abb. 2-31: Kältesatz mit Kapillardrosselrohr-Einspritzung

der Druck im Verdampfer langsam erhöhen und der Verflüssigungsdruck wird sinken, sodass es zu einem Druckausgleich innerhalb des Systems kommt. Bei diesem niedrigen Druck, der bei längerem Stillstand sowohl auf der Saugseite als auch auf der Druckseite des Aggregates herrscht, schaltet sich der Verdichter wieder ein und stellt bald das alte Druckverhältnis her.

Wir haben bereits gelernt, dass die einzelnen Komponenten einer Kälteanlage – das gilt auch für einen Kältesatz im Kühlschrank – in ihrer Leistung genau aufeinander abgestimmt sein müssen! Es ist bei unserem Beispiel klar, dass der Verdichter diejenige Menge Kältemitteldampf ansaugen muss, die sich aus der bei –18 °C siedenden Flüssigkeit entwickelt. (Aus der Dampftafel für R134a entnehmen wir, $v'' = 0{,}136\ m^3/kg$; also rund 100 l Dampf je 1 kg R134a.) Dabei spielt die Innentemperatur des Kühlschranks keine Rolle. Das Kapillarrohr lässt beim Kühlprozess, d. h. bei laufendem Verdichter, das Kältemittel immer nur derart gedrosselt in den Verdampfer einströmen, dass sich darin ein Druck von 1,45 bar einstellt.

Auf diesen Punkt wird besonders aufmerksam gemacht, weil der Abkühlprozess bei einem thermischen Expansionsventil wesentlich anders verläuft.

Nach Inbetriebnahme des Kühlschrank-Kältesatzes können wir schon bald am Verdampfer hören, wie das Kältemittel siedend und brodelnd in den Verdampfer eintritt. Dort wird man bald eine kalte Stelle spüren, an der die Luftfeuchtigkeit nach kurzer Laufzeit anfriert. Es bleibt aber nicht bei dieser einen Stelle, sondern die Bereifung nimmt zu, und man wartet nun bei geschlossener Kühlschranktür und laufendem Verdichter auf den Fortgang der Abkühlung. Nach einiger Zeit stellt man bei immer noch laufendem Verdichter eine Innentemperatur von 10 °C fest, bemerkt aber gleichzeitig, dass kaum 3/4 der Oberfläche des Verdampfers bereift ist. Es müsste demnach noch ein Schuss Kältemittel nachgefüllt werden, damit der Verdampfer voll beaufschlagt und die gewünschte Innentemperatur schneller erreicht wird.

Geschieht das Nachfüllen gemäß den gegebenen Hinweisen, dann muss der Kältesatz bald ausschalten, da die am Thermostaten eingestellte Temperatur erreicht ist. Man sollte nun noch etwa zwei Schaltperioden abwarten und dabei vor allem die Saugleitung, dort wo sie aus dem Verdampfer austritt, auf etwa durchkommende Bereifung prüfen.

2.3.1.1 Kapillardrosselrohr-Einspritzung bei Kältesätzen in Fensterklimageräten

Das Kapillardrosselrohr im Kältesatz eines *Fensterklimagerätes* übernimmt darin die gleiche Aufgabe wie in dem eines Kühlschranks oder einer Tiefkühltruhe. Der Drosselvorgang erfolgt lediglich auf eine höhere Verdampfungstemperatur. Das Kapillardrosselrohr ist so ausgelegt, dass im normalen Betrieb und bei ordnungsgemäßer Kältemittelfüllung eine Bereifung des Verdampfers ausgeschlossen ist.

Zur Erklärung des Füllvorganges gehen wir einmal davon aus, es würde Kältemittelmangel vorliegen. Ist das der Fall, kondensiert nur ein Teil des Kältemittels im Verflüssiger und strömt mit Dampfanteilen vermischt durch das Kapillardrosselrohr in den Verdampfer. Der Saugdruck am Verdichter wird erheblich unter dem korrekten Wert von etwa 2,4 bis 2,8 bar (bei R134a) liegen.

Lassen wir jetzt bei laufendem Verdichter mehr R134a aus der Kältemittelflasche in den Kältesatz überströmen, steigt der Saugdruck. Das erkennen wir am Manometer. Stellen wir uns vor, der Druck wäre auf etwa 1,85 bar entsprechend t_0 = –12 °C angestiegen. Im unteren Teil des Verdampfers, dort wo flüssiges Kältemittel siedet, bildet sich Reifansatz. Füllen wir weiter Kältemittel ein, zieht die Bereifung mehr in Richtung Verdampferaustritt. Nachdem der Saugdruck etwa 2,4 bar, d. h. t_0 = –5 °C erreicht hat, beginnt die Bereifung wieder abzutauen. Genau jetzt ist der Kältesatz richtig gefüllt. Weiteres Kältemittelfüllung würde sich im Verflüssiger anstauen und nach dem Abschalten des Verdichters zur kältesten Stelle, in den Verdampfer strömen. Schaltet der Verdichter jetzt wieder ein, saugt er flüssiges Kältemittel an. Das führt nach kurzer Zeit zu Schäden.

Merken wir uns: Die Überfüllung eines Kältesatzes mit Kapillardrosselrohr für Fensterklimageräte oder auch andere Kühlgeräte gefährdet den Verdichter. Kältemittelmangel führt zum teilweisen Vereisen des Verdampfers und zu Minderleistung.

2.3.1.2 Dampfzustand in der Saugleitung hermetischer Motorverdichter

Im vorigen Abschnitt wurde erläutert, dass die Kältemittelfüllung der Kältesätze von Haushaltsgeräten immer genau dosiert sein muss.

An dieser Stelle wollen wir noch etwas Besonderes erwähnen, was mit dem Füllen derartiger Kältesätze zu tun hat. Bei Sauggas gekühlten hermetischen Motorverdichtern sollte der angesaugte Kältemitteldampf nicht überhitzt sein, sondern als Nassdampf in den Verdichter eintreten. Dadurch wird die Wicklung des eingebauten Elektromotors gekühlt. Da die Saugleitungen vom Verdampfer zum Verdichter meist sehr kurz sind, enthält der Kältemitteldampf tatsächlich noch kleinste Flüssigkeitströpfchen (Aerosole), die beim Überstreichen der Motorwicklung verdampfen und dadurch den Motor kühlen. In die Zylinder des Verdichters gelangt dann überhitzter Dampf.

2.3.2 Thermostatische Expansionsventile (TEV)

Der in Kälteanlagen sicherlich am häufigsten eingesetzte Kältemittelstromregler ist das *thermostatische Expansionsventil (kurz: TEV).*

Das TEV hat im Gegensatz zum Kapillardrosselrohr keinen unveränderlichen lichten Querschnitt, sondern einen veränderlichen, der den Kältemittelstrom des Kreislaufes regelt.

2.3.2.1 Aufgabe und Arbeitsweise

TEV haben die Aufgabe, dem Verdampfer immer diejenige Kältemittelmenge zuzuführen, die unter den jeweiligen Betriebsbedingungen verdampft.

Das Kältemittel soll den Verdampfer dampfförmig mit einer Temperatur verlassen, die um einige Grade über der am Manometer angezeigten Sättigungstemperatur des Kältemittels liegt. Der Kältemitteldampf tritt also *überhitzt,* d. h. *über die Sättigungstemperatur hinaus erwärmt,* aus dem Verdampfer aus. Nur durch diese Überhitzung ist gewährleistet, dass das Kältemittel vollständig verdampft und frei von Flüssigkeitströpfchen ist.

Von ihrer Funktion und Aufgabe her sind TEV demnach *Überhitzungsregler.*

Die Arbeitsweise des TEV wird durch das Zusammenspiel von *drei Drücken* und den daraus resultierenden Kräften bestimmt:

p_1 *Der Fühlerdruck,* der von der Temperatur des Kältemitteldampfs am Verdampferaustritt und der Fühlerfüllung abhängig ist, wirkt als Öffnungskraft auf das Ventil.

Als Schließkräfte wirken:

p_2 *Der Verdampferdruck* in Gegenrichtung auf die Membrane.

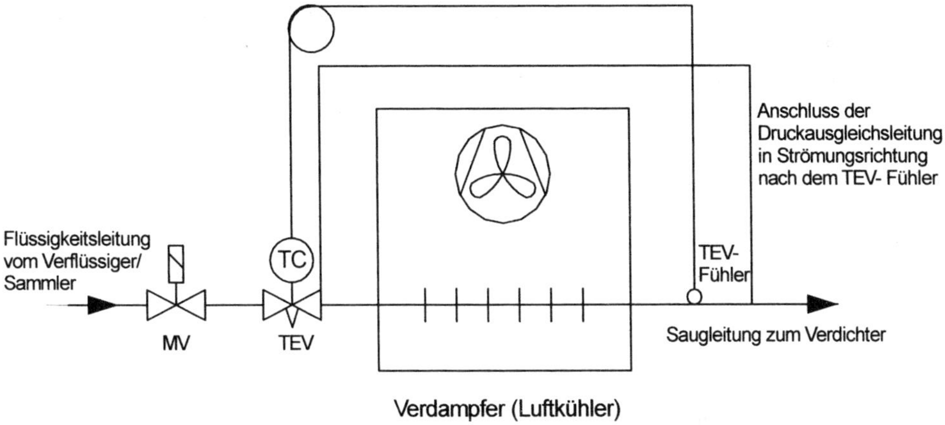

Abb. 2-32: Verdampfer mit TEV

p_3 Der *Druck der einstellbaren Regulierfeder,* der in gleicher Richtung wirkt wie der Verdampferdruck p_2.

Solange die aus diesen drei Drücken resultierenden Kräfte im Gleichgewicht sind, bleibt die Öffnungsstellung des Ventils unverändert.

Erwärmt sich jedoch der Fühler, weil der Verdampfer zu wenig flüssiges Kältemittel erhält und die Temperatur des Kältemitteldampfs am Austritt ansteigt, so erhöht sich der Fühlerdruck p_1. Das bewirkt ein Öffnen des Ventils. Im gleichen Sinn wirkt sich ein Sinken des Verdampferdruckes aus.

Fallende Fühlertemperatur oder steigender Verdampferdruck schließen das Ventil.

Schaltet der Verdichter nach Erreichen einer gewünschten Temperatur ab, steigt der Druck p_2 rasch an und schließt das Ventil, solange nicht der Fühlerdruck durch entsprechende Erwärmung des Fühlers überwiegt.

Die Öffnungsstellung des TEV wird also vom Fühlerdruck p_1 und vom Verdampferdruck p_2 bestimmt. Hiervon abhängig ist wiederum der Füllungszustand des Verdampfers und damit seine Ausnutzung.

Durch den Druck der einstellbaren Regulierfeder p_3 wird festgelegt, d. h. eingestellt, bei welcher *Differenz* zwischen Fühler- und Verdampferdruck, also bei welcher *Überhitzung,* das Ventil öffnet. Damit wird der Ausnutzungsgrad des Verdampfers bestimmt.

Das Gemisch aus Kältemitteldampf und -flüssigkeit tritt bei A (s. Abb. 2-33) in den Ver-

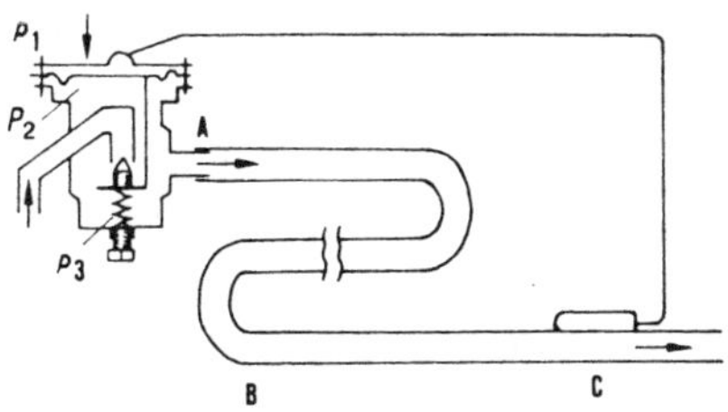

Abb. 2-33:
TEV mit Verdampfer – schematische Darstellung

dampfer ein und soll bei B vollständig verdampft sein. Zwischen B und C wird der Kältemitteldampf überhitzt, also über die Sättigungstemperatur hinaus erwärmt. Je stärker die Regulierfeder gespannt ist, desto länger wird die Überhitzungsstrecke und desto weniger Verdampferfläche bleibt zum Verdampfen der Kältemittelflüssigkeit zur Verfügung.

Es ist daher immer anzustreben, mit einer möglichst geringen Überhitzung zu arbeiten. Diese kann jedoch nicht beliebig gewählt werden, sondern hängt von der Verdampferbauart, der Differenz zwischen Raum- und Verdampfungstemperatur *(sie kann niemals größer als diese sein!)* und von der Ansprechempfindlichkeit des TEV ab.

Zum besseren Verständnis müssen wir die Überhitzung näher erläutern. Wir unterscheiden beim TEV zwischen

- **statischer Überhitzung,**
- **Öffnungsüberhitzung und**
- **Arbeitsüberhitzung.**

Als *statische Überhitzung* bezeichnen wir den Wert, bei dem das Ventil gerade zum Öffnen bereit ist, aber noch kein Durchfluss erfolgt.

Die *Öffnungsüberhitzung* ist derjenige Wert, der darüber hinaus erforderlich ist, um den Druck der Regulierfeder und die Reibung im Ventil zu überwinden und das Ventil in eine Öffnungsstellung zu bringen (maximal voll geöffnet).

Arbeitsüberhitzung = statische Überhitzung + Öffnungsüberhitzung

Die vorstehenden Betrachtungen über den Einfluss der Überhitzung auf das TEV einerseits und auf die Ausnutzung des Verdampfers andererseits lassen erkennen, dass beide Teile exakt aufeinander abgestimmt sein müssen. Es ist somit auch leicht einzusehen, welche Rolle die Qualität des TEV spielt:

Ein TEV, das bei geringer Überhitzung seine Nennleistung bringt, ermöglicht eine bessere Ausnutzung des Verdampfers als eines, welches eine größere Überhitzung dazu benötigt.

Die Auswahl der TEV ist jedoch nicht die Aufgabe des Monteurs, wohl aber die ordnungsgemäße Montage von Ventil, Fühler, Ausgleichsleitung sowie die Verlegung derjenigen Rohrleitungen, z. B. der Saugleitung, die wiederum Einfluss auf die einwandfreie Funktion des TEV haben.

Auf diesen Punkt werden wir noch gründlich eingehen. Zum besseren Verständnis vorher noch einige Worte über unterschiedliche TEV-Arten und Fühler.

2.3.2.2 Innerer und äußerer Druckausgleich

Im vorstehenden Abschnitt haben wir die Arbeitsweise eines TEV erklärt und festgestellt, dass dem Fühlerdruck über der Membrane der Verdampferdruck unterhalb der Membrane und der Druck der Regulierfeder entgegenwirken.

Abb. 2-34 zeigt ein TEV mit innerem Druckausgleich. Hier wirkt der Druck am Austritt des Ventils, das ist der gleiche Druck wie am Eintritt des Verdampfers, von unten auf die Membrane. Ein zufriedenstellendes Betriebsverhalten, besonders bei Teillast, setzt nur geringen Druckverlust über den Verdampfer voraus. Das ist bei kleinen oder speziell dimensionierten Verdampfern der Fall.

Treten jedoch größere Druckunterschiede zwischen Verdampfereintritt und -austritt auf, so ist der von unten auf die Membrane wirkende Druck am Verdampfereintritt höher als

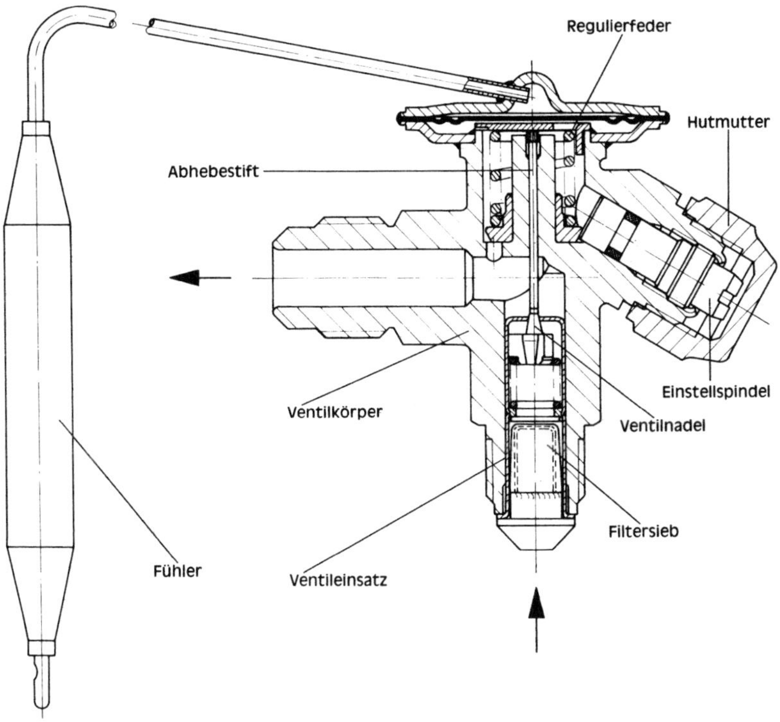

Abb. 2-34: TEV mit innerem Druckausgleich

am Verdampferaustritt und damit an der Fühleranlegestelle. Da der Druckabfall über den Verdampfer und damit der Druck unter der Membrane lastabhängig schwankt, würde bei steigender Verdampferbelastung, sprich größerem Druckabfall, größere Überhitzung erforderlich, um das TEV zu öffnen. Das wiederum bedeutet schlechtere Verdampfernutzung.

Bei sinkender Belastung würde die Überhitzung eventuell zu gering, um das Übertreten von Kältemittelflüssigkeitströpfchen in die Saugleitung zu vermeiden.

In diesem Fall schafft ein *TEV mit äußerem Druckausgleich* Abhilfe.

Bei einem TEV mit äußerem Druckausgleich besteht zwischen dem Ventilaustritt und dem Raum unter der Membrane keine Verbindung. Die Ventilspindel bewegt sich in einer Dichtung, sodass kein Kältemittel vom Ventilkörper in das Ventiloberteil gelangen kann. Über eine externe Rohrleitung wird unter die Membrane der *Druck des Verdampferaustritts* und somit der Druck in der Saugleitung nahe der Fühleranlegestelle geleitet. Druckunterschiede zwischen Verdampfereintritt und -austritt können die Funktion des TEV nicht mehr beeinflussen.

Bei Verdampfern mit Mehrfacheinspritzung müssen dem TEV Flüssigkeitsverteiler nachgeschaltet werden. Hier können nur TEV mit äußerem Druckausgleich eingesetzt werden.

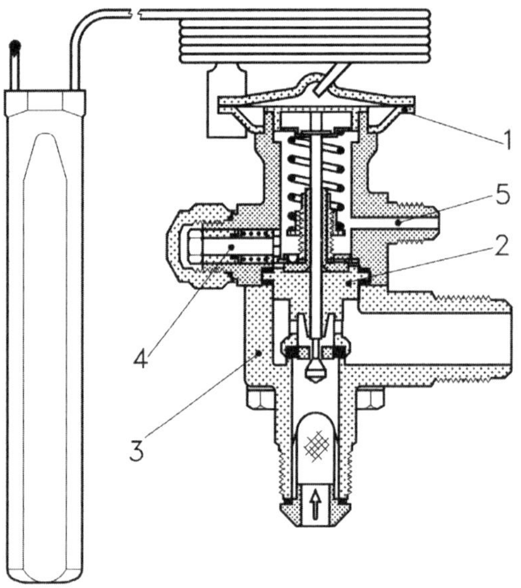

Abb. 2-35: TEV mit äußerem Druckausgleich: 1 Thermostatisches Element (Membrankapsel), 2 Auswechselbarer Düseneinsatz, 3 Ventilgehäuse, 4 Einstellspindel f. Überhitzung, 5 Äußerer Druckausgleich mit 1/4 in./6 mm Bördel *(Danfoss)*

2.3.2.3 Steuerfüllungen der TEV-Fühler

Wir wollen hier nur die unterschiedlichen Verhalten einiger Steuerfüllungen erwähnen, deren Kenntnis für den Monteur, besonders bei der *Störungssuche und -beseitigung, wichtig ist.*

Es gibt Steuerfüllungen, bei deren Verwendung der Fühler immer kälter sein muss als das Ventiloberteil, d. h. als der sogenannte Thermokopf und die Kapillare. Anderenfalls kondensiert die Füllung im Thermokopf und fehlt somit im Fühler; das Ventil kann nicht mehr öffnen. Sinkender Verdampfungsdruck und steigende Überhitzung sind die Folge.

Dies geschieht bei Gasfüllungen. *MOP-Füllungen* (MOP = Maximum Operating Pressure, auf deutsch etwa maximaler Öffnungsdruck) sind stets Gasfüllungen.

Bei sogenannten *Universalfüllungen,* das sind Flüssigkeitsfüllungen, sowie bei *Adsorptionsfüllungen* ist die Temperatur des Thermokopfes ohne Bedeutung. Der Thermokopf und die Kapillare können wärmer oder kälter sein als der Fühler. Der Druck über der Membrane wird stets von der Fühlertemperatur bestimmt. Die Steuerfüllung ist so ausreichend, dass bei allen Betriebszuständen Flüssigkeit im Fühler verbleibt.

2.3.2.4 TEV mit Druckbegrenzung (MOP)

Aufgrund der theoretischen Überlegungen im ersten Teil dieses Buches wissen wir, dass mit steigender Verdampfungstemperatur sowohl die *Kälteleistung* als auch der *Leistungsbedarf* einer Verdichterkältemaschine zunehmen. Kälteleistung und Antriebsleistung des Verdichters müssen im Verflüssiger an Luft oder Kühlwasser abgegeben werden. Der Verflüssiger wird jedoch aus wirtschaftlichen Gründen für den *Betriebspunkt* ausgelegt und nicht für außergewöhnliche Betriebsbedingungen wie Anfahren mit warmen Verdampfer z. B. nach dem Abtauen. Ohne Schutzmaßnahmen würde der Verflüs-

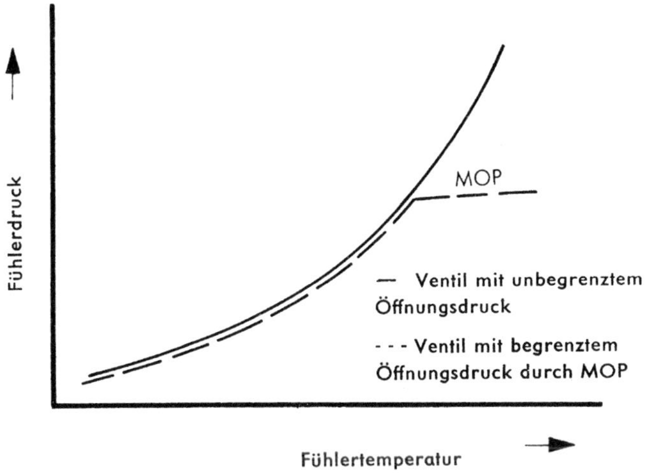

Abb. 2-36: Begrenzung des Fühlerdrucks durch maximalen Öffnungsdruck

sigungsdruck stark ansteigen und ggf. der Druckbegrenzer ansprechen. Darüber hinaus würden die in ihrer Leistung begrenzten Elektromotore, besonders in hermetischen und halbhermetischen Motorverdichtern, überlastet.

Abhilfe könnte z. B. ein verhältnismäßig aufwendiger *Startregler* schaffen oder aber einfach der Einsatz eines druckbegrenzten TEV, eines *MOP-Ventils.*

Die Wirkungsweise des MOP beruht darauf, dass der Fühler dieser TEV nur eine sehr geringe Füllung enthält, die oberhalb einer gewählten Temperatur gasförmig ist. Erst nachdem im Fühler ein Teil der Steuerfüllung bei abgesenkter Temperatur kondensiert ist, arbeitet das TEV normal.

Nur das *Oberteil* eines druckbegrenzten Ventiles ist speziell auf einen Öffnungsdruck eingestellt. Die Ventilunterteile der TEV mit und ohne MOP einer Ventilbaureihe sind gleich.

MOP-Ventile sind ein einfacher und zuverlässiger Schutz des Verdichters. Der MOP bewirkt, dass das TEV beim Wiederanfahren einer Anlage so lange geschlossen bleibt, bis der Saugdruck unter den festgelegten Maximalwert absinkt. Bei höherer Raum- und damit Verdampfungstemperatur wird zuerst einmal der Verdampfer abgesaugt und kein Kältemittel eingespritzt. Das Ventil öffnet erst, nachdem der Saugdruck auf den Begrenzungswert gefallen ist. Es spritzt dann nur gerade so viel ein, dass dieser Wert gehalten, aber nicht überschritten wird.

Dabei wird der Verdampfer nur unvollständig mit Kältemittel gefüllt. Erst wenn die Raumtemperatur so weit abgesunken ist, dass sich eine Verdampfungstemperatur unterhalb der Druckbegrenzung ergibt, beginnt die Regelung der Überhitzung. Der Verdampfer wird jetzt vollständig gefüllt, und das TEV unterscheidet sich im Regelverhalten nicht von einem ohne MOP. Ein wesentlicher Vorteil druckbegrenzter TEV ist ihr gutes Schließverhalten im Stillstand der Anlage [14].

2.3.2.5 Kältemittelverteiler für Mehrfacheinspritzung

Lamellenverdampfer (Luftkühler) sind meistens für Mehrfacheinspritzung konzipiert.

Hierzu wird dem TEV ein Kältemittelverteiler nachgeschaltet, der eine entsprechende Anzahl von Ausgängen besitzt. Jeder Ausgang ist über ein Verteilerrohr mit einer Verdampferschlange (einem Pass) verbunden.

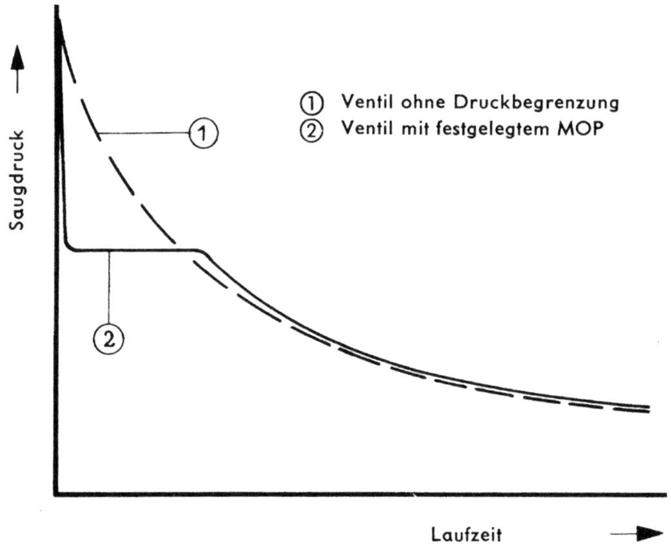

Abb. 2-37: Saugdruckverlauf bei begrenztem und unbegrenztem Öffnungsdruck über die Laufzeit

Am häufigsten werden Venturi- und Staudüsenverteiler – *Strömungsverteiler* – eingesetzt. Deren unterschiedliches Arbeitsprinzip setzt die Einhaltung bestimmter Einbaulagen voraus.

Während Venturiverteiler in jeder Lage eingebaut werden können, ist bei Staudüsenverteilern die senkrechte Einbaulage erforderlich, wobei der Ausgang des Verteilers nach unten gerichtet sein muss.

Unzulässig ist bei beiden Verteilerarten, überzählige Ausgänge zu verschließen. Die Anzahl der Verteilerausgänge muss unbedingt mit der Anzahl der Verdampferschlangen (Pässe) übereinstimmen.

Der Abstand zwischen dem TEV und dem Verteiler soll so kurz wie möglich sein. Rohrbögen zwischen dem TEV und dem Verteiler sind zu vermeiden, sie führen zur Entmischung des Kältemittelflüssigkeits-/Dampfgemisches und damit zu einer Beeinträchtigung der Funktionstüchtigkeit des Verteilers.

Ist eine solche Anordnung dennoch einmal unumgänglich, muss vor dem Verteiler ein senkrechtes, gerades Rohrstück von einer Länge mindestens *10 mal Anschlussdurchmesser* vorgesehen werden.

Ferner dürfen zwischen TEV und Verteiler auf keinen Fall Verengungen wie Absperrventile oder Rückschlagventile angeordnet werden. Damit würde das Strömungsprofil und somit die Anströmung des Verteilers gestört. Der zusätzliche Druckabfall könnte die Auslegung des Verteilers verfälschen.

Die abgehenden Verteilerrohre müssen stets gleich lang und ohne Flüssigkeitssäcke verlegt werden. Wegen des Druckabfalls im Verteiler können nur TEV mit äußerem Druckausgleich eingesetzt werden.

Nach einem andern Prinzip arbeitet ein Trennverteiler. In diesem Verteiler wird erst der Kältemitteldampf von der Kältemittelflüssigkeit getrennt und nach der Verteilung wieder zusammengeführt. Der Verteiler hat einen sehr geringen Druckabfall. Die Einbaulage ist

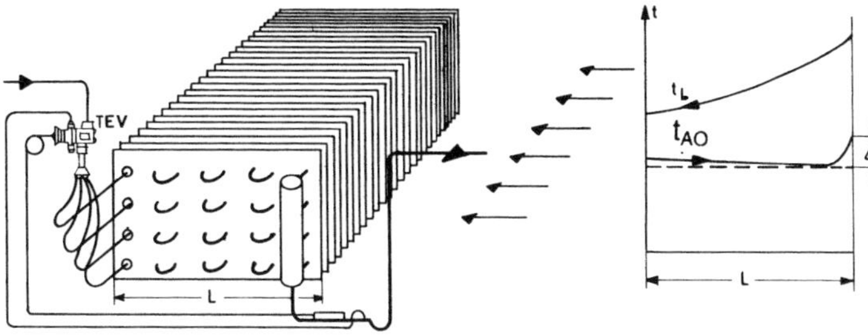

L Länge des Verdampfers
t_L Lufttemperatur
t_{AO} Oberflächentemperatur des Verdampfers
Δt Anstieg der Oberflächentemperatur in der Überhitzungszone

Abb. 2-38: TEV mit Kältemittelverteiler2-38: TEV mit Kältemittelverteiler

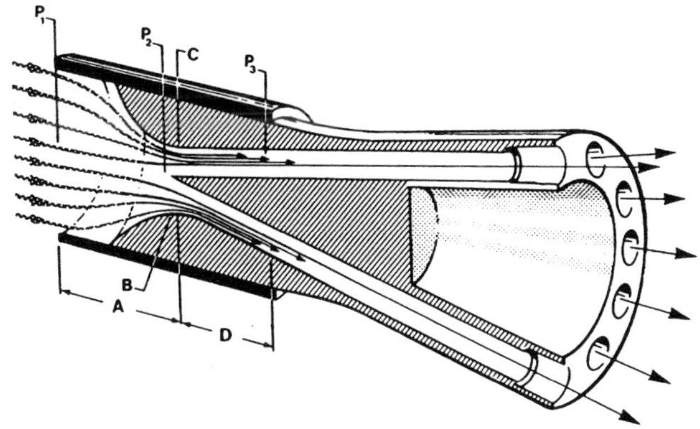

Venturi-Verteiler
A = Einlaufstrecke mit sanftem Übergang zur Venturi-Düse
B = Jet-Bereich der Düse
C = Stärkste Einschnürung der Strömung
D = Auslaufstrecke, Divergenz-Bereich mit Druck-Rückgewinnung

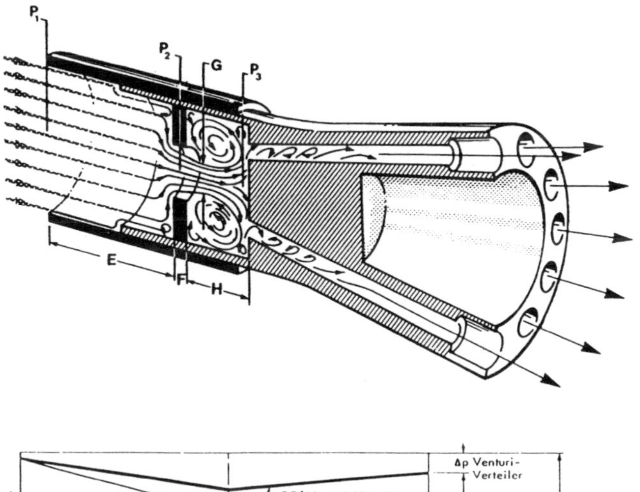

Staudüsen-Verteiler
E = Prall- und Staustrecke mit abrupter Umlenkung der Strömung
F = Drosselplatte (Stau-Blende)
G = Stärkste Einschnürung der Strömung
H = Turbulenz-Zone infolge unkontrollierter Expansion

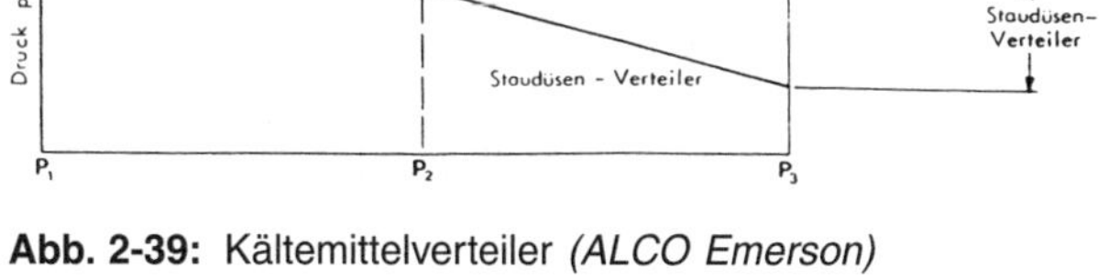

Druck-Diagrammm für Venturi-Verteiler und Staudüsen-Verteiler
P_1 = Eintrittsdruck
P_2 = Minimaldruck
P_3 = Austrittsdruck

Abb. 2-39: Kältemittelverteiler *(ALCO Emerson)*

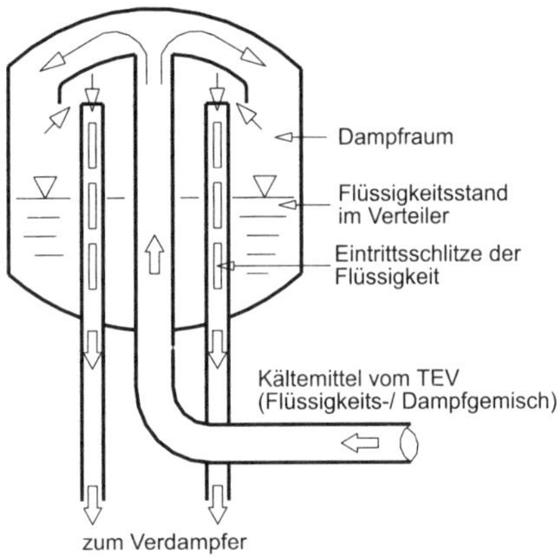

Abb. 2-40: Trennverteiler *(Küba)*

zwingend senkrecht, oberhalb des obersten Verdampferrohres. Dieser Verteiler gewährleistet eine gleichmäßige Versorgung der einzelnen Verdampferrohre (Pässe).

Der Trennverteiler wird für Druckgasabtauung mit einem Kondensatablauf ausgerüstet.

2.3.2.6 Einbauhinweise

Wie das TEV einzubauen ist, muss der mitgegebenen Einbauvorschrift des Herstellers entnommen werden. Diese ist genau einzuhalten.

Manche TEV können in jeder Lage montiert werden, andere z. B. nicht mit hängendem Thermokopf.

Bei TEV mit äußerem Druckausgleich soll die Druckausgleichsleitung in Strömungsrichtung *hinter* dem Fühler angeschlossen werden, damit eventuell über die Ventilspindelabdichtung in die Druckausgleichsleitung gelangtes flüssiges Kältemittel den Fühler nicht beeinflussen kann. Die Druckausgleichsleitung darf auf keinen Fall von unten mit einem Sack an der Saugleitung angeschlossen werden.

Bei der Saugleitungsmontage ist darauf zu achten, dass unmittelbar am Verdampferaustritt ein ausreichend langes, waagerechtes Rohrstück zum Anbringen des Fühlers ver-

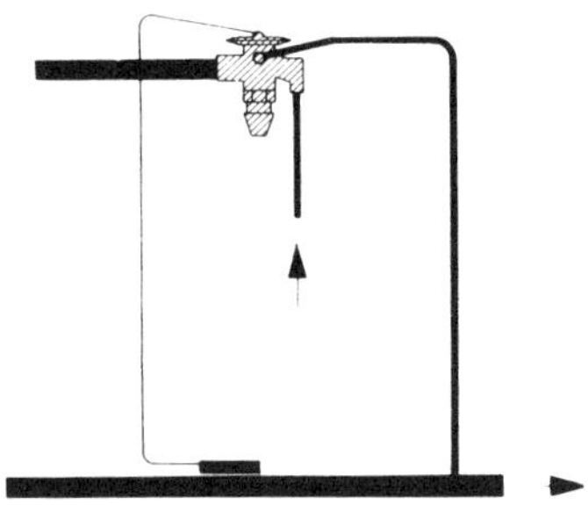

Abb. 2-41:
Anschluss der Druckausgleichsleitung – richtig

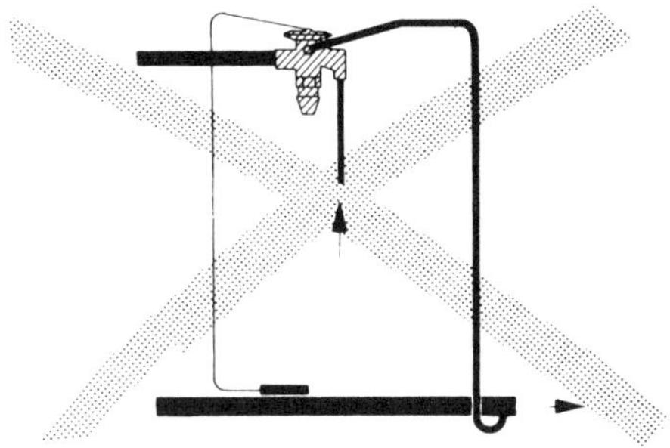

Abb. 2-42:
Anschluss der Druckausgleichsleitung – falsch

legt wird. Die Fühlermontage an senkrechten Saugleitungen ist wegen des nicht definierten Ölfilmes an der Rohrinnenwand immer ein wenig Glückssache und möglichst zu vermeiden.

Sind mehrere Verdampfer an einer Saugleitung angeschlossen, dürfen die Fühler niemals an der gemeinsamen Saugleitung angeschlossen werden.

Der Fühler muss an einem glatten Rohrstück befestigt werden. Abhängig von der Saugleitungs-Nennweite werden folgende Anordnungen vorgeschlagen:

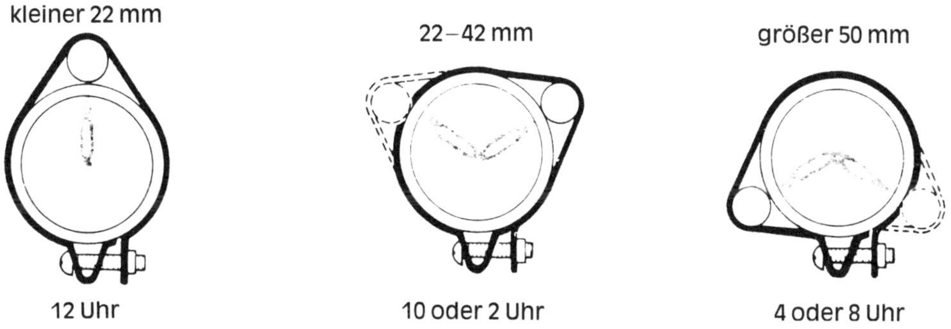

Abb. 2-43: Fühleranordnung

Die Fühler sollen mit Metallbändern befestigt werden. Über diese Bänder erfolgt im Wesentlichen der Wärmefluss vom Rohr auf den Fühler. Die Anlegestelle des Fühlers sollte etwas einisoliert *(nicht eingeschäumt)* werden, besonders bei großer Differenz zwischen Saugrohr- und Umgebungstemperatur. Luftzug fernhalten! In kritischen Fällen empfiehlt es sich, Fühlertaschen zu verwenden.

Nachstehende Skizzen zeigen einige typische Beispiele richtiger und falscher Saugleitungsführung und Fühlermontagen.

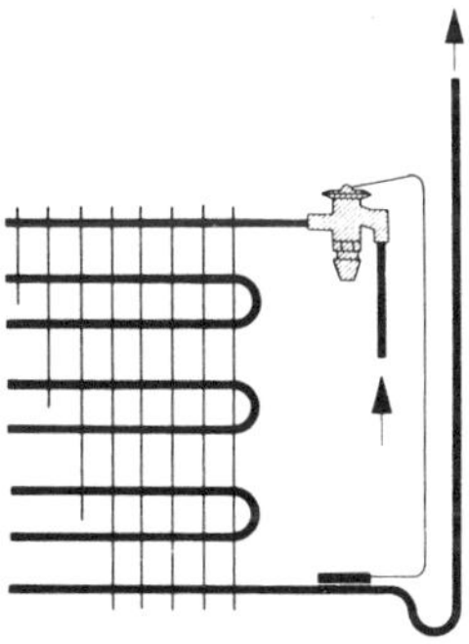

Abb. 2-44:
Siphon in Saugleitung verhindert falsche Beeinflussung des Fühlers durch Öl und flüssiges Kältemittel

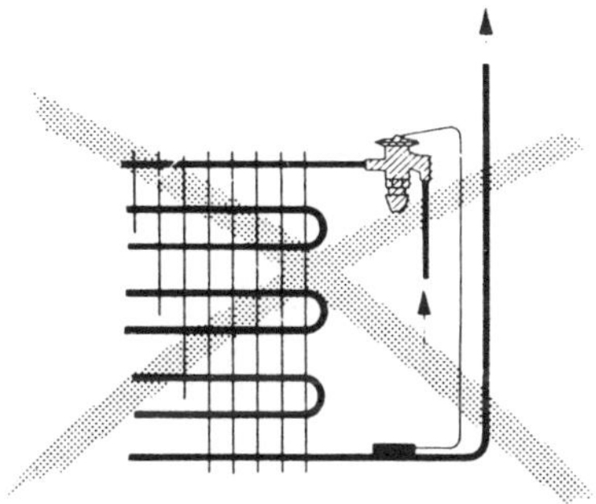

Abb. 2-45:
Falsche Beeinflussung des Fühlers durch Öl und flüssiges Kältemittel möglich

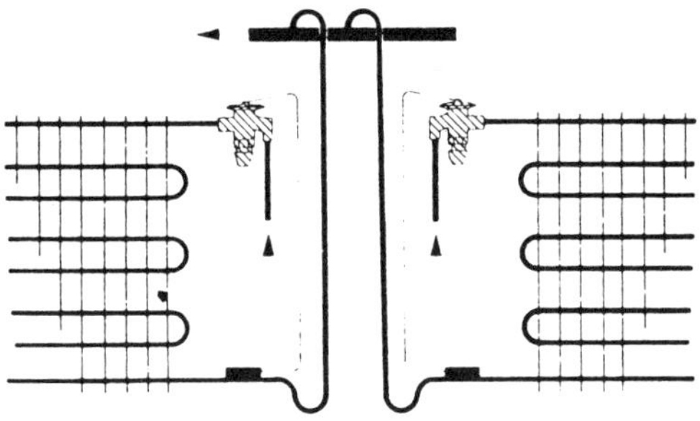

Abb. 2-46:
Gegenseitige Beeinflussung der Verdampfer ist durch Siphone in den Saugleitungen und Einbindung in Sammelleitung von oben unterbunden

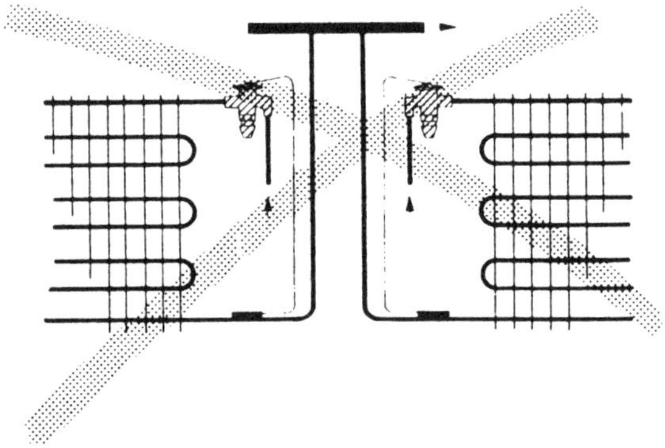

Abb. 2-47:
Gegenseitige Beeinflussung der Verdampfer durch Öl oder flüssiges Kältemittel ist gegeben

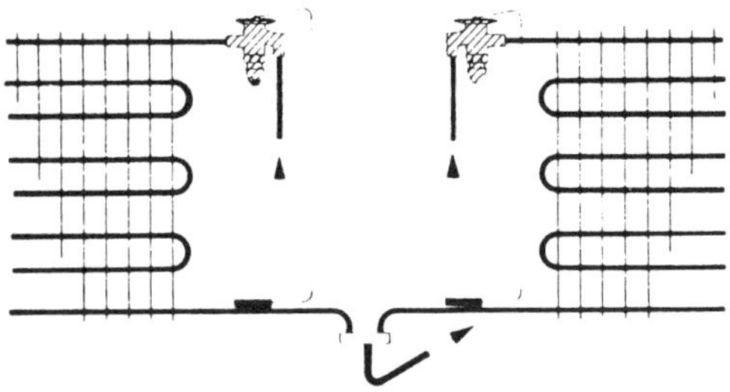

Abb. 2-48:
Auch wenn die Saugsammelleitung nach unten weggeführt wird, muss durch geeignete Rohrleitungsführung die Möglichkeit der gegenseitigen Beeinflussung der Verdampfer durch Öl oder flüssiges Kältemittel verhindert werden (vgl. Abb. 2-49)

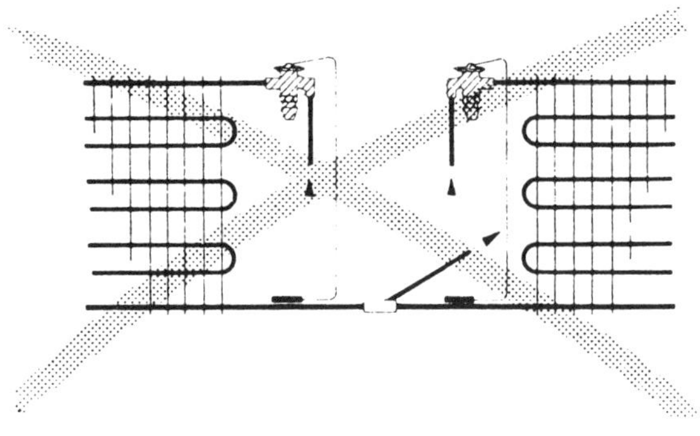

Abb. 2-49

Nachstehende Abbildungen zeigen die richtige Verlegung und zwei Verlegungsfehler [15].

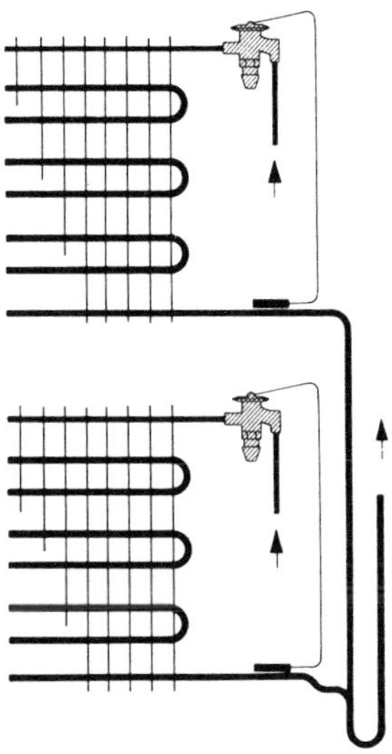

Bei übereinander angeordneten Verdampfern gelten die gleichen Regeln für die Verlegung der Saugleitungen der einzelnen Verdampfer sowie für die Zusammenführung zu einer Saugsammelleitung.

Abb. 2-50: Saugleitung richtig

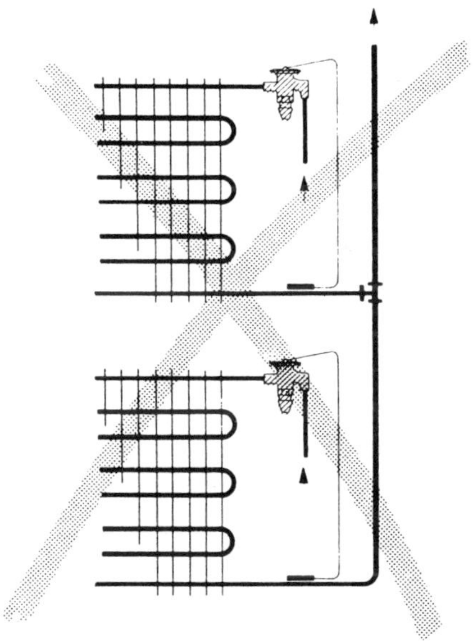

Abb. 2-51: Saugleitung falsch

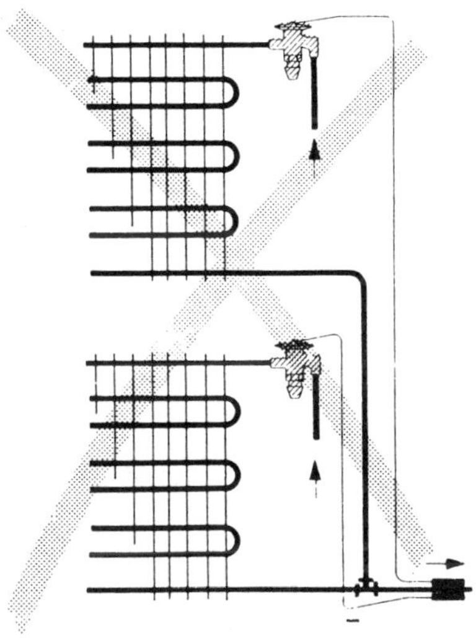

Abb. 2-52: Saugleitung falsch

2.3.2.7 Einstellung von TEV

TEV werden mit einer *erprobten Werkseinstellung* geliefert. Zur ersten Inbetriebnahme sollte deshalb diese Einstellung *nicht* verändert werden.

Werden trotzdem Nachregulierungen erforderlich, sind hierzu Messgeräte zu verwenden. Benötigt wird ein Feinmessmanometer und ein Thermometer.

Bevor eine Verstellung am TEV vorgenommen wird, muss man sich überzeugt haben, dass

- die Kältemittelfüllung der Anlage ausreichend ist,
- das Kältemittel vor dem TEV blasenfrei, d. h. unterkühlt ansteht und
- der Verflüssigungsdruck nicht zu niedrig liegt.
- Lamellenverdampfer dürfen nicht stark bereift sein,
- der Verdampfer sollte nahe seiner Leistungsgrenze belastet sein.

Falls die Anlage nicht mit Schaugläsern (am Kältemittelsammler und in der Kältemittelflüssigkeitsleitung) ausgerüstet ist, muss der Verdichtungsdruck oder besser noch der Verflüssigungsdruck und die Temperatur des Kältemittels vor dem TEV gemessen werden. Hier muss, abhängig von den Aufstellungshöhen der Anlage, eine deutliche Unterkühlung (Sättigungstemperatur des Kältemittels auf dem Manometer minus Kältemitteltemperatur vor dem TEV größer 3 K) messbar sein.

Eine Formel zur Auslegung von TEV sollte auch der Monteur gut kennen:

$\dot{Q}_N = \dot{Q}_O \cdot k\Delta_p \cdot k_t$ in kW

$\dot{Q}_N$ = Nennleistung des TEV, eine konstruktive Größe in kW

$\dot{Q}_O$ = Kälteleistung der Kühlstelle in kW

$k\Delta_p$ = Druck-Korrekturfaktor

k_t = Temperatur-Korrekturfaktor

Δ_P = Differenz von Verflüssigungs- und Verdampfungsdruck

t = Temperatur vor dem TEV in °C (Unterkühlung)

D. h., wenn die Druckdifferenz und die Unterkühlung nicht oder nicht mehr wenigstens annähernd der Auslegung entsprechen, kann die Kälteleistung Qo auch nicht erreicht werden.

Viele Hersteller liefern Lamellenverdampfer mit sogenannten *Schraderventilen* am Saugsammelrohr, sodass ein Feinmessmanometer (z. B. eine *Monteurhilfe*) am Verdampferaustritt angeschlossen werden kann. Zur Temperaturmessung eignen sich in diesem Fall besonders massearme Temperaturfühler, z. B. NiCrNi-Thermoelemente. Das Thermoelement wird einfach an der Saugleitung in der Nähe des Fühlers des TEV mit Klebeband befestigt und etwas einisoliert. Das eigentliche Messgerät kann man im Kühlraum in der warmen Jackentasche behalten und nur zum Messen kurzzeitig den Fühlerstecker mit dem Gerät verbinden. Jede Veränderung der Einstellung darf nur in kleinen Schritten erfolgen. Anleitung des Herstellers beachten!

Ob das TEV pendelt oder stetig regelt, lässt sich meist schon am Manometer erkennen.

Periodisch auftretende Regelschwankungen nennt man *Hunting.* Diese wirken sich in einer abwechselnden Kältemittelüber- oder -unterfüllung des Verdampfers aus. Durch Hunting wird die Kälteleistung der Anlage *immer* ungünstig beeinflusst. Darüber hinaus werden die Verdichter durch eventuelle Kältemittelflüssigkeitsschläge gefährdet.

Hunting hat in der Regel seine Ursache in der konstruktiven Gestaltung des Verdampfers, in der Auswahl sowie der Anordnung des TEV und dessen Fühler.

Erster Abhilfeversuch muss die *Vergrößerung* der eingestellten Überhitzung am TEV sein, auch auf Kosten der Verdampferleistung. Weitere Möglichkeiten sind das Versetzen des Fühlers oder dessen nachträgliche Isolierung.

Auch Kältemitteldampfblasen am Eintritt in das TEV können Ursache von Hunting sein.

Abschließend sei darauf hingewiesen, dass vermeintliche Falscheinstellung vielfach nur

Versagen des TEV wegen Schmutz ist. Peinlich saubere Montage und Filtertrockner vor dem TEV helfen viele Störungen vermeiden.

2.3.2.8 Beispiel

Eine Kühlzelle wird aus dem warmen Zustand von ca. 20 °C Raumtemperatur in Betrieb genommen.

Die Zellentemperatur soll t_z = –18 °C betragen, die Verdampfungstemperatur ist ausgelegt mit t_o = –25 °C (R404A), das TEV besitzt einen MOP bei –10 °C.

Nach dem Einschalten des Verdichters oder nur der Kühlstelle (falls mehrere vorhanden) wird der Verdampfer erst einmal auf p_o = 4,32 bar entsprechend –10 °C für R404A abgesaugt. Am Manometer lesen wir einen Überdruck von ca. 3,32 bar ab.

Jetzt beginnt das TEV zu öffnen und R404A einzuspritzen. Wegen der warmen Zellentemperatur am Anfang des Abkühlens und der unvollständigen Beaufschlagung des Verdampfers (das TEV öffnet wegen des MOP vorerst nur druckabhängig) wird sich eine große Überhitzung einstellen, die jedoch nicht zum völligen Öffnen des TEV führen kann.

Erst wenn sich die Zelle bei dieser intermittierenden Betriebsweise des TEV auf etwa –10 °C abgekühlt hat und damit auch die R404A Temperatur in der Saugleitung –10 °C unterschreitet, kann das TEV normal arbeiten. Die Zellentemperatur wird nun bei vollbeaufschlagtem Verdampfer rasch auf t_z = –18 °C absinken.

Dieses Beispiel zeigt aber auch, dass MOP-Ventile für schnelle Abkühlvorgänge ungeeignet sind (z. B. zum Schockfrosten).

2.3.3 Elektronische Expansionsventile (EEV)

Um den Unterschied zwischen einem TEV und einem EEV besser erklären zu können, sei ein kurzer Ausflug in die Regelungstechnik gestattet.

TEV sind *mechanische Proportionalregler* mit eingebautem Stellglied (Ventil) *ohne Hilfsenergie.* Proportional zum Istwert, also der Differenz zwischen Fühler- und Verdampfungstemperatur, verhält sich die Stellgröße, d. h. die *Öffnungsstellung* des Ventils.

Das bedeutet bei unterschiedlicher Belastung des Verdampfers unterschiedliche Überhitzung und damit bei der gewählten Ventileinstellung Kompromisse zwischen Teillast und Volllast.

EEV benötigen Hilfsenergie. Das eigentliche Expansionsventil mit dem Stellantrieb bildet mit einem elektronischen Regler ein Regelsystem.

Im Gegensatz zum TEV werden Stellglied und Regler getrennt voneinander montiert.

Die Verwendung der Hilfsenergie macht es möglich, regelungstechnisch höhere Ansprüche, nämlich *proportional-integrales* Verhalten, zu realisieren. Das bewirkt, der Regler hält auch bei Teillast den gewählten Sollwert und ermöglicht dadurch eine konstante und kompromisslose Ausnutzung des Verdampfers.

EEV sollen wie TEV bewirken, dass den Verdampfer überhitzter Kältemitteldampf verlässt.

Im EEV werden jedoch nicht Verdampfungsdruck und Temperatur am Austritt des Verdampfers miteinander verglichen, sondern die *Temperatur* des Kältemittels am *Verdampfereintritt* und *-austritt.*

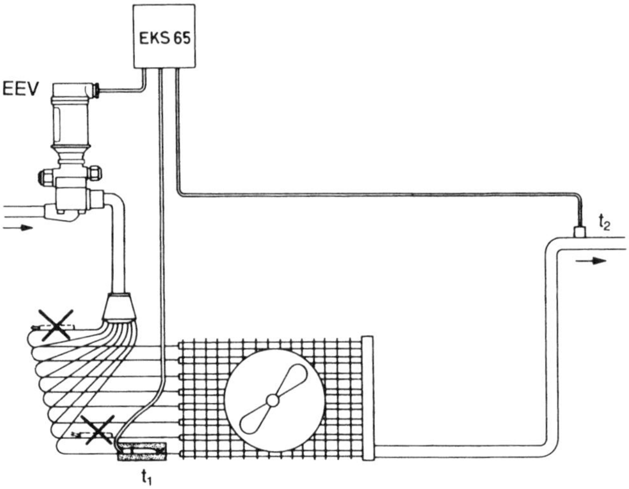

Abb. 2-53: Schematische Darstellung eines elektronischen Expansionsventils mit elektronischem Regler *(Danfoss)*

Der elektronische Regler misst und regelt diese Temperaturdifferenz t_2–t_1. Da der Druckabfall über den Verdampfer bewirkt, dass t_0 immer *kleiner* als t_1 sein muss, ergibt sich für die *tatsächliche Überhitzung* des Kältemitteldampfes immer ein höherer Wert als t_2–t_1. Damit ist gewährleistet, dass bei allen Betriebszuständen überhitzter Kältemitteldampf den Verdampfer verlässt.

Als Vorteile gegenüber dem TEV sind zu sehen:

- Durch die am Regler einstellbaren Regelparameter ist eine gute Anpassung des EEV an den Verdampfer möglich.
- Günstiges Teillastverhalten.
- Das Expansionsventil kann so ausgelegt werden, dass auch Betrieb mit niedrigem Verflüssigungsdruck möglich ist.
- Durch Zwangsansteuerung des EEV kann die Fuktion eines Magnetventils hergestellt werden.
- Der Regler und damit die Einstellbarkeit des EEV kann außerhalb des Kühlraumes platziert sein.
- Das EEV kann in Mikroprozessorsteuerungen eingebunden werden.

2.3.4 Kältemittelstromregler für überflutete Verdampfer

Die in den vorstehenden Abschnitten 2.3.1 bis 2.3.3 besprochenen Kältemittelstromregler sind ausschließlich für sogenannte trockene Verdampfer einsetzbar (s. Abschn. 2.4.2). Zur Regelung der Kältemittelzufuhr bei *überfluteten Verdampfern* (Rohrbündel-Verdampfern) und Umpumpanlagen eignet sich die Überhitzung des abgesaugten Kältemitteldampfs nicht als Regelgröße. Hier wird der *Füllstand* des flüssigen Kältemittels im Verdampfer, im Niederdruckabscheider einer Umpumpanlage oder im Verflüssiger direkt als Regelgröße herangezogen.

2.3.4.1 Schwimmerschalter/Magnetventil

An dem Apparat (Verdampfer, Abscheider, Verflüssiger) wird auf der Höhe des gewünschten Füllstandes ein Schwimmerschalter kommunizierend angeordnet. Ein eingebauter Verdrängerkörper (Schwimmer) wirkt auf ein elektrisches Kontaktsystem.

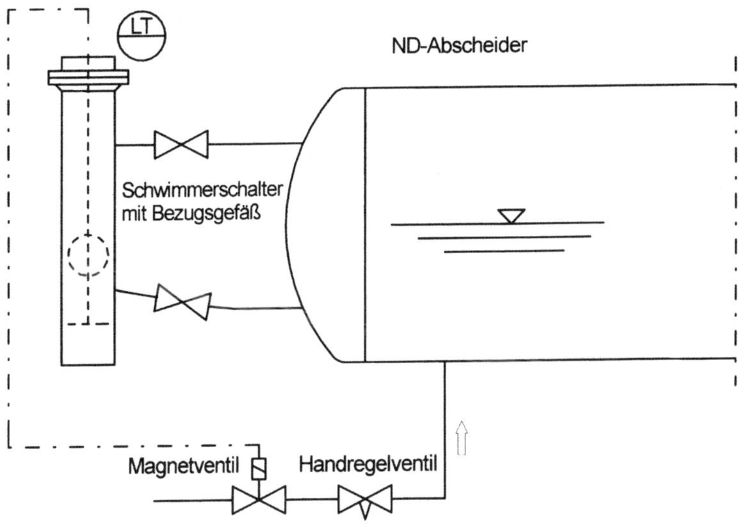

Abb. 2-54: Füllstandsregelung mit Schwimmerschalter und Magnetventil

Die Übertragung des Weges des *Verdrängerkörpers* im Schwimmerschalter auf das elektrische Kontaktsystem ist bei den verschiedenen Herstellern sehr unterschiedlich ausgeführt. Üblich sind mechanische Übertragung mittels Wellrohren, Magnetschalter sowie induktive Sonden (hier taucht ein Metallstab mehr oder weniger tief in eine elektrische Spule ein).

Diese Schwimmerschalter werden auf der Höhe eines vorgegebenen Füllstandes im Apparat fest montiert. Eine nachträgliche Änderung des Füllstandes ist ohne Montagearbeiten nicht oder nur in engen Grenzen möglich, in der Regel aber auch nicht erforderlich.

Mit Hilfe der elektrischen Kontakte wird ein Magnetventil in der Kältemittelflüssigkeitsleitung geöffnet oder geschlossen. Dem Magnetventil wird als Expansionsventil ein Handregelventil nachgeschaltet, mit dem außerdem der Kältemittelstrom der Kälteleistung angepasst wird. Diese Standregelung arbeitet intermittierend. Es ist anzustreben, bei Volllast möglichst lange Öffnungszeiten und kurze Schließzeiten (80 % offen/20 % zu) zu erreichen.

Schwimmerschalter sollten immer am Apparat selbst (oder einem vorgesehenen Bezugsrohr) kommunizierend angeschlossen werden. Der Anschluss an zu- oder abführenden Rohrleitungen führt wegen der Druckunterschiede gegenüber dem Apparat meistens zu Schwierigkeiten. Bereits wenige Millibar Druckunterschied (1 mbar = 10 mm WS!) verfälschen die Füllstandserfassung.

Ebenfalls wird ein falscher Füllstand gemessen, wenn die Schwimmerschalter oder zugeordnete Bezugsrohre verölen können. Dadurch ist die Dichte der Flüssigkeiten im Schwimmerschalter und im Apparat nicht mehr gleich.

Gute Isolierung von Schwimmerschalter und Bezugsrohr verhindern nicht nur rasches Verölen, sondern auch siedendes Kältemittel im Schwimmerschalter mit starker Dampfbildung. Der Rohrleitungswiderstand beim Entweichen dieses Dampfes in den Apparat führt zu einer Standabsenkung im Schwimmerschalter.

Der Vollständigkeit halber sei noch erwähnt, dass bei Großkälteanlagen zur Füllstandsregelung von Verdampfern und Abscheidern auch *stetige Regler* mit Hilfsenergie (elektrisch oder pneumatisch) eingesetzt werden, die in diesem Buch nicht behandelt werden sollen.

2.3.4.2 Schwimmerventile (Schwimmerregler)

Schwimmerventile sind mechanische Regler, die *ohne Hilfsenergie* arbeiten.

Zu unterscheiden sind:
Hochdruck (HD)- und Niederdruck (ND)-Schwimmerventile sowie
direkt- und pilotgesteuerte Schwimmerventile.

HD-Schwimmerventile sind *Ablaufregler,* die z. B. einen Verflüssiger frei von flüssigem Kältemittel halten, sodass ein Kältemittelsammler nicht erforderlich ist. Sie regeln den Kältemittelstand auf der HD-Seite der Anlage.

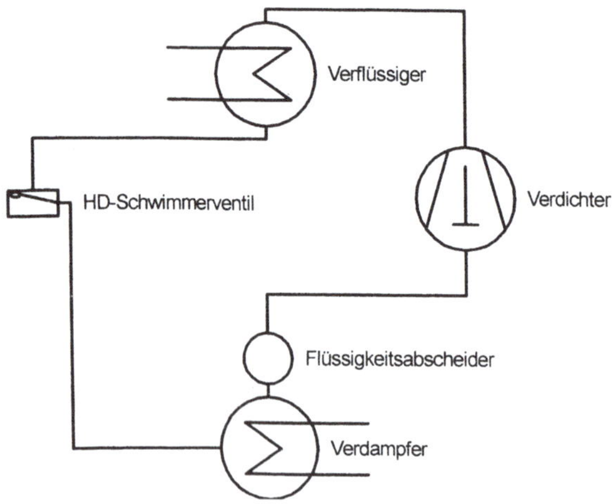

Abb. 2-55:
Schematische Darstellung eines Kältemittelkreislaufes mit HD-Füllstandregelung

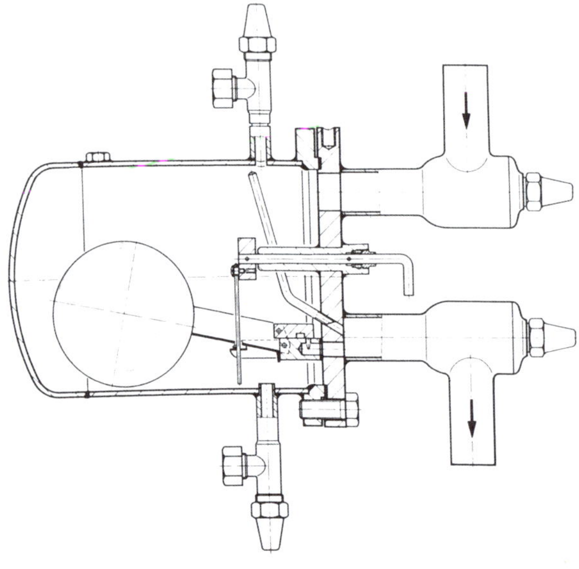

Abb. 2-56:
HD-Schwimmerventil *(Witt)*

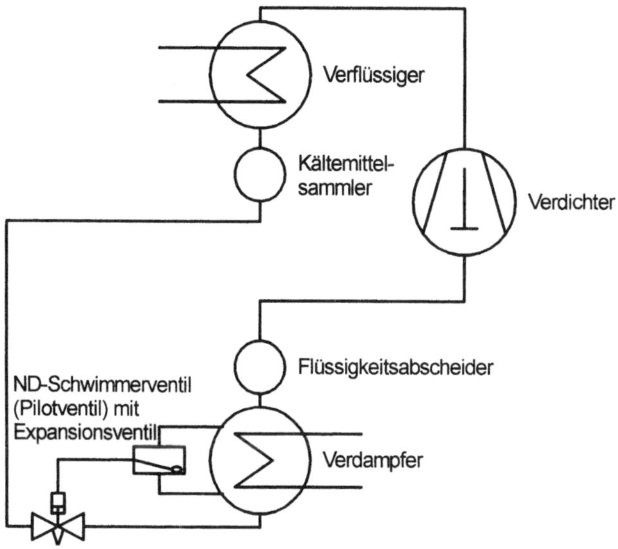

Abb. 2-57: Schematische Darstellung eines Kältemittelkreislaufes mit ND-Füllstandregelung

Das verflüssigte Kältemittel wird im HD-Schwimmerventil sofort auf Verdampfungsdruck entspannt und in den Verdampfer bzw. den ND-Abscheider geleitet. Solche Anlagen müssen mit genau *abgestimmter Kältemittelfüllung* betrieben werden. Diese Art der Standregelung ist nur geeignet für Anlagen mit einem einzigen Verdampfer oder ND-Abscheider bei Umpumpanlagen.

ND-Schwimmerventile sind *Zulaufregler*, sie werden ähnlich wie Schwimmerschalter auf einer gewünschten Höhe kommunizierend am Verdampfer oder ND-Abscheider installiert. Ihr Einsatz setzt einen Kältemittelsammler nach dem Verflüssiger voraus. Unterschiedliche Kältemittelfüllmengen auf der Verdampferseite durch unterschiedliche Belastung werden im Kältemittelsammler ausgeglichen.

Direktgesteuerte Schwimmerventile sind durch Schwimmerschalter mit Magnetventil praktisch verdrängt worden, auf ihre Eigenheiten wird deshalb nicht eingegangen.

Abb. 2-57 zeigt ein pilotgesteuertes Schwimmerventil, das modulierend arbeitet und deshalb dort vorteilhaft ist, wo die Einhaltung eines konstanten Saugdruck verlangt wird.

An einen Kältemittelkreislauf können beliebig viele Verdampfer mit Zulaufregelung (TEV, EEV, Schwimmerschalter mit Magnetventil und ND-Schwimmerventil) angeschlossen werden.

2.4 Verdampfer

Der Verdampfer ist dasjenige Hauptteil (siehe 1.9.1) der Kälteanlage, mit dessen Hilfe einem Stoff Wärme entzogen wird, wobei dieser sich abkühlt.

Man unterscheidet vier grundsätzliche Anwendungsformen für Verdampfer, und zwar

- zum Kühlen von Luft (meist Umgebungsluft),
- zum Kühlen von Flüssigkeiten,
- zum Kühlen von Druckgasen sowie
- zum Verflüssigen oder Teilverflüssigen von Dämpfen.

Mit den beiden ersten Anwendungsformen wollen wir uns befassen.

2.4.1 Verdampfer zur Luftkühlung

Verdampfer, meist *Lamellenverdampfer,* zur Kühlung von Luft werden gern als Luftkühler bezeichnet, obwohl dieser Ausdruck nicht eindeutig ist. Auch sole- und kaltwasserbeschickte Lamellensysteme können Luftkühler sein.

2.4.1.1 Entwicklung der Lamellenverdampfer zur Luftkühlung

Es begann mit Rohrschlangensystemen an Decken und Wänden, durch die Kältemittel, damals noch meist Ammoniak, zirkulierte und dabei eine natürliche Luftbewegung im Kühlraum erzeugte. Die an die Rohre gelangende Luft kühlte sich ab, fiel nach unten, und die Warmluft stieg hoch. Wir haben schon in unserem theoretischen Teil von *Konvektion* (siehe 1.5.3) gehört, mit der wir es hier zu tun haben. Es wurden Glattrohre bevorzugt, weil man den sich an diesen Rohren ansetzenden Reif einfach abkehren oder, wie es in Brauereien üblich war, mit dem Wasserschlauch abspritzen konnte.

Große Rippenrohrsysteme eines Zentral-Luftkühlers wurden zum Abtauen mit einer oberhalb des Verdampfers liegenden Wasserbrause ausgerüstet. (Rückläufiges Gefälle und Ablassventil außerhalb des Kühlraums, um Einfrieren beim Wiederanfahren zu vermeiden!) Solche Luftkühler wurden bis in die 80iger Jahre gebaut.

Während der Verdampfer in einer besonders isolierten Kammer aufgestellt wurde, sorgten Ventilatoren für Luftumwälzung durch Kanäle, die im Kühlraum angeordnet und mit

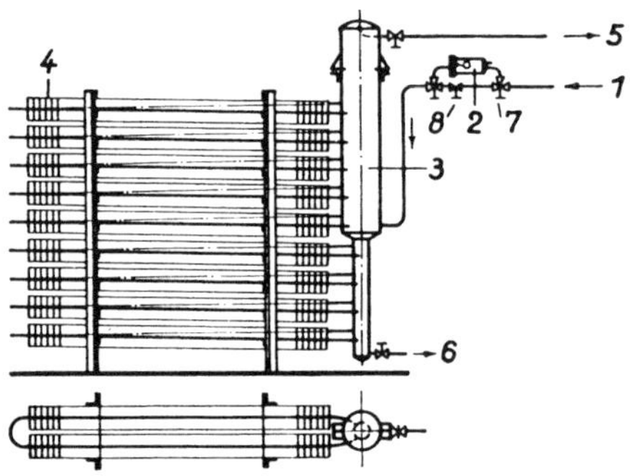

1 Eintritt Kältemittel flüssig,
2 automatischer Schwimmerregler,
3 Flüssigkeit-Sammler und -Abscheider,
4 Rippenrohre, Kernrohr 38 × 3,5 mm,
5 Austritt Kältemitteldampf,
6 Ölablass,
7 Wechselventil,
8 Hand-Regelventil.

Abb. 2-58: Rippenrohr-Verdampfer für überfluteten Betrieb

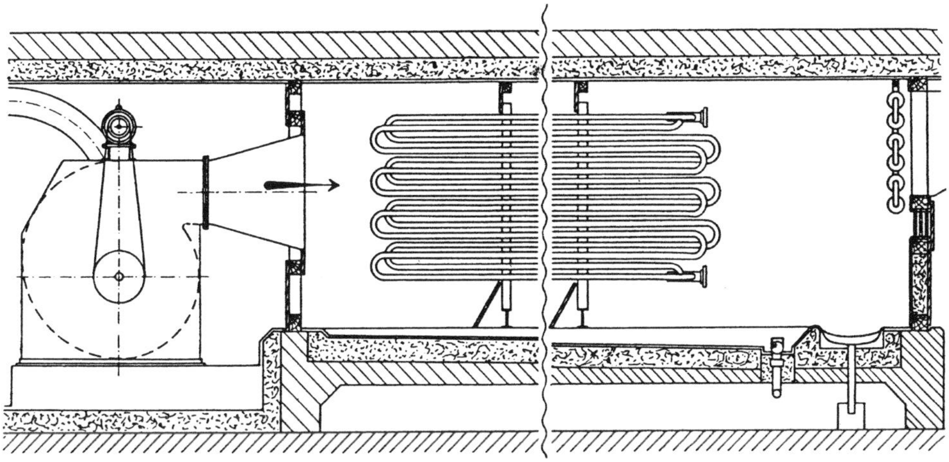

Abb. 2-59: Zentralluftkühler in einem Schlachthof

dem Verdampferraum in Verbindung standen. Solche Anlagen befanden sich meist in Schlachthöfen und großen Kühlhäusern.

Die Verdampfer solcher Anlagen wurden durch Hand-Regelventile oder Schwimmerventile mit Kältemittel beschickt und arbeiteten *überflutet,* d. h., unverdampfte Flüssigkeit wird in den Abscheider des Verdampfers zurückgeführt, während der Dampf an der höchsten Stelle des Abscheiders vom Verdichter abgesaugt wird.

Mit der Weiterentwicklung der Kältetechnik und der Einführung der TEV entstand ein neuer Verdampfertyp, *Hochleistungsverdampfer* genannt (es handelt sich um Lamellenverdampfer), in denen zum Unterschied zu überfluteten Verdampfern ein *trockener* Verdampfungsprozess stattfand. Diese Bauart besteht aus einem eng berippten Rohrpaket, durch das ein relativ starker Ventilator die Kühlraumluft hindurchbläst oder saugt. Diese Verdampferbauform hat sich im Laufe der Zeit nur unwesentlich verändert und wird heute in verschiedensten Größen und Ausführungsformen hergestellt und betrieben. Der Kältemitteleintritt über ein TEV findet meist oben statt und der Austritt liegt zwar unten, doch sollte die daran angeschlossene Saugleitung mindestens wieder bis zur Höhe des Verdampfereintritts geführt werden.

Bei größeren Verdampfern wird zur Verringerung des inneren Rohrwiderstandes eine

Abb. 2-60:
Lamellenluftkühler *(Güntner)*

Abb. 2-61: Lamellenluftkühler *(Güntner)*

Unterteilung des Rohrpaketes vorgenommen, das dann aber die Verwendung von *Mehrfach-Einspritzung* erforderlich macht (siehe 2.3.2.5). Es kommt dabei sehr auf die Durchströmungs-Richtung der Luft durch den Verdampfer an, um dessen optimale Nutzung und die günstigste Regelung durch das TEV zu erzielen. Die technisch möglichen Konzeptionen modernen Verdampferbaus sind im „Lehrbuch der Kältetechnik" ausführlich beschrieben [10].

2.4.1.2 Funktion eines Luftkühlers mit Lamellenverdampfer

Betrachten wir den Luftkühler in einem Kühlraum, dessen Temperatur über einen Thermostaten zwischen t_R = +2 °C und +5 °C geregelt werden soll.

Als Kältemittel wird R134A verwendet, die Verdampfungstemperatur beträgt t_0 = –8 °C, der Verdampfungsdruck also p_0 = 2,17 bar.

Der zugehörige Kältesatz ist mit einem Saugdruckschalter ausgerüstet, der den Verdichter bei p = 2,1 bar abschaltet.

Funktion und Einstellung des TEV haben wir bereits behandelt. Darüber hinaus hängt die Funktionstüchtigkeit eines Luftkühlers nur noch vom Zustand seiner *Bereifung* ab.

Luftkühler, deren Verdampfungstemperatur unter t_0 = –3/–4 °C liegt, bereifen mehr oder weniger.

Zurück zu unserem Beispiel. Der Verdichter wurde abgeschaltet, der Ventilator des Luftkühlers dagegen läuft weiter und drückt oder saugt Kühlraumluft von +2 °C über das Lamellenpaket. Die verhältnismäßig warme Kühlraumluft wird den Druck im Verdampfer rasch ansteigen lassen. Sobald der Verdampferdruck auf etwa 2,9 bar (t_0 = > 0 °C) angestiegen ist, beginnt die Bereifung abzutauen. Das Tauwasser läuft in die Tropfschale ab. Da die Kühlraumtemperatur im Steigen begriffen ist, wird sich dieser Vorgang beschleunigen. Der Ventilator muss so lange laufen, bis der Verdampfer völlig abgetaut ist. Der sich dabei einstellende Druck im Verdampfer und damit der obere Schaltpunkt unseres Saugdruckschalters zum Abschalten des Ventilators muss bei der Inbetriebnahme gefunden werden.

Die kleinste Raumtemperaturdifferenz bei dieser Art der Abtauung beträgt 2 K, d. h. frühestens bei +4 °C Raumtemperatur darf wieder gekühlt werden.

Unvollständiges Abtauen des Verdampfers führt unweigerlich zu Betriebsstörungen.

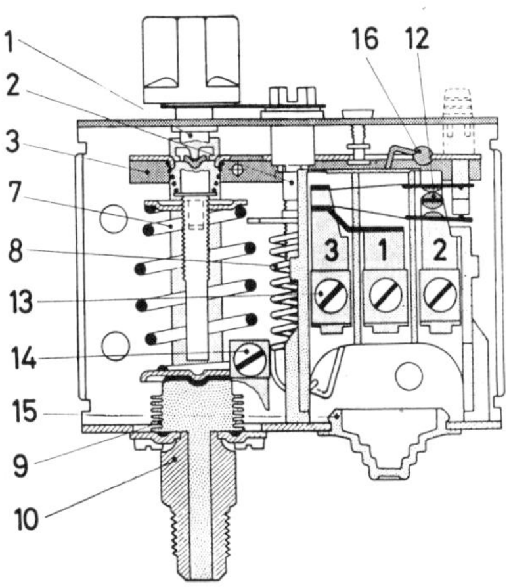

Abb. 2-62: Saugdruckschalter: 1 Niederdruckeinstellspindel, 2 Differenzeinstellspindel, 3 Haupthebel, 7 Hauptfeder, 8 Differenzfeder, 9 Wellrohr, 10 Anschlussstutzen, 12 Kontaktsystem, 13 Anschlussklemmen, 14 Erdungsklemme, 15 Kabeldurchführung, 16 Wippe (Tumbler) *(Danfoss)*

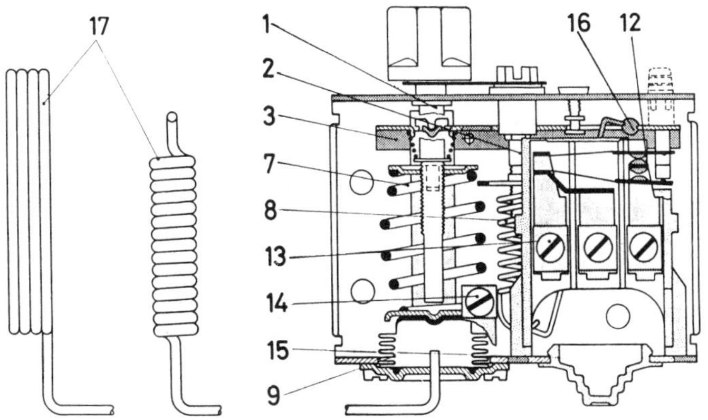

Abb. 2-63: Raumthermostat: 1 Niederdruckeinstellspindel, 2 Differenzeinstellspindel, 3 Haupthebel, 7 Hauptfeder, 8 Differenzfeder, 9 Wellrohr, 10 Anschlussstutzen, 12 Kontaktsystem, 13 Anschlussklemmen, 14 Erdungsklemme, 15 Kabeldurchführung, 16 Wippe (Tumbler), 17 Fühler *(Danfoss)*

Wird der Kältesatz vom Raumthermostaten wieder eingeschaltet, bevor der Verdampfer völlig reiffrei ist, so friert, besonders im unteren Teil des Verdampfers, der durch Tauwasser verdichtete Reif, der sich in einem Zustand ähnlich wie Schneematsch befindet, wieder an. Es tritt eine *Vergletscherung* des Verdampfers ein. Dort, wo Eisansatz vorhanden ist, kommt keine Luft mehr an Lamellen und Rohre, sodass die Vergletscherung bis zur totalen Vereisung des Verdampfers anwächst. Der nun ständig laufende Ventilator bläst schließlich nur noch einen Eisblock an, und die Raumtemperatur von +2 °C wird nicht mehr erreicht.

Ursachen für diese Erscheinung könnten sein:

- Raumthermostat verstellt oder defekt, der Verdichter schaltet zu frühzeitig wieder ein.
- Saugdruckschalter defekt, Ventilator schaltet bei zu niedrigem Druck ab.
- Kühlraumtüren standen zu lange offen, hierfür wurde die Einstellung der Regelschalter nicht vorgenommen.

Kältemittelmangel oder defektes TEV scheiden als Ursachen aus. Beides würde zu niedrigen Saugdruck bewirken, steigende Kühlraumtemperatur aber keine Verdampfervereisung.

2.4.1.3 Grundsätzliches zum Abtauen von Lamellenluftkühlern

Trifft auf Oberflächen mit einer Temperatur unter dem Gefrierpunkt feuchte Luft, so bildet sich darauf Reif.

Die Oberflächentemperaturen der Lamellen von Verdampfern und Wärmeaustauschern in Kühlräumen und Kühlmöbeln liegen bei etwa –10 °C im Normalkühlbereich und bei etwa –35 °C im Tiefkühlbereich. In diesen Temperaturbereichen bildet sich auf den Lamellen Reifansatz, der von Zeit zu Zeit abgetaut werden muss, soll die Kühlung nicht beeinträchtigt werden.

Die einfachste Form des Abtauens, ohne zusätzliche Heizung, wurde vorstehend beschrieben.

Eine Reihe von Abtauverfahren werden genutzt.

- Abtauen mit Umluft ohne zusätzliche Heizung. Die Temperatur der Umluft muss hierbei > +5 °C betragen.
- Abtauen mit Hilfe elektrischer Heizungen, welche die Umluft am Eintritt in den Verdampfer bis auf etwa +30 °C erwärmen.
- Abtauen mit Hilfe elektrischer Heizungen, die im Verdampferpaket angeordnet sind. Hierbei wird die Umluft abgeschaltet.
- Abtauen mit Hilfe von Kältemitteldruckgas.
- Abtauen mit Hilfe von erwärmten Wärmeträger (Warmsoleabtauung)

Bei den ersten drei Verfahren wird die Wärme zum Abtauen von außen zugeführt. Das bringt einige Verluste mit sich und das Abtauen dauert etwa eine Stunde.

Das 1. Verfahren kann nur in Kühlräumen und bei Kühltheken und -regalen bis zu Raumtemperaturen von +5 °C angewandt werden. Das 2. Verfahren ist ausschließlich bei offenen Kühlmöbeln, d. h. Kühltheken -regalen und -truhen, im NK- und TK-Bereich üblich.

Das 3. Verfahren wird bei Lamellenluftkühlern in Kühlräumen bei einer Kühlraumtemperatur niedriger +5°C und bei geschlossenen TK-Möbeln (TK-Schränke und TK-Inseln und -truhen mit Glasschiebedeckeln) eingesetzt, bei denen die erwärmte Umluft nicht ins Freie gelangen kann.

Bei den letzten beiden Verfahren wird die zum Abtauen erforderliche Wärme von innen zugeführt. Das ist sehr verlustarm und dauert nur etwa 15 Minuten. Die Umluftventilatoren werden während des Abtauens abgeschaltet.

Wie häufig abgetaut werden muss, ist von der Bauart und den Einsatzbedingungen der Verdampfer sowie der Art des Abtauverfahrens abhängig. Das Abtauen mit Druckgas oder Warmsole ist gründlicher als mit elektrischer Heizung und ermöglicht dadurch längere Betriebszeiten zwischen den Abtauphasen.

Der Beginn des Abtauens wird in der Regel von einer Abtauschaltuhr eingeleitet. Diese Abtauschaltuhr muss kein externes Gerät sein. Häufig ist sie Bestandteil eines Anlagenrechners oder elektronischen Reglers.

Das Ende des Abtauens bestimmt ein Thermostat (gegen Fühlerbruch durch einen Klixon überwacht) oder der/die Temperaturfühler des elektronischen Reglers. Eine zusätzliche Zeitüberwachung verhindert im Störungsfall die unzulässige Erwärmung des Kühlraums oder Kühlmöbels.

Die Tauwasserableitung aus einer Tropfwasserwanne erfolgt über Siphone in das allgemeine Abwassersystem.

2.4.1.4 Abtauen durch elektrische Heizung

Lamellenverdampfer in Kühlräumen und Kühlmöbeln zur Kühlung von Luft unter etwa +1 °C können nicht mehr ohne zusätzliche Beheizung abgetaut werden.

Neben der später beschriebenen Heißgasabtauung ist das *Abtauen* vereister Verdampfer durch *elektrische Beheizung* heute das am meisten angewandte Abtau-Verfahren. Es lässt sich zur automatischen Steuerung jedem Betriebsfall anpassen und ist leicht bei allen Arten von Verdampfern anwendbar.

Die Heizelemente aus Heizkabeln, die in Kupfer-, Messing-, aluminierten Stahlrohren oder Chromnickelrohren eingebettet sind, werden meist parallel zu den Verdampferrohren in die Verdampferlamellen eingeschoben und sollen einen möglichst geringen Abstand zueinander haben. In offenen Kühlmöbeln baut man die Abtauheizung an der Lufteintrittsseite vor den Lamellenverdampfer. In Tiefkühlräumen und TK- Möbeln müssen außerdem die Tropfschalen der Verdampfer mit Heizkabeln ausgelegt werden. Biegsamen Kabel als Heizelemente werden tief in die Tauwasser-Ableitungsrohre hineingeschoben, um diese bis über die Raumisolierung hinaus frostfrei zu halten. Alles wird so angeordnet und befestigt, dass Heizkabel auch während des Betriebes einer Anlage (natürlich nicht bei Kühlmöbeln) ausgewechselt werden können.

Wie bereits erwähnt, werden elektrische *Abtauheizungen* durch eine *Schaltuhr* eingeschaltet, und der Abtauvorgang wird durch einen Abtauthermostaten beendet.

Der Fühler des Abtauthermostaten wird zwischen den Verdampferlamellen befestigt, oder es wird ein fest eingestellter Thermostat direkt auf eine Lamelle aufgeschraubt. Ist die Temperatur der Lamellen auf etwa +5 °C angestiegen, wird die Abtauheizung abgeschaltet.

Mit der Abtauuhr wird dieser Vorgang überwacht. Schaltet der Thermostat nicht nach einer eingestellten Zeit, dann wird der Abtauvorgang zwangsweise abgebrochen.

Es ist wichtig, den Abtauvorgang und den *Abtauerfolg* bei der Inbetriebnahme und bei Wartungen zu kontrollieren. Die Abtauzeit soll aus energetischen Gründen so kurz wie möglich sein, andererseits dürfen keine Eisreste verbleiben. Diese sind der Beginn von Vergletscherungen mit den im vorstehenden Abschnitt beschriebenen Betriebsstörungen.

Bei Kälteanlagen mit mehreren Kühlstellen werden immer häufiger *elektronische Steuergeräte*, z. B. Anlagenrechner eingesetzt, die nicht nur die Abtauung steuern und überwachen, sondern noch weitere Funktionen wie Temperaturregelung usw. übernehmen. Diese Steuergeräte verfügen teilweise auch über Schnittstellen für Datenfernübertragung, z. B. über das Telefonnetz.

Mit Hilfe von Anlagenrechnern lässt sich auch sogenannte *Bedarfsabtauung* mit einigem Erfolg realisieren. Es muss grundsätzlich das Bestreben sein, die zum Abtauen erforderliche elektrische Energie aus Kosten- und Umweltgründen gering zu halten.

Die zum Abtauen erforderliche elektrische Leistung soll an Hand eines Deckenverdampfers aufgezeigt werden.

Der Verdampfer ist ausgelegt (gemäß Katalog) für:

Kältemittel	R404A
Verdampfungstemperatur	$t_0 = -30\ °C$
Raumtemperatur	$t_R = -20\ °C$
Verdampferleistung	$\dot{Q}_0 = 27\,250\ kJ/h = 7570\ W$

Als Abtauheizungen sind eingebaut:

Heizhaarnadeln in den Lamellen	$\dot{Q}_{H1} =$	$3 \cdot 870 = 2610\ W$
in der Tropfwanne	$\dot{Q}_{H2} =$	$+\ 960\ W$
	$\dot{Q}_H =$	$3570\ W$

Die Kühlfläche des Verdampfers beträgt A = 48 m².

Abb. 2-64:
Lamellen-System-Verdampfer 1100 m² und Anordnung der Elektro-Heizstäbe im Verdampfer (Skizze unten)

Kühlfläche 1100² 20 Rohre über- und 32 Rohre nebeneinander
3,4 m beflosste Länge

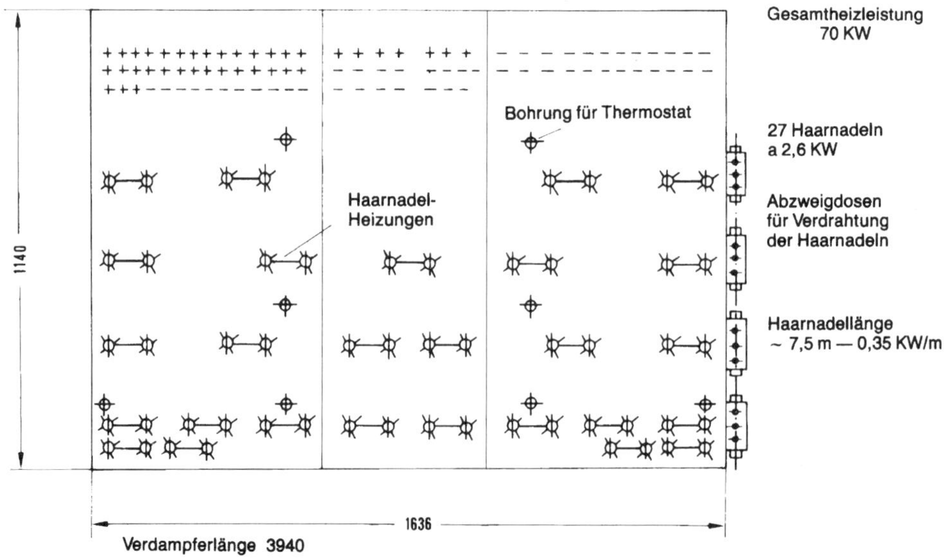

Daraus ergibt sich eine *spezifische installierte Heizleistung*

$$\frac{Q_{H1}}{A} = \frac{2610}{48} = 55 \text{ W/m}^2$$

Im allgemeinen wird mit 50 bis 70 W/m² gerechnet.

Weiter folgt ein Beispiel aus dem modernen Großverdampferbau, für einen Verdampfer mit einer Fläche A = ca. 1100 m² und einer Verdampfungstemperatur von etwa t_0 = –30 °C (s. Abb. 2-64). Im Luftkühler (5 Lagen Verdampferpakete übereinander) sind 27 Heizhaarnadeln aus Chromnickelstahlrohr nach einem bestimmten System, das optimale Abtauung in kürzestmöglicher Zeit gewährleistet, eingebaut. Jede Heizhaarnadel hat ca. 7,5 m beheizte Länge und eine Heizleistung von 2,6 kW, d. h. je Meter ca. 350 W. Auf einen Quadratmeter Kühlerfläche entfällt somit bei der Gesamtheizleistung aller Heizhaarnadeln $\dot{Q}_H$ = 70,2 kW für die Lamellenabtauung

$$\frac{Q_H}{A} = \frac{70200}{1100} = 64 \text{ W/m}^2$$

Die Bodenwanne zur Aufnahme des Tauwassers ist mit 9 kW Heizleistung versehen. Bei ca. 8,5 m² Bodenfläche demnach ca. 1000 Watt pro m². Zur Einleitung des Abtauvorganges werden mittels der angebauten Stellmotoren die Lufteintrittsklappen zugefahren (Abb. 2-64). Auch hierbei wird der Abtauvorgang über Schaltuhren und Thermostaten gesteuert, wobei im vorliegenden Falle der Abtauprozess von 8 Thermostaten überwacht bzw. geschaltet wird.

Die 3 Ventilatoren mit je 7,5 kW = 22,5 kW sind beim Abtauvorgang selbstverständlich ausgeschaltet. Nach Abtauen des Verdampfers und Öffnung der Luken wird zuerst der Kältemittelzufuhr wieder in Betrieb genommen, und danach werden die Ventilatoren wieder eingeschaltet.

In neuen Konstruktionen von Großluftkühlern werden die Lamellenverdampfer sowie die Luftein- und -austrittsöffnungen so angeordnet, dass auf motorbewegte Klappen verzichtet werden kann.

2.4.1.5 Heißgasabtauung

Heißgasabtauung müsste eigentlich Abtauen mit Kältemitteldruckdampf genannt werden. Aber dieser Begriff hat sich so eingebürgert, dass wir ihn auch hier verwenden wollen.

Bei jeder Variante der *Heißgasabtauung* wird der Verdampfer, im Gegensatz zur elektrischen Abtauung, von *innen* auf eine Temperatur über 0 °C erwärmt.

Dazu wird der überhitzte Kältemitteldruckdampf aus der Verdichterdruckleitung in den Verdampfer geleitet. Bei Anlagen mit Wärmerückgewinnung wird enthitzter Druckdampf zum Abtauen verwendet, für einige Anwendungsfälle wird gezielt enthitzter Druckdampf dem Kältemittelsammler entnommen. Hier spricht man auch von *Kaltgasabtauung.*

Solange die Verdampferrohre und Lamellen bereift sind, wird an den Innenoberflächen der Verdampferrohre immer Kältemittel kondensieren, sofern der Druck im Verdampfer über dem Sättigungsdruck des betreffenden Kältemittels bei 0 °C liegt. Dafür muss bei der Auslegung der Anlage gesorgt werden.

Angewendet wird die Heißgasabtauung bei allen Kälteanlagen und Kältesätzen zur Kühlung von Luft.

Angefangen von Kältesätzen zur LKW-Kühlung, wo mittels spezieller automatischer Ventile zum Abtauen Verdampfer und Verflüssiger ihre Funktion wechseln, über Lamellenverdampfer in Kühlmöbeln bis hin zu Kälteanlagen in Kühlhäusern und Wärmepumpen.

Das wesentlichste Anwendungsgebiet ist derzeit in der Bundesrepublik jedoch sicherlich die Kälteanlage im Kühlhaus. Die Vielzahl der Verdampfer in Kühlhäusern, verbunden mit den zentralen Kälteanlagen – welcher Bauart auch immer –, macht die Heißgasabtauung interessant, sowohl für Anlagen mit TEV-Betrieb als auch für Umpumpanlagen.

Heißgasabtauung bei Kälteanlagen in Supermärkten – d. h. zum Abtauen der Kühlmöbelverdampfer – wurde in der Vergangenheit in Deutschland (anders als in den USA) selten ausgeführt. Der Grund hierfür waren zum einen verfahrenstechnische Bedenken und zum anderen die höheren Montagekosten verglichen mit dem elektrischen Abtauverfahren.

Das hat sich geändert. Einige Kälteanlagenbauer haben sich intensiver mit der Heißgasabtauung befasst und sind zu guten Ergebnissen gekommen. Dazu haben eine Reihe von Punkten beigetragen:

- Durch den Einsatz der chlorfreien Kältemittel (z. B. R404A, R407C, R507 usw.) sind die Endtemperaturen bei der Verdichtung im Vergleich zu den FCKW beachtlich gesunken. Dadurch kann die aufwendige Erzeugung von *Kaltgas* (Sammlergas) entfallen.
- NK- und TK-Verbundkältesätze werden auf *einen* Verflüssiger geschaltet wie bei sogenannten Satellit-Kälteanlagen. Diese Schaltung macht eine Reihe von Vereinfachungen möglich: In der Anlage gibt es nur noch *eine* Druckleitung und *eine* Kondensatleitung. In den einzelnen Kreisläufen – Tiefkühlung (TK) und Normalkühlung (NK) – können sämtliche Verdampfer gleichzeitig abgetaut werden. Die TK-Verdampfer werden mit Hilfe der NK-Verdichter abgetaut und umgekehrt. Dadurch entfallen die automatischen Ventile (Magnetventile oder Hauptventile) an den einzelnen Verdampfern bzw. Verdampfergruppen.
  Das Heißgas zum Abtauen wird über die gemeinsame Saugleitung des jeweiligen Kreislaufs eingeleitet. Es wird also nur *ein* automatisches Ventil in der Saugleitung und *eines* in der Verbindungsleitung zwischen gemeinsamer Druckleitung und Saugleitung (anstatt der Vielzahl an jedem Verdampfer bzw. jeder Verdampfergruppe) benötigt. Diese Ventile können bereits werksseitig an den Verbundkältesätzen montiert werden.

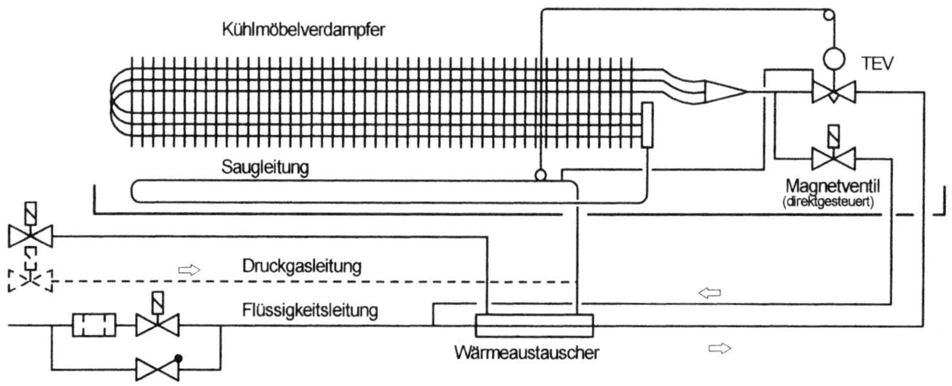

Abb. 2-65: Druckgasabtauung bei Kühlmöbeln

Die zusätzliche Druckgasleitung zu den einzelnen Verdampfern bzw. Verdampfergruppen entfällt.
Die Kosten der Rohrleitungsmontage konnten dadurch beachtlich reduziert werden.

- Die elektrischen Abtauheizungen – einschließlich der Schütze, Sicherungen und Kabel – entfallen. Die Kühlmöbel werden bereits werksseitig für dieses Abtauverfahren ausgerüstet. Der sogenannte *elektrische Anschlusswert* des Marktes sinkt beachtlich.
- Bei diesem Abtauverfahren werden grundsätzlich die Verdampferventilatoren abgeschaltet, und der Abtauvorgang kann bereits bei maximal $t = 15$ °C Oberflächentemperatur der Verdampfer beendet werden. Das hat erheblich geringere Temperaturen während des Abtauens in den Zu- und Rückluftkanälen der Kühlmöbel zur Folge und damit eine geringere Erwärmung der in den Kühlmöbeln eingelagerten Ware. Erfahrungen ergaben, dass die Abtauzyklen sowohl der TK- als auch der NK-Möbel verlängert werden konnten. Es muss nur seltener abgetaut werden.
  Dieses *warenschonende* Abtauen kommt u. a. der Einführung des HACCP-Konzeptes (*Hazard Analysis Critical Control Points*, auf deutsch: *Gefahrenanalyse und kritische Kontrollpunkte*) für gekühlte und tiefgefrorene Lebensmittel und den Forderungen der Kontrollbehörden entgegen.

Abb. 2-65 zeigt die Verrohrung an einem Kühlmöbelverdampfer. Die gestrichelt gezeichnete Druckgasleitung wird nur bei getrennten Temperaturbereichen (NK und TK) der Kälteanlage benötigt.

Die inzwischen ausgeführten Schaltungen und eingesetzten Armaturen zur Heißgasabtauung sind so mannigfaltig, dass hier nur einige Beispiele vorgestellt werden können.

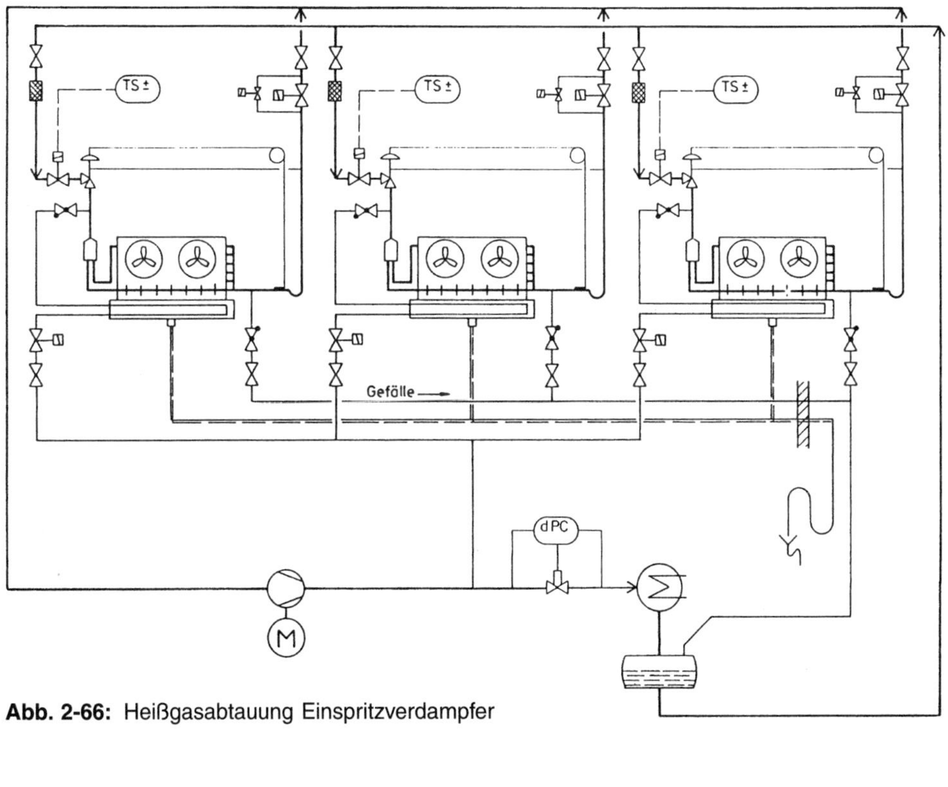

Abb. 2-66: Heißgasabtauung Einspritzverdampfer

Abb. 2-66 zeigt eine Schaltung zum Abtauen von Lamellenverdampfern mit TEV. Abgetaut wird stets nur einer der drei Verdampfer. Dazu schließen zuerst die Magnetventile in der Flüssigkeits- und in der Saugleitung. Danach öffnet das Magnetventil in der Druckdampfleitung. Das Heißgas strömt zuerst durch die Heizschlangen der Tropfschale und wird dann in die Einspritzleitung zwischen TEV und Verteiler eingeleitet.

Am Austritt des Verdampfers wird das entstandene Kältemittelkondensat an der tiefsten Stelle entnommen und dem Sammler zugeführt. Die erforderliche Druckdifferenz wird durch einen Druckdifferenzregler in der Druckleitung vor dem Verflüssiger geschaffen. Dadurch wird der Heißgasdruck gegenüber dem Druck im Sammler etwas angehoben.

Andere Systeme speisen das Heißgas auf der Verdampferaustrittseite ein und führen das Kältemittelkondensat zwischen Verteiler und TEV ab.

Die jeweils vorteilhafteste Lösung hängt von der Verdampferbauart, der Aufstellung der Verdampfer, den eingesetzten Verteilern u. ä. ab.

Kälteanlagen in Kühlhäusern, die als Umpumpanlagen ausgeführt sind, werden praktisch nur noch mit Heißgasabtauung gebaut. Da sich in der Saugleitung von Verdampfer zum ND-Abscheider ohnehin ca. 70 Gew.% (nicht Volumen!) Kältemittel in flüssiger Form befindet, ist die Ableitung des beim Abtauen angefallenen Kältemittelkondensates unproblematisch.

Abb. 2-67 zeigt eine Abtauschaltung für Umpumpanlagen. Das Kältemittelkondensat wird einfach über ein einstellbares, federbelastetes Druckdifferenzventil in die gemeinsame Saugleitung zum ND-Abscheider geleitet.

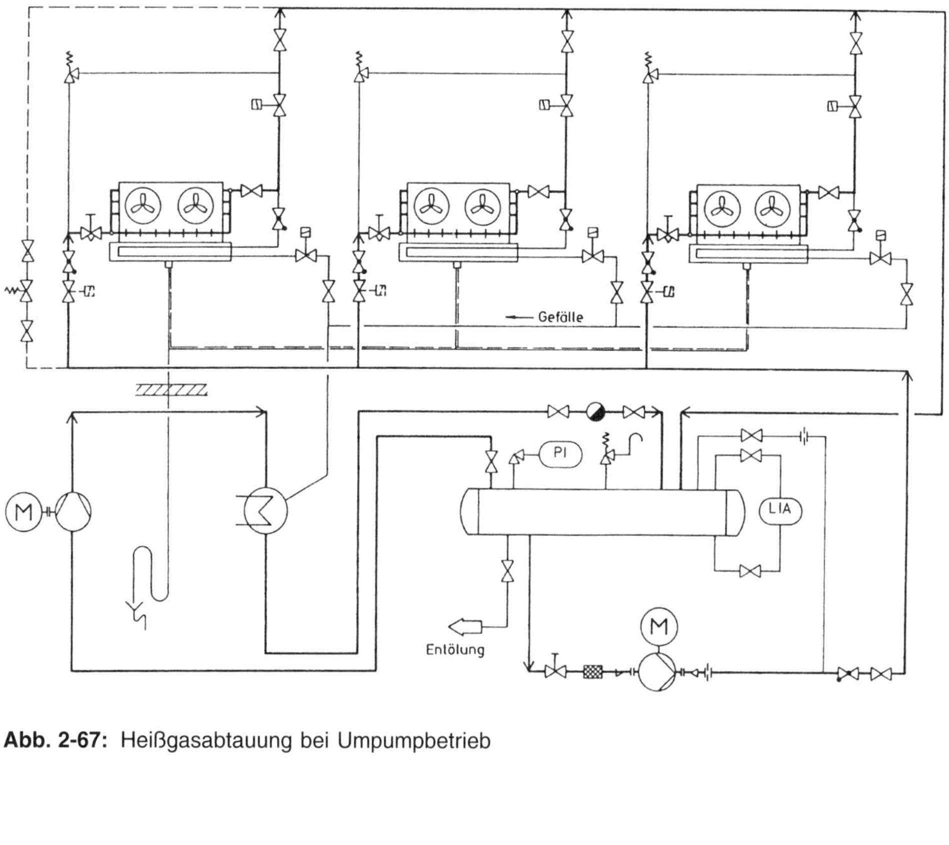

Abb. 2-67: Heißgasabtauung bei Umpumpbetrieb

Die *Steuerung der Heißgasabtauung* von Kältemittelkreisläufen für Tiefkühlung (ohne Zusammenschluss mit einem NK-Kreislauf.) unterscheidet sich praktisch nicht von der für elektrische Abtauung. Die Abtaueinleitung und -abschaltung erfolgt bei Kälteanlagen über eine Zeitschaltuhr, bei Wärmepumpen vielfach über eine Einrichtung zur Bedarfsabtauung.

Die Reihenfolge, in der die Magnetventile in der Saug- und Flüssigkeitsleitung schließen und öffnen, ist die gleiche wie bei Verdampfern mit elektrischer Abtauung. Anstatt der Elektroheizung wird das Magnetventil in der Heißgasleitung angesteuert.

Bei Heißgasabtauung in Kälteanlagen der Supermärkte mit zusammengeschalteten NK- und TK- Kreislauf ist die Steuerung komplizierter. Die Steuerung lässt sich mit Hilfe von Mehrkanal- Schaltuhren vornehmen, meist werden allerdings kleine speicherprogrammierbare Steuerungen (Mini-SPS) verwendet.

Nur müssen die Verdampfer in Kühlhäusern, wie leicht einzusehen ist, seltener abgetaut werden als die in Kühlmöbeln, da in Tiefkühlräume wesentlich weniger Frischluft und damit Feuchtigkeit eingetragen wird.

2.4.2 Verdampfer für Flüssigkeitskühlung

Als Verdampfer zur Kühlung von Flüssigkeiten – hauptsächlich Wasser oder Sole, in der Kältetechnik *Wärmeträger* genannt – werden überwiegend Rohrbündelverdampfer eingesetzt.

Rohrbündelverdampfer bestehen aus mehreren, als Bündel innerhalb eines Mantels angeordneten Rohren, die an ihren beiden Enden in einem Rohrboden münden. Die Rohrböden sind mit Umlenkkappen verschlossen, an denen sich die Ein- und Austrittsstutzen des Rohrraums befinden.

Rohrbündelverdampfer werden als *trockene* und als *überflutete* Verdampfer gebaut.

Beim trockenen Verdampfer befindet sich das siedende Kältemittel in den Rohren und die zu kühlende Flüssigkeit, der Wärmeträger, im Mantelraum.

Die Regelung der Kältemittelzufuhr erfolgt durch TEV oder EEV. Diese Verdampfer werden bis zu Leistungen von etwa 100 kW gebaut. Bei derartigen Leistungen müssen anstatt direktgesteuerter TEV pilotgesteuerte TEV eingesetzt werden.

Größere Verdampfer dieser Bauart werden kältemittelseitig in zwei völlig voneinander getrennte Abteile aufgeteilt. Jedes Abteil besitzt eine eigene Einspritz- und Saugleitung. Diese Verdampfer erhalten auch zwei TEV.

Abb. 2-68:
Rohrbündelverdampfer für trockene Verdampfung *(Linde)*

Das Kältemittel wird meist oben eingespritzt und unten abgesaugt.

Wärmeträgerseitig sind zwei Arten der Durchströmung üblich.

- Wärmeträgereintritt an der Kältemittelaustrittsseite, Wärmeträgeraustritt an der Kältemitteleintrittsseite (Gegenstrom)
- Wärmeträgereintritt in der Mitte, Wärmeträgeraustritt an den äußeren Enden (50 % Gleich- und 50 % Gegenstrom)

Bei dieser Art der Durchströmung vermindert sich der Druckabfall auf der Wärmeträgerseite auf 25 %.

Das Haupteinsatzgebiet der trockenen Rohrbündelverdampfer sind die Flüssigkeitskühlsätze.

Der Anschluss der Wasser- oder Soleleitungen an den Verdampfer erfolgt über *Gummikompensatoren,* um vom Kühlsatz erzeugte Schwingungen nicht auf das Rohrleitungsnetz zu übertragen. Werden Absperrschieber in diese Rohrleitungen eingebaut, dürfen Verdampfer und Kompensatoren nicht durch deren Gewicht belastet werden.

Bei überfluteten Verdampfern befindet sich das Kältemittel im Mantelraum und der Wärmeträger in den Rohren.

Die Kältemittelversorgung erfolgt in Abhängigkeit des Kältemittelfüllstandes im Verdampfer. Ein Schwimmerschalter oder ND-Schwimmerventil wird dazu in Höhe des gewünschten Füllstandes kommunizierend mit dem Verdampfer verbunden (siehe 2.3.4). Bei Anlagen mit nur einem Verdampfer werden vorzugsweise HD-Schwimmerventile eingesetzt. Bei diesen Anlagen muss die Kältemittelfüllung abgestimmt werden.

Die *Füllhöhe* des Kältemittels in überfluteten Verdampfern soll erfahrungsgemäß wie folgt sein:

- Bei FKW, HFKW (früher auch bei HFCKW) etwa 60 %
- bei Ammoniak etwa 80 %

des berohrten Anteils des Verdampferdurchmessers.

Damit kein flüssiges Kältemittel in die Saugleitung gelangen kann, benötigen überflutete Verdampfer Flüssigkeitsabscheider. Es werden entweder liegende Abscheider auf den Verdampfern angeordnet, oder der obere Mantelraum wird so gestaltet, dass er als Ab-

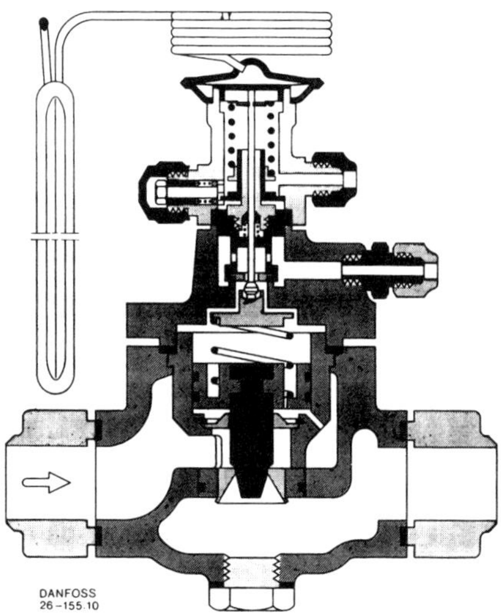

Abb. 2-69:
Pilotgesteuertes TEV *(Danfoss)*

Abb. 2-70:
Rohrbündelverdampfer *(Linde)*

Abb. 2-71:
Wasserkühlsatz *(Linde)*

scheider wirkt. In den meisten Fällen werden dann Einbauten, Abdeckbleche oder Drahtgestrickpakete, vorgesehen.

Überflutete Verdampfer müssen grundsätzlich entölt werden. Das vom Verdichter ausgeworfene Öl wird im Verflüssiger vom Kältemittel gelöst und gelangt mit dem eingespritzten Kältemittel in den Verdampfer. Der abgesaugte Kältemitteldampf ist jedoch praktisch ölfrei. Ohne geeignete Maßnahmen würde die Ölkonzentration der Kältemittelfüllung im Verdampfer ständig ansteigen. Dadurch würde der Wärmeübergang verschlechtert. Der Verdampfungsdruck würde bis zum Abschalten der Anlage absinken.

Grundsätzlich müssen Verdichter gegen Flüssigkeitsschläge geschützt werden. Das macht es erforderlich, dass überflutete Verdampfer mit Schwimmerschaltern zur Füllstandsüberwachung ausgerüstet sein müssen, wenn nicht die gesamte Kältemittelfüllung gefahrlos im Verdampfer untergebracht werden kann. Der Schwimmerschalter schaltet dann bei Hochstand den Verdichter ab.

Bei Betrieb mit HFKW/FKW/HFCKW-Kältemitteln ist ein Ölaustreiber erforderlich.

Bei Amoniakbetrieb kann an der tiefsten Stelle des Verdampfers über ein Sicherheitsablassventil entölt werden. Bei Verdampferdruck unter 1 bar, d. h. bei Unterdruck, wird eine Ölschleuse benötigt.

3 Rohrleitungen

In den nachfolgenden Abschnitten soll nicht von der Berechnung und der Materialauswahl der Rohrleitungen die Rede sein, sondern von deren Funktion im Kreislauf, der Kennzeichnung sowie von Verlegungshinweisen.

Es wird an dieser Stelle besonders auf die DIN 8975, Teil 6 sowie EN 378-2, hingewiesen, in denen alles Wesentliche über Rohrleitungen in Kälteanlagen, z. B. Auslegungsdrücke, Materialauswahl usw., festgelegt ist.

Im Abschnitt 1.9 wurde bereits kurz erwähnt, dass die Rohrleitungen im Kältemittelkreislauf die Verbindungselemente zwischen den Hauptteilen der Kälteanlagen – Verdichter, Verflüssiger, Kältemittelstromregler und Verdampfer – darstellen. Außerdem sind die Rohrleitungen Träger der Armaturen (Absperrventile, Rückschlagventile, Regler usw.).

In den Rohrleitungen strömt das Kältemittel teils dampfförmig, teils flüssig oder auch in beiden Zuständen (Zweiphasenströmung) und in jedem dieser Zustände bei hohen Temperaturen auf der Hochdruckseite und niedrigen Temperaturen auf der Niederdruckseite. Das bedeutet, die Rohrleitungen einer Kälteanlage können niemals eine einheitliche, gleiche Dimension haben. Jeder Rohrleitungsabschnitt muss besonders berechnet, aber auch nach besonderen Gesichtspunkten verlegt werden.

Die Rohrleitungsmontage nimmt etwa 70 % des gesamten Montageaufwandes in Anspruch (außer eventueller Kühlmöbelmontage). Hier ist deshalb auch für den Kältemonteur ein Spielraum gegeben, kostenreduzierend mitzuwirken. Fehler im Rohrleitungsnetz werden nicht nur gelegentlich bei der Auslegung begangen, sondern auch bei der Verlegung. Häufig geschieht das nur deshalb, weil die Funktion eines Rohrleitungsabschnitts oder der Grund für die Einbaulage eines Ventils nicht richtig verstanden wurde.

Wie wir wissen, wird durch die Rohrleitungen nicht nur das Kältemittel geleitet, sondern auch das vom Verdichter ausgeworfene Öl. Das Öl muss bei Kälteanlagen mit Trockenverdampfern (Einspritzverdampfern) – und das ist die überwiegende Anzahl – vom Kältemittelstrom durch das Rohrleitungssystem zum Verdichter zurück transportiert werden und das bei verschiedenen Aggregatszuständen des Kältemittels.

Mehr und mehr wird die Rohrleitungsmontage auch unter dem Gesichtspunkt der Kältemittelemission gesehen. Kältemittelführende Rohrleitungen sollen aus diesem Grunde nicht größer als nötig dimensioniert werden, um den Kältemittelfüllmenge der Anlage möglichst klein zu halten, sodass bei einer Undichtigkeit möglichst wenig Kältemittel in die Atmosphäre entweichen kann.

Die Verbindungen der Rohrleitungen, ob Löt-, Schweiß- oder Flanschverbindungen, sind kritische Stellen im Hinblick auf Undichtigkeiten und mögliche Kältemittelverluste, und deren Herstellung bedarf deshalb größter Sorgfalt. Die Kenntnis von der künftigen Belastung der Verbindung durch Druck, Temperatur und Schwingungen sind Voraussetzung für die Tätigkeit des Kältemonteurs.

Auch bei der Rohrleitungsmontage ist Sauberkeit oberstes Gebot. Während der Montage eingetragener Schmutz und Feuchtigkeit führen später zu Störungen an verschiedensten Teilen der Kälteanlage, die es erforderlich machen, den Kreislauf zu öffnen. Ganz ohne Kältemittelverluste geht das jedoch niemals ab. Vor dem Einbau sind die Rohre auf Sauberkeit zu prüfen, die bereits bei der Lagerung beachtet werden muss. Die Rohre müssen deshalb bis unmittelbar vor dem Einbau einwandfrei verschlossen sein.

Die Benennung einiger Rohrleitungen in der Kälteanlage haben wir in Abschnitt 1.9 bereits erwähnt, hinzu kommen noch die Kondensatleitung, die Abtauleitung, die Umblaseleitung, die Entölungsleitung sowie die Mess- und Steuerleitungen. Näher eingehen wollen wir auf die

- **Druckleitung,**
- **Kondensatleitung,**
- **Flüssigkeitsleitung,**
- **Einspritzleitung und**
- **Saugleitung.**

Die Kennzeichnung der Rohrleitungen erfolgt nach dem Durchflussstoff gemäß DIN 2403.

Die Rohrleitungen werden durch farbige Schilder gekennzeichnet. Die Schilder enthalten die Bezeichnung des Durchflussstoffes oder ein hierfür festgelegtes Kennzeichen (z . B. R404A).

Tabelle 3-1: Kennzeichnung für Durchflussstoffe aus der Kältetechnik

Stoff	Gruppe	Farbe		
Wasser	1	grün,	RAL	6010
Luft	3	blau,	RAL	5009
Kältemittel, brennbar	4	gelb*,	RAL	1012
Kältemittel, nicht brennbar	5	gelb,	RAL	1012
Sole	7	violett,	RAL	4001
flüssiges Kühlgut (Wein, Bier Milch)	9	braun,	RAL	8001
Vakuum	0	grau,	RAL	7002

* Brennbare Kältemittel (z. B. Ammoniak) erhalten eine rote Spitze. Zur Kennzeichnung von Rohrleitungen in Kälteanlagen gilt zusätzlich DIN 2405.

Die Schilder der Kältemittelleitungen sind gelb mit schwarzem Rand und einseitiger Schildspitze (eventuell rot wie bei Ammoniak).

Das Kennzeichen R134a, in schwarzer Schrift auf weißem Feld, wird am stumpfen Ende aufgeklebt. Farbige Querstreifen hinter dem Kennzeichen erklären den Rohrleitungsabschnitt.

Abb. 3-1: Kennzeichnungsschild für kältemittelführende Rohrleitungen

Saugleitung – kalte Gase	**blau,**	**RAL**	**5009**
Druckleitung – heiße Gase	**rot,**	**RAL**	**3003**
Flüssigkeitsleitungen	**grün,**	**RAL**	**6010**

Die jeweilige Stufe der Kälteanlage wird durch die Anzahl dieser Querstreifen gekennzeichnet. Z. B.

ND-Teil oder erste Stufe: ein Querstreifen,
HD-Teil einer zweistufigen Kälteanlage oder dritte Stufe: drei Querstreifen.

3.1 Druckleitung

Die Druckleitung ist die Verbindungsleitung zwischen dem Verdichter und dem Verflüssiger, darin wird der verdichtete Kältemitteldampf geleitet. Bei Anlagen mit Wärmerückgewinnung und hintereinander geschalteten Verflüssigern wird die Verbindungsleitung zwischen den Verflüssigern auch dann noch als Druckleitung bezeichnet, wenn darin gesättigtes oder feuchtes Kältemittel ($x < 1{,}0$) strömt.

Der max. zulässige Druck (PS) dieser Rohrleitungen bei Verwendung nachstehender Kältemittel beträgt gemäß folgender Tabelle:

Tabelle 3-2: Auslegungsdruck von Druckleitungen

Art der Verflüssigung	Temperatur [°C]	Druck [bar] R134a	Druck [bar] R404A/R507
wassergekühlter Verflüssiger	43	12	20
luftgekühlter Verflüssiger bei Umgebungstemp. 32 °C	55	15	25
luftgekühlter Verflüssiger bei Umgebungstemp. 43 °C	63	18	30

Die Temperatur des Druckdampfes in der Druckleitung kann je nach Kältemittel t_h = 70 °C (bei R404A) bis maximal t_h = 160 °C (bei R717) erreichen.

Die Geschwindigkeit des Druckdampfes in der Druckleitung wird zwischen 6 und 14 m/s gewählt. Die geringere Geschwindigkeit gilt für kleinere Rohrdurchmesser.

Mit dem Kältemitteldampf wird auch das vom Verdichter ausgeworfene Öl transportiert. Wegen der verhältnismäßig hohen Temperaturen ist das Öl dünnflüssig und einfacher mitzuschleppen als in der Saugleitung. Trotzdem werden Steigleitungen in FKW-Anlagen bei mehr als 5 m Höhenunterschied häufig gesplittet (d. h. in mehrere kleinere, parallele Steigleitungen aufgeteilt), um auch bei Teillast der Verdichter den Öltransport sicherzustellen (siehe 3.5), sofern keine Ölabscheider vorgesehen sind.

Bei Ammoniak-Kälteanlagen ist dieses Splitting nicht üblich. Ammoniakverdichter sind auch grundsätzlich mit Ölabscheidern ausgerüstet.

Die Druckleitung ist die durch den Innendruck und durch Schwingungen am stärksten belastete Rohrleitung der Kälteanlage. Die vom Ausschub der Zylinder zu Schwingungen angeregte Kältemittel-Druckdampfsäule kann ihrerseits in Bögen und Armaturen die Rohrleitungen anregen und dadurch Schwingungsbrüche sowie äußerst störenden Körperschall verursachen. Für angemessene Rohrhalter ist zu sorgen (siehe auch DIN 8975, Teil 6 sowie EN 378-2). Zur Vermeidung der Körperschallübertragung auf den Baukörper können Rohrschellen mit dämmender Einlage sowie schalldämmende Dübel verwendet werden. Gegen Gasschwingungen (Pulsationen) werden oft Dämpfer (Muffler) eingesetzt. Jeder Ölabscheider wirkt als Pulsationsdämpfer.

Bei entsprechend langen Druckleitungen ist der Einfluss der Längenausdehnung durch die Temperaturerhöhung (bei FKW-Kältemitteln 90 bis 100 K in Verdichternähe) durch geeignete Rohrhalter (Festlager, Loslager, Federhänger) aufzunehmen.

Druckleitungen sind in der Regel nicht isoliert. Bei Stillstand des oder der Verdichter kann Kältemittel kondensieren und in die Verdichter gelangen. Wenn dies durch die Rohrleitungsverlegung nicht verhindert werden kann, sind andere geeignete Maßnahmen zur Vermeidung von Flüssigkeitsschlägen vorzusehen, z. B. Einbau von Rückschlagventilen nach den Verdichtern.

3.2 Kondensatleitung

Die Kondensatleitung ist die Verbindungsleitung vom Verflüssiger zum Kältemittelsammler. In dieser Leitung findet vielfach Zweiphasenströmung statt. Eine Art der Leitungsverlegung ist der freie Ablauf des Kältemittelkondensats vom Verflüssiger zum Sammler. Vorteilhaft ist es hierbei, die Kondensatleitung mit Gefälle und nicht senkrecht/waagerecht zu verlegen, um auf diese einfache Art die Phasentrennung von Flüssigkeit und Dampf zu erreichen. So kann Kältemitteldampf, der im Sammler durch Wärmeeinfall entsteht oder durch die Kältemittelflüssigkeit verdrängt wird, zum Verflüssiger zurückströmen.

Letzteres tritt ein, wenn der Kältemittelstrom zum Verdampfer intermittierend durch Schwimmerschalter mit Magnetventil (Abschnitt 2.3.4.2) geregelt wird. Dann wird zeitweilig, bei gleichbleibendem Kältemittelzulauf in den Sammler, kein Kältemittel entnommen.

Bei Kältesätzen mit nur einem Verdampfer und kontinuierlich arbeitendem Kältemittelstromregler (TEV, Kapillardrosselrohr), ist die umlaufende Kältemittelmenge an jedem Punkt des Kreislaufes etwa gleich. Für den Sammler heißt das, der Kältemittelzulauf ist gleich dem Ablauf. Bei solchen Anlagen kann der Sammler auch neben dem Verflüssiger angeordnet werden, sodass die Kondensatleitung etwas nach oben geführt werden muss.

In der Regel ist die nach oben geführte Kondensatleitung zu vermeiden, sie kann Kältemittelstau im Verflüssiger verursachen. Die Folge sind mitunter beachtliche Schwankungen des Verflüssigungsdrucks, bis hin zum Ansprechen des Druckbegrenzers.

Problematisch ist in vielen Fällen die Verlegung von Kondensatleitungen bei Kälteanlagen mit mehreren Verflüssigern, ob parallel oder in Reihe geschaltet, mit nur einem Sammler. Unterschiedlicher Druck am Austritt der Verflüssiger, hervorgerufen durch unterschiedliche Bauart oder Größe (siehe Abb. 3-2), kann dazu führen, dass sich einzelne Verflüssiger nicht entleeren. Steigender Verflüssigungsdruck, auch hier bis zur Abschaltung der Verdichter durch die Druckbegrenzer, ist die Folge; oder die in dem betroffenen Verflüssiger angestaute Kältemittelmenge fehlt auf der Verdampferseite, und die Anlage geht in Saugdruckstörung.

Diese unterschiedlichen Drücke müssen durch unterschiedliche Kältemittel-Flüssigkeitssäulen in den (senkrechten) Kondensatleitungen der einzelnen Verflüssiger ausgeglichen werden. Das setzt jedoch voraus, dass die Kondensatleitungen mit einem Siphon am Sammler angeschlossen werden, zumindest diejenigen, deren Verflüssiger den größeren Druckabfall haben. Zwischen dem Sammler und der gemeinsamen Druckleitung in der Nähe der Verflüssigereintritte ist dazu eine Ausgleichsleitung zu verlegen.

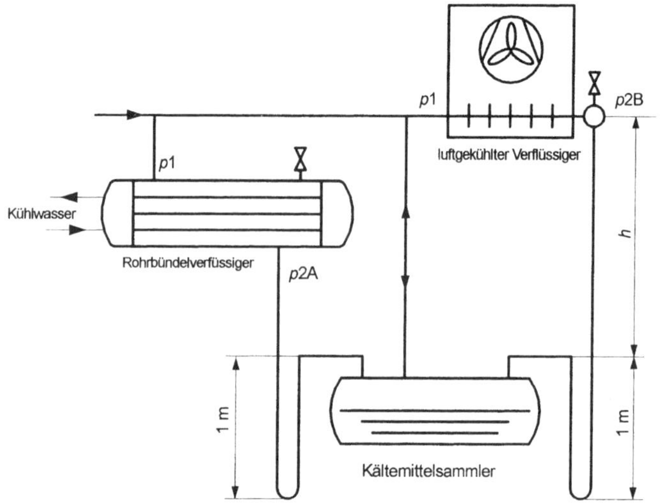

$$h = \frac{p_{2A} - p_{2B}}{\rho_{KM,fl}} * 10^4 \text{ [m]}$$

Druck p [bar]

Dichte ρ [kg/m³]

Abb. 3-2: Parallelschaltung von Verflüssigern unterschiedlicher Bauart

Kondensatleitungen zu Schwimmerventilen können in gewissen Grenzen auch senkrecht nach oben geführt werden (Herstellerangaben beachten!). Ausschlaggebend hierfür ist die Auslegung der Bypass-Bohrung zum Schwimmerventil, über die stets ein Unterdruck gegenüber dem Druck im Verflüssiger erzeugt wird.

Der Zusammenschluss von zwei oder mehreren Kondensatleitungen (d. h. auch Verflüssigern) auf ein Schwimmerventil ist keine gute Lösung. Ungleiche Verflüssigerbelastung – z. B. durch ungleichmäßige Verschmutzung – führt zu Betriebsstörungen.

Der Auslegungsdruck der Kondensatleitung ist der gleiche wie bei der Druckleitung. Die Betriebstemperatur ist gleich Sättigungstemperatur.

Die Geschwindigkeit des flüssigen Kältemittels wird zwischen 0,3 und maximal 0,5 m/s gewählt.

Ventile dürfen in die Kondensatleitung nur mit waagerecht liegender Spindel eingebaut werden, damit Dampfblasen ungehindert passieren können.

Bezüglich der Besonderheiten der Verlegung der Kondensatleitung bei Anlagen mit Verflüssigungsdruckreglern wird auf die umfangreichen Hinweise der Regler-Hersteller verwiesen.

3.3 Flüssigkeitsleitung

Die Flüssigkeitsleitung ist die Verbindungsleitung vom Sammler – oder bei Anlagen ohne Sammler vom Verflüssiger – zum Kältemittelstromregler (Kapillardrosselrohr, TEV, EEV, Regelventil nach dem Magnetventil oder ND-Schwimmerventil). Die Rohrleitung vom Verflüssiger zum HD-Schwimmerventil haben wir als Kondensatleitung bezeichnet, weil das Gehäuse des Schwimmerventils funktionelle Gemeinsamkeiten mit dem Sammler aufweist.

**Der Auslegungsdruck der Flüssigkeitsleitung ist gleich dem der Druckleitung.
Die Betriebstemperatur liegt üblicherweise am Eintritt in die Flüssigkeitsleitung 2–3 K unter der Verflüssigungstemperatur. Bei Vorhandensein eines Flüssigkeitsunterkühlers kann die Temperatur nach dem Unterkühler erheblich niedriger liegen, eventuell muss die Flüssigkeitsleitung isoliert werden.**

Durch die Flüssigkeitsleitung soll nach Möglichkeit nur reine Flüssigkeit strömen, ohne störenden Dampfanteil. Speziell TEV sind entsprechend dieser Voraussetzung ausgelegt. Schaugläser in den Flüssigkeitsleitungen, möglichst nahe am TEV, dienen der Kontrolle. Schaugläser dürfen jedoch nur vor einem Unterkühler eingebaut werden.

Da die im Verflüssiger erzielte Unterkühlung – abhängig von Bauart und Belastung – nur gering ist, kann in der Flüssigkeitsleitung nur wenig Druckabfall zugelassen werden, um Blasenbildung zu vermeiden.

Die Geschwindigkeit des flüssigen Kältemittels in der Flüssigkeitsleitung wird deshalb nur mit 0,4 m/s bis 0,8 m/s gewählt.

Trotz dieser geringen Geschwindigkeit sind zusätzliche Widerstände (besonders bei nicht unterkühlter Kältemittelflüssigkeit) gering zu halten. Filtertrockner und Ventile müssen ausreichend dimensioniert werden.

Wenn die Kühlstellen oberhalb des Kältemittelsammlers angeordnet sind – die umgekehrte Anordnung ist selbstverständlich anzustreben –, lässt sich Druckabfall durch die so gegebene geodätische Höhe nicht vermeiden. In diesem Fall sollten Filtertrockner in Sammlernähe montiert werden, damit nicht durch Drosseldampf bereits am Trocknereintritt zusätzlicher Druckabfall erzeugt wird.

Der Ölanteil in der Flüssigkeitsleitung ist für deren Funktion unbedeutend.

Auch für diese Leitung gilt, Absperrventile nur mit waagerecht liegender Spindel einzubauen.

Flüssigkeitsleitungen für unterkühlte Flüssigkeit (t_U < Raumtemperatur) müssen isoliert werden. Wärmestrom aus der Umgebung in die Kältemittelflüssigkeit bedeutet Leistungsverlust.

3.4 Einspritzleitung

Die Einspritzleitung ist die Verbindungsleitung vom Kältemittelstromregler (TEV, EEV, Schwimmerventil usw.) zum Verdampfer. Eine Besonderheit stellen die Einspritzleitungen von Verdampfern mit Mehrfacheinspritzung dar. Hier ist dem TEV oder EEV ein Verteiler nachgeschaltet, der das Kältemitteldampfgemisch auf eine Vielzahl von Einspritzleitungen aufteilt (s. Abschnitt 2.3.2.5)

Der Auslegungsdruck beträgt wie der des ND-Teils einer Kälteanlage entsprechend t = 32 °C je nach Kältemittel etwa 15 bar. Bei Anlagen mit Heiß- oder Kaltgasabtauung entsprechend t = 55 °C etwa 25 bar wie im HD-Teil.

Abgesehen vom Abtauvorgang entspricht die Temperatur des Kältemittels in der Einspritzleitung etwa der Verdampfungstemperatur.

In der Einspritzleitung befindet sich ein Gemisch von Kältemittelflüssigkeit und -dampf. Der Dampfanteil ist abhängig von der Druckabsenkung im Kältemittelstromregler und von der Unterkühlung des Kältemittels vor dem Regler.

Die Geschwindigkeit des Kältemittelgemisches in der Einspritzleitung (bestimmend ist hier das Dampfvolumen) wird mit 6 m/s bis 13 m/s bei FKW- und 10 m/s bis 20 m/s bei Ammoniakkälteanlagen gewählt.

Auch hier gelten die niedrigeren Geschwindigkeiten für die kleineren Durchmesser.

Generell sollte die Einspritzleitung kurz sein, u. a. da sie teurer ist als die Flüssigkeitsleitung. Der Durchmesser ist größer, und häufig muss die Einspritzleitung isoliert werden (natürlich nicht in Kühlräumen und in Verkaufskühlmöbeln).

Aus funktionellen Gründen ist ein kurzer Rohrabschnitt zwischen TEV und Flüssigkeitsverteiler anzustreben, der am besten völlig entfallen sollte. Hinweise zur Einspritzleitung mit Verteiler wurden im Abschnitt 2.3.2.5 behandelt.

3.5 Saugleitung

Die Saugleitung ist die Verbindungsleitung vom Verdampfer zum Verdichter.

Der Auslegungsdruck beträgt entsprechend t = 32 °C je nach Kältemittel etwa 15 bar. Bei Anlagen mit Heiß- oder Kaltgasabtauung entsprechend t = 55 °C etwa 25 bar wie im HD-Teil.

In der Saugleitung strömt mehr oder weniger *überhitzter* Kältemitteldampf. Der Grad der Überhitzung ist abhängig von der Bauweise der Verdampfer. Bei trockenen Verdampfern beträgt die Überhitzung etwa 5 bis 7 K, bei überfluteten Verdampfern 2 bis 3 K. Ist in die Saugleitung ein Wärmeaustauscher zur Kältemittelunterkühlung eingebaut, kann die Überhitzung, je nach Kältemittel, bis etwa 10 K unter der Verflüssigungstemperatur liegen.

Die Saugleitung soll stets frei von flüssigem Kältemittel sein, was in der Praxis aber häufig nicht bei allen Betriebszuständen erreicht wird.

Frei von Flüssigkeit heißt nicht, dass im Kältemitteldampf nicht noch feinste Tröpfchen (Aerosole) mitgeführt werden. Derartige Aerosole sind auch bei 10 K Überhitzung noch vorhanden, in der Regel jedoch für den Verdichter unbedenklich.

Es kommt immer wieder vor, dass beim *Anfahren* einer Anlage, nach dem *Abtauen, beim Hochschalten der Leistungsstufen* oder beim *Zuschalten einer Kühlstelle* etwas flüssiges Kältemittel in die Saugleitung gelangt. Dieser Tatsache muss auch bei der Verlegung der Saugleitung Rechnung getragen werden, um Verdichterschäden durch Flüssigkeitsschläge zu vermeiden. Dazu muss die Saugleitung so gestaltet werden bzw. mit Abscheidern oder Saugsammelrohren ausgerüstet sein, dass eventuell eingedrungene Kältemittelflüssigkeit nur in geringsten Mengen in den Verdichter gelangen kann, niemals jedoch als Schwall. Sogenannte *Säcke* in Saugleitungen – manchmal nicht sofort erkennbar – sind unbedingt zu vermeiden.

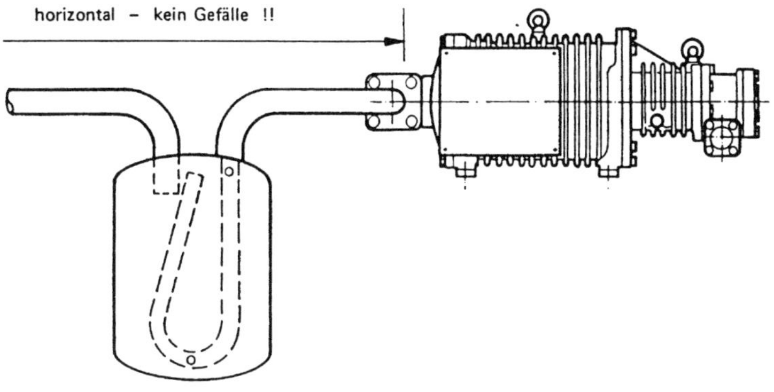

Abb. 3-3: Flüssigkeitsabscheider für Saugleitungen *(Bitzer)*

Bei Kälteanlage mit trockenen Verdampfern (TEV-Betrieb) ist die Dimensionierung und Verlegung der Saugleitung auch im Hinblick auf die Ölrückführung in den Verdampfer zu sehen. Anders ist das bei Anlagen mit nassen (überfluteten) Verdampfern. Die jeweils günstigste Auslegung und Verlegung der Saugleitung ist somit abhängig von der im Einzelfall eingesetzten Verdampferbauart.

Bei Kälteanlagen mit überfluteten Verdampfern oder Umpumpanlagen (mit FKW-Kältemittel oder Ammoniak) spielt die Ölrückführung über die Saugleitung keine Rolle. Bei diesen Anlagen ist für die Verlegung der Saugleitung ausschließlich wichtig, eventuell eingetragenes flüssiges Kältemittel vom Verdichter fernzuhalten.

Dazu wird die Saugleitung zum Verdampfer oder ND-Abscheider hin – also gegen die Strömungsrichtung – mit etwas Gefälle (ca. 5 Winkelgrade) verlegt, damit bei Teillast oder Stillstand flüssiges Kältemittel dahin zurückfließen kann. Die Anbindung der Saugleitungen der einzelnen Verdichter an die Hauptsaugleitung erfolgt über sogenannte *Schwanenhälse*. Diese sollten für alle Verdichter gleich gestaltet sein. Gelegentlich ist zu sehen, dass der letzte Verdichter nicht von oben, sondern axial angeschlossen wurde. Dieser Verdichter ist dann entgegen der eigentlichen Absicht besonders gefährdet.

Das Kriterium für die sichere Ölrückführung in FKW-Kälteanlagen mit trockenen Verdampfern (siehe 4.3.3) ist die Geschwindigkeit des Kältemitteldampfes in der Saugleitung in Abhängigkeit von der Temperatur, dem Durchmesser der Rohrleitung und der Strömungsrichtung. Eine geeignete Ölsorte wird vorausgesetzt.

Die Dimensionierung der Saugleitung erfolgt selbstverständlich durch den planenden Ingenieur. Auf keinen Fall sind die Anschlussstutzen der Verdichter und Verdampfer die bestimmenden Größen.

Die Geschwindigkeit des Kältemitteldampfes in der Saugleitung wird mit 8 m/s bis 14 m/s gewählt.

Druckverluste in der Saugleitung sind in entscheidendem Maße an eventueller Minderleistung einer Kälteanlage schuld. Diese Tatsache ist leicht den Angaben für die Kälteleistung der Verdichterhersteller zu entnehmen. Einsätze üblicherweise in die Saugleitung eingebauter Filter dürfen nach der Inbetriebnahme nicht vergessen werden.

In der Flüssigkeits- und der Einspritzleitung wird das Öl im flüssigen Kältemittel gelöst transportiert, es fließt einfach mit. Die Geschwindigkeit ist dabei unbedeutend.

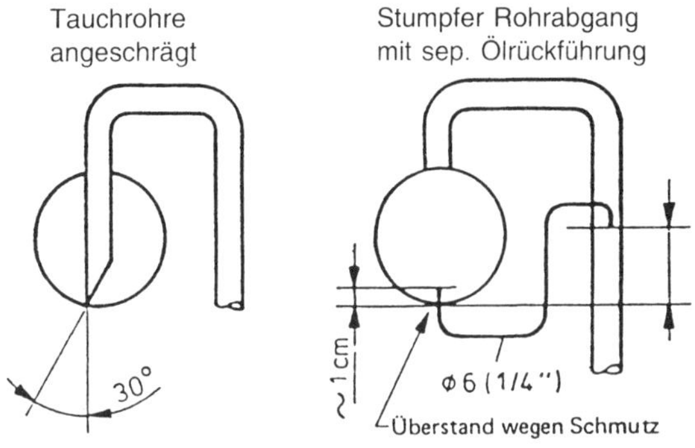

Abb. 3-4:
Saugleitungsabgänge zu einzelnen Verdichtern *(Bitzer)*

Anders ist das in den Leitungen, in denen sich das Kältemittel in dampfförmigem Zustand befindet, d. h. in der Druck- und in der Saugleitung. Hier setzt der Öltransport eine Mindestgeschwindigkeit voraus, besonders in den Steigleitungen. Waagerechte Rohrleitungen werden mit Gefälle zum Verdichter verlegt.

Die Mindestgeschwindigkeit des Kältemitteldampfes in einer steigenden Saugleitung muss 4 m/s bis 9 m/s betragen.

Betrachten wir diese beiden Geschwindigkeitswerte, Auslegungsgeschwindigkeit und Mindestgeschwindigkeit, dann stellen wir schnell fest, dass bei Teillast der Anlage die Mindestgeschwindigkeit für den Öltransport nicht sichergestellt ist.

Nehmen wir als Beispiel eine Verbundkälteanlage mit vier Verdichtern. Die Verdampfungstemperatur soll t_0 = –15 °C betragen. Um den Druckabfall in der Saugleitung in vertretbaren Grenzen zu halten, wurde die Dampfgeschwindigkeit mit w = 12 m/s errechnet. Die Mindestgeschwindigkeit in der steigenden Saugleitung beträgt w = 5,5 m/s bei t_0 = –15 °C und einem Rohrdurchmesser von 54 x 2 mm (vgl. Abb. 4-13).

Wird die Anlage nun mit 50 % Leistung, d. h. zwei Verdichtern betrieben, sinkt die Geschwindigkeit in der Saugleitung auf die Hälfte, nämlich auf w = 6,0 m/s. Die Ölrückfühung ist dabei noch gewährleistet.

Bei 25 % Leistung beträgt die Dampfgeschwindigkeit nur noch ein Viertel des Auslegungswertes, und zwar w = 3,0 m/s. Hierbei wird das Öl in einer Steigleitung nicht mehr sicher transportiert. In diesem Fall müssen zwei Steigleitungen parallel verlegt werden, die unterschiedliche Rohrdurchmesser haben. Diese Art der Rohrleitungsverlegung nennt man *Splitting*. Bei der angenommenen Leistungsabstufung 25/50/75/100 % hat sich die Aufteilung der Rohrleitungsquerschnitte in einmal 50 % und einmal 67 % des Querschnittes der waagerechten Leitung bewährt. Die Trennung der beiden parallel verlegten Steigleitungen erfolgt über eine Ölfalle.

Bei 25 % Leistung wird die Steigleitung B allmählich durch Öl verschlossen, in der Steigleitung A beträgt dann folglich die Geschwindigkeit des Kältemitteldampfes w = 6 m/s, was wiederum ausreichend ist.

Bei 50 % Leistung wird das Öl eventuell in der Steigleitung B periodisch nach oben gefördert. Aus diesem Grunde sollten die Ölfallen stets klein gehalten werden.

Bei weitergehender Leistungsabstufung muss gegebenenfalls dreifach gesplittet werden.

Bei Druckleitungen wird im Prinzip das gleiche Verfahren zum Öltransport angewandt.

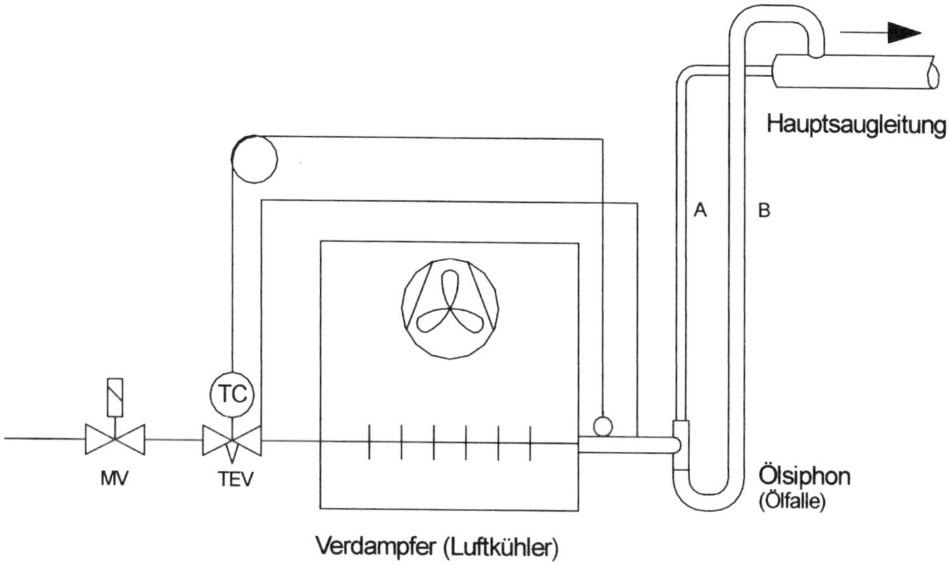

Abb. 3-5: Gesplittete steigende Saugleitung
A steigende Saugleitung für Teillast
B steigende Saugleitung für Volllast

Die wesentlich höheren Temperaturen in der Druckleitung sowie die höhere Dichte des Kältemitteldampfes lassen jedoch geringere Geschwindigkeiten zu.

3.6 Rohrleitungsverlegung

Dieser und auch der folgende Abschnitt 3.7 ist Kupferrohrnetzen vorbehalten. Zum einen werden in der Kältetechnik heute wesentlich mehr Kupferrohre als Stahlrohre verlegt, zum anderen würde die Abhandlung von Stahlrohren den Rahmen dieses Buches sprengen.

Und noch ein Wort zur Berechnung von Rohrnetzen für Kälteanlagen. In den vorhergegangenen Abschnitten 3.1 bis 3.5 wurden neben zulässigen Betriebsdrücken auch Geschwindigkeitsangaben für den Kältemittelstrom in den verschiedenen Rohrleitungen gemacht.

Es gehört sicherlich nicht zu den Aufgaben des Kältemonteurs, diese Rohrleitungen zu berechnen. Dennoch sei an dieser Stelle auf die Möglichkeiten hingewiesen, die heutige PC-Anwendungen erschließen. Es ist ausreichend Software auf dem Markt, die solche Berechnungen auch dem Kältemonteur ermöglichen. Keiner sollte zögern, sich im Zweifelsfall von der Richtigkeit einer Rohrdimension zu überzeugen.

Zulässiger Betriebsüberdruck

Bei der Angabe über Auslegungsdrücke zu den einzelnen Rohrleitungen einer Kälteanlage, insbesondere im Abschnitt 3.1, wird dem aufmerksamen Leser aufgefallen sein, dass mit dem Einsatz der chlorfreien Kältemittel (z. B. R404A, R407C, R507 usw.) die Drucklage auf der HD-Seite gestiegen ist. Betrug der zulässige Betriebsüberdruck bei dem Kältemittel R22 noch 16 bar bzw. 20 bar, muss beispielweise bei R404A 18 bar bzw. 25 bar zugrunde gelegt werden.

Diese gestiegene Drucklage wird bei größeren Kupferrohrdurchmessern problematisch.

Die Formel für den zulässigen Betriebsdruck von Rohrleitungen lautet:

$$p_B = 20 \cdot \frac{s}{d_a - s} \cdot \frac{K}{S}$$

p_B zulässiger Betriebsdruck (bar)
s Wanddicke der Rohrleitung (mm)
K Festigkeitskennwert
S Sicherheitsbeiwert
20 Berechnungskonstante [bar mm^2/N]

Bei 150 °C, Kupfer F22 – gelötet – beträgt gemäß AD-Merkblatt W6/2 der Wert K/S = 49 N/mm^2

Für eine Rohrleitung
∅ 76 × 2 mm ergibt sich

$$p_B = 20 \cdot \frac{s}{d_a - s} \cdot \frac{K}{S} = 20 \cdot \frac{2}{76 - 2} \cdot 49 = 26{,}5 \text{ bar}$$

Für ∅ 84 × 2 mm ergibt sich p_B = 23,9 bar

Die Verwendung von Standardrohren > ∅ 76 × 2 mm ist danach bei einem maximal zulässigen Druck 25 bar nicht mehr erlaubt.

Noch kritischer wird es bei den Fittings; vergleiche Tabelle 3-3:

Tabelle 3-3: Maximaler Druck für Kupfer-Fittings im eingebauten Zustand abhängig von der Temperatur; gemäß EN 1254-1

Maximale Temperatur [°C]	Maximale Drücke für Nenndurchmesser [bar]		
	von 6 bis 34 mm	von 34 bis 54 mm	von 54 bis 108 mm
30	25	25	16
65	25	16	16
110	16	10	10

Die Norm besagt, dass außerhalb des Bereichs dieser Tabelle die Genehmigung des Herstellers eingeholt werden muss.

Die namhaften deutschen Hersteller nennen für ihre Fittings bis ∅ 54 einen zulässigen Betriebsüberdruck von 25 bar, für größere Rohrdurchmesser muss im Einzelfall die Genehmigung eingeholt werden.

Bei der Verwendung größerer Fittings auf der HD-Seite sollte der Kältemonteur im Zweifelsfall Rücksprache nehmen.

3.6.1 Halterung von Rohrleitungen

Grundsätzlich stellen die Herstellern von Rohrhalterungs-Systemen umfangreiche Unterlagen in Form von Handbüchern und Software zur Verfügung.

An dieser Stelle soll auf einige Punkte hingewiesen werden, die erfahrungsgemäß nicht immer beachtet werden.

Die Auswahlkriterien für Rohrhalterungen und deren Anordnung sind:

- Gewichtsbelastung,
- Betriebstemperatur,
- Entscheidung, ob Festpunkt oder Lospunkt.

Gewichtsbelastung

Die Abstände für Halterungen unter Berücksichtigung der Gewichtsbelastung von Kupferrohren sind der Norm EN 378-2 zu entnehmen, wie Tabelle 3-4 zeigt.

Tabelle 3-4: Abstände für Halterungen

Außendurchmesser [mm]	Abstand [m]
15–22 weich	1
22–54 halbhart	2
54–67 halbhart	3

Für größere Durchmesser (bis ∅ 108 × 2,5 mm) können die Abstände auf 4 m erweitert werden.

Diese Abstände sind für die Lagerung auf Rohrbrücken in waagerechter Lage anzuwenden.

Diese Angaben über die Abstände der Halterungen berücksichtigen nicht das mögliche Schwingungsverhalten der Rohrleitungen – wie z. B. kritische Rohrlängen. Vorausberechnungen solcher Längen sind in der Branche unüblich.

Jedes zwischen zwei Haltern eingespannte Rohrstück hat eine Eigenfrequenz, mit der es zufälligerweise durch Gaspulsation, mechanisch oder durch eine bei Eigenfrequenz schwingende Gassäule zum Schwingen angeregt werden kann. Die einfachste Gegenmaßnahme ist, die Eigenfrequenz dieses Schwingsystems durch eine zusätzliche Halterung zu verändern.

Betriebstemperatur

Bei der Betriebstemperatur wird unterschieden zwischen Temperaturen unter dem Taupunkt (d. h., es muss gedämmt werden), Temperaturen kälter als etwa 100 °C und Temperaturen darüber.

Zur Halterung von Rohrleitungen mit Dämmung werden häufig sogenannte *Isolierschellen* eingesetzt. Eine verbreitete Isolierschelle ist aus PU-Schaum hergestellt, eine andere aus Schaumgummi. PU-Schaum Halterungen sind sehr stabil und die Rohrleitungen entsprechend fest gehalten. Werden auf einer Schiene Rohre mit unterschiedlichen Temperaturschwankungen durch PU-Schaum-Halterungen befestigt, sind Verspannungen programmiert.

Es ist ein Schaden bekannt, bei dem auf einer Schiene Saugleitung, Druckgasleitung (zum Abtauen) und Flüssigkeitsleitung, allesamt mit PU-Schellen gehaltert, montiert worden sind. Nach etwa einem Jahr ist die Druckgasleitung gebrochen.

Solche Installationen sollten vermieden werden. Zur Vermeidung können aufwendige Gleitelemente eingesetzt werden oder einfach Isolierschellen, in denen sich das Rohr bewegen kann (z. B. mit Schaumgummieinlage).

Bei Innentemperaturen über 100 °C ist zu beachten, dass das geeignete Material für Gummieinlagen (Schalldämmung) gewählt wird.

Festpunkt/Lospunkt

Längenänderungen der Rohrleitungen durch betriebsbedingte Temperaturschwankungen werden erfahrungsgemäß bei der Montage gewerblicher Kälteanlagen nur wenig berücksichtigt. Dass dennoch hieraus resultierende Brüche selten sind, ist auf die branchenübliche, weiche Rohrhalterung (Aufhängung an Gewindestangen) und die relativ kurzen Rohrlängen zurückzuführen.

Dennoch darf dieser Punkt nicht unerwähnt bleiben.

Unterstellt man eine durchschnittliche Montagetemperatur t_m = 15 °C, dann sind bei den Kältemitteln R404A, R507 und anderen chlorfreien Gemischen folgende Temperaturdifferenzen zur Betriebstemperatur zu erwarten.

NK-Saugleitungen	**Δt etwa 30 K**
TK-Saugleitungen	**Δt etwa 50 K**
NK-Flüssigkeitsleitungen	**Δt etwa 10 K**
TK-Flüssigkeitsleitungen	**Δt etwa 20 K**
Druckleitungen	**Δt etwa 55 K**
Heißgas-Abtauleitungen	**Δt etwa 50 K**
Kaltgas-Abtauleitungen	**Δt etwa 30 K**

Der *lineare Ausdehnungskoeffizient* von Kupfer beträgt

$\alpha = 16{,}8 \cdot 10^{-3}$ mm/m K (zwischen 20 °C und 100 °C) oder
$= 1{,}68$ mm/m 100K

die *Längenänderung*

$\Delta L = \alpha \cdot L \cdot \Delta t$ (mm).

Diese Längenänderungen müssen durch geeignete Rohrleitungsverlegung und -halterung kompensiert werden können.

Hierzu können zwei Verlegungsarten gewählt werden:

- Eine starre, schulmäßige Verlegung mit großem Halterungsaufwand. D. h. ordnungs-

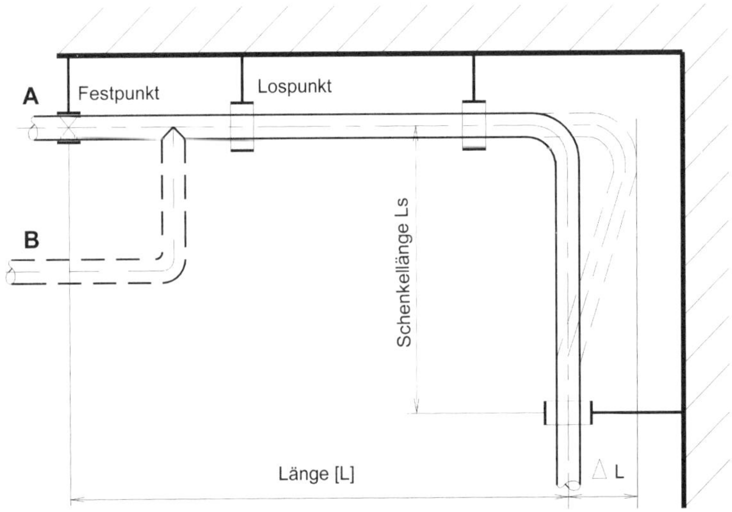

Abb. 3-6: Längenänderung einer Rohrleitung

gemäße Festpunktbestimmung und -auslegung sowie Verwendung von Gleitelementen und Pendelabhängern für mehrere Freiheitsgrade.
- Eine weniger starre Halterung, die auch ohne aufwendige Halterungselemente sichere Ausdehnungsmöglichkeiten für die Rohrleitungen ermöglicht.

Auch wenn das Rohrnetz den physikalischen Belastungen unbedingt standhalten muss, müssen die Montagekosten ausgewogen bleiben. Anzustreben ist eine ausreichend sichere Rohrleitungsmontage mit dem geringstmöglichen Kostenaufwand. Hierzu bietet sich die zweite Variante bei einigen Verlegungsarten an.

Bei der Variante eins werden die Rohrleitungen in der Regel auf Montageschienen in stehend oder hängend angeordneten Rohrschellen montiert. Bei entsprechend fest verschraubten Rohrschellen entsteht ein recht starres System. Dass sich ggf. Rohrlängen in unterschiedlichen Richtungen ändern – die Saugleitung wird im Betrieb kälter, die Flüssigkeitsleitung wärmer –, muss berücksichtigt werden.

Geringe Längenänderungen können von Kupferrohr durch Deformierung (Bogenform) aufgenommen werden. Kann sich das Rohr in der Halterung bewegen (was in der Regel der Fall ist), kommen bei großen Rohrlängen große Längenänderungen zusammen. Diese Längenänderung kann nach einem 90°-Bogen von einer freien Schenkellänge kompensiert werden.

Für abgehende Rohre bzw. nach 90°-Bögen müssen zur Aufnahme der resultierenden Biegespannungen entsprechende Schenkellängen vorhanden sein.

Tabelle 3-5 nennt die Längenänderung in [mm] bei einer Temperaturdifferenz von $t = 50$ K sowie die erforderliche Schenkellänge [Ls].

Tabelle 3-5: Mindest-Schenkellänge [m] zur Kompensation der Rohrlängenänderung (Temperaturdifferenz $t = 50$ K; linearer Ausdehnungskoeffizient Kupfer $\alpha = 16{,}8 \times 10^{-6}$ m/m K)

Länge [m]	ΔL [mm]	Rohrleitungsdurchmesser [mm]									
		18×1	22×1	28×1,5	35×1,5	42×1,5	54×2	64×2	76×2	89×2	108×2,5
10	8,4	0,7	0,8	0,9	1,0	1,1	1,2	1,3	1,5	1,6	1,7
20	16,8	1,0	1,1	1,3	1,4	1,5	1,7	1,9	2,1	2,2	2,5
30	25,2	1,2	1,4	1,5	1,7	1,9	2,1	2,3	2,5	2,7	3,0
40	33,6	1,4	1,6	1,8	2,0	2,2	2,5	2,7	2,9	3,2	3,5
50	42	1,6	1,8	2,0	2,2	2,4	2,7	3,0	3,3	3,5	3,9
60	50,4	1,7	1,9	2,2	2,4	2,7	3,0	3,3	3,6	3,9	4,3
70	58,8	1,9	2,1	2,3	2,6	2,9	3,3	3,5	3,9	4,2	4,6
80	67,2	2,0	2,2	2,5	2,8	3,1	3,5	3,8	4,1	4,5	4,9
90	75,6	2,1	2,4	2,7	3,0	3,3	3,7	4,0	4,4	4,7	5,2
100	84	2,2	2,5	2,8	3,1	3,4	3,9	4,2	4,6	5,0	5,5

3.6.2 Löten

Ähnlich wie Schweißer werden sich künftig auch Hartlöter einer Prüfung unterziehen müssen.

Grundlage sind die europäischen Normen

- EN 13133 – Hartlöten, Hartlöterprüfung sowie
- EN 13134 – Hartlöten, Hartlötverfahrensprüfung

Unabhängig von den in diesen Normen geforderten handwerklichen Fähigkeiten gibt es wegen der Einführung chlorfreier Kältemittel – oder genauer gesagt wegen des damit verbundenen Polyol-Ester-Öls – Grund, die erforderliche *Sauberkeit* beim Löten zu besprechen.

Wird ohne Schutzgas gelötet, so entsteht in der Nähe der Lötstelle an den Innenwänden der Rohre Zunder (Kupferoxid).

Anders als die bislang verwendeten Kältemaschinenöle (Mineralöl, Alkylbenzol, SHC-Öle) löst Polyol-Ester-Öl diese Oxidschichten ab. Wegen des Schmutzanfalls führt dies zu erheblichen Verzögerungen bei der Inbetriebnahme. Mitunter müssen tagelang Filter gewechselt oder gereinigt werden.

Die Folge sind Mehraufwand an teurer Zeit und die Gefahr, Feuchtigkeit beim Öffnen von Anlagenteilen in den Kältemittelkreislaufs einzutragen.

Es wird dringend empfohlen, beim Löten Schutzgas zu verwenden.

Schutz gegen Zunderbildung bietet bereits die Verwendung von Stickstoff (Qualität: Technisch rein), das beim Löten die Rohre füllt und Luft und damit Sauerstoff verdrängt. Es muss dafür gesorgt werden, dass Rohrleitungsabschnitte zum Löten entsprechend vorbereitet werden. Da die Rohre beim Löten an irgendeiner Stelle immer noch offen sind, müssen die zu bearbeitenden Rohre ständig von Stickstoff durchströmt werden. Geringfügige Stickstoffströmung reicht aus. So wird auch der Stickstoffverbrauch in Grenzen gehalten.

Effektiver ist die Verwendung von Formiergas (Stickstoff-/Wasserstoffgemisch, Wasserstoffanteil 5 bis 10 %). Hierbei wird mit Hilfe des Wasserstoffs entstandenes Kupferoxid wieder zu metallischem Kupfer reduziert. Voraussetzung ist, dass Rohre und Fittings aus sauerstofffreiem Kupfer hergestellt sind.

Den gleichen Effekt kann man mit Spiritus erreichen. Nach geeignetem Zusammenfügen von zu verbindenden Rohren und Fittings wird aus einer Spritzflasche etwas Spiritus in die Rohre geben. Beim Löten verdampft der Spiritus. Der Spiritusdampf führt ebenfalls zur Reduktion von Kupferoxid wie Formiergas. Die Innenflächen der Rohre bleiben metallisch blank.

Aus Sicherheitsgründen sollten nur unzerbrechliche Spritzflaschen mit maximal 250 ml Inhalt verwendet werden.

Zu große Öffnungen an den Rohren sind zu vermeiden, durch welche die Spiritusdämpfe ungenutzt entweichen können. Als Verschluss während des Lötens haben sich Kunst-

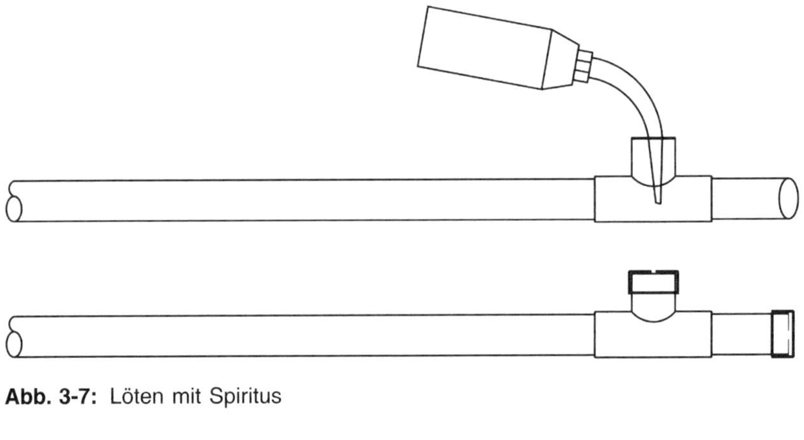

Abb. 3-7: Löten mit Spiritus

stoffstopfen bewährt (Verschlussstopfen der Kupferrohre im Lieferzustand), in die ein kleines Loch (ca. 3 mm ∅) gebohrt wurde.

Abschließend noch einige Betrachtungen zu den Loten.

Verwendet werden zum Löten Kupfer/Kupfer in der Regel phosphorhaltige Lote, die ohne Flussmittel verarbeitet werden können.

Die Zusammensetzung dieser Lote kann silberfrei sein oder Silber enthalten.

Die Bezeichnung nach DIN EN 1045 gibt hierüber Aufschluss. Zum Beispiel:

L-CuP6	Schmelzbereich 710 bis 880 °C, silberfrei	
L-Ag2P	Schmelzbereich 650 bis 810 °C	silberhaltig
L-Ag5P	Schmelzbereich 650 bis 810 °C	silberhaltig
L-Ag15P	Schmelzbereich 650 bis 800 °C	silberhaltig

Die Auswahl der verwendeten Lote erfolgt nicht selten über den Preis. Die Unterschiede sind wegen des hohen Silberpreises beachtlich, der Unterschied zwischen L-CuP6 und L-Ag15P beträgt etwa 25 €.

Aber Vorsicht! Verarbeitungstemperatur, Fließvermögen des Lotes, statische und dynamische Belastbarkeit der Lötstelle sowie Zeitaufwand zum Löten sind bei der Verwendung der einzelnen Lote sehr unterschiedlich. Mit steigendem Silbergehalt verbessern sich die vorgenannten Eigenschaften.

Bei der Verarbeitung von silberfreiem Kupferlot L-CuP6 muss das Werkstück beachtlich höher erhitzt werden als bei L-Ag15P, damit das Lot gut fließt. Dies äußert sich dann in der Farbe des verarbeiteten Kupfers. Die Verbindungsstelle ist schwarz gefärbt.

Blind löten, d. h. ohne direkte Einsichtmöglichkeit, z. B. in Kanälen oder bei Wandmontage, wird sehr schwierig. Dies haben die im Anschluss durchgeführten Dichtheitsprüfungen gezeigt.

Der unmittelbare Mehraufwand an Zeit, bedingt durch höhere Temperaturen, ist nicht unbedeutend. Da im Temperaturbereich über 700 °C Kupfer bereits glüht, geht es nicht nur um die höheren Wärmeverluste wegen der höheren Temperatur durch Konvektion. Überproportional steigen auch die Verluste durch Strahlung.

Untersuchungen haben gezeigt, dass der Zeitaufwand beim Löten mit L-CuP6 verglichen mit L-Ag15P (Löten auf Baustellen und im Werk) mehr als 10 % höher liegt.

Ein geübter Löter verarbeitet ein Kilogramm Lot – abhängig von den Rohrdurchmessern und dem Montagefreiraum – in 20 bis 25 Arbeitsstunden. Der Unterschied des Zeitaufwandes beträgt also mindestens zwei Arbeitsstunden. Das sind immer mehr als 25,– €; wobei eventuelles Nachlöten bei der Dichtheitsprüfung nicht berücksichtigt ist.

3.7 Rohrleitungsbrüche, Ursachen und Vermeidung

Es sind Normen in Vorbereitung, in denen Grenzwerte für Kältemittelverluste aus Kälteanlagen benannt werden sollen. Geplant sind Werte x % der Kältemittelfüllung/Jahr. Rohrleitungsbrüche, die häufig den Verlust der gesamten Kältemittelfüllung einer Anlage zur Folge haben, sind bei diesen maximal zulässigen Verlusten nicht berücksichtigt.

Rohrleitungsbrüche bedeuten nicht nur eine unnötige Kältemittelemission in die Atmosphäre, sie kosten auch unmittelbar Geld. Die teure Kältemittelfüllung muss ersetzt werden, ein Serviceeinsatz wird nötig, und die gekühlte Ware – ob in einem Verkaufskühlmöbel oder Lagerraum – ist gefährdet. Finanzielle Schäden entstehen im Havariefall dann auch bei anderen Prozessen, die Kühlung erfordern.

Glücklicherweise kommen Rohrleitungsbrüche nicht sehr häufig vor, aber jeder Fall ist ein Fall zuviel.

Die wesentlichen Ursachen für Rohrleitungsbrüche sind, geordnet nach deren Häufigkeit:

- Unzulässig hohe Schwingungen von Rohrleitungen, verursacht durch:
  - Mechanische Schwingungen der Verdichter,
  - Gaspulsationen in den Rohrleitungen,
  - strömungsmechanische Vorgänge in Kältemittelflüssigkeitsleitungen,
- Unzulässige Belastungen von Rohrleitungen bei Längenänderung durch Temperaturschwankungen, verursacht durch:
  - Unsachgemäße Rohrleitungsverlegung,
  - falsche Rohrleitungsbefestigung,
  - Verwendung ungeeigneter Rohrhalter.
- Chemische Einwirkungen auf die Lötstelle:
  - Selektive Korrosion bei phosphorhaltigen Loten durch Einwirkung von Schwefelwasserstoff und Schwefeldioxid.

Mechanische Schwingungen der Verdichter

Ursache

Diese Ursache tritt vorrangig bei Hubkolbenverdichtern auf. Die Massenkräfte sind in der Regel ausgeglichen; Kräfte aus den Momenten, die an der Kurbelwelle wirken, werden wegen der endliche Steifheit der Verdichtergehäuse auf den Unterbau übertragen.

Die Schwingstärke steigt mit steigendem Verflüssigungsdruck.

Ausrichtfehler als Ursache sind nur bei offenen Verdichtern möglich.

Maßnahmen zur Vermeidung

Die genannten Kräfte wirken auf den Unterbau, meist einen Maschinenrahmen. Als Abhilfemaßnahme werden entweder Dämpfungselemente zwischen Verdichterfüßen und den Rahmen eingesetzt oder der gesamte Rahmen *tief abgestimmt.* D. h., der gesamte Verdichtersatz wird auf Schwingelemente gesetzt, sodass seine Eigenfrequenz auf Werte < 20 Hz (optimal < 10 Hz) gebracht wird.

Pulsationen in den Rohrleitungen

Ursachen

Die Umlenkung des Kältemittelstroms in einer Rohrleitung – das geschieht in jedem Rohrbogen – bewirkt Reaktionskräfte. Diese müssen entweder von Rohr selbst oder den Halterungen aufgenommen werden, sie wirken in jedem Fall nach außen. Zur Erklärung: Ein aufgerollter Schlauch beispielsweise streckt sich (man denke an den Wasserschlauch im Garten), wenn er von einem Medium durchströmt wird.

Besonders bei Hubkolbenverdichtern ist der Kältemittelstrom – am intensivsten in der Druckleitung – nicht stetig, sondern pulsierend. Die Frequenz ist abhängig von der Drehzahl und der Zylinderzahl des Verdichters. Die Reaktionskraft an einem Rohrbogen oder in einem T-Stück ist somit nicht stetig und damit harmlos, sondern pulsierend. An dem Rohrbogen wirkt deshalb eine Wechselkraft, die zum Dauerbruch führen kann.

Maßnahmen zur Vermeidung

Pulsationen können durch den Einbau von sogenannten *Mufflern* reduziert werden. Muffler wirken durch zwei Effekte: Volumenvergrößerung für den Kältemittelstrom und Drosselung (verbunden mit Druckanstieg vor der Drossel).

Pumpt beispielsweise ein Verdichterzylinder in einen großen Behälter, dann bewirkt eine hohe Druckschwankung in dessen Druckleitung nur eine geringe in dem großvolumigen Behälter und somit in dessen Austrittsleitung.

Große Druckschwankungen in einer Rohrleitung können auch in einer Drosselstelle bei Hinnahme eines bleibenden Druckverlustes reduziert werden. Diese Art der Dämpfung kostet Energie, da dadurch der Verdichtungsenddruck über den Verflüssigungsdruck erhöht wird.

Beide Maßnahmen werden in Mufflern genutzt, beide sind abhängig vom Volumenstrom, mit dem sie belastet werden. Einen Muffler entsprechend der Anschlussrohrleitungen auszuwählen, ist zu ungenau. Einige Hersteller nennen in ihren Auslegungsunterlagen die Kälteleistung in Abhängigkeit von Verdampfungs- und Verflüssigungstemperatur. Diese Aussage beschreibt indirekt den Volumenstrom des Kältemittels.

Muffler gehören deshalb nicht in die gemeinsame Druckleitung eines Verbundkältesatzes, sondern in die Einzeldruckleitung. Um zwischen Verdichter und Muffler Reaktionskräfte durch Umlenkkräfte zu vermeiden, sollten in diesem Rohrstück keine Bögen montiert sein.

Gute Erfolge bei der Vermeidung von Gaspulsation in der Druckleitung lassen sich schon durch deren Dimensionierung erzielen. Also niemals ohne Berechnung die Druckleitung dem Durchmesser des Druckabsperrventils anpassen. Ein Druckabfall von etwa 0,3 bar vermeidet in der Regel bereits gefährliche Pulsationen.

Strömungsmechanische Vorgänge in Kältemittelflüssigkeitsleitungen

Ursachen

Starke Unterkühlung des Kältemittels im Tiefkühlbereich (bei den Kältemitteln R404A, R407C, R507 usw. aus thermodynamischen Gründen zur Verbesserung des COP geboten) machen aus der Kältemittelflüssigkeit eine praktisch *nicht siedende* Flüssigkeit. Dampfentwicklung bei geringen Druckabsenkungen findet nicht statt.

Das hat Folgen auf das Verhalten automatischer Ventile wie Magnetventile und TEV. Magnetventile in solchen Rohrleitungen müssen entsprechend der Herstellerangaben ausgelegt (abhängig vom Massenstrom) und nicht einfach entsprechend dem Durchmesser der Flüssigkeitsleitung gewählt werden. Die Auslegungsunterlagen der Hersteller geben an, in welchem Bereich (bei welcher Druckdifferenz) das Magnetventil stabil arbeitet, d. h. geöffnet bleibt. Zu groß gewählte Magnetventile fallen zwischendurch zu mit der fatalen Folge, dass die strömende Flüssigkeitssäule dabei abrupt verzögert wird und einen hydraulischen Stoß verursacht, der die Rohrleitung in unkontrollierbare Schwingungen versetzt. Diese Schwingungen können derart heftig werden, dass selbst die Halterungen gefährdet sind.

Auch die TEV können aus *zweierlei Hinsicht* Ursache solcher Schwingungen sein.

Es ist geboten, den *Abstand zwischen dem Magnetventil* (zur Leistungsregelung des Verdampfers) *und dem TEV* so gering wie möglich zu halten. Wird der Verdampfer abgeschaltet und das Magnetventil schließt, öffnet das TEV, da sich der Fühler des TEV an der Saugleitung erwärmt. Aus dem Rohrstück zwischen Magnetventil und TEV wird das Kältemittel abgesaugt. Wird der Verdampfer wieder zugeschaltet (das Magnetventil geöffnet), schießt das unterkühlte Kältemittel in dieses Rohrleitungsstück. Der freie Querschnitt des Magnetventils ist groß, der eines TEV dagegen sehr klein. Da wegen der Unterkühlung bei der Entspannung im Magnetventil kein dämpfender Drosseldampf entsteht, trifft das einschießende Kältemittel ungedämpft auf das TEV, wird abrupt verzögert und verursacht einen hydraulichen Stoß. Die Folge sind heftige Schwingungen der Flüssigkeitsleitung.

Zu *groß dimensionierte TEV* verhalten sich ähnlich wie vorstehend geschilderte Magnetventile, sie arbeiten nicht stetig, sondern intermittierend. Der Ventilkegel fällt periodisch ungedämpft auf den Sitz. Das Ventil schließt völlig. Auch hier treten als Folge hydraulische Stöße von zuweilen beachtlicher Stärke auf, welche die Flüssigkeitsleitung in heftige Schwingungen versetzen können.

Maßnahmen zur Vermeidung

TEV-Hersteller empfehlen aus diesem Grunde bei der Auslegung zu beachten, dass der Drosseldampfanteil, der bei der Kältemittelentspannung im TEV entsteht, mindestens 20 % betragen sollte. Das Kältemittel darf deshalb nicht zu stark unterkühlt sein.

In der Norm EN 378-2 wird vorgeschlagen:

- Einbau des MV möglichst dicht am TEV
- Einbau des Magnetventils in der Heißgasabtauleitung möglichst dicht am Verdampfer
- Vorfüllen der Rohrleitung durch Bypass-Leitung am Magnetventil
- Einbau eines langsam arbeitenden Magnetventils

Einige Hersteller bieten Dämpfungsbehälter für den Einbau in Flüssigkeitsleitungen an.

Falsche Rohrleitungsbefestigung

Werden zu starre Rohrleitungslängen ohne Bögen oder Kompensatoren – meist zwischen zwei Apparaten oder Verdichtersätzen – verlegt, besteht die Gefahr des Rohrleitungsbruchs.

Werden die Los- und Festpunkte bei der Rohrhalterung falsch oder willkürlich gewählt, ist der erforderlicher Freiheitsgrad für die Längenänderung nicht gegeben.

Bei langen Rohrleitungslängen ist es am günstigsten, das Festlager in der Mitte zu platzieren, damit die Längenausdehnung in beide Richtungen möglich ist und sich dadurch halbiert.

Verwendung ungeeigneter Rohrhalter

Gelegentlich werden Rohrleitungen zu starr gehaltert (z. B. direkt auf Montageschienen mit PU-Isolierschellen). Bei einer derart verlegten Rohrleitung kann Längenänderung nur durch Ausknicken erfolgen.

Ist die Gummieinlage (Körperschalldämmung) nicht temperaturbeständig und versprödet, kann sich das Kupferrohr am Stahlbügel durchscheuern.

Chemische Einwirkung auf die Lötstelle

Phosphorhaltige Lote sind ungeeignet in schwefelhaltiger Umgebungsluft. Im Wesentlichen handelt es sich um Schwefelwasserstoff (H_2S) aus Fäulnisprozessen. Bereits geringste Mengen an H_2S lösen eine sogenannte selektive Korrosion aus, durch die die Lötstelle undicht wird. Es sind Schädigungen bekannt, bei denen gelötete Rohrstücke von Hand auseinandergezogen werden konnten. Insbesondere bei der Kanalverlegung tritt gelegentlich selektive Korrosion auf.

Abhilfe kann geschaffen werden, indem in kritischen Bereichen keine phosphorhaltigen Lote verwendet werden. Die Durchsetzung dieses Vorschlags ist sicherlich schwierig. Aber auch ein Farbanstrich der Lötstelle bietet ausreichend Schutz.

Zusammenfassung

Zweifellos sind Schwingungen häufigste Ursache von Rohrleitungsbrüchen. Deren Ursachen wurden ausführlich beschrieben. Die Erfahrung lehrt, dass die meisten Brüche innerhalb der Verdichtersätze (Verbundkältesätze, Verflüssigungssätze) auftreten. Hier sind in erster Linie die Hersteller in der Pflicht. Messgeräte zur Feststellung und Bewertung solcher Schwingungen (Stroboskop, schnelle Druckaufnehmer und Speicher-Oszilloskop sowie Schwingungsmessgeräte) stehen auf den Baustellen nicht zur Verfügung. Außerdem sind die Kältemonteure mit diesen Geräten in der Regel nicht vertraut.

Welche Möglichkeiten hat der Kältemonteur, um derartige Schäden zu verhindern?

Die wichtigste Maßnahme ist die subjektive Beurteilung des Schwingverhaltens von Anlageteilen bei der Inbetriebnahme. Können auffällige Schwingungen nicht beseitigt werden, ist unbedingt Rücksprache mit dem Planer erforderlich.

Bei Anlagen, die im Winter in Betrieb genommen werden (bei niedrigen Verflüssigungsdrücken und Teillast), muss der Sommerbetrieb simuliert werden. Durch Sollwertveränderung ist die Verflüssigungstemperatur auf etwa t_C = 45 °C anzuheben in einer Phase hoher Anlagenleistung (z. B. nach dem Abtauen). Geschieht das nicht, sind zu späterem Zeitpunkt unliebsame Überraschungen möglich.

4 Inbetriebnahme und Betriebshinweise

Die nachstehenden Abschnitte sind keine Anleitung für eine chronologische Vorgehensweise bei der Inbetriebnahme einer Kälteanlage. Diese ist der speziellen Betriebsanleitung der jeweiligen Anlage zu entnehmen. Elektrische Maschinen und Schaltanlagen sowie MSR-Technik werden nicht behandelt. Die Inbetriebnahmetätigkeiten dieser wichtigen Anlagenteile erfolgt ebenfalls gemäß der Betriebsanleitungen der jeweiligen Hersteller und empfohlener Fachliteraturhinweise.

Gemeint sind hier u. a.

- Inbetriebnahme des Schaltschrankes,
- das Ausrichten des Elektromotors oder anderer Antriebe zu Verdichtern, Pumpen und Ventilatoren,
- Prüfung der Drehrichtung der Elektromotore,
- Überprüfung und Einstellung der Sicherheitsschalter und Regelgeräte.

4.1 Prüfungen vor der Inbetriebnahme

Am Aufstellungsort montierte oder teilweise montierte Kälteanlagen müssen ***vor*** dem Füllen der Anlage mit Kältemittel und ***vor*** der Inbetriebnahme Prüfungen unterzogen werden. Diese Prüfungen sind in der europäischen Norm EN 378-2:2000 und in überarbeiteter Form in der prEN 378-2 aufgelistet.

a) Prüfung der Unterlagen der Druckbehälter,
b) Prüfung der Sicherheitseinrichtungen,
c) Prüfung ausgewählter Schweißnähte an Rohrleitungen,
d) Prüfung ausgewählter Hartlötverbindungen an Rohrleitungen,
e) Prüfung der Kältemittelrohrleitungen,
f) Prüfung und Dokumentierung der Anordnung *(Ausrichtung)* von offenen Verdichtern, Pumpen, Ventilatoren usw. mit ihren Antrieben (Elektromotor bzw. Verbrennungsmotor),
g) Prüfung des Berichtes über die Dichtheitsprüfung der Kälteanlage,
h) Sichtprüfung der Kälteanlage *(s. EN 378-2)*
i) Prüfung der Kennzeichnung.

Diese Prüfungen sind grundsätzlich zu dokumentieren.

Auch die Betriebssicherheitsverordnung schreibt eine Prüfung vor Inbetriebnahme *überwachungsbedürftiger* Anlagen vor. Zu den überwachungsbedürftigen – und für die Kältetechnik relevanten – Anlagen in diesem Sinne (gem. Geräte- und Produktsicherheitsgesetz) gehören z. B.:

- Druckbehälteranlagen,
- Anlagen zur Abfüllung von verdichteten, verflüssigten oder unter Druck gelösten Gasen,
- Leitungen unter inneren Überdruck für brennbare, ätzende oder giftige Gase, Dämpfe oder Flüssigkeiten,
- Anlagen in explosionsgefährdeten Bereichen,

Diese Anlagen müssen vor der erstmaligen Inbetriebnahme unter Berücksichtigung der vorgesehenen Betriebsweise durch eine *zugelassene Überwachungsstelle* (ZÜS) bzw.

eine *befähigte Person* auf ihren ordnungsgemäßen Zustand hinsichtlich der Montage, der Installation, den Aufstellungsbedingungen und sicheren Funktion geprüft worden sein.

Welche Anlagen durch die befähigte Person geprüft werden dürfen, ist in § 14 (3) der BetrSichV beschrieben.

Nicht überwachungsbedürftig sind danach lediglich (Kälte-)Anlagen, deren Druckbehälter unter Art. 3, Abs. 3 der DGRL fallen sowie Rohrleitungen für nicht brennbare, nicht ätzende oder nicht giftige Gase, Dämpfe oder Flüssigkeiten; d. h. Kälteanlagen

mit FKW/HFKW-Kältemitteln:	Rohrleitungen nicht überwachungsbedürftig, Druckbehälter PS × V < 50 Bar × Liter;
z. B. mit Ammoniak als Kältemittel:	Rohrleitungen ≦ DN 25, Druckbehälter PS × V < 25 Bar × Liter.

Vorstehende Ausführungen zeigen, dass der mit Inbetriebnahme und Service betraute Kältemonteur nur dann *befähigte Person* ist, wenn er sich mit den genannten Regelwerken vertraut gemacht hat. Gemäß § 2 (7) müssen befähigte Personen über Fachkenntnisse verfügen, die sie durch

- Berufsausbildung,
- Berufserfahrung und
- zeitnahe berufliche Tätigkeit

erworben haben (siehe auch TRBS 1203, Befähigte Personen, Allgemeine Anforderungen).

Näher eingegangen werden soll auf die Druckfestigkeits- und Dichtheitsprüfungen. Vor dem Befüllen mit Kältemittel muss geprüft werden, ob die bei der Montage vorgenommen Verbindungen – Löt-, Schweiß-, Schraub- oder Flanschverbindungen – dem jeweiligen *maximal zulässigen Druck* (PS) standhalten und dabei dicht sind. Diese Prüfungen können abschnittsweise mit dem Baufortschritt vorgenommen werden. Grundsätzlich müssen alle verwendeten Bauteile vorher einer erfolgreichen Prüfung der Druckfestigkeit unterzogen worden sein. In einigen Ausnahmefällen können Anlagenteile gemeinsam mit der Anlage geprüft werden. Die Durchführung einer Druckfestigkeitsprüfung der Anlage (Baugruppe) schreibt die Druckgeräterichtlinie (DGRL) vor, Einzelheiten der Druckfestigkeitsprüfung regelt die Norm EN 378-2 bzw. regeln die jeweiligen Produktnormen.

Die Dichtheitsprüfung kann bis zum Erreichen des maximal zulässigen Drucks parallel zur Druckfestigkeitsprüfung stattfinden.

Die gesetzlichen Vorschriften hierfür sind festgelegt in der

- *Druckgeräterichtlinie*
- EN 378-2 und weitere mitgeltende Normen,
- *Geräte- und Produktsicherheitsgesetz (GPSG)*
- Betriebssicherheitsverordnung
- Prüfung der Aufstellung der Druckbehälter (Apparate) durch den Sachverständigen oder den Sachkundigen oder auch der Rohrleitungen bei Kälteanlagen mit brennbaren, giftigen oder ätzenden Stoffen (TRB, TRR).
- Berufsgenossenschaftliche Regeln für Sicherheit und Gesundheit bei der Arbeit BGR 500, Kap. 2.35 Betreiben von Kälteanlagen, Wärmepumpen und Kühleinrichtungen.

4.1.1 Durchführung der Prüfungen

Druckfestigkeitsprüfung

Da nach Möglichkeit die Druckfestigkeits- und die grobe Dichtheitsprüfung in einem Arbeitsgang durchgeführt werden sollten, werden die Prüfungen an der fertigmontierten, jedoch an den Verbindungsstellen noch nicht isolierten, Kälteanlage vorgenommen. Zur Druckerzeugung ist ein ungefährliches, inertes Gas (vorzugsweise Stickstoff) zu benutzen.

Die erforderlichen Prüfdrücke werden entweder vom Hersteller errechnet oder von spezifischen Werten der einzelnen Kältemittel entsprechend einer Tabelle in der EN 378-2 in Abhängigkeit der Umgebungsbedingungen hergeleitet.

Umgebungsbedingungen	**≤ 32 °C**	**≤ 43 °C**
Hochdruckseite mit luftgekühltem Verflüssiger	55 °C	63 °C
Hochdruckseite mit wassergekühltem Verflüssiger oder Verdunstungsverflüssiger	43 °C	43 °C
Niederdruckseite	32 °C	43 °C

Hinweis: Die noch in Arbeit befindliche prEN 378-2 sieht erweiterte Umgebungsbedingungen (zusätzlich 38 °C und 55 °C) und Änderungen bei der Bestimmung des maximal zulässigen Drucks für die ND-Seite vor.

Hieraus ergeben sich für einige Kältemittel folgende maximale zulässige Drücke:

Tabelle 4-1: Prüfüberdrücke für Kältemittel

Kältemittel	**ND-Seite**		**HD-Seite**		
	Umgebung 32 °C	Umgebung 43 °C	luftgekühlt, Umgebung 32 °C	luftgekühlt, Umgebung 43 °C	wasser-gekühlt
R134A	7,2 bar	10,0 bar	14,0 bar	17,0 bar	10,0 bar
R404A	14,0 bar	18,6 bar	24,8 bar	29,6 bar	18,6 bar
R507A	14,4 bar	19,2 bar	25,7 bar	30,9 bar	19,2 bar
R717, Ammoniak	12,7 bar	16,8 bar	22,2 bar	26,5 bar	16,8 bar

In der Praxis werden die vorstehend aufgelisteten Drücke als maximal zulässige Drücke nach oben gerundet. Maßgebend sind die auf den Typschildern der Gesamtkälteanlage, der Behälter, Verdichter und Pumpen angegebenen maximal zulässigen Drücke (PS).

Die Festlegung des Prüfdrucks erfolgt nach EN 378-2 in Abhängigkeit von PS.

Wenn eine Druckprüfung – unter Einschluss der Druckbehälter – mit mehr als dem einfachen (z. B. 1,1fach) des maximal zulässigen Drucks durchgeführt werden muss, ist diese mit den örtlichen Gewerbeaufsichtsämtern abzustimmen (AD-Merkblatt HP 30).

Dichtheitsprüfung

Die Dichtheitsprüfung soll den Nachweis erbringen, dass die Kälteanlage hinsichtlich Umweltrelevanz, Betriebssicherheit und Funktionstüchtigkeit den Anforderungen der Regelwerke und der Praxis entspricht. D. h.:

- das eingefüllte Kältemittel darf nicht entweichen und
- in Anlagenteile, die bei Unterdruck betrieben werden, darf keine Luft eindringen.

An dieser Stelle soll die Dichtheitsprüfung *an der Baustelle* behandelt werden. Es ist vorteilhaft, wenn die verwendeten Komponenten bereits werksseitig einer Dichtheitsprüfung unterzogen wurden, was in der Regel auch geschieht. Zum einen stehen in den Werken wirkungsvollere Prüfmethoden zur Verfügung (z. B. Heliumtest), zum anderen brauchen dann nur die vor Ort gefertigten Verbindungen (meist in Rohrleitungen) geprüft werden. Eine europäische Norm *Dichtheit von Bauteilen* ist in Arbeit.

Die Anforderungen in den Regelwerken (Normen) an Dichtheitsprüfungen orientieren sich zunehmend an der Umweltrelevanz, insbesondere bei der Verwendung von fluorierten Kältemitteln, die erwiesenermaßen Treibhausgase sind, mit einem GWP > 150. Durch Leckagen emittiert nicht nur das Kältemittel in die Atmosphäre, Kältemittelmangel in der Anlage erhöht auch den Energiebedarf und wirkt somit negativ auf die CO_2-Bilanz und den TEWI (siehe 1.8.5).

Am 4. Juli 2007 ist die Verordnung (EG) 842/2006 über bestimmte fluorierte Treibhausgase (F-Gase Verordnung) in Kraft getreten, die in Artikel 3 die *Reduzierung der Emission* von Kältemittel beinhaltet. Danach müssen „unter Einsatz aller technisch durchführbaren und nicht mit übermäßigen Kosten verbundenen Maßnahmen das Entweichen der Gase aus Lecks verhindert und alle entdeckten Lecks, aus denen fluorierte Treibhausgase entweichen, so rasch wie möglich repariert werden".

Die F-Gase Verordnung schreibt hierfür auch Intervalle für regelmäßige Dichtheitskontrollen vor, auf die wir in Abschnitt 4.2.2.4 noch zu sprechen kommen. Zur Durchführung dieser Dichtheitskontrollen darf nur entsprechend ausgebildetes und zertifiziertes Personal eingesetzt werden.

In der europäischen Norm EN 378-2:2000 ist unter 9.4 die Durchführung von Dichtheitsprüfungen ausführlich beschrieben. Es soll hier aber auch erwähnt werden, dass sich diese Beschreibungen nicht in allen Punkten mit den Berufserfahrungen des Autors decken.

Die in Arbeit befindliche prEN 378-2 formuliert andere Anforderungen und Vorgehensweisen. Für die an einer Baustelle montierten Anlage müssen die Verbindungen mit einem Leckdetektor oder mit Hilfe eines Blasentests (entsprechend einer in EN 1779 beschriebenen Nachweisempfindlichkeit überprüft werden.

Der Prüfdruck darf hierbei 1,0 $\times$ PS nicht überschreiten.

Niedrigere Prüfdrücke sind zulässig, sofern eine gleichwertige Nachweisempfindlichkeit gegeben ist. Die F-Gase Verordnung nennt als Prüfdruck für hermetisch geschlossene Systeme mindesten 0,25 $\times$ PS bei einer mit Kältemittel gefüllten Anlage und einer Nachweisempfindlichkeit von < 3 g/a.

Leckdetektoren (nach EN 14624) für Montageeinsatz mit einer Ansprechempfindlichkeit von < 3 g/a sind auf dem Markt. Der Prüfdruck 0,25*PS kann bei fast allen Kältemitteln bei einer Umgebungstemperatur < 5 °C erreicht werden.

Soll von den genannten Prüfverfahren abgewichen werden, muss der Hersteller ein gleichwertiges Verfahren nennen

Dem Prüfverfahren mit Kältemittel sollte im Rahmen der Inbetriebnahme stets eine *Grobprüfung* vorangehen, um nicht unnötig Kältemittel einfüllen und wieder absaugen zu müssen. Auch dies kann an der kompletten Anlage oder an Anlageteilen erfolgen. Diese Grobprüfung kann eine Überdruckprüfung oder eine Vakuumprüfung sein.

Prüfung bei Überdruck

Zur Dichtheitsprüfung wird die Anlage schrittweise bis auf den maximal zulässigen Druck mit trockener, ölfreier Luft oder vorzugsweise Stickstoff aufgedrückt. Die Normen empfehlen die Verwendung von Luft zur Prüfung nicht.

Zur Durchführung der Dichtheitsprüfung muss der Kältemonteur Folgendes wissen und beachten:

- In den meisten Undichtigkeiten (Poren) herrschen Strömungsbedingungen (viskos-laminare Strömung), bei der die austretende Menge mit dem Quadrat des Innendrucks steigt. D. h., eine Verdoppelung des Prüfdrucks hat eine Vervierfachung der austretenden Menge zur Folge. Dadurch wird die Ortung einer Undichtigkeit erleichtert. Für eine erfolgreiche Dichtheitsprüfung ist deshalb ein möglichst *hoher Prüfdruck* (maximal 1,0*PS) erforderlich.
- Undichtigkeiten haben in der Regel nur sehr geringe Querschnitte und sind deshalb von Flüssigkeiten (Wasser oder Öl) schnell verstopft. Es dauert einige Zeit, bis solche Flüssigkeitspfropfen durch die Pore gedrückt werden. Dichtheitsprüfungen, bei denen der Prüfdruck über einen bestimmten Zeitraum beobachtet und aufgezeichnet wird, benötigen Zeit und dürfen nicht zu frühzeitig abgebrochen werden. 12 bis 24 Stunden sind absolut gerechtfertigt.

Zum besseren Auffinden von Leckagen wurden dem Prüfgas gelegentlich Kältemittel zugesetzt. Dieses Verfahren ist bei Kältemittel mit ODP > 0 und GWP > 15 unzulässig. Grundsätzlich ist zu bedenken, dass diese Kältemittelanteile unvermeidbar in die Atmosphäre gelangen.

Niemals Ammoniak mit Luft mischen, das kann explosive Gemische ergeben.

Der zum Aufdrücken erforderliche Stickstoff darf nur über einen Druckminderer zwischen Stickstoff- Behälter und Anlage eingeleitet werden (siehe Abb. 4-5). Mit Hilfe des Kontrollmanometers am Druckminderer ist der maximal zulässigen Druck der Anlage einzustellen.

Wer diese Vorschrift außer Acht lässt, handelt fahrlässig!

Die zu prüfende Anlage ist entweder mit Betriebsmanometern ausgerüstet oder zur Dichtheitsprüfung bei Überdruck muss eine Monteurhilfe oder ein Prüfmanometer angeschlossen werden. Als erster Schritt sollte der Druck in der Anlage in Stufen auf etwa 1 bar und danach auf etwa 5 bar Überdruck gebracht werden. Dabei sind jeweils die Verbindungen (z. B. Lötstellen) mit einer schaumbildenden Substanz abzupinseln. Dieses schrittweise Vorgehen reduziert den Stickstoffverbrauch, falls zur Beseitigung gefundener Undichtigkeiten der Druck noch einmal abgelassen werden muss.

Aufgefundene undichte Stellen sind zu kennzeichnen. Die Suche ist solange fortzusetzen, bis alle Undichtigkeiten gefunden und markiert worden sind. Zur Beseitigung der Undichtigkeiten durch Nachlöten, Schweißen oder Austauschen einer Dichtung muss der Prüfdruck auf Atmosphärendruck gebracht werden. Das Nachziehen von Verschraubungen oder Schraubverbindungen kann bis zu einem Überdruck von etwa 1 bar während der Prüfung – *vorsichtig* – erfolgen.

Die erreichbare Nachweisempfindlichkeit dieser Methode beträgt etwa 50 g/a.

Wird eine Standprüfung bei Überdruck zur Dichtheitsprüfung durchgeführt, d. h. der Prüfdruck bleibt über einen bestimmten Zeitraum in der Anlage stehen, muss der Kältemonteur den Zusammenhang zwischen Druck und Temperatur bei Gasen berücksichtigen. Hierzu sind Prüfmanometer der Klasse 0,6 erforderlich.

Manchmal wird der Fehler gemacht, sich allein auf die Manometeranzeige zu verlassen. Die abends unter Prüfdruck gesetzte Anlage, die am nächsten Tag gegen Mittag wieder aufgesucht wird, zeigt eventuell sogar einen leichten Druckanstieg und kann trotzdem undicht sein. Erinnern wir uns an die allgemeine Zustandsgleichung für Gase (siehe 1.3.3)

$$p_2 = \frac{V_1 \cdot p_1 \cdot T_2}{V_2 \cdot T_1}$$

bei $V_1 = V_2$ (das Volumen der Anlage ist konstant) wird

$$p_2 = p_1 \cdot \frac{T_2}{T_1}$$

Neben der *Druckanzeige* des Manometers muss also die *Umgebungstemperatur* mit notiert werden.

Beispiel:

Beginn der Druckprüfung	$p_1 = 16{,}0$ bar
	$t_1 = 20$ °C
nach 12 Stunden wird gemessen	$p_2 = 15{,}9$ bar
	$t_2 = 25$ °C

Um welchen wirklichen Betrag ist der Druck gefallen?

$$p_2 = (16{,}0 + 1{,}0) \times \frac{273 + 25}{273 + 20} = 17 \times \frac{298}{293}$$

$$p_2 = 17{,}0 \times 1{,}017 - 1{,}0 = 16{,}3 \text{ bar Überdruck}$$

Der Druck in der Anlage ist nicht nur um 0,1 bar, sondern um 0,4 bar gesunken. Bei absolut dichter Anlage wäre auf Grund der um 5 K gestiegenen Außentemperatur der Prüfdruck von 16,0 auf 16,3 bar angestiegen.

Unser Beispiel zeigt aber auch, dass die Beurteilung der Dichtheit einer Anlage mit Hilfe der Überdruckprüfung problematisch ist. Die Erfassung der Umgebungstemperatur ist nicht immer einfach. Vielfach ist diese Temperatur nicht einheitlich. Teile der Anlage stehen im Freien, andere im Gebäude usw. Abhilfe schafft hier die Vakuumprüfung. Bei einem absoluten Druck von 1 mbar kann der Temperatureinfluss vernachlässigt werden (siehe 4.1.4).

Auch die Dichtheitsprüfung mit Hilfe eines Leckdetektors ist bei im Freien aufgestellten Anlagen oder Anlageteilen schwierig, da ungünstige Wetterbedingungen, vor allem Wind, die Prüfung erschweren.

4.1.2 Warum Evakuieren?

Bevor wir uns mit der Vakuumprüfung als Dichtheitsprüfung befassen, soll die Frage nach dem Sinn des Evakuierens behandelt werden.

Vor dem Füllen mit Kältemittel muss aus jeder Kälteanlage, gleichgültig mit welchem Kältemittel sie arbeitet, die Luft entfernt werden. Verbleibende Luft würde sich nach der Inbetriebnahme im Verflüssiger ansammeln, da sie in der Kälteanlage nicht verflüssigt werden kann oder vagabundiert im flüssigen Kältemittel gelöst durch den Kreislauf. Entsprechend des Volumenanteils und damit des Partialdruck der Luft würde sich der Druck im Verflüssiger erhöhen. Das kostet unnötigen Mehrbedarf an Antriebsleistung und führt letztlich zum Abschalten des Verdichters wegen Überdruck.

Ein weiterer Grund zum Evakuieren ist das Trocknen der Kälteanlage. Es ist nach der Montage einer Kälteanlage am Aufstellungsort nicht auszuschließen, dass die Anlage neben der Luftfeuchtigkeit auch freies Wasser enthält. FKW-Kältemittel und CO_2 reagieren mit Wasser und bilden äußerst korrosive Säuren.

Wir evakuieren also eine Anlage mittels der Vakuumpumpe, um sie einerseits luftleer zu machen und um dabei gleichzeitig im gesamten inneren System befindliche Feuchtigkeit, in Grenzen einschließlich des freien Wassers, herauszuholen.

Das bedeutet natürlich nicht, dass eine Vakuumpumpe flüssiges Wasser aus der Anlage saugt, sondern beim Evakuieren wird der Druck innerhalb der Anlage bis unter den Siedepunkt des Wassers abgesenkt.

Schlagen wir noch einmal Abschnitt 1.4.4 über das Sieden bzw. den Siedepunkt auf, wobei wir festgestellt hatten, dass der Siedepunkt des Wassers bei geringem Druck sinkt. Während Wasser in Höhe des Meeresspiegels bei einem Luftdruck von 1013 mbar siedet, sofern man es auf 100 °C erwärmt, wird es auf dem Mont Blanc in 4800 m Höhe bei einem dort vorhandenen Luftdruck von 555 mbar bereits bei 84 °C sieden. Dieser mit der Höhe abnehmende Luftdruck ist eine physikalische Gesetzmäßigkeit.

Aus Tabelle 4-2 können wir entnehmen, dass die Verminderung des Luftdrucks gleichzeitig den Siedepunkt des Wassers herabsetzt. Diese physikalische Gesetzmäßigkeit, Wasser bei niedrigerem Druck auch weit unter 100 °C verdampfen zu können, wird beim Evakuieren genutzt. Das freie Wasser verdampft bei niedrigem Druck und üblichen Umgebungstemperaturen; die Vakuumpumpe saugt das Luft- Wasserdampfgemisch ab und fördert es ins Freie.

Diesem an und für sich einfachen Verfahren sind jedoch auch Grenzen gesetzt. Wir erinnern uns, dass die Verdampfungswärme des Wassers groß ist. Sie beträgt etwa 2500 kJ/kg bei 20 °C, die von R404A etwa 150 kJ/kg. Diese Wärmemenge muss von außen in die Anlage eindringen können. Wärmegedämmte Anlagenteile können auf die beschriebene Weise nicht getrocknet werden. Bei etwa 0 °C und 6 mbar liegt der Tripelpunkt des Wassers. Den Druck unter diesen Wert abzusenken, ist beim Trocknen der Anlage nicht sinnvoll. Ferner sollte die Umgebungstemperatur mindestens 10 °C betragen. In kritischen Fällen können geeignete Teile der Anlage mit einem Warmluftgebläse zusätzlich erwärmt werden.

Dem Trocknen durch Evakuieren sind darüber hinaus Grenzen gesetzt, weil das spezifische Volumen des Wasserdampfes bei niedrigem Druck stark ansteigt; bei $t = 5$ °C beträgt $v = 147$ m³/kg. Eine zweistufige Vakuumpumpe, üblich für den Service, fördert bei 10 mbar Saugdruck ungefähr 10 m³/h. Das Entfernen von 1 Liter Wasser würde fast 15 Stunden dauern.

Tabelle 4-2: Abnahme des Luftdruckes mit der Höhe und der Siedepunkt des Wassers in diesen Höhen

Höhe [m]	Luftdruck [mbar]	Siedepunkt des Wassers [°C]
1 000	898,7	97,5
2 000	794,7	92
3 000	540	83
8 000	355,7	73,5
10 000	264,2	65

Sind größere Wassermengen aus der Anlage zu entfernen empfiehlt es sich, die Tiefpunkte der Anlage (z. B. Rohrleitungssäcke) zu öffnen und dann die Anlage mit erwärmtem, trockenem Stickstoff (Taupunkt –70 °C) zu spülen. Hierfür gibt es auch Geräte, die mit Luft arbeiten und in die Trockner und Erhitzer eingebaut sind. Danach kann dann evakuiert werden.

Die Kurve zur Tabelle 4-3 zeigt die Siedetemperaturen des Wassers und die Sublimationstemperatur des Eises auf der Abszisse sowie die zugehörenden Drücke auf der Ordinate. Bei einer Umgebungstemperatur von 20 °C und einem Druck in der Anlage von < 23,4 mbar beginnt in der Anlage verbliebenes Wasser zu verdampfen. Bei einem Druck von < 6 mbar und einer Umgebungstemperatur > 0 °C sublimiert entstandenes Eis.

Wird beim Evakuieren der Verlauf der Druckabsenkung notiert, erkennt man am Vakuummeter (sieh 4.1.5) eventuell einen Haltepunkt. Dieser Haltepunkt hängt von der Umgebungstemperatur ab und davon, ob sich freies Wasser in der Anlage befindet.

Das Wasser wird dann verdampfen, wenn der Druck (Vakuum) soweit abgesenkt ist, dass der zugehörende Siedepunkt des Wassers unterhalb der Temperatur der Umgebung liegt.

Das Wasser verdampft bei etwa gleichbleibendem Druck. Dabei wird die Temperatur des Restwassers etwas sinken, sodass ein weiterer, geringfügiger Druckabfall eintreten wird. Erst nachdem das Wasser restlos verdampft ist, sinkt das Vakuum auf niedrigere Werte.

Es ist also einleuchtend, dass bei hoher Umgebungstemperatur am schnellsten evakuiert werden kann. Wäre es da nicht naheliegend, Anlagenteile beim Evakuieren zu erwärmen?

Diese Frage lässt sich nicht pauschal bejahen.

Wenn bei kleinen Anlagen, die vollständig in einem Gebäude aufgestellt sind, die Umgebungslufttemperatur erhöht werden kann, dann ist das bestimmt vorteilhaft.

Ist die Anlage jedoch so groß und weitläufig montiert, dass eine Erwärmung der gesamten umgebenden Luft nicht möglich ist, wird die Antwort komplizierter. Das Erwärmen von Anlageteilen, in denen sich Wasser angesammelt haben könnte, ist nur dann sinnvoll, wenn der Druck, und damit die Siedetemperatur des Wassers, deutlich unter der Umgebungstemperatur *aller Anlagenteile* liegt. Anderenfalls würde der entstandene Wasserdampf an kälteren Stellen wieder kondensieren, bevor er die Vakuumpumpe erreicht.

Tabelle 4-3: Druck des Wasserdampfes über Eis und Wasser

Temperatur °C	Druck mbar	Temperatur °C	Druck mbar
–25	0,67	±0	6,1
–20	1,02	+5	8,7
–15	1,65	+10	12,2
–10	2,59	+15	17,0
–5	4,01	+20	23,4

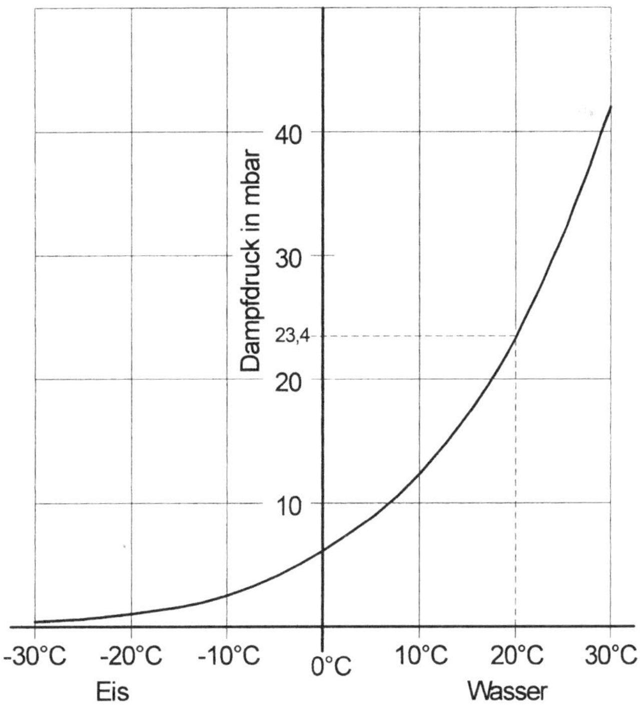

Je größer der Unterschied zwischen der Siedetemperatur des Wasser und der Temperatur der Anlagenteile ist, desto schneller erfolgt die Verdampfung des freien Wassers in der Anlage.

Das Evakuieren einer im Freien aufgestellten industriellen Großanlage, wie in der chemischen Industrie üblich, stellt in der Winterzeit ein Problem dar. Bei Temperaturen unter dem Gefrierpunkt befindet sich dann in der Anlage kein flüssiges Wasser, sondern Eis. Die Kältemonteure sollten vorbeugend sorgfältig darauf achten, dass in keine Anlagenteile Wasser gelangen kann. Die Planer solcher Anlagen müssen Absperrventile vorsehen, die eine abschnittsweise Evakuierung der Anlage ermöglichen. Das Beheizen dieser Abschnitte unter Zeltbauten wird so möglich.

Im Folgenden sollen noch Evakuierungs- und Trocknungsmethoden erwähnt werden, die lange Zeit praktiziert wurden und sich technisch bewährt hatten. Im Hinblick auf die heutige Umweltgesetzgebung und des entstandenen Umweltbewußtseins soll über dieses Thema nicht kommentarlos geschrieben werden. Beispielsweise ist die Methode des Vakuumbrechens mit Kältemittel und des zwei- oder dreimaligen Absaugens nicht mehr zu vertreten, weil das erforderliche Kältemittel von der Vakuumpumpe ins Freie geblasen wurde.

4.1.3 Evakuierungsmethoden

Näher eingegangen werden soll hier an Hand eines Beispiels auf das Evakuieren einer kleineren Kälteanlage bei Reparatur oder Erstbefüllung.

Nehmen wir als Beispiel eine R134a-Anlage, die undicht wurde, deren Füllung verloren gegangen ist und die danach einige Zeit gestanden hat, bis die Instandsetzung begonnen werden konnte. Da die Undichtigkeit – angenommen ein Bruch der Druckausgleichsleitung des TEV – auf der Saugseite entstanden ist, wurde feuchte Luft eingesaugt.

Nach durchgeführter Reparatur wird Monteurhilfe, Vakuumpumpe und Vakuummeter ordnungsgemäß an der Anlage angeschlossen (siehe Abb. 4-1), alle Ventile innerhalb des Kreislaufs werden geöffnet und die Vakuumpumpe eingeschaltet.

Anfangs geht das Absaugen relativ schnell vonstatten, wird aber mit sinkendem Anlagendruck merklich langsamer. Die Umgebungstemperatur beträgt 20 °C. Bei etwa 23 mbar Anzeige am Vakuummeter bleibt der Zeiger stehen. Wir haben offensichtlich den vorerwähnten Haltepunkt erreicht. Die Ursache ist Wasser, das sich wahrscheinlich an kalten Innenflächen der Anlage niedergeschlagen hat.

Nach einiger Laufzeit ist das Wasser in der Anlage bei einem Druck unterhalb von 23 mbar verdampft und abgesaugt, die Anzeige am Vakuummeter fällt weiter ab. Wir müssen uns dabei vorstellen, dass durch Wärme aus der Umgebung das Wasser in der Anlage bei 20 °C zum Sieden gebracht wurde.

Sobald bei laufender Vakuumpumpe der Anlagendruck auf etwa 3 mbar abgesunken ist, wird die Vakuumpumpe abgestellt und die Ventile der Monteurhilfe werden geschlossen. Steigt die Druckanzeige am Vakuummeter innerhalb einer Stunde nur geringfügig an, etwa auf 5 bis 6 mbar, kann das Vakuum mit R134a-Dampf gebrochen werden. Steigt die Druckanzeige jedoch über etwa 23 mbar an, muss der Absaugvorgang wiederholt werden.

Nehmen wir einmal an, nach einer halben Stunde wäre die Druckanzeige auf 6 mbar angestiegen und nach einer Stunde noch immer auf diesem Wert. Wie viel Wasser verbleibt dann in der Anlage?

Bei diesem niedrigen Druck kann der Luftanteil im Inneren vernachlässigt werden, es dominiert der Wasserdampf.

Wasserdampf hat bei p = 6 mbar und t = 20 °C ein spezifisches Volumen von

v = 210 m³/kg.

Daraus ergibt sich bei einem Anlagenvolumen von beispielsweise 0,1 m^3 ein Wassergehalt von

$$m = \frac{0{,}1}{210} = 0{,}00047 \text{ kg oder } 0{,}5 \text{ g}$$

Gehen wir einmal davon aus, eine Kälteanlage mit einem Volumen von 0,1 m^3 enthält eine Füllmenge von 40 kg R134a, dann würde der Wasseranteil des Kältemittels durch die Restfeuchtigkeit um

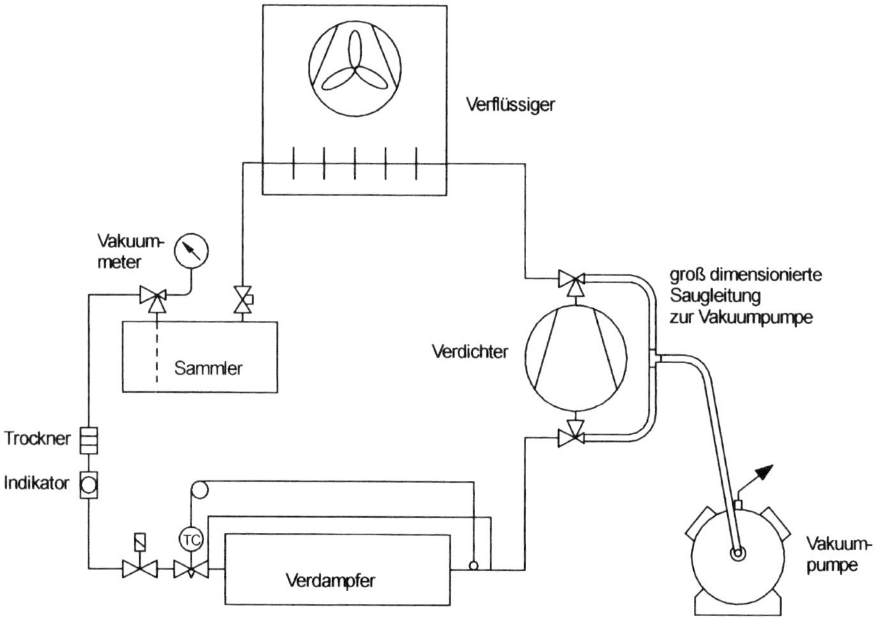

Abb. 4-1: Vakuumpumpe in Aktion

$$0{,}5 \cdot \frac{1000}{40} = 12{,}5 \text{ mg/kg oder } 12{,}5 \text{ ppm}$$

erhöht. Dieser Betrag sollte nicht vernachlässigt werden, ist aber noch nicht kritisch. FKW-Kältemittel werden vom Hersteller mit einem Wassergehalt von etwa 6 bis 7 ppm geliefert. Der addierte Wert 12,5 + 7 = 19,5 ppm liegt noch deutlich unter der Anforderung der DIN 8960.

Der vorstehend genannte Wert kann noch reduziert werden, indem das Evakuieren wiederholt und der Trockner der Anlage erneuert wird.

Die an Kältemittel gestellten Anforderungen sind in der DIN 8960 zusammengefasst und für die Einhaltung dieser Grenzwerte übernimmt der Hersteller die Garantie. Der Wassergehalt der in Originalabfüllung gelieferten Kältemittel darf folgende Grenzwerte nicht überschreiten:

Tabelle 4-4: Grenzwerte für Wassergehalt in der Originalabfüllung

	Kältemittel	halogenierte Kältemittel (R404A, R507A, R134a u. a.)
Wassergehalt höchstens	Masse % mg/kg	0,0025 25

Der Wert mg/kg wird auch mit *ppm* bezeichnet.

Was bedeutet *ppm*?

Die Dimension *ppm* ist überall dort gebräuchlich, wo sehr kleine Mengen – meist nur Spuren – in einem anderen Stoff quantifiziert werden sollen. Die Abkürzung kommt von der amerikanischen Bezeichnung *parts per million* und bedeutet sinngemäß: Teile eines Stoffes in je einer Million des anderen.

10 ppm Wasser in einem Kältemittel heißt also:

10 Gewichtsteile Wasser in 1 Million Gewichtsteile Kältemittel. In Gewichtseinheiten ausgedrückt entspricht 10 ppm = 10 Milligramm pro 1 Kilogramm.

Zusammenfassung

- Kälteanlagen müssen grundsätzlich vor dem Befüllen mit Kältemittel (auch bei Ammoniak) evakuiert werden. Durch das Evakuieren werden die Anlagen getrocknet und können anschließend mit Hilfe einer Vakuumprüfung grob auf Dichtheit geprüft werden.
- Das Entfernen großer Mengen an freiem Wasser ist durch Evakuieren nicht zu erreichen. Erforderlicher Wärmeeintrag zum Verdampfen des Wassers ist nicht möglich. Das Volumen von Wasserdampf bei Drücken unter 20 mbar ist zu groß. Üblicherweise eingesetzte Vakuumpumpen sind hierfür zu klein.
- In das System eingedrungene große Wassermengen (z. B. bei Rohrbruch in wasserdurchströmten Apparaten) müssen an tiefliegenden Sammelstellen abgelassen (eventuell Rohre anbohren) und anschließend durch Spülen mit getrockneter Heißluft oder trocknem Stickstoff (Taupunkt –70 °C) entfernt werden.
- Das früher übliche, mehrfache Brechen des Vakuums mit Kältemittel zum Zwecke des Entlüftens und vor allem des Trocknens der Kältemittelanlage (insbesondere bei FKW-Anlagen) darf nicht mehr angewandt werden.

4.1.4 Vakuumtest als Dichtheitsprüfung

Der Vakuumtest als Dichtheitsprüfung kann meist nur als Grobprüfung betrachtet werden. Das Ergebnis des Tests hängt stark vom Volumen der Anlage ab, der Test wurde ursprünglich zur Dichtheitsprüfung von Apparaten eingeführt.

Der *Vorteil* liegt u. a. darin, dass bei der Prüfung die Gesamtanlage erfasst wird. Die Vakuumprüfung ist nicht von Temperaturschwankungen und der Sorgfalt des Prüfers abhängig. Auch unzugängliche Stellen werden mit erfasst. Bei negativem Ergebnis ist die Undichtigkeit allerdings noch zu suchen.

Nachteilig ist der erhebliche Zeitaufwand (Prüfzeit 6 + 24 Stunden), die geringe Druckdifferenz (nur 1 bar) bei der Prüfung sowie die entgegengesetzte Strömungsrichtung in einem eventuellen Leck zwischen Prüf- und Betriebsfall.

Die erreichbare Nachweisempfindlichkeit beträgt etwa 50 g/a.

Doch zurück zum Evakuieren: Nach Anschluss der Vakuumpumpe über eine möglichst *kurze* und *großdimensionierte* Saugleitung und Installation des Vakuummeters – am besten am System und nicht an der Pumpe – lassen wir die Pumpe laufen und beobachten das Absaugen am Vakuummeter. Der Druck sinkt anfangs relativ schnell, später langsamer, und es kann, wie wir wissen, auch zu einem Haltepunkt kommen. Dann befindet sich noch Feuchtigkeit in der Anlage.

Die Vakuumpumpe wird erst abgeschaltet, wenn ein Druck von etwa 1 mbar erreicht ist.

Wird dieser Druck nach mehrstündigem Lauf der Vakuumpumpe und damit auch mehrstündigem Trocknen erreicht und steigt der Druck bei abgestellter und abgesperrter Vakuumpumpe innerhalb von 24 Stunden nicht mehr als 0,1 bis 0,5 mbar an, kann die An-

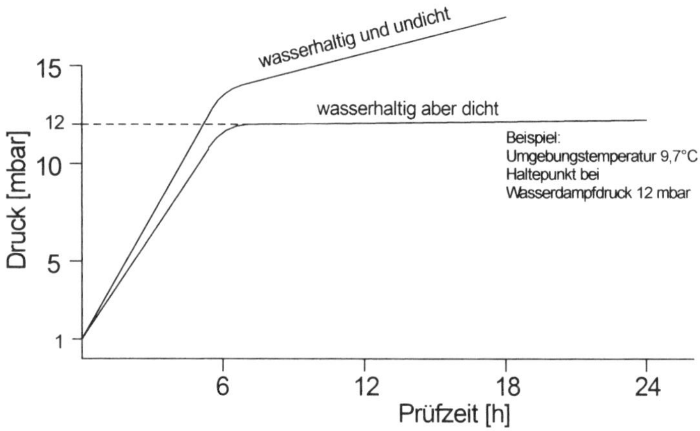

Abb. 4-2: Druckanstieg einer wasserhaltigen, undichten und einer wasserhaltigen aber dichten Anlage

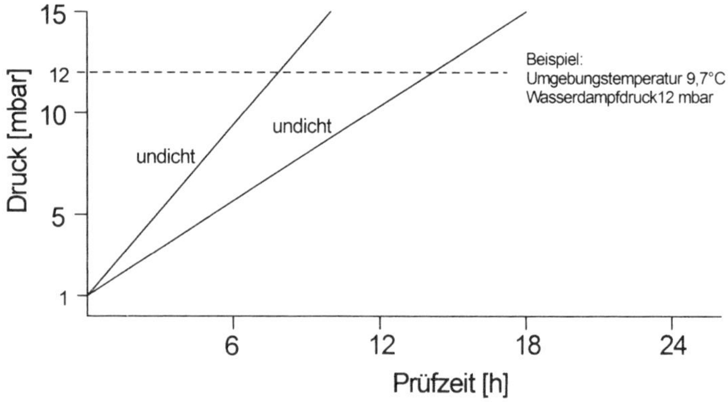

Abb. 4-3: Druckanstieg zweier undichter Anlagen

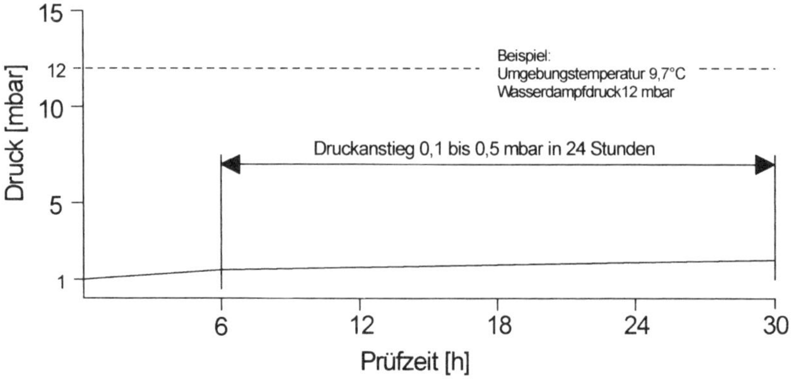

Abb. 4-4: Druckanstieg einer trockenen und dichten Anlage

lage als dicht bezeichnet und zum Befüllen mit Kältemittel freigegeben werden. Eventuell dennoch vorhandene Undichtigkeiten sind ohne Leckdetektor nicht auffindbar.

Ein *zulässiger* Druckanstieg nach 24 Stunden Prüfzeit ist schwer zu definieren, da er vom Anlagenvolumen abhängig ist. Über eine gleich große Pore einströmende Luft bewirkt bei geringem Anlagenvolumen einen höheren Druckanstieg als bei großem Anlagevolumen. Geht man von einem praxisnahen Kältemittelverlust von beispielsweise 3 % pro Jahr aus, dann darf der Druckanstieg bei einer kleinen Anlage mit einer Kältemittelfüllmenge von 10 bis 15 kg etwa 0,5 mbar in 24 Stunden betragen, bei einer Anlage mit einer Kältemittelfüllmenge von 100 kg maximal 0,1 mbar in 24 Stunden (bei noch größeren Anlagen darf kein Druckanstieg erkennbar sein).

In den ersten Stunden der Prüfzeit wird der Druckanstieg durch Ausgasungen aus den Poren der Anlageninnenwände bestimmt. Mit dem Notieren der Druckanstiegskurve sollte deshalb erst nach Ablauf von sechs Stunden begonnen werden.

Zur Bewertung ist es erforderlich, den Anstieg des Vakuummeters zu beobachten und stündlich aufzuschreiben oder mittels Datenlogger aufzuzeichnen.

Steigt der Druck stetig an, bleibt aber bei einem Dampfdruck, der der Umgebungstemperatur entspricht, stehen, dann befindet sich noch Wasser bzw. Feuchtigkeit in der Anlage. Die Trocknung muss fortgesetzt werden.

Ist die Anlage undicht, dann steigt der Druck ständig an. Je größer die Undichtigkeit, um so schneller erfolgt der Druckanstieg, d. h. um so steiler verläuft die Kurve nach oben.

Es ist durch langjährige Praxis erwiesen, dass die vorgenannten Druckanstiege erreicht und unterschritten werden können. Entsprechende Vakuummeter sind zu vertretbaren Preisen im Fachhandel erhältlich. Es sei an dieser Stelle nochmals betont:

Bei großem Anlagenvolumen darf der Druckanstieg 0,1 mbar, bei kleinem Anlagenvolumen 0,5 mbar nicht übersteigen.

Werden die vorgenannten Werte überschritten, muss die Leckstelle gesucht werden. Das ist nur durch eine erneute Druckprüfung (4.1.1) möglich.

Einige Vakuummeter (Hersteller US Firmen) haben Skalen in Micron.

	Micron	mbar	Pa	mmHg
Micron	1	0,00133	0,133	0,001
mbar	750	1	100	0,75
Pa	7,5	0,01	1	0,0075
mmHg	0,001	1,33	133	1

Hinweis:

Sämtliche Arten von Druckschaltgeräten und Transmittern auf der Niederdruck- sowie der Hochdruckseite, deren Messwerke durch eine Membrane oder Faltenbälge vom Kältemittelkreislauf getrennt sind, sowie Berstscheiben (unter Sicherheitsventilen), dürfen nicht in die Vakuumprüfung einbezogen werden. Membranen und Faltenbälge könnten sich bei tiefem Vakuum bleibend verformen oder bersten. Die Geräte wären unbrauchbar.

Falls vom Hersteller nicht anders lautend bestätigt, müssen diese Geräte zur Vakuumprüfung ausgebaut und deren Anschlüsse verschlossen werden. Der Wiedereinbau kann erfolgen, nachdem das Vakuum gebrochen ist und bevor der Anlagendruck über Atmosphärendruck erhöht wird.

4.2 Die Kältemittelfüllung

4.2.1 Das Füllen der Anlage mit Kältemittel

Grundsätzlich müssen wir unterscheiden:

- Füllen von Neuanlagen
- Füllen im Servicefall
  - Nachfüllen
  - Umstellen auf ein anderes Kältemittel

In beiden Fällen spielt dann noch die Füllmenge und das einzufüllende Kältemittel eine Rolle.

Bevor auf die eigentlichen Tätigkeiten eingegangen wird, sei noch der Hinweis gegeben, dass gemäß *Wasserhaushaltsgesetz (WHG § 19g)*, Kältemittel als wassergefährdende Stoffe aufgeführt sind. Kältemittel (und Kältemaschinenöle) sind in der Regel der *Wassergefährdungsklasse 2* (WGK 2) zugeordnet. Aufgrund dieser Zuordnung sind Schutzmaßnahmen definiert. Seminare zu diesem Thema werden von den verschiedenen Fachverbänden regelmäßig angeboten. Die WGK des speziellen Stoffes kann dessen *Datensicherheitsblatt* entnommen werden.

Der Betreiber einer Kälteanlage muss gemäß WHG für Arbeiten an seiner Kälteanlage – mit einigen Ausnahmen – Fachbetriebe (WHG, § 19l) beauftragen.

Hingewiesen sei ebenfalls auf die *EN 378-3* und *4* sowie die Berufsgenossenschaftliche Regeln für Sicherheit und Gesundheit bei der Arbeit, *BGR 500, Kap. 2.35* Betreiben von Kälteanlagen, Wärmepumpen und Kühleinrichtungen. Hierin ist der Umgang mit Kältemitteln und die dazu erforderliche persönliche Schutzausrüstung geregelt.

Weitere Verhaltensregeln für den Umgang mit FKW-Kältemitteln, Ammoniak, CO_2 u. a. sind der GESTIS-Stoffdatenbank der BGIA, Berufsgenossenschaftliches Institut für Arbeitsschutz, zu entnehmen (www.hvbg.de/d/bia/gestis/stoffdb/index.html).

4.2.1.1 Füllen von Neuanlagen

Vor dem Füllen einer Anlage muss sich der Kältemonteur mit den entsprechenden Kapiteln der Betriebsanleitung vertraut machen, sofern es sich nicht um eine Standardanlage handelt.

Eine Reihe von Inbetriebnahmetätigkeiten müssen vor dem Füllen erfolgreich abgeschlossen sein:

- Prüfungen gemäß EN 378-2, Anhang A und B, Prüflisten für äußere Sichtprüfungen;
- Druckfestigkeits- und Dichtheitsprüfung (siehe 4.1);
- Eventuell erforderliche Überprüfung von Schweiß- und Lötverbindungen (Zerstörungsfreie Prüfungen gemäß EN 378-2 und EN 14276-2);
- Herstellen der Betriebsbereitschaft der Verdichter (elektrischer Anschluss);
- Prüfung der Drehrichtung der Elektromotore;
- Befüllung der Verdichter mit dem vorgeschriebenen Kältemaschinenöl (Befüllung erfolgt auf Baustellen am besten vor dem Füllen mit Kältemittel unter Nutzung des vorhandenen Vakuums);
- Überprüfung der Befestigungsschrauben der Verdichter auf festen Sitz, entfernen eventuell vorhandener Transportsicherungen;
- Ausrichtung bei offenen Verdichtern von Verdichter und Antrieb;

- Prüfung der Einstellung sämtlicher Sicherheitsschalt- und Regelgeräte auf die vorgegebenen Werte und deren elektrische Funktionstüchtigkeit;
- Prüfung der Funktionstüchtigkeit und Drehrichtung der Ventilatoren (Luftkühler, Verflüssiger, Kopflüfter);
- falls vorhanden, Inbetriebsetzung von Kühlwasser- und Wärmeträgerpumpen;
- Verfügbarkeit der elektrischen Energie ist sichergestellt.

Abb. 4-5 zeigt anschaulich, wie die erforderlichen Geräte – Monteurhilfe und Vakuumpumpe sowie Stickstoff- und Kältemittelbehälter – beispielhaft an eine kleine Kälteanlage angeschlossen werden. Die Durchführung von Druckprüfung (Dichtheitsprüfung), Evakuieren/Trocknen und Füllen mit Kältemittel lassen sich anhand dieses Schemas gut erklären, unabhängig davon, ob es sich im speziellen Fall um eine kleine oder große Anlage handelt.

Wie das Schema zeigt, können wir die Kältemittelbehälter so an die Anlage anschließen, dass entweder gasförmiges oder flüssiges Kältemittel eingefüllt werden kann.

Denken wir daran: unsere Anlage steht unter einem Druck von 1 mbar bis 6 mbar. Bei 100 mbar, d. h. 0,10 bar, liegt die Sättigungstemperatur der Kältemittel

R134a	**unter –65 °C**	**R404A**	**unter –80 °C**
Ammoniak	**bei –70 °C**	**CO_2**	**bei –80 °C (Eisgebiet)**

Auf diese Temperaturen würde sich flüssiges Kältemittel nach der Entspannung sofort abkühlen. Hierfür sind die in der Kälteanlage eingesetzten Materialien in der Regel nicht geeignet. Die dabei zu erwartenden Temperaturdifferenzen bewirken Wärmespannungen, die nicht kontrollierbar sind.

Das Vakuum in der Anlage sollte deshalb nur mit *Kältemitteldampf* gebrochen werden. Das gilt auch für den Servicefall. Es ist sogar empfehlenswert erst dann flüssiges Kältemittel einzufüllen, wenn der Druck im System auf den Sättigungsdruck des betreffenden Kältemittels bei –10 °C bis 0 °C (siehe Temperaturskala auf dem Manometer) angestiegen ist.

Auf keinen Fall darf flüssiges Kältemittel bei niedrigeren Drücken in Rohrbündelapparate gelangen, in denen sich Wasser oder Wärmeträger befindet. Besonders dann nicht, wenn das Wasser durch die Rohre geleitet wird. In modernen Rohrbündelapparaten werden Innenrohre mit sehr geringen Nennweiten eingesetzt. Deren geringer Wasserinhalt ist in kurzer Zeit eingefroren, und bringt die Rohre zum Bersten.

Ist die Anlage mit einem Kältemittelsammler ausgerüstet, wird am besten über diesen gefüllt. Nachdem durch Füllen mit Kältemitteldampf (über Ventile A und B am Verdichter) das Manometer eine Sättigungstemperatur von etwa 0 °C anzeigt, wird der Kältemittelbehälter an dem Kältemittelsammler (Ventil C) angeschlossen. Wird ein Kältemittelbehälter ohne Steigrohr verwendet, muss dieser mit dem Ventil nach unten angeschlossen werden (Behälter dabei sicher lagern!), damit flüssiges Kältemittel entnommen werden kann.

Da die eingefüllte Kältemittelmenge dokumentiert werden muss, darf auf die Verwendung einer Waage nur verzichtet werden, wenn der gesamte auf dem Behälter vermerkte Inhalt eingefüllt wird.

Bei größeren Kälteanlagen, bei denen der Sammler eventuell weit entfernt aufgestellt ist, muss sinngemäß verfahren werden.

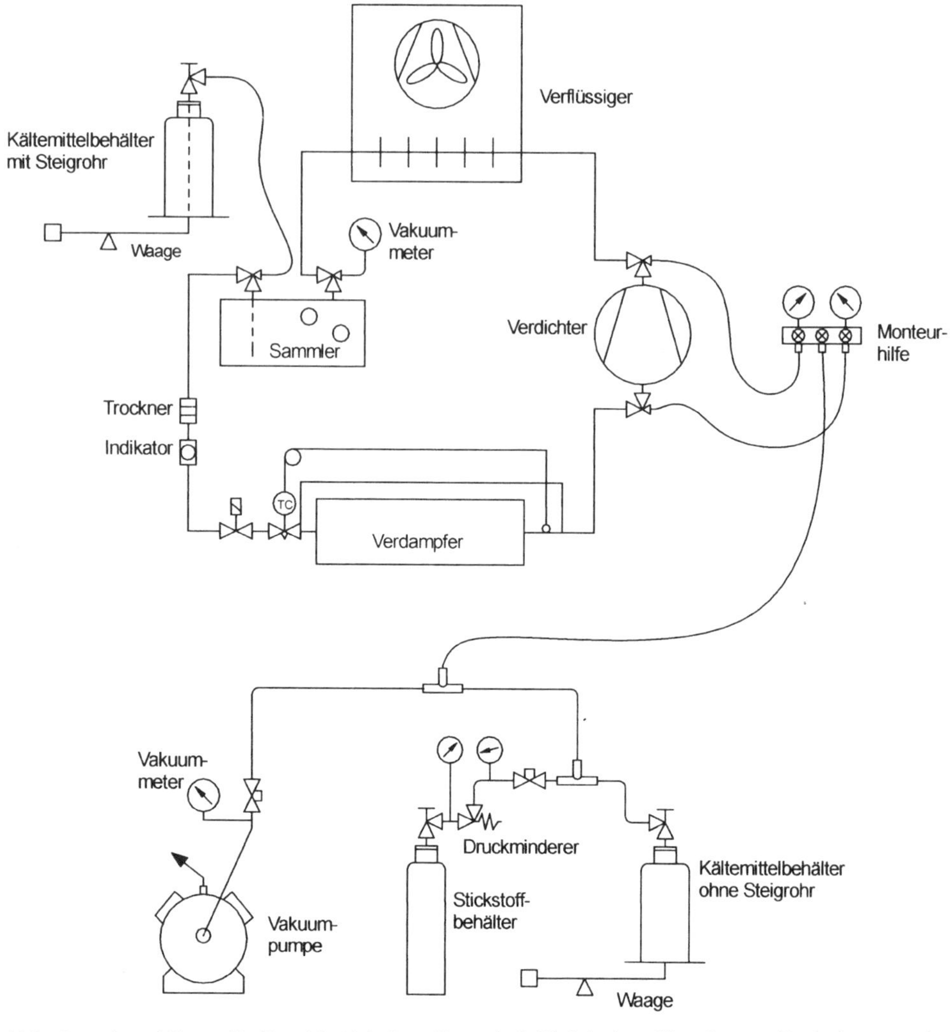

Abb. 4-5: Anschlüsse für Druckfestigkeitsprüfung (mit Dichtheitsprüfung), zum Evakuieren und Füllen einer kleineren Kälteanlage

Bei solchen Anlagen erfolgt das Füllen meist nicht mittels Monteurhilfe, sondern der Kältemittelbehälter wird direkt an einem hierfür vorgesehenen Füllventil angeschlossen.

Die einzufüllende Kältemittelmenge kann am Anlagenschild (als Orientierungswert) abgelesen werden. Es ist jedoch nicht immer sicher, dass die gesamte Menge an flüssigem Kältemittel im Sammler untergebracht werden kann. Besitzt der Sammler Schaugläser, werden diese beim Füllen beobachtet. Der Sammler darf nur soweit gefüllt werden, dass kein flüssiges Kältemittel bis in den Verflüssiger gelangt.

Ist kein Schauglas am Sammler vorhanden, kann der Füllstand mit einem kleinen Trick erfühlt werden. Dazu legt man einen mit heißem Wasser getränkten Lappen an den Sammler, sodass der Mantel erwärmt wird. Dort, wo die Innenfläche mit Flüssigkeit benetzt ist, wird die Wärme schneller abgeführt als an Flächen, wo sich Dampf befindet.

Mit dem Handrücken lässt sich diese Temperaturgrenze, die den Füllstand kennzeichnet, erfühlen. Niemals hierfür Lötlampe oder Schweißbrenner verwenden.

Der Kältemittelkreislauf sollte auf keinen Fall überfüllt werden. Das Ablassen von Kältemittel ohne Umweltbelastung ist stets zeitaufwendig. Sind etwa 70 bis 80 % der (bekannten) Kältemittelfüllmenge eingefüllt, wird die Anlage in Betrieb genommen. Dazu wird das Ventil des Kältemittelbehälters geschlossen und alle Ventile der Anlage in Betriebsstellung gebracht. Hierzu ist gemäß Betriebsanleitung der betroffenen Anlage vorzugehen.

Die Feinabstimmung der Kältemittelfüllung erfolgt dann bei laufender Anlage (meist bei Teillast).

Bei kleineren Anlagen wird über das saugseitige Absperrventil A des Verdichters Kältemitteldampf nachgefüllt, bei größeren Anlagen Kältemittelflüssigkeit über den Serviceanschluss des Absperrventils C des Sammlers (Ventil C dabei geschlossen) oder das spezielle Füllventil der Anlage. Auch dann ist die Flüssigkeitsleitung während des Füllens abzusperren.

Anlagen mit *überfluteten Verdampfern* oder ND-Abscheidern für Umpumpbetrieb werden vorteilhaft in zwei Schritten gefüllt. Hierzu wird das Schließen der richtigen Ventile in der Saug- und Flüssigkeitsleitung die ND- von der HD-Seite getrennt und einzeln gefüllt.

Da das Kältemittel aus dem Behälter in die Anlage überströmen soll, muss eine ausreichende Druckdifferenz vorhanden sein. Es ist demzufolge einfach zu füllen, wenn z. B. der luftgekühlte Verflüssiger von kalter Luft durchströmt wird und der Kältemittelbehälter im wärmeren Raum steht. Unzulässig ist es aber, Kältemittelbehälter mit Lötlampe oder Schweißbrenner zu erwärmen, um den Füllvorgang zu beschleunigen.

Ein Kältemittelbehälter beginnt an der tiefsten Stelle zu schwitzen oder zu bereifen, wenn er nahezu leer ist; er ist völlig leer, wenn die Bereifung wieder abtaut.

4.2.1.2 Füllen im Servicefall

Nachfüllen

Die *Monteurhilfe* wurde am Verdichter angeschraubt und es wurde erkannt, dass beide Manometer einen Druck von 2,0 bar anzeigen. Wäre noch Flüssigkeit in der Anlage, so würden die Manometer den Druck anzeigen, der seiner *Temperatur-Druck-Skala* entspricht. Nehmen wir an, der Raum, in dem die Anlage aufgestellt ist, habe eine Temperatur von 25 °C. Dann müssten die Manometer bei vorhandenem R404A-Flüssigkeitsvorrat etwa 11,5 bar anzeigen. Ein im gleichen Raum befindlicher R404A-Behälter hätte den gleichen Innendruck. Der aber im System noch vorhandene, viel niedrigere Druck zeigt an, dass darin kein flüssiges Kältemittel mehr vorhanden ist, sondern nur noch Dampf, der nach und nach entweicht.

Demnach muss eine undichte Stelle vorhanden sein, die gesucht werden muss. An einer Stelle, wo das TEV am Verdampfer angeschraubt ist, finden wir einen öligen Fleck, der meist auf eine Undichtigkeit hinweist. Der *Leckdetektor* bestätigt uns, dass Kältemittel entweicht. Die Überwurfmutter lässt sich bei entsprechendem Gegenhalten am Ventil etwas Nachziehen (das Nachziehen hat nicht immer Erfolg – häufig muss ein neuer Bördel gefertigt oder eine neue Dichtung eingelegt werden).

Alle Ölspuren werden sorgfältig beseitigt und es gilt, das weitere Vorgehen zu überlegen.

Da im Kreislauf noch ein gewisser Kältemittel-Dampfanteil enthalten war, muss *nicht* evakuiert werden, zumal die Undichtigkeit gefunden und beseitigt wurde. Der Innendruck von 2 bar hindert die Außenluft daran, in den Kreislauf einzudringen. Es kann demnach ohne weitere Maßnahmen mit dem Füllen begonnen werden. Nachdem über die *Monteurhilfe* der Kältemittelbehälter an dem saugseitigen Absperrventil des Verdichters angeschlossen worden ist, wird die Anlage in Betrieb gesetzt. Das eingesaugte, dampfförmige Kältemittel wird im Verflüssiger verflüssigt, über das TEV dem Verdampfer zugeführt, wo es verdampft, vom Verdichter wieder angesaugt und auf Verflüssigungsdruck verdichtet und der Kreislauf beginnt von Neuem. Stellt sich am Verdampferaustritt in der Saugleitung die gewünschte Temperatur (etwa $t_{oh} = t_o + 5$ °C) ein, ist der Kreislauf ausreichend gefüllt. Da die Anlage aber einen Kältemittelsammler besitzt, muss etwas mehr eingefüllt werden. Schaugläser im Sammler erleichtern das Füllen. Der Sammler sollte nicht mehr als zur Hälfte gefüllt sein. Niemals den Kreislauf derart überfüllen, das flüssiges Kältemittel bis in den Verflüssiger angestaut wird. Das vermindert die Verflüssigungsfläche und hat einen unnötigen Anstieg des Verflüssigungsdruckes zur Folge.

Wie der Füllstand im Sammler ohne Schauglas gefunden werden kann, wurde beim Füllen der Neuanlage bereits beschrieben.

Ganz allgemein gilt die Regel, Sammler etwa 30 bis 50 % zu füllen. Dabei ist der kleinere Wert bei stehenden Sammlern und bei Liegenden mit Durchmessern > 200 mm anzuwenden.

Der Füllprozess kleiner Kältesätze, insbesondere solcher mit Kapillardrosselrohren, erfolgt entweder mit Hilfe eines Füllzylinders oder einer Waage. Das erforderliche Füllgewicht kann entweder dem Anlagenschild oder der Betriebsanleitung entnommen werden. Dabei kann an den Skalen, die sich sichtbar im Inneren des Füllzylinders befinden, genau das Füllgewicht für das betreffende Kältemittel abgelesen werden.

Bei der Verwendung einer Waage ist darauf zu achten, dass besonders bei kleinen Füllmengen (100 bis 500 g) kein Messfehler durch den Einfluss des Füllschlauches unterläuft. Das wird vermieden, wenn eine Waage verwendet wird, in deren Unterteil ein Magnetventil eingebaut ist, das beim Erreichen der vorgewählten Füllmenge schließt.

Genaues Befüllen eines derartigen Kältesatzes ist nur möglich, wenn die vorgefundene Kältemittel-Restmenge abgesaugt und eine Neubefüllung vorgenommen wird. Die alte Monteurregel, mit der Hand fühlen bis die Saugleitung kalt wird und dann etwas ablassen, ist zu ungenau und außerdem eine Umweltsünde.

Falsch gefüllte Kältesätze mit Kapillardrosselrohr führen zu erhöhtem Energiebedarf, Minderleistung und ggf. zu Betriebsstörungen.

Zwei Beispiele:
In einem Fall waren wir davon ausgegangen, dass sich in der Anlage noch dampfförmiges Kältemittel befand, unser *Monteurhilfe*-Manometer zeigte einen Druck von 2 bar an. Der Betreiber der Anlage hatte uns versichert, dass die Anlage nach einwandfreiem Betrieb vor ein paar Monaten abgeschaltet worden war, da man sie im Winter nicht benötigte. Der in der Flüssigkeitsleitung eingebaute Feuchtigkeits-Indikator zeigte keinerlei Verfärbung, sodass davon ausgegangen werden konnte, eine trockene Kältemittel-Restfüllung im Kreislauf zu haben. Eine zeitraubende – und damit kostspielige – Evakuierung des Kreislaufs war demnach nicht erforderlich und wir begannen mit dem *Leckdetektor* die Suche nach der Undichtigkeit.

Nach deren Auffinden, Beseitigen und dem Einbau eines neuen Trockners konnte der Kreislauf wieder gefüllt und die Anlage in Betrieb genommen werden.

Bei einem anderen Service-Einsatz zur Überprüfung einer Kälteanlage zur Raumkühlung wurde festgestellt, dass sich im Kreislauf nahezu kein Kältemittel mehr befand. Zur

Kontrolle wurde vorsichtig eine Verschraubung ein wenig gelöst, es entwich kein Kältemittel, Nach einigem Suchen fanden wir, dass ein Bördel zwischen TEV und Verteiler gebrochen war. Über den Bruch war nach und nach die Kältemittelfüllung entwichen und der Verdampfungsdruck fiel unter den Atmosphärendruck, der Verdichter saugte Luft in das System. Der Raumthermostat schaltete den Verdichter nicht ab, da die eingestellte Raumtemperatur nicht erreicht war. Die Abschaltung erfolgte erst über den Druckwächter. In den Kreislauf war mit der Luft auch Feuchtigkeit eingedrungen.

In dem geschilderten Fall wäre es ein grober Fehler gewesen, nach durchgeführter Reparatur den Kreislauf einfach neu zu befüllen und die Anlage wieder in Betrieb zu nehmen. Dieser Kreislauf musste nach Beseitigung der Undichtigkeit auf Dichtheit durch Überdruck geprüft, evakuiert, getrocknet und durfte erst dann gefüllt werden.

Nachdem das Kupferrohr zwischen TEV und Verteiler ausgetauscht war, wurde auch noch ein neuer Trockner eingebaut. Dann wurde zur Dichtheitsprüfung über die *Monteurhilfe* – grundsätzlich bei Verwendung eines Druckminderers – mit Stickstoff der Druck im Kreislauf auf etwa 5 bar gebracht (siehe 4.1).

Nach Prüfung des neu gefertigten Rohrstücks mit einer schaumbildenden Lösung (z. B. Nekal) – wobei sich keinerlei Blasen zeigten – wurde der Stickstoffdruck auf 10 bar erhöht und die Dichtheitsprüfung wiederholt. Hierbei wurden vorbeugend auch die anderen Verbindungen in Rohrleitungen und an den Komponenten der Kälteanlage mitgeprüft. Wird auf die beschriebene Art nur ein Teil des Kreislaufs behandelt, ist darauf zu achten, dass kein Stickstoff in den nicht betroffenen Teil gelangt. Dessen Entfernung wäre mit Kältemittelemission in die Atmosphäre verbunden. Nach erfolgreicher Druckprüfung zur Bestätigung der Dichtheit wurde der Stickstoff abgelassen und das System in vorgeschriebener Weise evakuiert und mit Kältemittel gefüllt (siehe 4.2.1).

Nach der Füllung mit Kältemittel wurden alle Verbindungsstellen nochmals mit dem Leckdetektor auf Dichtheit geprüft. Mit diesem Verfahren lässt sich die Dichtheit des Kreislaufs wesentlich genauer als mit einer Blasenprüfung bestätigen.

Die in der Vergangenheit oft und sehr erfolgreich verwendete Butan-gespeiste *Suchlampe* darf gemäß Unfallverhütungsvorschrift VBG 20, § 21 Instandhaltung (zurückgezogen), seit den 01. 10. 1997 nicht mehr verwendet werden.

Umstellen auf ein anderes Kältemittel

Wie bereits unter *1.8.5 Neue Kältemittel* erläutert, sind bei Kältemittelumstellungen zwei unterschiedliche Methoden bekannt:

Umstellung auf ein *Servicekältemittel* (drop-in). Servicekältemittel sind Gemische aus fluorierten Kohlenwasserstoffanteilen und R22 (nicht mehr zulässig) oder Kohlenwasserstoffen.

Die Philosophie lautet: FCKW raus, Servicekältemittel rein. Kältemaschinenöl-Sorte, TEV und Trockner bleiben.

Hinweis: Die Umstellung auf Servicekältemittel ist kaum noch erforderlich.

Umstellung auf ein *Ersatzkältemittel* (Retrofit). Ersatzkältemittel sind chlorfreie Gemische oder Reinstoffe.

Andere Ölsorte (Polyol-Esteröl), andere TEV und Trockner sind erforderlich.

Auf die Beschreibung einer detaillierten Vorgehensweise bei der Kältemittelumstellung wird verzichtet. Hierüber liegen in ausreichendem Maße Veröffentlichungen vor.

Auf einige wenige wesentliche Erkenntnisse bei Kältemittelumstellungen soll dennoch hingewiesen werden:

Vor jeder Umstellung muss der Zustand des Kältemaschinenöls vor Ort geprüft werden, z. B. mit einem handelsüblichen Säuretester. Versäuertes Kältemaschinenöl ist *vor* der Umstellung nochmals zu wechseln. Die Anlage wird solange mit FCKW weiterbetrieben, bis das Kältemaschinenöl in einwandfreiem Zustand ist.

Niemals Kälteanlagen mit nicht einwandfreiem Kältemaschinenöl auf ein anderes Kältemittel umstellen! Dies gilt sowohl für die Umstellung auf Service- als auch auf Ersatzkältemittel.

Die Verdichterhersteller empfehlen für Service-Kältemittel die Verwendung halbsynthetischer Kältemaschinenöle (mit Alkylbenzolanteil, z. B. Shell 2212, Fuchs KMH). Ist die vorgefundene Ölsorte nicht bekannt, dann ist ein Ölwechsel anzuraten.

Nach der Umstellung auf ein anderes Kältemittel sind eventuell die TEV sowie Druckbegrenzer, Druckwächter und Regelgeräte neu einzustellen.

Bei Umstellung auf Ersatzkältemittel dürfen nur Restmengen an FCKW und herkömmlichem Kältemaschinenöl in der Anlage verbleiben.

Nach der Umstellung soll der FCKW-Anteil im Kältemittel 100 ppm nicht überschreiten. Das setzt sorgfältiges Evakuieren (Enddruck < 1,0 mbar) voraus.

Der Anteil an herkömmlichem Kältemaschinenöl im Polyol- Esteröl nach der Umstellung soll nicht mehr als 1 bis 3 % betragen. Schwierigkeiten bei größeren Anteilen herkömmlicher Kältemaschinenöle sind bei der Ölrückführung zu erwarten, also physikalischer und nicht chemischer Natur.

4.2.2 Überwachen der Kältemittelfüllung

4.2.2.1 Feuchtigkeit in FKW-(HFCKW-)Kältemitteln

In den vorangegangenen Abschnitten wurde sehr eingehend das Evakuieren und Trocknen von Kreisläufen mit FKW/HFCKW-Kältemitteln behandelt. Obwohl die damit verbundenen Arbeiten zeitraubend und somit teuer sind, ist ihre Notwendigkeit unter Kältefachleuten unbestritten. Die Erfahrung hat gelehrt – und darüber gibt es ausreichend Schrifttum –, dass nur größte Sorgfalt spätere Betriebsstörungen und Schäden vermeiden kann. Zeiteinsparungen auf Kosten der Trocknung ist Sparen am falschen Platz.

Mit der Einführung von Polyol-Esterölen hat die Trocknung zusätzliche Bedeutung erhalten. Ester sind empfindlich gegenüber Wasser. Säure- und Alkoholbildung sowie die Bildung von Partialestern sind möglich.

Das Problem ist, dass FKW-(HFCKW)-Kältemittel nur sehr geringe Mengen an Wasser lösen können und das ist außerdem noch in erheblichem Maße abhängig von deren Temperatur und Aggregatszustand. Das Lösungsvermögen in Kältemittelflüssigkeit ist sehr abweichend von dem in der Dampfphase.

Aus den Abbildungen 4-6 und 4-7 ist zu ersehen, dass mit sinkender Temperatur (bei Flüssigkeit und Dampf) immer weniger Wasser gelöst werden kann.

In Zahlen bedeutet das für einige Kältemittel etwa folgende Mengen in ppm (siehe Tabelle 4-5):

Tabelle 4-5: Feuchtigkeitsaufnahme von Kältemitteln, Werte in ppm

		in Flüssigkeit		in Dampf	
Temperatur		-10 °C	25 °C	-10 °C	25 °C
Kältemittel	R12*	13	85	180	600
	R22*	420	1300	170	700
	R404A	100	700	105	475
	R413A	—**	1200	200	765
	R744A	400	1500	40	205

* Kältemittel dürfen nicht mehr eingesetzt werden
** Werte liegen nicht vor

Typisch für das FCKW R12 war, dass in der Dampfphase mehr Wasser gelöst werden konnte als in der Flüssigphase, bei den anderen Kältemitteln hingegen ist das umgekehrt.

R12 konnte in der Flüssigphase bei –10 °C nur noch 13 ppm Wasser lösen, bei –20 °C sogar nur noch 8,5 ppm. Diese Werte liegen sehr nahe dem Wert für den Lieferzustand. Geringfügige Mengen an zusätzlichem Wasser reichten aus, um Wasser – bei –10 °C natürlich als Eis – freizusetzen. Dieses Eis entsteht folgerichtig bei der Temperaturabsenkung während der Entspannung des Kältemittels, also im TEV oder im Kapillardrosselrohr und führte zu Verstopfungen und Betriebsstörungen.

Bei den anderen Kältemitteln ist diese Gefahr praktisch nicht gegeben. Das Lösungsvermögen von Wasser liegt weit entfernt vom Wassergehalt des Kältemittels im Lieferzustand (6 bis 7 ppm).

Bei diesen Kältemitteln, bei denen das Lösungsvermögen in der Dampfphase niedriger ist als in der Flüssigphase, wird sich irgendwie eingedrungenes Wasser beim Einsatz überfluteter Verdampfer in deren Kältemittelfüllung konzentrieren und dort Betriebschwierigkeiten verursachen.

Das Verhältnis zwischen Lösungsvermögen von Wasser für Flüssigkeit zu Dampf bleibt auch bei geringeren Wasseranteilen erhalten.

Die Praxis hat gezeigt, dass mit einem Wassergehalt in FCKW-Kältemitteln von 25 bis 40 ppm die Kälteanlagen sicher betrieben werden konnten. Höhere Wasseranteile führten u. a. zu Hydrolyse und damit zu Säurebildung und Korrosion, die sich leider nicht ankündigt wie ein verstopftes TEV.

Die chlorfreien FKW-Kältemittel können in der flüssigen Phase erheblich mehr (ca. 10fach) Wasser lösen als FCKW; ähnlich wie das HFCKW R22. Dadurch stellen sich zwischen den Trocknern und dem Kältemittel im Kreislauf auch andere Gleichgewichtszustände ein. Um FKW in ähnlichem Maße trocknen zu können wie FCKW, wurde ein Molekularsieb mit anderer Porengröße (3–4 A anstatt früher 7–8 A) eingeführt. Die Trockner, die derzeit im Handel sind, können für HFKW und FKW und HFCKW verwendet werden.

Bei den chlorfreien Kältemitteln werden maximale Feuchtigkeitsgehalte zwischen 30 und 70 ppm angestrebt.

Kälteanlagen mit halogenierten Kohlenwasserstoffen als Kältemittel sollten grundsätzlich mit Filtertrocknern und Feuchteindikatoren ausgerüstet sein.

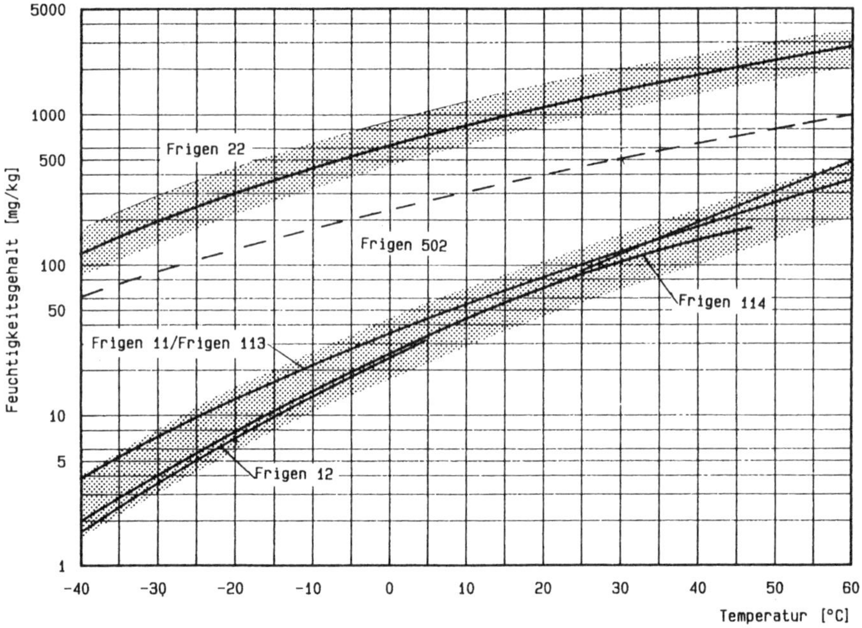

Abb. 4-6: Maximaler Feuchtigkeitsgehalt verschiedener Frigen-Kältemittel im flüssigen Zustand *(Hoechst)*

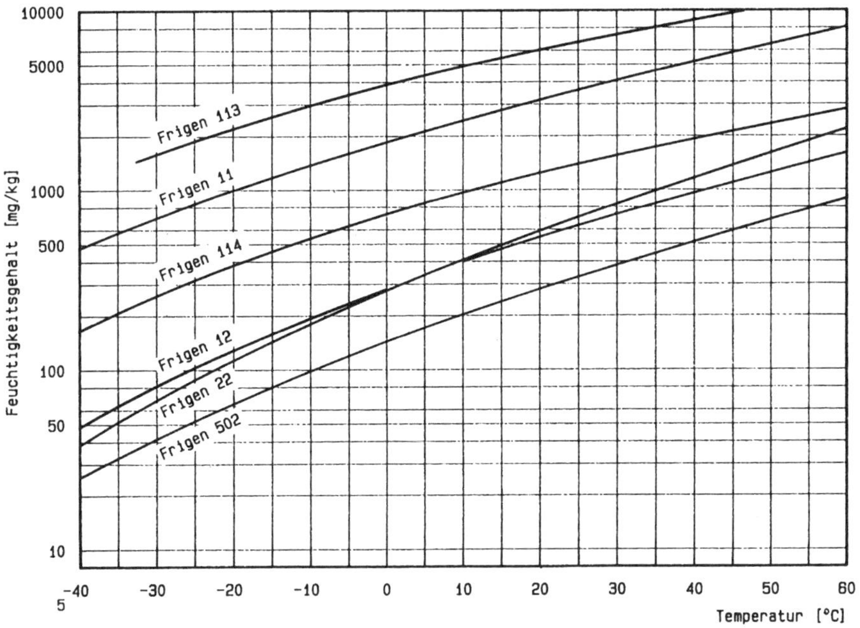

Abb. 4-7: Feuchtigkeitsaufnahme dampfförmiger Frigen-Kältemittel *(Hoechst)*

4.2.2.2 Schaugläser mit Feuchtigkeits-Indikatoren

Es wurde bereits darauf hingewiesen, Kälteanlagen mit halogenierten Kohlenwasserstoffen als Kältemittel vor dem Füllen sorgfältig zu trocknen und das Eindringen von Feuchtigkeit in den Kreislauf, z. B. bei Wartungsarbeiten, unbedingt zu verhindern.

Für diese Kältemittel gibt es kritische Feuchtigkeitsgehalte, die nicht überschritten werden dürfen. Diese betragen für

R134a, R404A, R407C etwa 80 ppm.

Werden diese Feuchtigkeitsgehalte dennoch überschritten, müssen Maßnahmen ergriffen werden. In der Regel werden die Trockner bzw. deren Einsätze (Kerne) erneuert und Ölwechsel, eventuell mehrere, durchgeführt.

Die einzige praktische Entscheidungshilfe hierfür, sowohl für den Betreiber als auch für den Monteur, ist der Feuchtigkeits-Indikator.

Feuchtigkeits-Indikatoren sind in Schaugläser für flüssiges Kältemittel eingebaut. Je nach Hersteller werden unterschiedliche chemische Effekte für die Anzeige genutzt, und somit gibt es auch unterschiedliche Farbwechsel, z. B.:

- von grün (trocken) auf gelb (feucht),
- von blau (trocken) auf rosa (feucht) und
- von schwarz bis violett (trocken),
- von violett bis purpur (Vorsicht geboten),
- von purpur bis hellrot (feucht).

Der zutreffende Farbwechsel ist auf dem Rand des Indikators ersichtlich.

Gemeinsam ist allen Indikatoren, dass der Farbumschlag temperaturabhängig ist. Bei steigender Temperatur gehört jeweils ein höherer Feuchtigkeitsanteil im Kältemittel zum Farbumschlag. In R22 bedeutet feucht beispielsweise bei

t = 25 °C	**etwa 45 ppm und**
t = 50 °C	**etwa 180 ppm.**

Zur genauen Beurteilung müssen die Herstellerangaben herangezogen werden.

Die Praxis hat bestätigt, dass Feuchtigkeits-Indikatoren äußerst zuverlässige Hilfsmittel zur Ermittlung der Feuchtigkeitsgrenzwerte im Kältemittel sind.

Feuchtigkeits-Indikatoren können in jeder Lage in die Flüssigkeitsleitung – möglichst nach dem Trockner – eingebaut werden. Empfehlenswert ist die Anordnung in der Bypassleitung (Abb. 4-8) über einem waagerechten Stück der Flüssigkeitsleitung. Bei die-

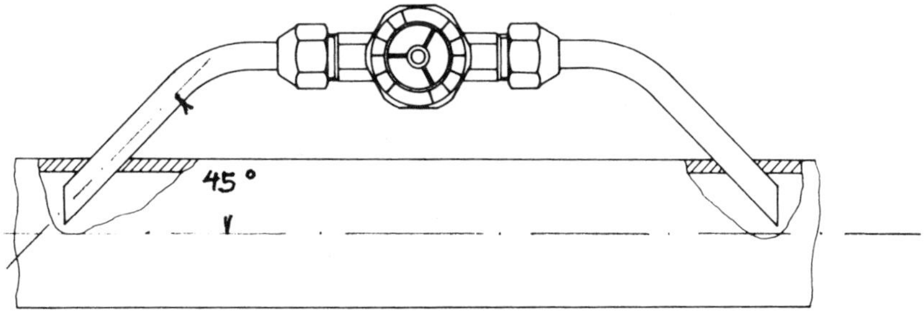

Abb. 4-8: Feuchtigkeitsindikator

ser Einbaulage wird zusätzlich Blasenbildung im flüssigen Kältemittel sicher angezeigt. Der Einbau im Bypass verhindert zudem Erosionsverschleiß im Indikator.

Beim Einlöten ist, wenn möglich, das Indikatorelement herzuschrauben, mindestens aber gegen die Lötflamme zu schützen.

Die bekannten Feuchtigkeits-Indikatoren zeigen nur die im Kältemittel gelöste Wassermenge an. Freies Wasser kann zur Schädigung führen. Nach einem Rohrbruch im Verflüssiger oder Verdampfer, aber auch nach dem Wicklungsschaden eines Einbaumotors (Burnout), muss der Indikator ausgetauscht werden. Sonst ist die Anzahl der Farbumschläge unbegrenzt.

4.2.2.3 Filtertrockner

Wie kann Feuchtigkeit oder freies Wasser in den Kältemittelkreislauf gelangen?

Sehen wir einmal von dem vorher erwähnten Rohrbruch ab, der einen Austausch der gesamten Kältemittelfüllung zur Folge hätte, auf dreierlei Art:

- als Restfeuchtigkeit in der evakuierten Anlage,
- bei Wartungs- und Instandsetzungsarbeiten (z. B. durch das Öffnen kalter Anlagenteile) und
- mit der Umgebungsluft über Undichtigkeiten im Niederdruckteil der Kälteanlagen, deren Verdampfungsdruck unter dem Atmosphärendruck liegt.

Sollen die in 4.2.2.2 genannten, maximalen Wasseranteile im Laufe der Zeit nicht überschritten werden, ist der Einbau von Filtertrocknern erforderlich.

Der eigentliche *Filtertrocknereinsatz* oder auch *Block* genannt, besteht aus einer Mischung von Substanzen (durch ein Bindemittel in die bekannte zylindrische Form gebracht), welche die physikalische Eigenschaft haben, Wasser und Säuren in gewissen Grenzen zu adsorbieren.

Früher waren die Trocknergehäuse mit losem Trockenmittel gefüllt (Silikagel, aktiver Tonerde – die übrigens auch heute noch Bestandteile der Blöcke sind –), wobei die Gefahr des Abriebes bestand mit daraus resultierenden Störungen und Schäden.

Mit der Entwicklung der Trocknerblöcke wurde dies verhindert, und es ergab sich zusätzlich die äußerst bedeutsame *Filterwirkung.*

Wegen ihrer porösen Struktur filtern die Blöcke nicht nur wie ein Sieb an der Oberfläche, sondern es lagern sich die ausgefilterten Teilchen in der gesamten Tiefe des Blockes ab und bewirken so eine hohe Beladbarkeit bei sehr kleiner Porengröße (kleiner 10 μm).

Es ist deshalb naheliegend, Filtertrockner möglichst unmittelbar vor dem TEV zu montieren, um Schmutzteilchen aus der Anlage und der Flüssigkeitsleitung von dem TEV fernzuhalten. Die Einbaulage kann beliebig gewählt werden. Es sollte jedoch darauf geachtet werden, dass Raum für den Aus- und Einbau der Blöcke vorhanden ist.

Einzuhalten ist die Durchflussrichtung. Der zylindrische Filtertrocknereinsatz soll *von außen nach innen* durchströmt werden, damit bei Verstopfung der Block nicht gesprengt werden kann.

Die Wasser- (und auch Säure-)aufnahmefähigkeit der Filtertrocknereinsätze hängt ab

- vom Filtertrockner selbst,
- von der Temperatur,
- vom Kältemittel und
- vom Wassergehalt des Kältemittels.

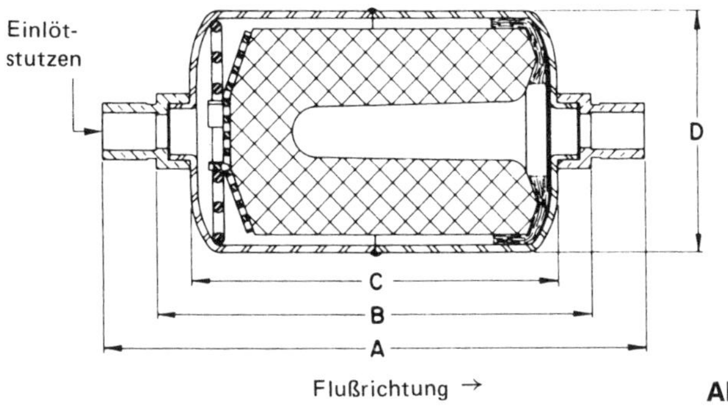

Abb. 4-9: Filtertrockner

Höhere Temperaturen ergeben niedrigere Wasseraufnahmefähigkeit, Trockner sollten deshalb an Stellen mit niedriger Temperatur, z. B. im Kühlraum oder nach dem Unterkühler, eingebaut werden. Für R22 gilt beispielsweise (um eine Vorstellung zu erhalten):

Bei $t = 30$ °C und einer Restfeuchtigkeit von 60 ppm kann ein Block von einem Liter Volumen etwa 35 g Wasser adsorbieren.

Eingelötete Einweg-Trockner sollten beim Wechsel nicht ausgelötet, sondern mit dem Rohrschneider herausgeschnitten werden, damit durch die Erwärmung des Blocks nicht ein Teil des adsorbierten Wassers wieder ausgetrieben wird und im Kreislauf verbleibt. Die diffusionsdicht verpackten Trocknereinsätze dürfen erst unmittelbar vor dem Einbau der Verpackung entnommen werden, damit sie nicht bereits Luftfeuchtigkeit adsorbieren.

Die Blöcke verursachen bei richtiger Auslegung durch ihre Struktur und geometrische Form nur einen geringen Druckabfall. Verstopfte Blöcke lassen sich demzufolge durch Temperaturgefälle zwischen Kältemittelein- und -austritt und Blasen im Schauglas (Feuchtigkeits-Indikator) erkennen.

Wir sehen also, dass Filtertrockner und Feuchtigkeits-Indikator Teile der FKW-Kälteanlage sind, deren Funktion unmittelbar zusammengehören.

Für die Adsorption von Säuren im Kältemittel, entstanden

- durch zu hohen Wassergehalt (Hydrolyse),
- chemische Reaktion zwischen Kältemittel und Öl (Verkokung) bei hohen Temperaturen sowie
- bei einem Wicklungsschaden (Burnout)

werden von einigen Herstellern speziell eingestellte Filtertrocknereinsätze für vorübergehende Verwendung angeboten.

Ohne Indikator kann vom Monteur nicht beurteilt werden, wann die Filtertrocknereinsätze mit Feuchtigkeit gesättigt sind und erneuert werden müssen. Zeigt andererseits ein Indikator feucht an, ist der Einbau eines Filtertrockners die einzigste Lösung, das eingedrungene Wasser zu entfernen, will man nicht die gesamte Kältemittelfüllung entsorgen.

4.2.2.4 Schutzmaßnahmen gegen Kältemittelverlust

Undichtigkeiten und damit verbundenes Entweichen der Kältemittelfüllung aus einer Ammoniakkälteanlage riecht man bereits bei geringen Verlustmengen (1.8.5). Ammoniak hat in dieser Hinsicht eine *selbstwarnende* Wirkung.

Anders verhält es sich mit halogenierten Kohlenwasserstoffen. HFKW, FKW und HFCKW (FCKW) sind praktisch geruchlos, Anlagen mit diesen Kältemitteln müssen deshalb bezüglich Kältemittelverluste intensiver überwacht und regelmäßig auf Undichtigkeiten überprüft werden. Undichtigkeiten (Lecks) sind unmittelbar sorgfältig zu beseitigen.

Es bedarf keiner Frage, Kältemittelkreisläufe müssen unbedingt *dicht* sein, und zwar

- aus Gründen der Funktionstüchtigkeit der Kälteanlage,
- zur Vermeidung von Umweltbelastung durch Kältemittelemission und erhöhten Energiebedarf,
- aus Sicherheitsgründen (Arbeitsschutz, bei Ammoniak außerdem zum Schutze von Material und Waren),
- aus Kostengründen.

In erster Linie liegt es in der Hand des Herstellers, durch fachgerechte Konstruktion und Fertigung eine dichte Anlage zu bauen. Diese Dichtheit wird entweder im Herstellerwerk oder vor der Inbetriebnahme geprüft (s. 4.1)

Vielfach kann vom Betreiber schon mit Hilfe einfacher Maßnahmen die Kältemittelfüllung überwacht werden. Schaugläser an Behältern bieten diese Möglichkeit durch Sichtkontrollen. Dazu wird der Füllstand im Kältemittelsammler markiert und regelmäßig kontrolliert. Das Absinken des Standes im Schauglas – bei jeweils gleicher Anlagenbelastung – signalisiert eine Undichtigkeit. Im Schauglas in der Kältemittelflüssigkeitsleitung soll bei konstanter Anlagenbelastung blasenfreier Durchfluss sichtbar sein. Blasen im Schauglas (vor dem Unterkühler) deuten auf Kältemittelmangel und damit auf Verluste hin.

Mit dem in Kraft treten der bereits zitierten (s. 1.8) Verordnung (EG) 2037/2000 – Schutz gegen Abbau der Ozonschicht – und Verordnung (EG) 842/2006 – F-Gase Verordnung – sind für Anlagen mit halogenierten Kältemitteln, die mehr als 3 kg Kältemittel enthalten, regelmäßige Dichtheitsprüfungen vorgeschrieben, und zwar:

Für Anlagen mit HFCKW (geregelte Stoffe) und

- mehr als 3 kg Kältemittel-Füllmenge mindestens einmal alle zwölf Monate,

für Anlagen mit HFKW und FKW (fluorierte Treibhausgase) und

- mehr als 3 kg Kältemittel-Füllmenge mindestens einmal alle zwölf Monate,
- mehr als 30 kg Kältemittel-Füllmenge mindestens einmal alle sechs Monate,
- mehr als 300 kg Kältemittel-Füllmenge mindestens einmal alle drei Monate,

Die Dichtheitsprüfungen müssen durch ausgebildetes und zertifiziertes Personal durchgeführt werden, das darüber Aufzeichnungen machen muss.

Hinweise zur Durchführung der Dichtheitsprüfung und zur Sachkunde können dem VDMA Einheitsblatt 24243, Teil 1-3 entnommen werden.

Meist werden regelmäßige Dichtheitsprüfungen an einer gefüllten und in Betrieb befindlichen Anlage durchgeführt. Als Hilfsmittel werden Leckdetektoren und Schaummittel verwendet, die sehr unterschiedliche Nachweisempfindlichkeit haben. Dennoch kann, z. B. an einem Verflüssiger auf den Dach, der Blasentest mit einem Schaummittel verlässlicher sein als mit einem hochwertigen Leckdetektor.

Der Prüfer sollte deshalb auch äußere Anzeichen im Blick haben. Grundsätzlich weisen Ölflecke auf Undichtigkeiten hin.

Wichtig ist auch die Einschätzung gefährdeter Stellen, z. B. bei Schwingungsbelastung von Anlageteilen oder an Bördelverschraubungen der TEV, deren Verdampfer zyklisch abgetaut werden müssen.

Zur optischen Anzeige von Undichtigkeiten können halogenierten Kohlenwasserstoffen auch fluoreszierende Substanzen beigemischt werden, die dann mit Hilfe von Schwarzlicht (Infrarot-Licht) leuchten. Dieses Verfahren ist ausgesprochen wirkungsvoll. Da der Transport der Substanz durch den Kreislauf über das Öl läuft, entstehen allerdings extrem haftende Flecke bei ausgelaufenem Öl.

Gelegentlich werden Schwimmerschalter am Kältemittelsammler zur Überwachung der Füllung benutzt, besser wäre allerdings eine Trendüberwachung mit Hilfe von Sonden.

Undichtigkeiten an Ammoniakanlagen werden mit angefeuchtetem *Phenolphtalein-Papier* geortet.

Für Großanlagen oder bei erforderlicher Notwendigkeit (s. EN 378-3) müssen fest installierte Leckdetektoren (Gaswarnanlagen) eingesetzt werden, die ab einer einstellbaren Kältemittel-Konzentration (gemäß EN 378-1) in der Umgebungsluft Alarm an eine ständig besetzte Stelle auslösen. Derartige Geräte sind für alle Kältemittel verfügbar. Die Wartung dieser Gaswarnanlagen obliegt den Herstellern.

4.3 Das Öl im Kältemittelkreislauf

In verschiedenen vorherigen Abschnitten (siehe 2.1.6, 2.1.7, Verdichter und 2.4.2 Verdampfer) wurde bereits auf das Öl im Kältemittelkreislauf eingegangen.

Dabei wurde auch erwähnt, dass in Kälteanlagen speziell für die Kältetechnik hergestellte Schmieröle verwendet werden müssen. Wir sprechen deshalb von *Kältemaschinenölen.*

Die Mindestanforderungen an Kältemaschinenöle sind in der DIN 51 503 festgelegt.

Die DIN 51 503 unterscheidet zwischen Kältemaschinenölen für den Einsatz in Anlagen mit

Ammoniak	**– Gruppe KAA und KAB (nicht mischbar und mischbar),**
FCKW/HFCKW-Kältemittel	**– Gruppe KC,**
FKW-Kältemittel	**– Gruppe KD,**
Kohlenwasserstoffe	**– Gruppe KE.**

Die Anforderungen beziehen sich auf:

- **Viskosität,**
- **Aussehen,**
- **Fließvermögen,**
- **Flammpunkt,**
- **Neutralisationszahl.**
- **Verseifungszahl,**
- **Gesamtbasenzahl,**
- **Aschegehalt,**
- **Wassergehalt,**
- **Kältemittel-Mischbarkeit.**

Auch wenn für den Praktiker diese Begriffe zum Teil ungeläufig sind und im Einzelnen mit Servicemitteln auch nicht nachprüfbar – außer z. B. die Neutralisationszahl –, sollen für den interessierten Leser einige schmiertechnische Begriffe erläutert werden.

4.3.1 Erläuterung schmiertechnischer Begriffe

Schmierfähigkeit

Schmierfähigkeit ist sicherlich die wichtigste Eigenschaft der Schmierstoffe; es muss indessen zugestanden werden, dass man diese Eigenschaft bis heute nicht einwandfrei und vor allem einfach definieren kann, da die Schmierfähigkeit eines Schmierstoffes nicht nur von Art und Zusammenhang desselben beeinflusst wird, sondern auch von der Art des zu schmierenden Werkstoffes und seinen speziellen Eigenschaften abhängt. Dieses trifft besonders bei Metallen zu. Auch die umgebende Atmosphäre, Art des Schmierverfahrens und Konstruktion der Schmierstelle beeinflussen den Faktor Schmiervermögen ganz erheblich. Bei reiner Flüssigkeitsreibung, wie sie bei hydrodynamischen Schmiervorgängen vorherrscht, ist die Definition der Schmierfähigkeit noch verhältnismäßig einfach. In diesem Falle ist die Viskosität des Schmierstoffes die eigentliche Kenngröße und Trägerin der Schmierfähigkeit, die unmittelbare Berührung von zwei gegeneinander gleitenden Flächen verlässlich verhindert. Bei anderen Schmiervorgängen, die in das Gebiet der Mischreibung fallen, ist ein Öl oder Fett nur schmierfähig, wenn es Bestandteile enthält, die den reibenden oder gleitenden Metallflächen besonders anhaften und deren Reibungskoeffizienten verringern.

Es ist unmöglich, die Schmierfähigkeit in einem Apparat zu messen, wie etwa die Zähflüssigkeit im Viskosimeter, die Dichte mit dem Aräometer oder den Flammpunkt mit dem Marcusson-Tiegel. Zur Beurteilung der Schmierfähigkeit dienen Messungen und Beobachtungen in Ölprüfmaschinen, die keineswegs immer mit den Betriebsverhältnissen der Praxis übereinstimmen, praktische Fahrversuche und anderes mehr. Einen einfachen Maßstab für den Begriff der Schmierfähigkeit hat man noch nicht gefunden.

Verschleiß und Reibung sind die Gegensätze der Schmierfähigkeit, aber die Messwerte streuen hierbei so stark, dass sie eben nicht als Maßstab dienen können.

Viskosität (DIN 51562-1)

Die Viskosität ist die grundlegende physikalische Eigenschaft von Schmierölen, aus der sich die Tragfähigkeit des Ölfilmes in einem Lager bei flüssiger Reibung ergibt. Sie nimmt mit steigender Temperatur ab und fallender Temperatur zu. (Sogenannte Viskosität-Temperatur, kurz VT-Verhalten, worauf im Folgenden noch eingegangen wird.)

Daher muss bei jedem Viskositätswert die Temperatur, auf die er sich bezieht, angegeben werden.

Im physikalischen Sinne ist die Viskosität der Widerstand, den benachbarte Schichten einer Flüssigkeit ihrer gegenseitigen Verschiebung entgegensetzen.

Bei Berechnungen (z. B. der Lagerreibung) benutzt man die dynamische Viskosität η (Ns/mm^2).

Im Gegensatz dazu wird mit einem Viskometer die kinematische Viskosität mit der SI-Einheit mm^2/s – vormals cSt – gemessen. Die langjährig verwendete Einheit „Englergrade“ war eine empirische Größe, auf die hier nicht mehr eingegangen werden soll.

Im Jahre 1976 wurde die DIN 51519 herausgegeben, die eine Klassifizierung der Ölsorten nach Viskositätsklassen zum Ziele hat. International soll nun ein Öl durch die Kurzbezeichnung (ISO) VG2 ... VG 1500 hinsichtlich seiner Viskosität bei 40 °C definiert sein. Der für die Kältetechnik interessante Bereich betrifft nach Tabelle 4-6 folgende Klassen:

Tabelle 4-6: Viskositätsklassen

Viskositätsklasse ISO	Mittelpunktviskosität bei 40 °C in mm^2/s	Grenzen in mm^2/s min.	max.
VG 15	15	13,5	16,5
VG 22	22	19,8	24,2
VG 32	32	28,8	35,2

Viskositätsklasse ISO	Mittelpunktviskosität bei 40 °C in mm²/s	Grenzen in mm²/s min.	max.
VG 46	46	41,4	50,6
VG 68	68	61,2	74,8
VG 100	100	90,0	110,0

Die meisten Schmierölhersteller haben die Mittelpunktviskosität ihrer Öle in die Sortenbezeichnungen eingebaut.

Sagt die Schmiervorschrift aus, für einen bestimmten Verdichtertyp und Anwendungsfall kann ein Öl ISO VG68 verwendet werden, erübrigen sich Recherchen nach der Viskosität der einzelnen Ölsorten, wenn sie dieser Viskositätsklasse entsprechen.

Alterung

Als Alterung bezeichnet man die chemische Veränderung von Schmierölen durch den Einfluss von Luftsauerstoff, Wärme, Druck, Feuchtigkeit sowie metallischen Abrieb und sonstigen Schmutz. Diese Einflüsse machen sich durch Nachdunkeln und schließlich durch Verschlammung des Öles bemerkbar.

Aussehen

Eine Sichtkontrolle des Öles vor dem Einfüllen in den Verdichter ist die elementarste Prüfung. Das Öl soll klar aussehen, d. h. nicht gealtert (z. B. bei Wiederverwendung) und trocken sein (bei höherer Feuchte wird Öl milchig). Öle, die Schwebeteilchen enthalten, dürfen in diesem Zustand nicht verwendet werden.

Flammpunkt (DIN 51755)

Der Flammpunkt ist die niedrigste Temperatur, bezogen auf einen Druck von 1013 mbar, bei der sich aus dem zu prüfenden Öl unter festgelegten Bedingungen (Erhitzen im offenen Tiegel) Dämpfe in solcher Menge entwickeln, dass diese mit der über dem Flüssigkeitsspiegel stehenden Luft ein entflammbares Gemisch ergeben.

Es liegt auf der Hand, dass der Flammpunkt des Kältemaschinenöles in einem Verdichter nicht von gleicher Bedeutung ist wie der des Schmieröles eines Benzin- oder Dieselmotors. Für Kältemaschinenöle ist der Flammpunkt ein Maß für zu erwartende Eindickung des Öles und die Ölabwanderung aus dem Verdichter.

Neutralisationszahl (DIN 51558)

Die Neutralisationszahl N_Z gibt die Anzahl mg Kaliumhydroxyd (KOH) an, die erforderlich ist, um die in 1 g des Öles enthaltenen freien Säuren zu neutralisieren.

Die N_Z dient dazu, den Gehalt eines Öles an Säuren zu bestimmen. Insbesondere den an wasserlöslichen Säuren, die den Werkstoff, mit dem das Öl in Berührung kommt, angreifen können. Besonders wichtig ist die N_Z zur Beurteilung des Öles in hermetischen und semihermetischen Motorverdichtern, deren Motorwicklungsisolierung durch Säure gefährdet ist.

Verseifungszahl (DIN 51559-1)

Die Verseifungszahl V_Z gibt die Anzahl mg Kaliumhydroxyd (KOH) an, die erforderlich ist, um die in 1 g des Öles enthaltenen freien Säuren zu neutralisieren und die vorhandenen Ester zu verseifen.

Die V_Z dient dazu, den Gehalt eines Öles an leicht verseifbaren Bestandteilen zu bestimmen. Ein Ansteigen der Verseifung im Gebrauch deutet Veränderungen des Öles an. Das Verhältnis N_Z/V_Z ist ein Maß für den Alterungszustand des Öles.

Asche (DIN 51575)

Der Aschegehalt ist der Rückstand nach dem völligen Verbrennen eines Öles. Da ein Mineralöl als reine organische Substanz restlos verbrennt und keine Asche hinterlässt, ist der Aschegehalt ein Maß für Verunreinigung.

Fließvermögen im U-Rohr (DIN 51568)

Die Prüfung nach der U-Rohr-Methode zeigt, bei welcher Temperatur ein Schmieröl (unter den Bedingungen der Norm) noch fließt. Ein Zusammenhang zwischen Stockpunkt und Fließvermögen besteht nicht.

Maßeinheit ist °C für eine Steiggeschwindigkeit von 10 mm/min.

Stockpunkt (DIN EN 23015, DIN ISO 3016)

Der Stockpunkt eines Mineralöles ist die Temperatur, bei der das Öl beim Abkühlen (unter Bedingungen der Norm) gerade aufhört zu fließen. Der Stockpunkt nach DIN liegt ca. 3 K tiefer als der in GB und USA übliche Pour Point, bis zu dem das Öl noch wahrnehmbar fließen muss.

Wassergehalt (Prüfung nach DIN 51777)

Der Wassergehalt wird angegeben in mg/kg oder ppm (parts per million). Kältemaschinenöle nach DIN 51503 dürfen bei Anlieferung in Fässern kein abgesetztes Wasser, in Kleingebinden maximal 30 ppm Wasser enthalten.

Kältemittelbeständigkeit mit R12 (DIN 51593)

Unter Kältemittelbeständigkeit eines Öles ist die Zeitspanne zu verstehen, die unter Prüfbedingungen vergeht, bis erste Spaltprodukte aus den Kältemitteln erkennbar oder nachweisbar sind. Prüfbedingungen sind: Unter Luftausschluss lässt man 96 Std. Kältemittel mit einem Druck entsprechend +40 °C auf Öl von 250 °C einwirken.

Zweck dieser Prüfung ist, Kältemaschinenöle für Anlagen mit FCKW-Kältemitteln beurteilen zu können. In derartigen Anlagen können chemische Reaktionen zwischen Öl und Kältemittel eintreten, die zur Bildung saurer Reaktionsprodukte führen. Die entstandenen Säuren führen zu Korrosionen in den Kältemaschinen; durch die Veränderungen der Eigenschaften der Öle werden gleichzeitig deren Schmiereigenschaften verschlechtert. Die Reaktionen werden durch Ölharz und im Öl gelöste Verunreinigungen, wie z. B. Fettsäuren und Seifen usw., ausgelöst.

Mischungslücke (DIN 51514)

Die Mischungslücke (auch Lösungslücke) sagt aus, in welchem Bereich – abhängig von der Temperatur – sich zwei Flüssigkeiten nicht vollständig lösen oder mischen lassen. In diesem Bereich liegen dann zwei Mischungen unterschiedlicher Zusammensetzung vor, wovon die spezifisch leichtere oben schwimmt.

Im Abschnitt Verdichter wurde festgestellt, dass die Anforderungen an das Kältemaschinenöl zur Verdichterschmierung sehr ähnlich sind. Wenn aber trotzdem Kältemaschinenöle mit unterschiedlichen Eigenschaften vorhanden sind und auch benötigt werden, dann kann der Grund hierfür nur in Anforderungen aus dem Kältemittelkreislauf mit seinen anderen Bauteilen zu suchen sein.

Folgende physikalische Vorgänge im Kältemittelkreislauf, die das Öl betreffen, wollen wir behandeln:

- den Einfluss der Kältemittel auf das Kältemaschinenöl und
- die Ölrückführung.

4.3.2 Einfluss des Kältemittels auf das Öl

Abgesehen von Trockenlaufverdichtern ist bei allen anderen Verdichterarten während des Betriebes ein Ölauswurf zu verzeichnen.

Dieses Öl befindet sich im Wesentlichen in Tröpfchenform oder als Aerosol (d. h. flüssig) im verdichteten Kältemitteldampf, ein geringer Anteil auch als Öldampf. Dieser Öldampfanteil ist nicht nur vom Kältemittel abhängig, sondern vom Druck, von der Temperatur und von der verwendeten Ölsorte selbst.

Mineralöle bestehen aus verschieden siedenden Fraktionen. Tendenziell kann man sich merken, dass ein Öl mit niedriger Viskosität und niedrigem Flammpunkt einen größeren Anteil an niedrigsiedenden Bestandteilen hat und dass bei gleichen Verdichtungstemperaturen bei diesem Öl ein größerer Anteil dampfförmig den Verdichter verlässt.

Es ist bestätigt, dass der Ölauswurf eines Verdichters, der mit einem Öl niedriger Viskosität betrieben wird, höher ist als mit einem Öl hoher Viskosität. Außerdem wurde gemessen, dass bei Anlagen ohne Ölrückführung (die meisten Ammoniakanlagen) das Öl im Kurbelgehäuse des Verdichters langsam eindickt.

Kältemittelverdichter sind heute auf einem technischen Stand, dass die mit dem verdichteten Kältemitteldampf ausgeworfene Ölmenge (bei Schraubenverdichtern natürlich nach dem Ölabscheider, bei Tauchkolbenverdichtern auch ohne Ölabscheider) im Verflüssiger von dem flüssigen Kältemittel gelöst wird. Das trifft auch für Ammoniak zu.

An dieser Stelle wird eine Erklärung zur Mischbarkeit von Kältemitteln und Kältemaschinenölen erforderlich.

Zwei Arten der Mischung kommen in einer Kälteanlage vor, nämlich Kältemaschinenöl gelöst in flüssigem Kältemittel und Kältemittel gelöst in Öl.

Die Mischung von Kältemittel in Öl ist von Druck und Temperatur abhängig.

Mit steigendem Druck kann mehr, mit steigender Temperatur weniger Kältemittel im Öl gelöst werden.

Die Löslichkeit von Öl in flüssigem Kältemittel ist nur von der Temperatur abhängig. Genauer gesagt, es ist temperaturabhängig, ob sich Öl und flüssiges Kältemittel in jedem Verhältnis mischen lassen oder nicht (siehe Mischungslücke).

Begleiten wir das Öl weiter auf dem Weg durch den Kältemittelkreislauf, müssen wir jetzt nach dem Verflüssiger den Verdampfer betrachten.

Grundsätzlich unterschiedlich sind die Anforderungen an das Kältemaschinenöl in Verdampfern mit Trockenexpansion und TEV oder EEV und überfluteten Verdampfern oder ND-Abscheidern in Umpumpanlagen.

Im Verdampfer mit Trockenexpansion ändert sich das Verhältnis zwischen Öl und Kältemittel ständig. Das Kältemittel tritt in den Verdampfer ein mit einem Ölanteil in der jetzt kalten flüssigen Phase von weniger als 1 Gew.% Öl. Dieser Anteil im flüssigen Kältemittel nimmt ständig zu, da immer mehr davon verdampft. Am Verdampferaustritt haben

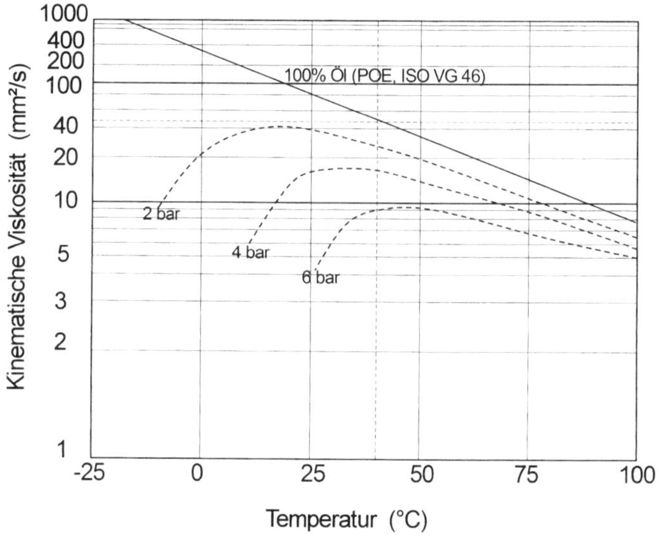

Abb. 4-10: Zusammenhang zwischen Viskosität, Druck und Temperatur

sich die Verhältnisse derart geändert, dass jetzt nur noch Öl vorhanden ist, das entsprechend Druck und Temperatur kältemittelgesättigt ist. Am Eintritt in den Verdampfer übernimmt noch das flüssige Kältemittel den Transport des Öles, am Verdampferaustritt muss hierzu eine ausreichende Dampfgeschwindigkeit vorhanden sein.

Grundsätzlich hängt jedoch der Öltransport durch einen Verdampfer mit Trockenexpansion nicht vom Lösungsvermögen des Öles im flüssigen Kältemittel ab, sondern von der Viskosität des mit Kältemittel gemischten Öles und der Geschwindigkeit des Kältemitteldampfes in den Verdampferrohren (siehe Abb. 4-10).

In Abb. 4-10 ist gut zu erkennen, dass der Viskositätsanstieg bei tieferen Temperaturen und gleichbleibendem Druck recht steil verläuft.

Bei 2 bar z. B. beträgt die Verdampfungstemperatur von R134a etwa –10 °C. Die am TEV eingestellte Überhitzung bewirkt also (paradoxerweise), dass die Viskosität des Öles am Austritt des Verdampfers trotz steigender Temperatur sprunghaft ansteigt. Gemäß obigem Diagramm (POE-Öl ISO-VG 46) steigt bei einem Temperaturanstieg von –10 °C auf +10 °C die Viskosität von 9 auf 40 mm^2/s. Bei Ölen mit höherer Viskosität und anderen Kältemitteln (z. B. R404A und R507A) kann sich dieser Effekt noch wesentlich drastischer darstellen. Die wegen der Charakteristik der TEV bei Teillast kleiner werdende Überhitzung kommt somit der Ölrückführung entgegen.

Überflutete Verdampfer benötigen Flüssigkeitsabscheider, in denen die Geschwindigkeit des Kältemitteldampfes stark herabgesetzt wird. Diese Verdampfer sind so konstruiert, dass bei ordnungsgemäßem Betrieb kein Öl in die Saugleitung gelangen kann.

Verdichter in Anlagen mit überfluteten Verdampfern sind grundsätzlich mit Ölabscheidern ausgerüstet, sodass mit dem Kältemittel wesentlich weniger Öl in den Kreislauf eingetragen wird, als den Verdichter verlässt; max. etwa 0,02 Gew.%. Trotzdem würde die Kältemittelfüllung des Verdampfers verölen, wenn die gleiche Menge nicht wieder abgeführt wird.

Betrachten wir einmal einen überfluteten Verdampfer mit FCKW-Kältemittel. Um einen

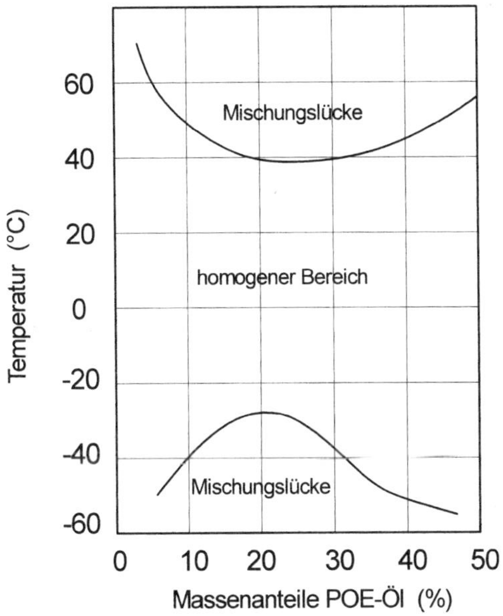

Abb. 4-11:
Verlauf der Löslichkeitsgrenze eines POE-Öles in R404A (s. Abb.)

Gleichgewichtszustand herzustellen, muss ein Teil des ölhaltigen flüssigen Kältemittels aus dem Verdampfer entnommen werden. Soll dieser Anteil möglichst klein bleiben, muss der Ölanteil in der Verdampferfüllung möglichst groß sein. Bei diesem Bestreben stößt man rasch an Grenzen:

- Hoher Ölanteil verschlechtert den Wärmeübergang und führt zur Schaumbildung.
- Bei R22 kommt es zur Entmischung von Öl und Kältemittel. Es bildet sich eine ölreiche und eine ölarme Phase. Die spezifisch leichtere ölreiche Phase schwimmt auf der ölarmen und beeinträchtigt die Verdampfung, und außerdem fehlt dieses Öl im Verdichter.

Die Entmischung wird durch die Mischungslücke verursacht.

Die Mischungslücke ist abhängig vom Kältemittel, der Ölsorte und der Temperatur.

Das Diagramm Abb. 4-11 lässt erkennen, dass zwischen den Kulmunationspunkten der Kurve (untere) Mischungslücke und der Kurve (obere) Mischungslücke – dem homogenen Bereich – Kältemittel und Öl in jedem Verhältnis mischbar sind.

Betrachten wir die Kurve bei –40 °C und stellen uns vor, der Ölanteil im Kältemittel würde langsam ansteigen, dann erreichen wir bei 10 Gew.% Öl die linke Grenzkurve. Bis 10 % liegt eine homogene Mischung vor. Jede weitere Ölmenge würde eine zweite Phase entstehen lassen, deren Zusammensetzung an der rechten Grenzkurve abzulesen ist. In unserem Fall sind das etwa 22 %.

Ein Mischungsverhältnis dieses Kältemaschinenöles und R404A bei –40 °C zwischen 10 % und 22 Gew.% ist nicht möglich.

Um betriebssicher entölen zu können, werden Öle gesucht, deren Mischungslücke bei der geforderten Verdampfungstemperatur erst bei möglichst hohem Ölanteil (größer 3 Gew.%) beginnt (linke Grenzkurve).

Bei der gleichen Verdampferbauart mit dem Kältemittel Ammoniak sind die Verhältnisse anders.

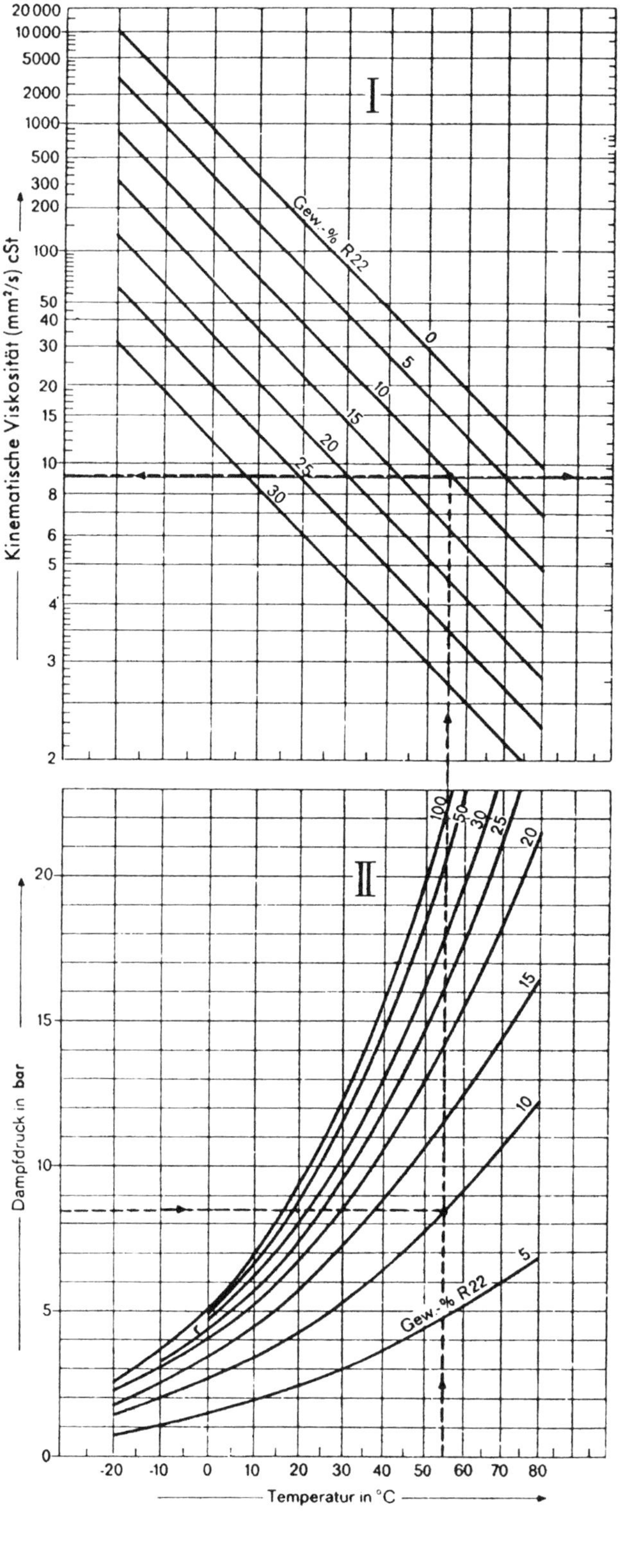

Abb. 4-12:
Der Einfluss von R22 auf die Viskosität eines Mineralöles

Bei Temperaturen unterhalb 0 °C kann im flüssigen Ammoniak nahezu kein Öl mehr gelöst werden. Das Öl wird also nach der Entspannung im Kältemittelstromregler ausgeschieden.

Glücklicherweise ist das Kältemaschinenöl spezifisch schwerer (Dichte 0,9 kg/l) als flüssiges Ammonaik (Dichte 0,7 kg/l) bei üblichen Verdampfungstemperaturen.

Das Öl sinkt zu Boden und kann dort an geeigneter Stelle abgelassen werden. Dazu muss es allerdings noch fließfähig sein.

Fassen wir einmal zusammen, welche physikalischen Eigenschaften ein Kältemaschinenöl besitzen muss:

- Ausreichende Viskosität zur Verdichterschmierung bei etwa 40 bis 80 °C.
- Für Anlagen mit FKW, HFCKW-Kältemitteln:
  gute Mischbarkeit mit dem Kältemittel im Verdampfer, geringe Mischbarkeit im Verdichterkurbelgehäuse bzw. im Ölabscheider.
- Für Anlagen mit Ammoniak:
  gute Kältefließfähigkeit bei niedriger Temperatur und dabei hohe Viskosität bei 40 °C.

Von der Mineralölindustrie werden z. Z. fünf unterschiedliche Schmiermittel und Mischungen daraus als Kältemaschinenöle angeboten und in Kälteanlagen auch eingesetzt.

Tabelle 4-7 zeigt, dass die angebotenen Kältemaschinenöle genau für den Einsatzfall ausgewählt werden müssen. Für die meisten Anwendungsfälle bis zu einer Verdampfungstemperatur von –30 °C können Mineralöle eingesetzt werden. Ein nach diesen Gesichtspunkten ausgewähltes Kältemaschinenöl muss jedoch bezüglich seines Verhaltens im Verdichter überprüft werden.

Tabelle 4-7: Temperaturgrenzen von Kältemaschinenölen

	Temperaturgrenzen (°C)						
Basis	Trockenexpansions-Verdampfer				überfluteter Verdampfer		
	FKW	HFCKW*	NH_3	CO_2	FKW	HFKW	NH_3
Mineralöle	nicht einsetzbar	–45 °C	–40 °C	–45 °C	nicht einsetzbar	–30 °C	–40 °C
halbsynthetische Öle, Mineralöl/Alkylbenzol	nicht einsetzbar	–50 °C	–40 °C	–	nicht einsetzbar	–50 °C	–45 °C
vollsynthetische Öle, Alkylbenzol	nicht einsetzbar	–50 °C	–	–	nicht einsetzbar	–70 °C	–45 °C
vollsynthetische Öle, Polyα-Olefine (SHC)**	nicht einsetzbar	–50 °C	–50 °C	–50 °C	nicht einsetzbar	–	–50 °C
vollsynthetische Mischung SHC/Alkylbenzol	nicht einsetzbar	–60 °C	–44 °C	–	nicht einsetzbar	–35 °C	–30 °C
vollsynthetische Öle Polyol-Ester	–70 °C	–50 °C	–	–50 °C	–45 °C	–	nicht einsetzbar
vollsynthetische Öle Polyalkylen Glykol (PAG-Öl)***	–60 °C	–	–60 °C		–	–	–

* für Neuanlagen nicht mehr zulässig
** *S*ynthesized *H*ydro *C*arbon
*** ammoniaklösliches Öl

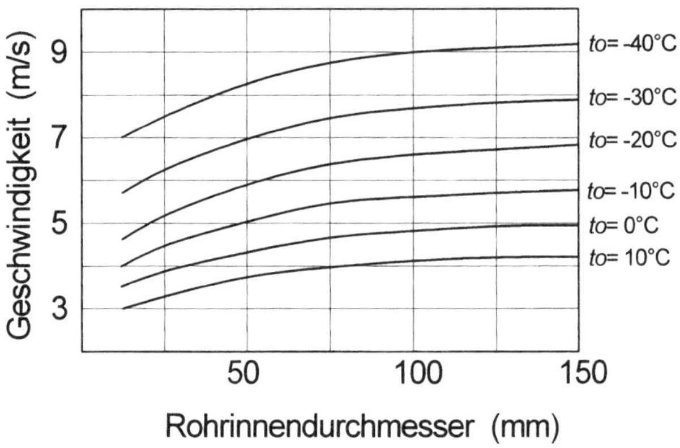

Abb. 4-13: Mindestdampfgeschwindigkeit in steigenden Saugleitungen

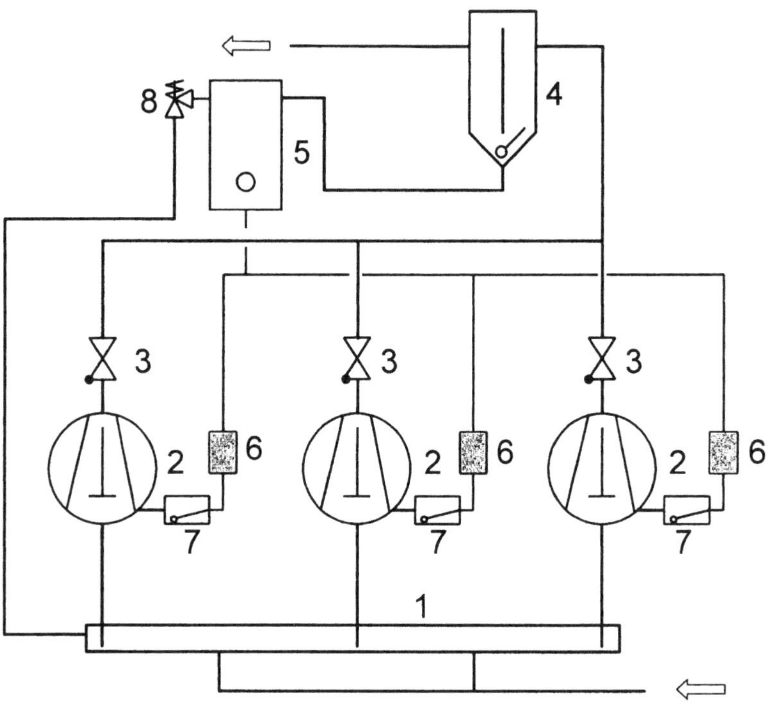

Abb. 4-14: Ölreguliersystem *(AC & R)*
1 Saugsammelrohr, 2 Verdichter 3 Rückschlagventil, 4 Ölabscheider, 5 Ölsammelgefäß, 6 Filter, 7 Ölspiegelregulator, 8 Druckregelventil

abscheider, ob nachgeschaltet oder integriert, kann nicht alles Öl mit dem Kältemitteldampf in die Saugleitung gelangen.

HFCKW/FKW-Kälteanlagen mit überfluteten Verdampfern müssen deshalb mit einem Ölaustreiber ausgerüstet sein.

Das Prinzip ist bei den unterschiedlichen Bauarten gleich: Mit dem flüssigen Kältemittel

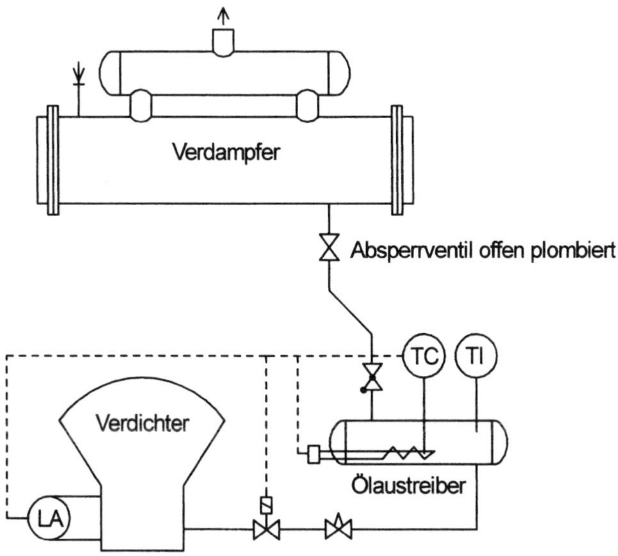

Abb. 4-15:
Ölrückführung aus überflutetem Verdampfer

gelangen etwa 100 ppm oder 0,01 % Ölanteil in den Verdampfer. In der Verdampferfüllung kann man etwa 3,0 % Ölanteil zulassen, d. h. 300-mal mehr. Wird also der 300ste Teil der eingespritzten Kältemittelmenge flüssig mit 3,0 % Ölanteil dem Verdampfer entnommen und zum Verdichter zurückgeführt, dann ist der Ölhaushalt ausgeglichen. Diese Ölmenge muss bei der ersten Befüllung der Anlage berücksichtigt werden!

Da wir kein flüssiges Kältemittel im Verdichter akzeptieren können, muss das flüssige Kältemittel vorher verdampft werden. Das geschieht im *Ölaustreiber.*

Bild 4-15 zeigt einen elektrisch beheizten Ölaustreiber. Das ölhaltige Kältemittel gelangt durch eine Bohrung in dem Rückschlagventil vor dem Ölaustreiber in diesen hinein, der entstandene Kältemitteldampf strömt periodisch in den Verdampfer zurück.

Daneben sind auch kältemittelflüssigkeits- oder druckdampfbeheizte Austreiber üblich. Hierfür werden besonders konstruierte Wärmetauscher verwendet.

Aus Ammoniakverdampfern könnte das Öl auf ähnliche Art zurückgeführt werden, was bei Anlagen mit Schraubenverdichtern zunehmend gemacht wird.

In Hubkolbenverdichtern für Ammoniak liegen wegen dessen Stoffwerte die Verdichtungstemperaturen höher als bei halogenierten Kohlenwasserstoffen, und damit wird das Schmieröl thermisch auch höher belastet.

Besonders in Kälteanlagen, deren Verdampfungstemperatur unter dem Atmosphärendruck liegt und in die praktisch immer etwas Luft eindringt, ist die Bildung von Ölkohle nicht völlig zu verhindern.

Hinzu kommt, dass in der Füllung des Ammoniakverdampfers ein Wasseranteil von 1 bis 2 % zu erwarten ist. In dieser stark alkalischen Umgebung in Verbindung mit Feuchtigkeit neigen Öle zum Verseifen.

Die Wiederverwendung von Kältemaschinenölen aus Ammoniakanlagen erfolgt meist so, dass das manuell abgelassene Öl in einem Regenerator erhitzt und feinstfiltriert wird, bevor es wieder in den Verdichter gefüllt wird.

4.3.4 Kupferplattierung

Unsere Betrachtungen über das Öl im Kältemittelkreislauf wären unvollständig, ohne zumindest kurz auf das Phänomen *Kupferplattierung* einzugehen, das viele Monteure aus eigener Praxis kennen.

Unter Kupferplattierung versteht man das Abscheiden von Kupfer auf Stahl- und Gussteilen, speziell im Verdichter. Die Ablagerungen finden vornehmlich auf heißen, bewegten Teilen, den Lagerzapfen, Arbeitsventilen und der Gleitringdichtung statt.

Lagerspiele können durch Kupferplattierung so eng werden, dass es zur metallischen Berührung der Gleitflächen und schließlich zum Ausfall der Lager kommt. Ebenfalls sind Ausfälle von Gleitringdichtungen und Wälzlagern durch Kupferplattierung ausreichend bekannt.

Die häufig vertretene Meinung, allein erhöhte Feuchtigkeit im Kältemittelkreislauf sei für die Auslösung von Kupferplattierung verantwortlich, ist nicht richtig. Obwohl durch erhöhte Feuchtigkeit und dadurch eintretende Hydrolyse des FCKW/FKW-Kältemittels die Kupferlöslichkeit im Öl zunimmt – das ist die Voraussetzung – und dadurch häufig Kupferplattierungen entstehen, führen auch im Öl angereicherte Schadstoffe zu dieser Reaktion.

Die Mechanismen der Kupferplattierung laufen über das Öl, nicht über das Kältemittel. Im Öl muss gelöstes Kupfer vorhanden sein, damit Kupferplattierung entstehen kann.

Gelegentlich werden Kupferablagerungen, besonders auf den Flächen der Gleitringdichtungen, fälschlich für Kupferplattierung gehalten – die Beurteilung ist mitunter schwierig – und dann falsche Maßnahmen ergriffen.

Sicherheit bringt hier die *chemische Analyse des Öles,* die jedoch nur im Labor durchgeführt werden kann.

Bei der Probeentnahme nur einwandfrei trockene Flaschen verwenden!

Als Gegenmaßnahme zur Kupferplattierung müssen häufig wiederholte Ölwechsel, verbunden mit dem Austausch der Filtertrockner, vorgenommen werden.

Die Filtertrockner sind auch dann zu tauschen, wenn Feuchtigkeit nicht Ursache der Kupferplattierung war. Neben der Feuchtigkeit werden von den Filtertrocknern auch Säuren und Ölharze adsorbiert und so zur Regeneration des Kreislaufes beigetragen.

In Ammoniakanlagen kann schon deshalb keine Kupferplattierung auftreten, weil keine Kupferteile eingesetzt werden können.

4.4 Luft im Kältemittelkreislauf

Wenn im Folgenden einfach von *Entlüften* bzw. von *Luft im Kreislauf* die Rede ist, dann ist damit nicht nur Luft gemeint, sondern sämtliche nichtkondensierbare Gase. Das können in der Praxis auch Stickstoff (von einer Druckprobe) oder Kohlenwasserstoffe sein.

Luft kann auf verschiedene Weise in den Kreislauf gelangen:

- bei der Inbetriebnahme durch unvollständiges Evakuieren,
- bei Instandsetzungs- und Wartungsarbeiten,
- bei Kälteanlagen, deren Niederdruckseite unterhalb Atmosphärendruck betrieben wird, durch Undichtigkeiten an Ventilstopfbuchsen, Flanschen u. ä.

Die Fachliteratur erwähnt außerdem die Entstehung nichtkondensierbarer Gase durch Kältemittelzersetzung und Öldämpfe, das sei der Vollständigkeit halber erwähnt.

4.4.1 Die Folgen eingedrungener Luft

Eingedrungene Luft wird vom Verdichter mit angesaugt und in den Verflüssiger gefördert.

Mit Hilfe des Kältemittelstromreglers ist der Kreislauf jedoch so abgestimmt, dass bei ordnungsgemäßem Betrieb nur flüssiges Kältemittel den Verflüssiger verlässt. Die Luft wird also im Verflüssiger und im Sammler zurückgehalten. Bei ständigem Nachdringen von Luft in den Kreislauf durch Undichtigkeiten steigt die Luftkonzentration dort auch ständig an.

Rufen wir uns noch einmal das *Daltonsche Gesetz* (Abschn. 1.6.2.1) ins Gedächtnis zurück. Das Gesetz besagt, dass bei Gasgemischen der Gesamtdruck gleich der Summe der Teildrücke ist. Dieses Gesetz gilt (in etwa) auch im Kältemittelkreislauf.

$p_{ges} = p_1 + p_2$
p_1 = Druck des Kältemittels
p_2 = Druck der Luft

Hieraus kann abgeleitet werden, dass eingedrungene Luft entsprechend ihres Anteils einen Teildruck besitzt, der den Gesamtdruck im Verflüssiger (der am Manometer abgelesen werden kann) erhöht.

Die Folgen davon sind:

- Anstieg des Energiebedarfs der Verdichter. Im Verdichter muss nicht nur der Verflüssigungsdruck des Kältemittels überwunden werden, sondern auch der zusätzliche Teildruck der Luft, d. h. der Gesamtdruck.
- Rückgang der Kälteleistung.
  Durch den erhöhten Verdichtungsdruck wird der Liefergrad des Verdichters ungünstiger (Abschn. 1.9.4), und damit die umlaufende Kältemittelmasse und die Kälteleistung geringer.
- Anstieg der Verdichtungstemperatur.
  Verdichter und Kältemittel können über die Anwendungsgrenze hinaus belastet werden. Das Kältemaschinenöl wird unnötigerweise thermisch beansprucht.
- Verschlechterung des Wärmeübergangs im Verflüssiger.
  Durch die Bildung von Luftpolstern, besonders in toten Zonen bei Rohrbündelverflüssigern, wird die Austauschfläche praktisch reduziert.

Diese aufgezeigten Einflüsse machen deutlich, dass die Luft aus dem Verflüssiger entfernt werden muss.

4.4.2 Erkennen von Luft im Kreislauf

Wie lässt sich Luft im Kreislauf erkennen?

Ein grober Hinweis ist der Vergleich zwischen der auf dem *Manometer ablesbaren Sättigungstemperatur* (Verflüssigungstemperatur) *auf der Hochdruckseite* und der *Temperatur* des Kühlwassers bzw. der Luft *am Eintritt in den Verflüssiger.* Der Druck sollte möglichst am Verflüssiger direkt gemessen werden, um eine Fehleinschätzung durch Druckverlust in der Druckleitung zu vermeiden.

Diese beiden Werte werden mit den Auslegungswerten der Anlage verglichen (z. B. ca. 7 K bei Kühlwasser und 12 K bei Luft). Bei verdächtig großer Abweichung muss genauer untersucht werden.

Eine große Temperaturdifferenz zwischen der Kühlwasser- oder der Lufttemperatur und der Verflüssigungstemperatur kann ja auch andere Gründe haben, z. B.

- verschmutzte Austauschflächen oder
- zu geringe Kühlwasser- oder Luftmenge.

Zwei Methoden zum Erkennen von Luft im Kreislauf sollen hier beschrieben werden:

1. Die *Verdichter werden abgeschaltet* und die Absperrventile vor dem Verflüssiger und nach dem Sammler geschlossen. Das Kühlwasser bzw. der Luftstrom bleiben in Betrieb.

Ein Manometer am Verflüssiger muss auf der entsprechenden Kältemittelskala die gleiche Temperatur anzeigen wie das Thermometer im Kühlwasser oder in der Luft. Zeigt das Manometer mehr an (> 2 K), kann auf Luft im Verflüssiger geschlossen werden.

2. *Bei laufender Anlage* muss die Sättigungstemperatur auf dem Manometer der Hochdruckseite (möglichst an dem Verflüssiger) und die Temperatur der Kältemittelflüssigkeit am Austritt des Verflüssigers oder des Sammlers nahezu gleich sein. Echte Unterkühlung von 2 bis 3 K kann erwartet werden. Beträgt diese Temperaturdifferenz mehr als 2 bis 3 K, kann ebenfalls auf Luft im Verflüssiger geschlossen werden.

Letztere Methode ist bei luftgekühlten Verflüssigern nur bedingt anwendbar. Diese Verflüssiger stehen häufig weit von den Verdichtern entfernt, und wegen des Öltransports und der Pulsationsdämpfung in der Druckleitung muss ein Druckverlust entsprechend etwa 2 K hingenommen werden. Aber auch aus Gründen der konstruktiven Gestaltung und des Teillastverhaltens stellt sich im luftgekühlten Verflüssiger eine größere Unterkühlung des verflüssigten Kältemittels ein als im wassergekühlten Rohrbündelverflüssiger. Solche Einflüsse sind mit zu bewerten.

4.4.3 Entlüften

Die vorstehenden Erläuterungen machen deutlich, dass die Luft nur auf der Hochdruckseite des Kältemittelkreislaufes entfernt, d. h. ausgeschleust werden kann.

Der Kältemitteldampf strömt vermischt mit einem geringen Luftanteil in den Verflüssiger ein. Mit fortschreitender Verflüssigung nimmt dieser Luftanteil zu. Das bedeutet, dass am Austritt des Verflüssigers und im Kältemittelsammler der Luftanteil am größten ist.

Kälteanlagen, deren Niederdruckteil bei Unterdruck betrieben werden muss (bei R134a $t_0 < -26$ °C, bei NH_3 $t_0 < -34$ °C), werden meist mit *Entlüftungseinrichtungen* ausgerüstet. Die geeignete Stelle zum Anschluss der Entlüftungseinrichtung muss bei der Planung der Anlage festgelegt werden.

Bei Rohrbündelverflüssigern liegt diese Stelle möglichst weit vom Eintritt des überhitzten Kältemitteldampfes entfernt, meist direkt über dem Flüssigkeitsablauf oder am Kältemittelsammler.

Bei luftgekühlten Verflüssigern und bei Verdunstungsverflüssigern erfolgt der Anschluss auf dem Flüssigkeitssammelrohr oder ebenfalls auf dem Kältemittelsammler.

Unter einer Entlüftungseinrichtung versteht man einen Wärmeaustauscher mit erforderlichen Armaturen, in dem das Kältemittel-Luftgemisch bei *Verflüssigerdruck* möglichst

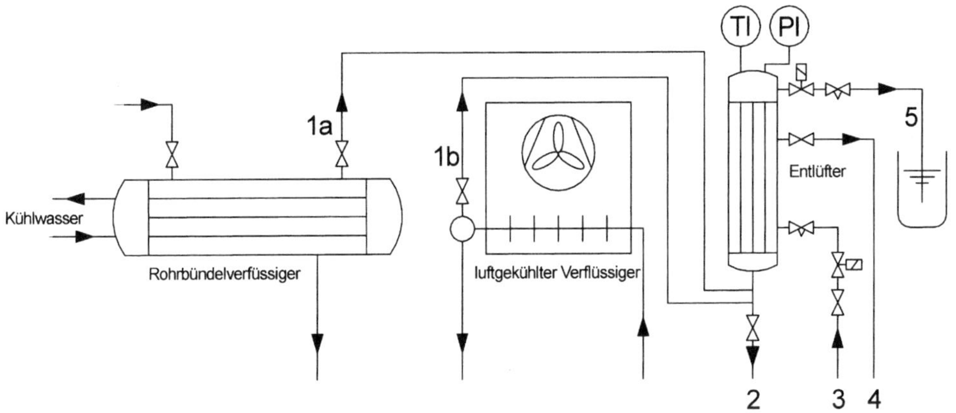

Abb. 4-16: Entlüftungseinrichtung mit:
1a/1b Kältemittel- Luftgemisch Austritt Verflüssiger,
2 Kältemittelkondensat Austritt Entlüfter,
3 Kältemittelflüssigkeit zum Entlüfter,
4 Kältemitteldampf zur ND-Seite,
5 Luftaustritt zur Flüssigkeitsvorlage

tief abgekühlt wird, um den Teildruck des Kältemittels abzusenken und um so den Kältemittelverlust beim Entlüften zu verringern.

Da Entlüftungseinrichtungen nur bei Tiefkühlanlagen erforderlich sind, nutzt man den ohnehin vorhandenen niedrigen Verdampfungsdruck zum Kühlen.

Abb. 4-16 zeigt eine solche Einrichtung. In diesem Fall wurde als Kühler ein stehender Rohrbündelwärmeaustauscher eingesetzt, in dessen Mantelraum Kältemittel unter dem Verdampfungsdruck der Anlage verdampft. Der Rohrraum ist mit dem Verflüssiger verbunden und steht somit unter Verflüssigungsdruck. Durch die Kühlung strömt das Kältemittel-Luftgemisch in den Kühler. Das Kältemittel wird zum großen Teil verflüssigt und fließt in den Sammler ab. Die kältemittelarme, kalte Luft wird über ein Regelventil abgelassen.

Ähnlich wirkende, automatische Entlüftungseinrichtungen sind anschlussfertig erhältlich. Sind Verflüssiger und Sammler räumlich weit entfernt von den Verdichtern aufgestellt, können kompakte Entlüftungseinrichtungen mit eigenem kleinen Kältesatz verwendet werden.

Gelangt Luft in den Kreislauf von Kälteanlagen, die keine Entlüftungseinrichtung besitzen, muss diese bei *abgeschalteten Verdichtern* an der höchsten Stelle des Verflüssigers abgelassen werden. Dazu muss der Verflüssiger gekühlt werden, Kühlwasser- oder Luftstrom bleiben in Betrieb.

Diese Art der Entlüftung ist mit Kältemittelemission in die Atmosphäre verbunden. Auch ein Absaugegerät kann hier *keine* Reduzierung der Kältemittelemission bringen, da auch darin das Kältemittel nicht bei der erforderlich niedrigen Temperatur verflüssigt werden kann.

4.4.4 Beispiel

Der Unterschied des Entlüftens mit und ohne Entlüftungseinrichtung soll anhand eines *vereinfachten* Beispiels aufgezeigt werden.

In einen R404A-Kältemittelkreislauf ist Luft eingedrungen. Der Druck im Rohrbündelverflüssiger (mantelseitiger Inhalt $V_{Verfl} = 100$ l) wird mit 18,1 bar am Manometer gemessen, auf der Temperaturskala wird die *scheinbare* Verflüssigungstemperatur $t_c = 40$ °C angezeigt.

Die Temperatur des flüssigen R404A in der Kondensatleitung beträgt nur $t_u = 35$ °C, der *wirkliche Verflüssigungsdruck* gemäß Dampftafel $p_c = 16,1$ bar.

Der Teildruck der Luft im Verflüssiger errechnet sich

$$p_L = p_{Verfl.} - p_c = (18,1 + 1,0) - 16,1 = 3,0 \text{ bar}$$

Legen wir für unser Beispiel die Umgebungsbedingungen fest:

Luftdruck: $p_1 = 1,013$ bar
Temperatur: $T_1 = 273 + 20 = 293$ K

In den Kreislauf sind danach (s. Abschn. 1.3.3, *allgemeine Zustandsgleichung*)

$$V_2 = V_1 \cdot \frac{p_1 \cdot T_2}{p_2 \cdot T_1} = 100 \cdot \frac{3,0 \times 293}{1,013\,(273 + 35)} = 282 \text{ l}$$

Luft eingedrungen.

Zum Entlüften ohne Entlüftungseinrichtung müsste der Verflüssiger allseitig abgesperrt, drucklos gemacht und dann evakuiert werden.

Der wirkliche Verflüssigungsdruck bei $t = 35$ °C beträgt gemäß Dampftafel $p_c = 16,1$ bar, das spezifische Volumen des Dampfes bei diesem Druck $v'' = 11,6$ l/kg.

Bei 100 l Inhalt befinden sich demnach

$$\frac{V_{Verfl}}{v''} = \frac{100}{11,6} = 8,62 \text{ kg R404A}$$

in dem Verflüssiger. Diese Kältemittelmenge geht beim Entlüften in die Atmosphäre verloren.

In einer *Entlüftungseinrichtung* könnte bei einer angenommenen Verdampfungstemperatur von $t_0 = -40$ °C das Kältemittel-Luftgemisch auf $t = -30$ °C abgekühlt werden.

Stellen wir uns jetzt vor, dieses Luftvolumen hat sich in einer Entlüftungseinrichtung angesammelt.

Darin beträgt der Druck ebenfalls $p_{Verfl.} = 18,1$ bar.

Bei $t = -30$ °C (T = 243 K) kann der Dampftafel der Sättigungsdruck und das spezifische Volumen für R404A-Dampf entnommen werden.

$p_s = 2,04$ bar

$v'' = 95,3$ l/kg

Der Teildruck der Luft in der Entlüftungseinrichtung errechnet sich wie vorstehend

$$p_L = 18,1 - 2,04 = 16,06 \text{ bar}$$

Wiederum nach der *allgemeinen Zustandsgleichung* ergibt sich aus 282 l eingedrungener Luft in der Entlüftungseinrichtung ein Luftvolumen von

$$V_2 = V_1 \cdot \frac{p_1 \cdot T_2}{p_L \cdot T_1} = 282 \cdot \frac{1{,}013 \cdot 243}{16{,}06 \cdot 293} = 14{,}8 \text{ l}$$

Das gleiche Volumen nimmt nach dem Daltonschen Gesetz auch der R404A-Dampf ein.

Beim Ablassen des R404A-Luftgemisches gehen hierbei nur

$$\frac{V_2}{v''} = \frac{14{,}8}{95{,}3} = 0{,}16 \text{ kg}$$

R404A verloren.

Die Kältemittelemission beim Entlüften kann, wie das Beispiel zeigt, mit Hilfe einer Entlüftungseinrichtung erheblich reduziert werden.

5 Kälteanlagen

5.1 Verbundkälteanlagen

Unter einer *Verbundkälteanlage* versteht man eine Kälteanlage, die nicht mit nur einem Verdichter ausgerüstet ist, sondern mit mehreren parallelgeschalteten Verdichtern. In der Regel werden statt eines großen Verdichters mehrere kleinere eingesetzt.

Diese Verdichter werden fabrikmäßig zu einem Kältesatz, einem sogenannten *Verbundkältesatz,* zusammengebaut (nicht zu verwechseln mit einem Verbundverdichter = Hubkolbenverdichter, in dem das Kältemittel zweistufig in einem oder mehreren Zylindern verdichtet wird).

Die Entwicklung zum Verbundkältesatz hatte mehrere Ursachen:

- wirtschaftliche, fabrikmäßige Fertigung,
- gute Regelbarkeit durch Zu- und Abschalten kleiner Leistungsstufen bei gleichbleibend günstigstem Energiebedarf,
- Einsatzmöglichkeit von Verdichtern aus Großserien,
- auch für große Kälteleistungen können semihermetische und hermetische Verdichter eingesetzt werden,
- große Betriebssicherheit durch den Einsatz mehrerer Verdichtereinheiten und dadurch hohe Verfügbarkeit im Störfall, sowohl verglichen mit Großverdichtern als auch mit Einzelanlagen, z. B. in Supermärkten,
- Reduzierung des Rohrleitungsnetzes in Supermärkten.

Der Einsatz von Verbundkältesätzen in Deutschland begann Anfang der 60er Jahre. Ein exponierter Anwendungsfall war die Schiffskältetechnik. Besonders Kälteanlagen für Containerschiffe wurden als Verbundanlagen gebaut.

Derzeit ist das mit Abstand bedeutendste Anwendungsgebiet der *Supermarkt.* Wegen der Vielzahl der Kühlstellen bietet sich diese Technik an.

Aber auch im Kühlhausbau und im Sonderanlagenbau ist der Verbundkältesatz im Vormarsch.

Als Verdichter werden neben Hubkolbenverdichtern mehr und mehr auch Scrollverdichter sowie ungeregelte Schraubenverdichter (halbhermetische und offene Bauart) eingesetzt.

Verbundkältesätze werden gelegentlich auch bereits fabrikmäßig als Verflüssigungssätze ausgeführt bzw. können Wärmeaustauscher zur Wärmerückgewinnung oder Flüssigkeitsunterkühler vormontiert sein.

Solche Montagevorteile können jedoch nur dann voll zur Geltung kommen, wenn entsprechend große Einbringöffnungen vorhanden sind oder geschaffen werden können.

5.1.1 Beschreibung des Kreislaufes der Verbundkälteanlagen

Der Kältemittelkreislauf einer Verbundkälteanlage unterscheidet sich thermodynamisch nicht von dem einer Kälteanlage mit Einzelverdichtern oder parallelgeschalteten Großverdichtern.

Der wesentliche Unterschied ist, dass der Verbundkältesatz als ein automatisch gesteuertes Aggregat konzipiert wird, in das während des Betriebes keine Eingriffe durch

Maschinenpersonal nötig sind. Weder zum Zu- und Abschalten der Verdichter, noch um deren Ölstände manuell auszugleichen.

Unabhängig von der Anzahl der Kühlstellen einer Verbundkälteanlage werden generell sämtliche Saugleitungen der Verdampfer vor Eintritt in den Verbundkältesatz zu einer *Sammelsaugleitung* zusammengefasst. Das erfolgt manchmal durch Schaffung einer Ringleitung, in anderen Fällen werden die Einzelsaugleitungen auch erst kurz vor dem Verbundkältesatz in die Sammelsaugleitung eingeführt.

Speziell in Supermärkten werden häufig zwei Verdampfungstemperaturniveaus erforderlich. Einmal bei einer Verdampfungstemperatur von etwa t_0 = –35 °C für die Tiefkühlmöbel und zum anderen bei etwa t_0 = –10 °C für die Kühlmöbel im Plusbereich. Solche Anlagen haben dann einen Minusverbund und einen Plusverbund, d. h. zwei völlig getrennte Verbundkälteanlagen mit eventuell unterschiedlichen Kältemitteln und selbstverständlich zwei Sammelsaugleitungen.

Alle parallelgeschalteten Verdichter des Verbundkältesatzes fördern in eine gemeinsame Druckleitung, unabhängig davon, ob ein oder mehrere Verflüssiger zur Verbundkälteanlage gehören.

Abb. 5-1 zeigt das Rohrleitungsschema eines Verbundkältesatzes mit luftgekühltem Verflüssiger, Kältemittelsammler und einer Einrichtung zum Ölspiegelausgleich der Verdichter (siehe auch Abschnitt 4.3.3).

Dieser bei jedem Verbundkältesatz mit Hubkolbenverdichtern unbedingt erforderliche

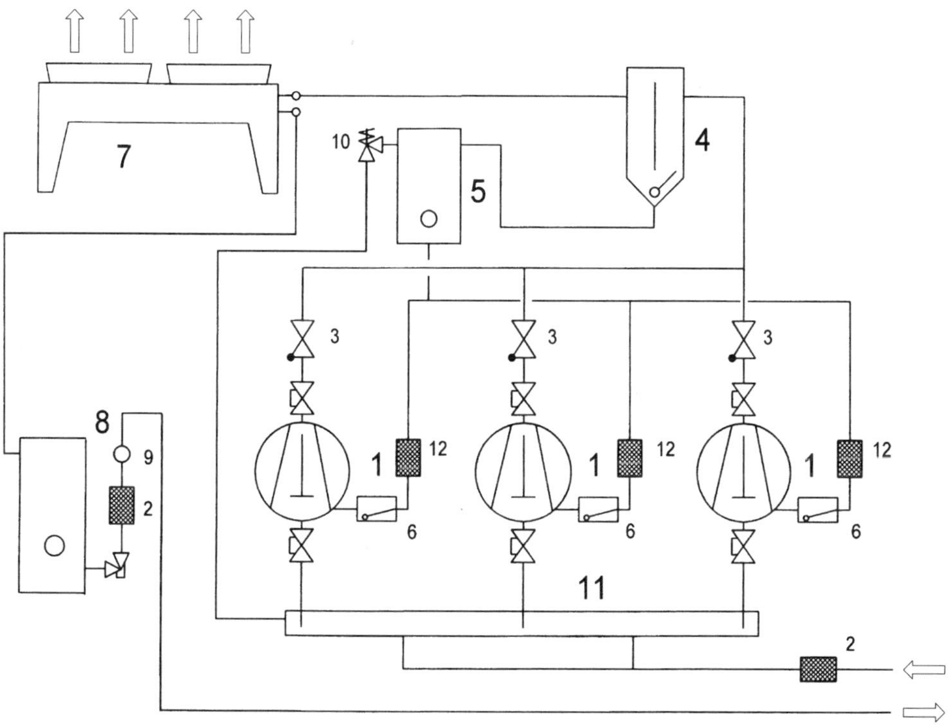

Abb. 5-1: Leitungsschema einer Verbundkälteanlage: 1 Motorverdichter, 2 Filtertrockner, 3 Rückschlagventil, 4 Ölabscheider, 5 Ölsammler, 6 Ölspiegelregulator, 7 Verflüssiger, 8 Sammler, 9 Schauglas mit Indikator, 10 Druckregelventil, 11 Saugsammlerrohr, 12 Sieb

Abb. 5-2: Verbundkältesatz *(Linde)*

Ölspiegelausgleich wird bei den einzelnen Herstellern unterschiedlich bewerkstelligt. Ein Vorteil der Verbundkältesätze mit Schraubenverdichtern ist, dass kein Ölspiegelausgleich nötig wird. Das gesamte Schmieröl befindet sich im gemeinsamen Ölabscheider des Verbundes und wird von den Schraubenverdichtern immer wieder dorthin gefördert.

Der sich in den einzelnen Verdampfern der Verbundkälteanlage entwickelnde Kältemitteldampf wird von den Verdichtern entweder über Einzelsaugleitungen oder über eine Ringleitung und die Sammelsaugleitung abgesaugt. Dabei verteilt sich der Kältemitteldampf aus der Sammelsaugleitung annähernd gleichmäßig auf die in Betrieb befindlichen Verdichter. In die Saugleitungen zwischen der Sammelleitung und den Verdichtern sind Absperrventile und Filter eingebaut. Das vom Kältemitteldampfstrom mitgeführte Öl verteilt sich etwa in gleichem Maße. Eine absolut gleichmäßige Verteilung des Öles ist nicht zu erzielen. Da außerdem der Ölwurf der Verdichter nicht gleich ist, müssen weitere Maßnahmen zur Ölverteilung vorgenommen werden.

Jeder Verdichter fördert den von ihm angesaugten Kältemitteldampf nach der Verdichtung durch Einzeldruckleitungen mit Absperr- und ggf. Rückschlagventil in die Sammeldruckleitung und in unserem Falle weiter über einen Ölabscheider in den Verflüssiger.

Das im Ölabscheider aus dem Kältemittelstrom abgeschiedene Öl wird einem Ölsammler zugeführt. Der Druck in dem Ölsammler wird etwa 1,5 bar über dem Druck in der

Saugleitung gehalten und das Öl nach Bedarf mittels der Ölspiegelregulatoren den Verdichtern wieder zugeleitet.

Die einzelnen Kühlstellen sind flüssigkeits- und saugseitig absperrbar. Damit sind Arbeiten an einer Kühlstelle möglich, ohne die gesamte Verbundkälteanlage zeitweilig stillsetzen zu müssen. Zwischen Verdampferaustritt und Absperrventil wird ein Schraderventil angeordnet. Hierüber kann sowohl der Druck zum Einregulieren gemessen als auch Kältemittel abgesaugt werden.

Zumindest bei luftgekühlten Verflüssigern, die häufig entfernt auf dem Dach aufgestellt sind, empfiehlt sich unbedingt ein Absperrventil zwischen Verflüssiger und Kältemittelsammler zur Erleichterung von Servicearbeiten.

Verbundkälteanlagen für Verdampfungstemperaturen t_o = –35 °C bis –45 °C und luftgekühlten Verflüssigern werden mit den Kältemitteln R404A, R507, R407A/B u. a. m. betrieben. Hierfür können einstufige Hubkolbenverdichter eingesetzt werden.

Daneben sind für diesen Temperaturbereich noch eine Anzahl R22-Anlagen (seit 1. 1. 2000 im Bereich der Europäischen Union für Neuanlagen nicht mehr zulässig) in Betrieb.

Einstufige Verdichtung von R22 in Hubkolbenverdichtern von t_0 = –35 °C/–45 °C auf t_c = +45 °C/+50 °C ergibt einerseits unwirtschaftlich schlechte Liefergrade (s. 1.9.4), zum anderen würde die maximal zulässige Verdichtungsendtemperatur von t_h = 140 °C für R22 überschritten. Deshalb werden für kleinere Verdichter Kältemittel-Einspritzeinrichtungen zur Senkung der Verdichtungsendtemperatur angeboten.

Für diese Einsatzbedingungen werden in der Regel *zweistufige Verdichter* eingesetzt, auch im Verbundkältesatz.

Zweistufige Verdichter verfügen über Niederdruck-(ND)-Zylinder und Hochdruck-(HD)-Zylinder in einem Gehäuse. Das Zylinderverhältnis kann nicht ideal (siehe Kap. 1.9.4) gewählt werden, sondern je nach Zylinderzahl des Verdichters 2 : 1 (4 ND- und 2 HD-Zylinder) oder 3 : 1 (3 ND- und 1 HD-Zylinder bzw. 6 ND- und 2 HD-Zylinder).

Abb. 5-3 zeigt das Schema eines zweistufigen Verbundkältesatzes.

Die ND-Zylinder verdichten den Kältemitteldampf aus der Sammelsaugleitung auf Mittel-

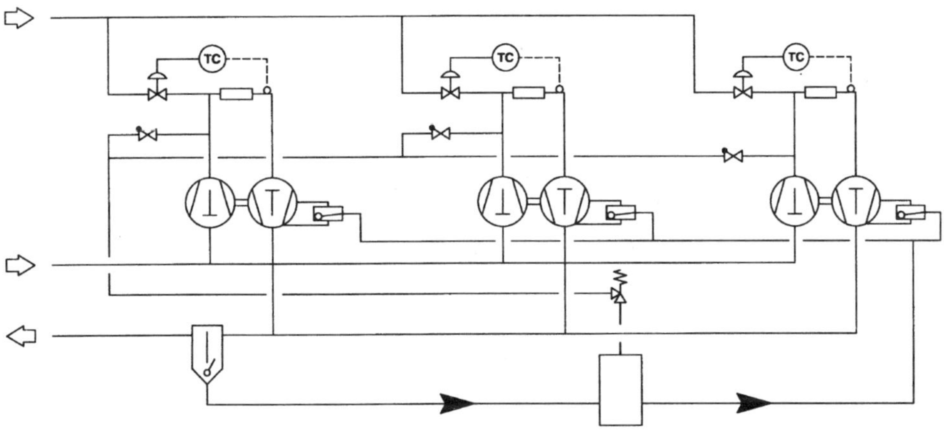

Abb. 5-3: Schema einer zweistufigen Verbundkälteanlage

druck (MD) und fördern über das Mischrohr zur Saugseite der HD-Zylinder, in denen die Verdichtung auf Verflüssigungsdruck erfolgt.

In die HD-Druckleitung ist ein Ölabscheider eingebaut. Bei zweistufigen Verbundkältesätzen sind Ölabscheider erforderlich, da die Kurbelgehäuse der Verdichter unter Mitteldruck stehen. Das über die Saugleitungen der Verdampfer zurückkommende Öl kann also nicht unmittelbar in das Kurbelgehäuse gelangen. Das abgeschiedene Öl wird einer Einrichtung zum Ölspiegelausgleich in den Verdichtern zugeführt, ähnlich wie in Abschnitt 4.3.3, Abb. 4-14 dargestellt.

Unter einem Mischrohr versteht man ein Rohrstück, in das über ein spezielles TEV flüssiges Kältemittel zur Kühlung des überhitzten Kältemitteldampfes aus den ND-Zylindern eingespritzt wird. Das Mischrohr enthält Einbauten, die den Wärmeaustausch verbessern.

Häufig ist noch ein Unterkühler für die Kältemittelflüssigkeit vorgesehen. In diesem Wärmetauscher, vielfach ein Koaxialverdampfer, verdampft Kältemittel unter *Mitteldruck* und kühlt HD-Flüssigkeit aus dem Kältemittelsammler, bevor diese den TEV der Kühlstellen zugeleitet wird. Der dabei entstehende Kältemitteldampf wird ebenfalls in das Mischrohr eingeführt. Ein *einziges* TEV versorgt dann Unterkühler und Mischrohr. Durch den Unterkühler wird die Kälteleistung des zweistufigen Kreislaufes erhöht und der Energiebedarf vermindert.

Bei der Auswahl des Kältemaschinenöls ist zu berücksichtigen, dass das Öl im Verdichter unter Mitteldruck steht.

5.1.2 Regelung von Verbundkälteanlagen

5.1.2.1 Regelung der Verdichter

Die Regelung der Verdichter, d. h. die Anpassung deren Kälteleistung an den Bedarf der Kühlstellen (Verdampfer), erfolgt über die Regelung des Drucks in der Sammelsaugleitung.

Z. B. wird der Saug- oder Niederdruck eines Plusverbundes mit dem Kältemittel R404A auf p_o = 2,55 bar Überdruck entsprechend t_o = –10 °C geregelt.

Dazu wird bei konventioneller Steuerung ein Saugdruckschalter, der ein Kontaktsystem mit neutraler Zone besitzt, an die Saugleitung angeschlossen. Unter dem genannten Kontaktsystem versteht man einen potentialfreien Umschalter mit Mittelstellung.

Über diese Kontakte wird ein *Stufenschaltwerk* mit erforderlicher Stufenanzahl angesteuert, und zwar entweder auf Hochlauf, Rücklauf oder Beharrungszustand.

Die *Stufenzahl* des Schaltwerkes ist im einfachsten Falle gleich der *Anzahl* der Verdichter des Verbundkältesatzes. Vielfach werden leistungsgeregelte Verdichter eingesetzt und so die Anzahl der Leistungstufen verdoppelt oder verdreifacht.

Die Funktion dieser Regelung ist einfach: Mit steigendem Saugdruck schließt ein Kontakt im Saugdruckschalter, und das Schaltwerk läuft verzögert hoch in Richtung MAX, d . h., eine bzw. eine weitere Leistungsstufe wird zugeschaltet. Ist mit dieser Zuschaltung das Gleichgewicht zwischen Kälteleistung der Verdichter und Bedarf der Kühlstellen (Beharrungszustand) hergestellt, also der gewünschte Saugdruck erreicht, bewegt sich das Kontaktsystem in die Mittelstellung, die *neutrale Zone.* Das Stufenschaltwerk verharrt in seiner Stellung.

Sinkt der Saugdruck, das Angebot an Kälteleistung der Verdichter ist jetzt größer als der

Bedarf der Kühlstellen, schließt der Kontakt in der anderen Lage und steuert, wiederum verzögert, das Stufenschaltwerk auf Rücklauf in Richtung MIN. Eine Leistungsstufe wird abgeschaltet.

Die *Verzögerungszeiten* sind erforderlich, um ständiges Zu- und Abschalten der Verdichter zu vermeiden. Vielfach sind diese Zeiten individuell für jede Stufe und Schaltrichtung einstellbar.

Die Qualität der Regelung ist nicht nur von den eingesetzten Geräten und der verfügbaren Stufenzahl, sondern auch von dem Niveau der zu regelnden Verdampfungstemperatur abhängig.

Das liegt an den Dampfdruckkurven der Kältemittel. Mit sinkender Temperatur werden die Druckunterschiede von Grad zu Grad geringer.

Bei einem Sollwert R404A von t_o = –10 °C und einer Schaltdifferenz des Saugdruckschalters von beispielsweise $\Delta p = \pm 0{,}1$ bar, beträgt t_o min = –10,7 °C und t_o max = –9,3 °C.

Bei einem Sollwert von t_o = –35 °C und einer Schaltdifferenz von ebenfalls $\Delta p =$ ± 0,1 bar, wird sich dagegen t_o min = –36,2 °C und t_o max = –34,2 °C einstellen.

Wenn von der Leistung her Verdichter und Kühlstellen nicht gut harmonieren und sich dadurch entweder eine zu große Differenz zwischen $p_{o\,min}$ und $p_{o\,max}$ bzw. $t_{o\,min}$ und $t_{o\,max}$ oder eine zu große Schalthäufigkeit ergibt, kann das Regelverhalten mit Hilfe eines modulierend arbeitenden *Saugdruckreglers* verbessert werden. Beim Unterschreiten eines eingestellten Saugdruckes wird Druckdampf in die Saugleitung umgeblasen und so das Gleichgewicht zwischen Verdichterleistung und Kältemitteldampfangebot aus der Anlage hergestellt.

Die Verdichter moderner Verbundkältesätze werden heute meist durch elektronische Systeme geregelt, gesteuert und überwacht. Hierzu werden sowohl freiprogrammierbare Steuerungen als auch Mikroprozessoren eingesetzt. Neben dem Zu- und Abschalten der Verdichter bzw. deren Leistungsstufen übernehmen diese zusätzliche Funktionen, die insbesondere der Betriebssicherheit sowie der Senkung der Energie- und Servicekosten dienen.

Zu erwähnen sind:

- Grundlastumschaltung zur Erreichung gleicher Betriebsstunden, Wartungserleichterung.
- Überwachung wichtiger Betriebszustände und deren Grenzwerte einschließlich der Störmeldung und Speicherung von Störungen und Messwerten.
- Steuerung von Ventilatoren der Verdichter und Verflüssiger.
- Anhebung der Verdampfungstemperatur außerhalb der Öffnungszeiten von Supermärkten zur Energieeinsparung.
- Steuerung der Wärmerückgewinnungseinrichtungen.
- Steuerung von Lastabwurf zu den mit Energieversorgungsunternehmen vereinbarten Spitzenzeiten.

5.1.2.2 Regelung der Kühlstellen

Zur Verbundkälteanlage gehören, von Sonderanlagen abgesehen, stets mehrere Kühlstellen mit Trockenexpansions-Verdampfung und TEV oder EEV. Meistens handelt es sich um Kühlstellen in Kühlmöbeln oder Kühlräumen.

In der Regel hat jede Kühlstelle einen eigenen *Thermostaten,* über den das Magnetventil vor dem TEV angesteuert wird, bei Kühlräumen außerdem die Ventilatoren der Verdampfer. Bei steigender Temperatur wird das Magnetventil geöffnet, flüssiges Kältemittel strömt in den Verdampfer, und die Kühlung setzt ein. Ist die Luft auf den eingestellten Wert abgekühlt, wird das Magnetventil geschlossen, in Kühlräumen auch meist die Ventilatoren abgeschaltet und die Kühlung unterbrochen.

Das Zu- und Abschalten von Kühlstellen verändert den Druck in der Sammelsaugleitung, was eventuell das Zu- und Abschalten von Verdichterstufen zur Folge hat.

Beide Regelungen der Verbundkälteanlage, nämlich die druckabhängige Regelung der Verdichter und die temperaturabhängige Regelung der Kühlstellen, wirken aufeinander. Die Existenz dieser beiden Regelkreise und deren Zusammenwirken sind typisch für Verbundkälteanlagen.

Der Druck in der Sammelsaugleitung muss so eingestellt sein, dass die Verdampfungstemperatur für die Kühlstelle mit der niedrigsten Lufttemperatur ausreichend tief ist. Diese Kühlstelle bestimmt den Saugdruck des Verbundes.

Aber auch hier hat moderne Steuerungstechnik Einzug gehalten.

Verschiedene Hersteller haben mit *Mikroprozessoren* arbeitende Steuerungen entwickelt, welche zwar die Funktion des Thermostaten als Hauptfunktion ausführen, darüber hinaus jedoch weitere Funktionen, z. B. das *Abtauen* der Verdampfer und die *Überwachung* der Kühlstellen, übernehmen.

Es gibt auch Systeme, bei denen die Temperatur der Kühlstelle nicht thermostatisch als Zweipunktregelung erfolgt, sondern mit Hilfe elektronischer Verdampferdruckregler.

5.1.2.3 Regelung der Verflüssiger

Überwiegend werden Verbundkälteanlagen mit luftgekühlten Verflüssigern ausgerüstet.

Die Anordnung der Verflüssiger kann im Maschinenraum erfolgen oder im Freien. Häufig werden die Verflüssiger auf dem Dach aufgestellt.

Bei Anordnung im Maschinenraum werden die Verflüssiger gelegentlich direkt auf dem Verbundkältesatz montiert. Das hat den Vorteil der weitergehenden Werksmontage, erfordert aber große Einbringöffnungen. Im Betrieb ist der Verflüssiger dann den Vibrationen ausgesetzt, die vom Verbundkältesatz ausgehen.

Über die verschiedenen Verflüssigungsdruckregelungen wurde bereits im Abschnitt 2.2.1.1 berichtet.

Auch bei Verbundkälteanlagen kommen die beschriebenen Regelungsarten zum Einsatz, und zwar

- Regelung durch Änderung der den Verflüssiger durchströmenden Luftmenge. Das geschieht durch Zu- und Abschalten von Ventilatoren oder den Einsatz polumschaltbarer sowie drehzahlgeregelter Ventilatormotore.
- Anstauen von Kältemittelflüssigkeit im Verflüssiger zur Reduzierung der wirksamen Wärmeaustauschfläche mit Hilfe modulierend arbeitender Druck- und Differenzdruckregler. Diese Art der Regelung wird bei Einsatz eines zweiten Wärmeaustauschers in der Druckleitung zur Wärmerückgewinnung, meist Rohrbündelapparate (Enthitzer oder Teilverflüssiger), erforderlich.
- Regelung der Zulufttemperatur zum Verflüssiger durch Mischen von Umluft und Außenluft. Das erfolgt durch thermostatisches Steuern von Luftklappen.

Schon im Abschnitt 2.2.1.1 wurde auf die zu erwartenden Schwierigkeiten beim Einschalten des ersten Verdichters wegen zu geringen Verflüssigungsdruck hingewiesen, die durch die Temperaturunterschiede der Aussenluft zwischen Sommer und Winter eintreten können. Trotzdem kommen Verbundkälteanlagen *ohne Wärmerückgewinnung* und *mit mehreren Kühlstellen,* z. B. in Supermärkten, vielfach auch ohne Anstauregelung für die Verflüssiger aus.

Steht der Verflüssiger auf dem Dach, trägt die Kältemittelflüssigkeitssäule bis zu den Kühlstellen dazu bei, dass vor den TEV schnell ein Vordruck ansteht.

Das Ansteuern der Verflüssigerventilatoren wird nur noch selten mittels Einzeldruckschalter vorgenommen. *Elektronische Kompaktsteuerungen* schalten und überwachen die Ventilatoren.

Sind die Verflüssiger mit Reglern zum Anstauen von Kältemittelflüssigkeit ausgerüstet, muss dies bei der Bemessung der Kältemittelfüllung berücksichtigt werden. Für den Winterbetrieb muss diese zusätzliche Kältemittelmenge zur Verfügung stehen. Der Kältemittelsammler muss entsprechend groß ausgelegt sein.

Verbundkälteanlagen mit wassergekühlten Verflüssigern sind beim Anfahren weniger problematisch, da die Temperatur des Umwälzwassers niemals auf so niedrige Werte wie die Außenluft absinkt. Zur Aufrechterhaltung eines erforderlichen Verflüssigungsdruckes genügt meist die Temperaturregelung des Kühlturms. Für besondere Fälle werden druckgesteuerte Regelventile in der Kühlwasserleitung eingesetzt.

Abb. 5-4: Verbundkältesatz mit Schraubenverdichtern *(Linde)*

Abb. 5-5: Verbundkältesatz mit Scrollverdichtern *(Linde)*

5.2 CO_2-Kälteanlagen

5.2.1 Kohlenstoffdioxid als Wärmeträger

Kälteanlagen, die CO_2 als Wärmeträger nutzen, werden für Verdampfungstemperaturen von etwa –35 °C bis –50 °C gebaut.

CO_2 bietet als Wärmeträger im Vergleich zu herkömmlichen Wärmeträgern einige Vorteile:

- Bei der Wärmeaufnahme kann die Verdampfungsenthalpie genutzt werden, was zu geringerem Massenstrom führt und somit zu kleineren Umwälzpumpen.
- Auf Grund der großen Verdampfungsenthalpie von CO_2 ergeben sich kleine Dimensionen für die CO_2-Flüssigkeitsleitung zur Kühlstelle. Die Saugleitung zurück zum CO_2-Sammler ist bezüglich der Dimensionierung mit einer Soleleitung vergleichbar.
- Bei der (Teil-)Verdampfung des CO_2 in der Kühlstelle tritt keine Temperaturerhöhung wie bei herkömmlichen Wärmeträgern auf. Das ist günstig für den Wärmeaustausch.
- Im Gegensatz zu direkter Verdampfung ist der Füllungsgrad im Verdampfer stets optimal.

Das Fließbild dieser CO_2-Wärmeträgeranlage zeigt, dass die Wärmeabfuhr im Verflüssiger einer üblichen Kälteanlage erfolgt, die, abhängig vom Kältemittel, ein- oder zweistu-

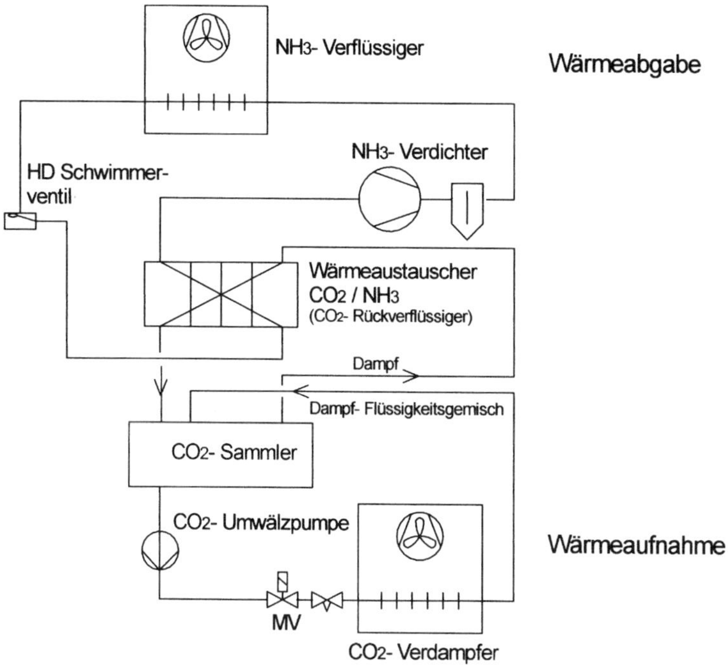

Abb. 5-6: Vereinfachtes Fließbild einer Kälteanlage mit CO_2 als Wärmeträger

fig ausgeführt sein kann. Um die Möglichkeit des Einsatzes ausschließlich natürlicher Kältemittel zu betonen, wurde als Beispiel NH_3 gewählt. Bei Industrieanlagen bietet sich NH_3 ohnehin an, da hier in der Regel entsprechend große Kälteleistungen installiert werden müssen und die Aufstellungsbedingungen – z. B. im besonderen Maschinenraum – erfüllt sind. Auch gewerbliche Kälteanlagen dieser Art sind gebaut worden.

Die Entscheidung für die Wahl der Paarung CO_2/NH_3 wird häufig durch nationale Gesetzgebung beeinflusst.

An dieser Stelle sei darauf hingewiesen, dass die Mischung von Ammoniak und Kohlendioxid – auch ungewollt bei Leckagen – unbedingt vermieden werden muss, um die Bildung (in Gegenwart von Feuchtigkeit) von Ammoniumcarbonat (trivial: Hirschhornsalz) zu vermeiden. Das ist ein weißes Pulver, welches zu Verstopfungen im Kreislauf führt.

Flüssiges CO_2 wird von einer Pumpe – in der Regel einer hermetischen Kältemittelpumpe – dem CO_2-Verdampfer (Kühlstelle) zugepumpt. Die Umlaufmenge entspricht etwa dem Dreifachen der erforderlichen Menge. Zum CO_2-Sammler gelangt demnach ein Dampf-Flüssigkeitsgemisch zurück. Der Sammler wirkt gleichzeitig als Flüssigkeitsabscheider. Im CO_2-/NH_3-Wärmeaustauscher (Plattenwärmeaustauscher) wird der CO_2-Dampf in einem natürlichen Kreislauf rückverflüssigt und gelangt wieder in den Sammler. Die Anordnung der Apparate ist entsprechend vorzunehmen.

Die dargestellte NH_3-Kälteanlage – in der Realität sicherlich eine zweistufige Anlage – arbeitet wie in vorstehenden Kapiteln beschrieben.

5.2.2 CO_2-Kälteanlagen bei unterkritischem Prozess

Nachteile von Anlagen mit CO_2 als Wärmeträger sind die niedrige Verdampfungstemperatur der Kälteanlage (bei NH_3 Unterdruck) und der Energiebedarf der Umwälzpumpe.

Es war also naheliegend, trotz der hohen Drucklage von CO_2, Kaskadenanlagen zu bauen, da bei diesem Kältemittel auf der ND-Seite kein Unterdruck auftreten kann (s. 1.9.6).

Abb. 5-7 zeigt das Fließbild einer Kaskadenanlage. Der Tieftemperaturteil wird mit CO_2 als Kältemittel betrieben, der Hochtemperaturteil mit NH_3.

Übliche Temperaturen im CO_2-Teil sind $t_o \leq 35$ °C und $t_c = -10$ °C; im NH_3-Teil $t_o = -15$ °C und $t_c = 35$ °C. Die Drücke im CO_2-Teil betragen dann $p_o \leq 12{,}0$ bar und $p_c = 26{,}5$ bar. Diese Drücke liegen im unterkritischen Bereich, der Kältemittelkreislauf ist dem üblicher Kältemittel vergleichbar.

Zu berücksichtigen ist folglich auch, dass aus dem CO_2-Verdichter Schmieröl in den Kreislauf gelangt. Im dargestellten Beispiel wurde ein Verdampfer mit elektronischem Expansionsventil gewählt, d. h. Trockenexpansion. Bei Kältemittelkreisläufen mit derartigen Verdampfern muss das aus dem Verdichter ausgeworfene Öl über die Saugleitung zurück transportiert werden. Um die erforderliche Mindestviskosität des Öles im Verdampfer und in der Saugleitung nicht zu unterschreiten, muss das Öl CO_2-löslich sein. Diese Anforderung erfüllen z. B. Polyolester-Öle (POE), die vollständig mit CO_2 mischbar sind. Die Ölrückführung erfolgt wie unter 4.3.3 beschrieben.

Ebenfalls eingesetzt werden Schraubenverdichter. Bei diesem Verdichtertyp ist die CO_2-Löslichkeit des Schmieröles wegen der damit verbundenen Reduzierung der Viskosität (der Ölvorrat befindet sich unter hohem Druck im Abscheider) nicht erwünscht. Verwen-

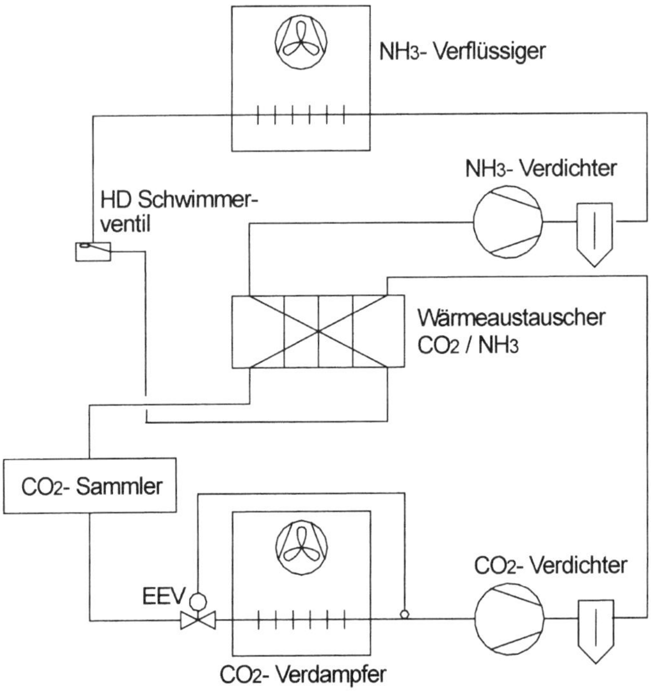

Abb. 5-7: Vereinfachtes Fließbild einer Kaskaden-Kälteanlage Kältemittel CO_2/NH_3

Abb. 5-8: Verbundkältesatz für gewerbliche CO_2-Kälteanlage (*Linde*)

det werden in Schraubenverdichtern neben POE- auch Mineral- oder PAO-Öle und Gemische. Mineralöle und PAO-Öle lösen sich in CO_2 praktisch nicht. Um den Kreislauf ölfrei zu halten, sind aufwendige Ölabscheider erforderlich. Den Filterabscheidern werden gelegentlich adsorptiv wirkende Abscheider nachgeschaltet, die den Ölanteil im CO_2-Druckdampf auf unter 0,1 ppm senken. Eine Ölabscheidung in überfluteten Verdampfern ähnlich wie bei Ammoniak scheitert daran, dass Öl eine geringere Dichte hat als flüssiges CO_2 und auf der Oberfläche schwimmt. Je nach verwendeter Schmierölsorte, ist die Dichte des Öles sogar geringfügig niedriger als die Dichte von flüssigem CO_2 im Sammler auf der HD-Seite und es findet bereits hier eine Trennung statt. Von Betreiberseite wurde schon berichtet, dass solche Anlagen in bestimmten Zyklen zum Entölen abgestellt werden.

Um Probleme mit dem Schmieröl der Verdichter grundsätzlich zu vermeiden, werden in industriellen Kälteanlagen auch so genannte Trockenlaufverdichter eingesetzt. Das sind offene Kreuzkopfverdichter, deren Kolben mit Teflonringen bestückt sind, die ölfrei gleiten und dichten können. Diese Verdichter sind teuer und eignen sich auf Grund ihrer Bauart nur für größere Leistungen.

5.2.3 CO_2-Kälteanlagen bei überkritischem Prozess

Unter 1.9.6 wurde der überkritische Prozess erläutert. Abb. 5-9 stellt einen solchen Kältemittelkreislauf dar.

Grundsätzlich ist der überkritische Prozess nicht neu. Auf die Anwendung als Schiffskälteanlage wurde bereits hingewiesen. Diese Anlagen arbeiteten wechselweise sowohl im unter- als auch im überkritischen Betrieb. Das war von der Kühlwassertemperatur abhängig, die im Atlantik bei Seewassertemperaturen von 15 °C Verflüssigungstemperaturen unterhalb der kritischen Temperatur zuließen. Die Regelung dieser Anlagen erfolgte manuell durch Maschinisten; das Maß für die eingespritzte CO_2-Menge in den Verdampfer war die Druckrohrtemperatur der Verdichter. Der Druck im Gaskühler betrug bei einer Kühlwassertemperatur von 32 °C etwa 90 bar. Dieser Druck wurde u. a. mit Hilfe der CO_2-Füllmenge eingestellt.

Abb. 5-9 zeigt abweichend von üblichen Kälteanlagen am Austritt des Gaskühlers ein Druckregelventil, mit dem der Druck im Gaskühler geregelt werden kann. Im Sammler sollte immer ein Füllstand vorhanden sein. Für unser Beispiel in Abschnitt 1.9.6 heißt das, der Druck im Sammler muss $\leq$ 68 bar betragen bzw. der Zustandspunkt des CO_2 im Nassdampfgebiet liegen. Dieser Zustandspunkt kann erreicht werden, indem auch der Sammlerdruck geregelt wird. Dabei wird Drosseldampf auf die Verdichter-Saugseite geleitet. Der Wirkungsgrad der Anlage kann durch einen dem Gaskühler nachgeschalteten Unterkühler und zweistufigen Betrieb weiter verbessert werden.

Die Notwendigkeit dieser Druckregelventile ist gemäß Untersuchungen (siehe KI, 4/98) nicht bei allen Anwendungen erforderlich. Bei Anlagen der Klimatechnik wird ein optimaler Druck im Gaskühler durch eine abgestimmte Füllmenge erreicht.

Entwicklungsarbeit für den Bau von CO_2-Kälteanlagen bei überkritischem Prozess – die teilweise Serienreife erreicht hat – wird derzeit vor allem für folgende Anwendungen geleistet:

- Wärmepumpen
- Fahrzeugklimatisierung und Kühltransport
- Gewerbekühlung (Supermärkte)

Für diese Anwendungen werden Hubkolbenverdichter, auch Sauggas gekühlte, halbhermetische Motorverdichter, eingesetzt. Diese Verdichter sind im Gegensatz zu denen für unterkritische Prozesse speziell für diesen Anwendungsfall konstruiert. Die Arbeitsdrücke reichen bis maximal 150 bar. Da die volumetrische Kälteleistung von CO_2, abhängig vom Einsatzgebiet, 5 bis 10 mal größer ist als die der üblichen Kältemittel, können die Hubvolumina entsprechend kleiner sein. Wegen der hohen Drücke ergeben sich für die Verdichtergehäuse recht dicke Wandstärken. Die dadurch erzielte Steifheit der Gehäuse führt zu schwingungs- und vibrationsarmen Lauf, was auch Drehzahlen bis etwa n = 3.000/min ermöglicht.

Das Druckverhältnis der Verdichter z. B. im Klimabereich beträgt lediglich 3 bis 4, die Druckdifferenz dagegen eventuell 100 bar. Das stellt hohe Anforderungen an die Abdichtung zwischen Zylinderwand und Kolben. Rotationverdichter wie Schraubenverdichter oder Scroll-Verdichter sind für überkritische Prozesse weniger geeignet.

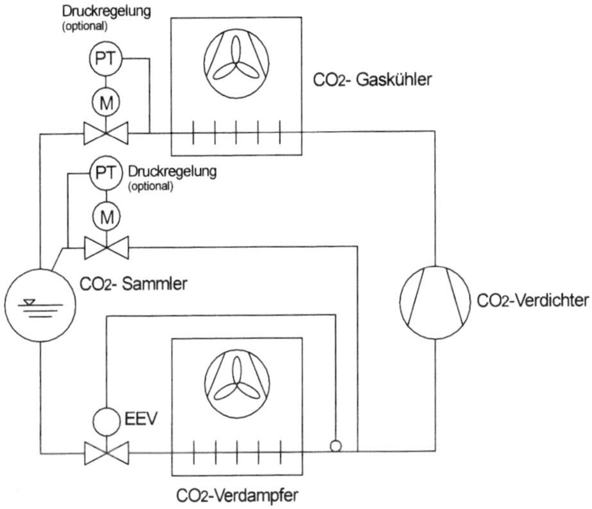

Abb. 5-9: Vereinfachtes Fließbild einer einstufigen CO_2-Kälteanlage bei überkritischem Prozess

Zweistufige Verdichter werden vorteilhaft im Hinblick auf Liefergrad und Leistungszahl eingesetzt.

Hohe Ansprüche müssen an das Schmieröl gestellt werden. Das meistens verwendete Polyolester-Öl verhält sich wie in anderen Kälteanlagen, mit steigendem Druck kann zunehmend CO_2 gelöst werden (und die Drücke sind hoch) und damit sinkt die Viskosität. Es müssen also Öle mit hoher Grundviskosität gewählt werden oder Gemische aus POE und nicht-CO_2-löslichen Ölen oder Polyolester-Öle, die mit Hilfe von Inhibitoren verbessert wurden.

5.2.4 Sicherheit

An dieser Stelle soll auf einige Besonderheiten von CO_2-Anlagen hingewiesen werden. Grundsätzlich gelten natürlich die Anforderungen der Norm EN 378, *Sicherheitstechnische und umweltrelevante Anforderungen* sowie nationale Regelungen.

Unabhängig von der vorliegenden Anlagenart, die Bauteile der CO_2-Anlage müssen entsprechend der Drucklage dieses Kältemittels – besonders bei Stillstand – gesichert sein. Anlagen bei überkritischem Prozess sind auf der Hochdruckseite für Drücke ausgelegt, die im Stillstand als Sattdampfdruck nicht erreicht werden können. Es ist deshalb möglich, die Hochdruckseite eigensicher auszuführen.

Auf der Niederdruckseite sowie bei unterkritischem Prozess oder CO_2 als Wärmeträger müssen alle absperrbaren Anlagenteile mit Druckentlastungsventilen (Sicherheitsventilen) ausgerüstet sein. Hierbei ist zu beachten, dass bei der Entspannung von flüssigem CO_2 auf Atmosphärendruck der Tripelpunkt (5,18 bar) unterschritten wird und CO_2-Schnee entsteht. Dieser Schnee kann die Ablaseleitung des Sicherheitsventils verstopfen. Sicherheitsventile, die nicht am Dampfraum von Druckbehältern angeschlossen werden können, sollten deshalb keine Ablaseleitung besitzen. Beim Ablasen dürfen jedoch Menschen nicht geschädigt werden. Diese gelegentlich nicht einfache Forderung ist besonders bei Anlagenteilen zu berücksichtigen, die in Räumen mit Publikumsverkehr aufgestellt sind (Klimaanlagen, Supermärkte).

6 Wärmepumpen

6.1 Erläuterung des Begriffes

Unter der Bezeichnung *Wärmepumpe* wird eine Kältemaschine verstanden, die zur Nutzung des bei höherer Temperatur abgegebenen Wärmestromes betrieben wird.

Sie ist also nichts anderes als eine Kältemaschine, bei der jedoch nicht die Kälteleistung, d. h. der Wärmeentzug aus einem abzukühlenden Medium im Verdampfer, genutzt wird, sondern in erster Linie die im Verflüssiger abzuführende Wärmemenge.

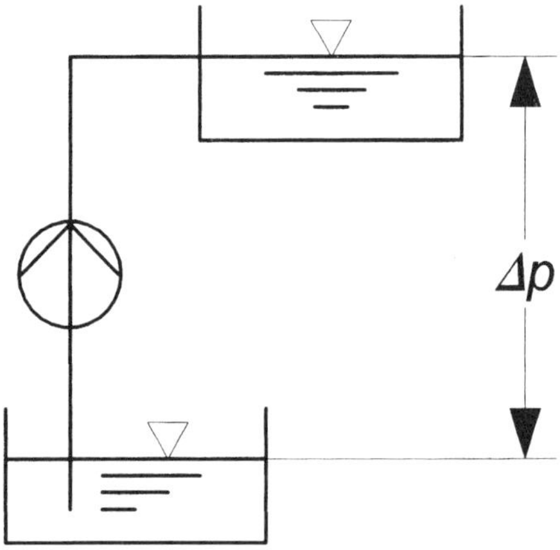

Abb. 6-1:
Anhebung des Druckniveaus durch eine Flüssigkeitspumpe

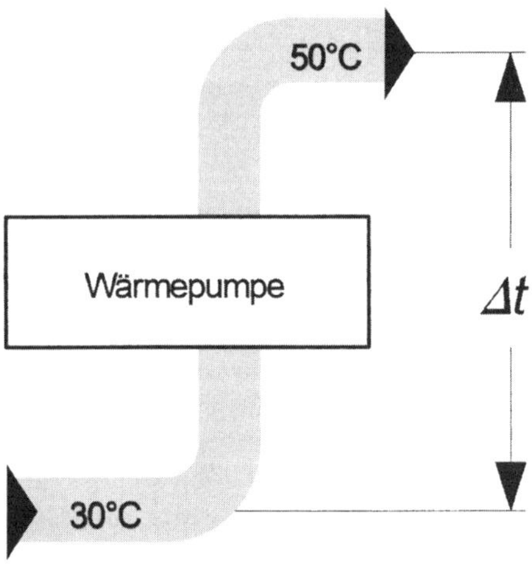

Abb. 6-2:
Anhebung des Temperaturniveaus durch eine Wärmepumpe

Wie beispielsweise Wasser mit Hilfe einer Pumpe von einem niedrigen auf ein höheres (Druck-)Niveau gefördert werden kann, so fördert die Wärmepumpe die Wärme von einem niedrigen auf ein höheres Temperaturniveau. Da Wärme nach dem 2. Hauptsatz der Thermodynamik (1.5.2) nicht ohne Energiezufuhr von einem niedrigen auf ein höheres Temperaturniveau gebracht werden kann, ist auch hier eine Pumpe, nämlich der

Verdichter einer Kälteanlage, erforderlich. Der Verdampfungs-, Verdichtungs- und Verflüssigungsprozess des Kältemittelkreislaufs der Wärmepumpe kann wie unter 1.9.2 erläutert im lg *p,h*-Diagramm dargestellt werden.

Anders als bei einer Kälteanlage bewegt sich üblicherweise der Verflüssigungs- und auch der Verdampfungsdruck auf *höherem* Niveau. Der Verflüssiger wird von Heizungswasser oder Brauchwasser, gelegentlich auch von Heizluft, durchströmt. Hierfür werden meist Temperaturen benötigt, die erheblich über den üblichen Kühlwasser- oder Lufttemperaturen von Kälteanlagen liegen. Beträgt die Temperatur in Kühlwasserkreisläufen von Kälteanlagen am Eintritt in den Verflüssiger in europäischen Breiten maximal 27 °C, sind in Heizwasserkreisläufen Rücklauftemperaturen, also ebenfalls Eintrittstemperaturen in den Verflüssiger, von 50 °C bis 55 °C gebräuchlich.

Heizungssysteme für Kesselbetrieb wurden vielfach für Heizwassertemperaturen 90 °C Vorlauf und 70 °C Rücklauf konzipiert. Die Einbindung einer Wärmepumpe in ein solches Heizungssystem ist mit vertretbarem Aufwand nicht möglich.

Für Wärmepumpen wurden bis in die 90er Jahre vorzugsweise die Kältemittel R12, R22 und R114 eingesetzt, gelegentlich auch R500.

Wie unter 1.8.5 ausführlich beschrieben, dürfen diese Stoffe gemäß Verordnung (EG) 2037/2000 und Chemikalien-Ozonschichtverordnung nicht mehr eingesetzt werden.

Als Ersatzkältemittel werden z. B. die FKW R134a, R404A, R410A untersucht.

Ein Blick in das Internet zeigt, dass die Wärmepumpenbauer stark auf natürliche Kältemittel setzen. Allen voran CO_2, aber auch brennbare Kältemittel wie R290 (Propan) und R1270 (Propen) oder bei Absorptionswärmepumpen Ammoniak, R717.

Bei einer Verflüssigungstemperatur t_c = 70 °C bedeutet das folgende Drücke:

Kältemittel	**Siedetemperatur (°C) bei 1,013 bar**	**Verflüssigungstemperatur bei 70 °C**
R744 (CO_2)	–78*	überkritisch, krit. Punkt bei 31 °C (73,8 bar)
R134a	–26,1	21,2 bar
R404A	–46,7	35,4
R410A	–51,6	überkritisch, krit. Punkt bei 68 °C (44,9 bar)
R290 (Propan)	–41,6	25,9 bar
R1270 (Propen)	–47,7	30,8 bar
R717 (NH_3)	–33,4	31,1 bar

* Sublimationstemperatur, Tripelpunkt –56,6 °C bei 5,2 bar

Diese Aufstellung zeigt, dass Verflüssigungstemperaturen von 70 °C und mehr bei Verwendung natürlicher Kältemittel zu recht hohen Drücken führen, bei CO_2 sogar zu überkritischem Betrieb, dennoch sind bereits eine Vielzahl von Wärmepumpen mit natürlichen Kältemitteln – vorzugsweise im Bereich der Haustechnik – in Betrieb.

In Wärmepumpen werden derzeit nur einstufige Verdichter eingesetzt, eine Ausnahme hiervon bilden Turboverdichter. Somit ist neben dem Verflüssigungsdruck eine weitere Einsatzgrenze das Druckverhältnis p_c/p_0 und die davon abhängige Verdichtungsendtemperatur. Der Grenzwert liegt je nach Kältemittel bei 120 °C bis 140 °C.

Bei Schraubenverdichtern beträgt die maximale Verdichtungsendtemperatur nur etwa 100 °C. Hier wird die maximale Temperatur jedoch nicht vom Kältemittel allein bestimmt, sondern auch vom Verdichter selbst. Die engen Spiele der Rotoren im Arbeitsraum lassen keine höheren Temperaturen zu. Da die Verdichtung des Kältemittels jedoch unter Wärmeabfuhr durch Öleinspritzung stattfindet, sind trotzdem höhere Druckverhältnisse möglich als bei Hubkolbenverdichtern.

Die Verdampfungstemperatur ergibt sich durch die Temperatur der genutzten Wärmequelle. Dient Umgebungsluft als Wärmequelle, ergeben sich jahreszeitlich und wetterbedingte Temperaturschwankungen, die erheblich sein können.

Genau wie bei einer Kälteanlage (siehe Abschnitt 1.9.3) ändern sich bei gleichem Verdichter die Kälteleistung sowie der Energiebedarf des Verdichters und damit die Verflüssigungsleistung bei unterschiedlicher Verdampfungstemperatur. Mit sinkender Temperatur der Außenluft, d. h. auch sinkender Verdampfungstemperatur, sinkt die Heizleistung der Wärmepumpe. Andere Wärmequellen, z. B. Brunnenwasser oder Erdreich, liefern konstantere Temperaturen.

6.2 Kennzahlen von Wärmepumpen

Nachstehende Abb. 6-3 zeigt beispielhaft die Ströme der Wärmeenergie einer Wärmepumpe zur Schwimmbadbeheizung.

Deutlich ist zu erkennen, dass an Antriebsenergie (Primärenergie oder elektrischer Energie) weitaus weniger aufgewendet werden muss, als zur Wasserbeheizung dann zur Verfügung steht.

Für die Bewertung und Vergleichbarkeit von Wärmepumpen stehen verschiedene Kennzahlen zur Verfügung.

Leistungszahl ε

Im lg *p, h*-Diagramm (Abb. 1-43 und 1-44, Abschnitt 1.9.2) entspricht die Strecke
$h_2 – h_1$
der Energiezufuhr im Verdichter. Die Wärmeabgabe im Verflüssiger stellt die Strecke
$h_2 – h_3$

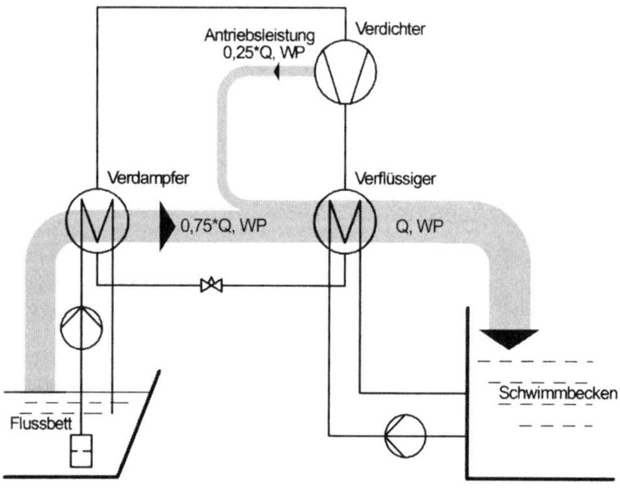

Abb. 6-3: Schematische Darstellung der Wärmepumpenheizung eines Schwimmbades

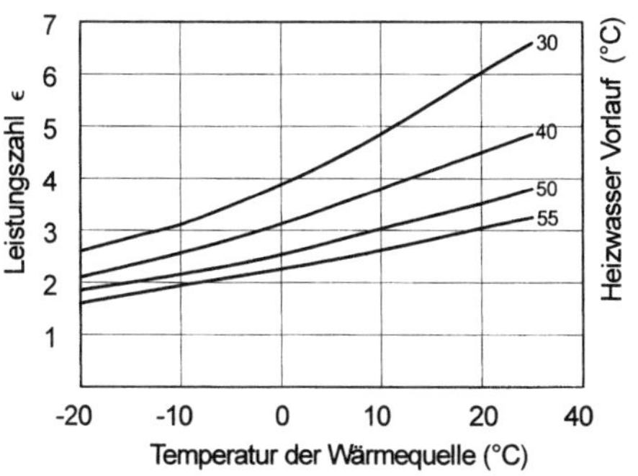

Abb. 6-4:
Erreichbare Leistungszahlen einer Wärmepumpe

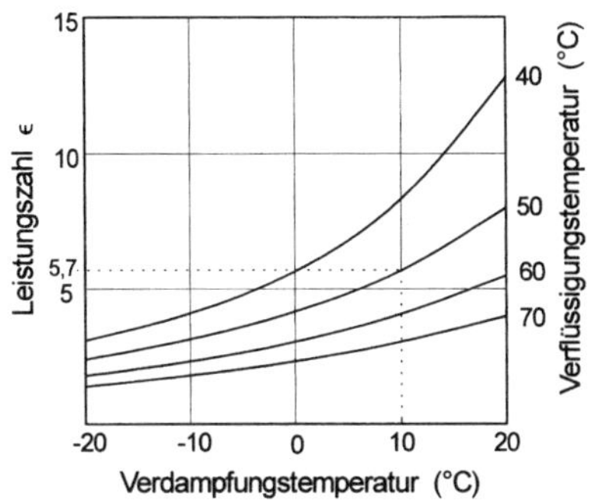

Abb. 6-5:
Theoretische Leistungszahlen von R134a

dar. Hieraus ergibt sich die *Leistungszahl* ε einer Wärmepumpe, mit der eine Bewertung und ein Vergleich möglich ist. Die Leistungszahl ist definiert als (vereinfacht)

$$\varepsilon = \frac{h_2 - h_3}{h_2 - h_1}$$

bzw.

$$\varepsilon_{WP} = \frac{\text{abgegebene Wärmeleistung}}{\text{aufgewandte elektrische Leistung}}$$

Neben der Antriebsleistung für den Verdichter muss ggf. auch die Antriebsleistung von Wasserpumpen und Ventilatoren der Wärmepumpe berücksichtigt werden.

Die Leistungszahl ε hängt vom Temperaturgefälle zwischen Verflüssigungs- und Verdampfungstemperatur, bzw. von der gewünschten Heizwassertemperatur und der Temperatur der Wärmequelle ab. Sie nimmt bei steigender Verdampfungstemperatur zu und wird bei sinkender schlechter. Da bei gleichbleibendem Verflüssigungs- und sinkendem Verdampfungsdruck der Energiebedarf des Verdichters größer wird, wächst der Wert $h_2–h_1$. Die Leistungszahl wird kleiner.

Das Diagramm (Abb. 6-4) zeigt erreichbare Leistungszahlen in Abhängigkeit der Temperatur der Wärmequelle und der Heizwasser-Vorlauftemperatur.

Diagramm (Abb. 6-5) zeigt Leistungszahlen des FKW-Kältemittels R134a in Abhängigkeit von Verdampfungs- und Verflüssigungstemperatur. Das Diagramm zeigt informativ theoretische Werte, die mit ausgeführten Wärmepumpen nicht zu erreichen sind.

Auch reale Leistungszahlen gelten jedoch nur für einen bestimmten Betriebspunkt und ändern sich stets mit der Temperatur der Wärmequelle und der Heizwasser-Vorlauftemperatur.

In Abb. 6-5 können wir für R134a bei t_0 = 10 °C und t_c = 50 °C eine Leistungszahl von etwa 5,7 ablesen.

Nach der Definition der Leistungszahl hieße das also, dass man in diesem Fall 5,7-mal mehr Wärme herausholen kann, als Energie hineingesteckt wurde.

Man könnte meinen, es mit einem Perpetuum Mobile zu tun zu haben, wenn aus einer Anlage 3-, 4- oder 5-mal soviel Wärmeenergie gewonnen wird, als aufgewandt wurde.

Der Gewinn an nutzbarer Wärmeenergie ist zweifellos entstanden, die aufgewandte *Antriebsenergie für den Verdichter* lässt sich damit jedoch nicht zurückgewinnen.

Die Leistungszahl, sowie die nachfolgend beschriebenen Kennzahlen COP-Wert und Jahresarbeitszahl, werden in erster Linie zur Beurteilung von Wärmepumpen herangezogen, deren Verdichter von *Elektromotoren* angetrieben werden.

COP-Wert

Der COP-Wert (coefficient of performance) berücksichtigt neben dem Energiebedarf der Wärmepumpe zusätzlich den von Hilfseinrichtungen (Heizwasserpumpen, Pumpen und Ventilatoren auf der Wärmequellenseite, Abtau-Energie).

$$\text{COP} = \frac{\text{abgegebene Wärmemenge}}{\text{aufgewandte elektrische Leistung für WP + Hilfseinrichtungen}}$$

Auch der COP-Wert erlaubt keine energetische Bewertung der Gesamtanlage.

Jahresarbeitszahl β

Die Jahresarbeitszahl ist das Verhältnis der abgegebenen Wärmeenergie eines Jahres zur zugeführten Energie. Wie beim COP-Wert wird der Energiebedarf der Hilfseinrichtungen berücksichtigt.

$$\beta = \frac{\text{abgegebene Wärmeeistung/Jahr}}{\text{(aufgewandte elektrische Leistung für WP + Hilfseinrichtungen)/Jahr}}$$

Heizzahl ζ

Beim Einsatz von Verbrennungsmotoren als Verdichterantrieb wird auch noch Abwärme der Motore teilweise zurückgewonnen, die dem Heizkreislauf zugeführt wird. Ähnliches gilt für Absorptionswärmepumpen, bei denen neben der Verflüssigungswärme auch die des Absorbers genutzt wird; bei direkt befeuerten Absorptionswärmepumpen eventuell auch teilweise die Abgaswärme. Hier wird zur Bewertung vorrangig die Heizzahl ζ herangezogen.

$$\zeta = \frac{\text{abgegebene Wärmemenge}}{\text{zugeführte Primärenergiemenge}}$$

Die Primärenergiemenge, Heizöl- oder Gasmenge, lässt sich durch Verbrauchsmessung und Umrechnung einfach ermitteln.

Heizwerte, H_u (unterer Heizwert)

Heizöl, leicht; H_u = 11,6 kWh/kg
Erdgas H; H_u = 11,0 kWh/m^{3}n

Bei Wärmepumpen mit Verbrennungsmotor als Antrieb wird in den meisten Fällen ein Hoch- und ein Niedertemperatur-Wärmekreislauf vorgesehen. Dies ist bei der Bestimmung der Kennzahlen zu berücksichtigen. Für derartige Anwendungen wird auf spezielle Fachliteratur verwiesen.

Nutzungsgrad

Die beschriebenen Kennzahlen werden entsprechend der relevanten Normen am Betriebspunkt der Auslegung ermittelt, ob auf einem Prüfstand oder am Aufstellungsort. Im realen Betrieb wird die Wärmepumpe jedoch meist ungünstiger bei Teillast oder im Takt betrieben.

Der Nutzungsgrad ist somit eigentlich die wichtigste Wärmepumpen- Kennzahl. Er ist das Maß für die tatsächlich aufgewandte Energiemenge, gemessen über einen längeren Zeitraum, z.B. über eine Heizperiode. Der Nutzungsgrad liegt niedriger als der Wirkungsgrad, der unter optimalen Bedingungen ermittelt wurde und z.B. keine unterschiedlichen Jahrestemperaturen berücksichtigt.

6.3 Wärmepumpensysteme

Wärmepumpen werden gemäß DIN EN 255-1 unterschieden:

- nach der Antriebsart der Verdichter, z. B. durch Elektromotor oder Verbrennungsmotor und
- nach Wärmequelle und Heizmittel, z. B. Luft/Wasser, Wasser/Wasser usw.

Wärmepumpen werden gerne an Heizkesseln gemessen, und zwar in mehrerer Hinsicht:

- im Bedarf an Primärenergie (Öl, Gas),
- bei den Betriebskosten, einschließlich der Wartung und
- bezüglich der Betriebssicherheit.

Da bei der Erzeugung von elektrischer Energie die eingesetzte Primärenergie nur zu etwa 35 % genutzt werden kann, ist in dieser Hinsicht die *Elektro-Wärmepumpe* erst ab einer Leistungszahl > 2,5 dem Heizkessel überlegen.

Der Betriebskostenvergleich hängt in erster Linie von dem jeweiligen Preis für elektrische Energie und dem Heizöl- oder Gaspreis ab. Die Wartungskosten der Wärmepumpe werden in den meisten Fällen über denen einer Kesselanlage liegen.

Die Betriebssicherheit moderner Heizkesselanlagen ist hoch. Andererseits sind auch die Kälteanlagenkomponenten ausgereifte, betriebssichere Konstruktionen. Die Wärmepumpe ist wegen der komplizierten Bauteile und der erforderlichen Kältemittelfüllung nur bei *regelmäßiger, sorgfältiger Wartung* vergleichbar betriebssicher.

Eine mit *Verbrennungsmotor angetriebene Wärmepumpe* nutzt nicht nur die im Verflüssiger des Kältemittelkreislaufes abzuführende Wärmemenge, sondern ganz oder teilweise auch die Verlustwärmemengen des Verbrennungsmotors: Kühlwasser-, Öl- und Abgaswärme. Diese Wärmemengen müssen vorteilhaft bei hohem Temperaturniveau abgeführt werden (Kühlwassertemperatur 80–120 °C, Abgastemperatur bis etwa 600 °C).

Der Verbrauch an Primärenergie bei Wärmepumpen mit Verbrennungsmotoren ist praktisch immer geringer als bei einem Heizkessel gleicher Leistung. Selbst bei Wärmequelle Luft und Außentemperatur –15 °C beträgt die Heizzahl noch etwa 1,0.

Verbrennungsmotore bedürfen regelmäßiger Wartung. Die Ölwechselintervalle sind verhältnismäßig kurz, etwa alle 1000 Betriebsstunden bei Dieselmotoren und 3000 Betriebsstunden bei Gasmotoren. Dies wurde in den letzten Jahren durch verbesserte Schmieröleigenschaften mit Hilfe von Additiven erreicht. Gleichzeitig müssen Ventilspiele und bei Gasmotoren die Zündung kontrolliert und nachgestellt werden.

Nach etwa 10 000 Betriebsstunden müssen die Zylinderköpfe überholt werden, und nach etwa 20 000 Betriebsstunden wird eine Grundüberholung fällig.

Wärmepumpen mit Heizleistungen über 1000 kW müssen die *TA Luft* (2002) erfüllen, benötigen deshalb Abgasreinigungseinrichtungen, deren Wartungskosten hinzukommen.

Ob eine Wärmepumpe mit Verbrennungsmotor betriebswirtschaftlich vertretbar ist, muss im Einzelfall entschieden werden.

Mehr noch als für die Wärmepumpe mit Elektromotor gilt für die mit Verbrennungsmotor, dass sie zwar die Funktion einer Heizkesselanlage übernimmt, aber hinsichtlich der erforderlichen Überwachung und auch des Wartungsbedürfnisses keine ist. Eine Wärmepumpe mit Verbrennungsmotor kann man nicht in einen Keller stellen und vergessen. Vielmehr sind regelmäßige Kontrollen und etwas Sachverstand beim Bedienungspersonal erforderlich, um einen störungsfreien Betrieb zu erreichen. Der interessierte Autofahrer prüft auch den Ölstand des Motors, den Kühlwasserstand u. ä. seines Fahrzeuges und achtet auf die Überwachungsgeräte. Gleiches gilt auch für diese Wärmepumpe.

Wärmepumpen werden am vorteilhaftesten dort eingesetzt, wo das Temperaturniveau des Heizmittels nicht sehr hoch liegen muss, d. h. im Vorlauf möglichst unter 60 °C. Das trifft zu für die Heizungen von:

- Freibädern und Hallenbädern,
- Gärtnereien,
- Gebäudeheizungen mit Niedertemperaturanlagen, besonders Fußbodenheizungen,
- Industriebauten.

Günstige Anwendungen ergeben sich gelegentlich durch die Kombination von Kälteerzeugung und Wärmebedarf.

Als *Wärmequellen* werden benutzt:

Luft

Der Verdampfer wird entweder mit Außenluft oder mit Raumluft betrieben, z. B. aus Klimaanlagen, Abluft aus Hallenbädern u. ä. Außenverdampfer werden häufig in Freibädern eingesetzt. Während deren Betriebszeit beträgt die Lufttemperatur mindestens +10 °C, sodass hier keine Abtaueinrichtungen benötigt werden. Bei einigen Einsatzfällen müssen jedoch auch Außenverdampfer abgetaut werden, das geschieht wie in 2.4.1.4 beschrieben. Wegen nicht vorherbestimmbaren Wettereinflüssen kann das Abtauen *nicht nach einem Zeitprogramm* durchgeführt werden, sondern muss *nach Bedarf* erfolgen. Erwähnenswert als typische Luft/Luft-Wärmepumpen sind die besonders in den USA verbreiteten Fenster- oder Kompaktklimageräte mit Wärmepumpeneffekt.

Wasser

Grundwasser, Brunnenwasser, Seen und Flüsse dienen als Wärmequelle – in der Regel genehmigungspflichtig –, indem diese Wasser mit Hilfe von Pumpen Rohrbündel- oder Plattenverdampfern zugeführt werden. In einigen Fällen werden die Plattenverdampfer direkt in den Gewässern installiert.

Thermodynamisch besonders vorteilhaft lassen sich wegen der Temperatur von über 20 °C Industrieabwässer nutzen.

Erdreich

Dabei wird durch ein im Erdreich verlegtes Rohrsystem ein Wärmeträger, meist eine Kühlsole, gepumpt und die dabei aufgenommene Wärme zum Verdampfer der Wärmepumpe transportiert.

6.4 Entwicklung und Aussichten

In der Bundesrepublik sind die ersten Wärmepumpen für die Beheizung von Freibädern eingesetzt worden, und dabei wurde entweder Grundwasser oder Luft als Wärmequelle genutzt. In der Schweiz erkannte man schon während des Zweiten Weltkrieges, als es Schwierigkeiten bei der Versorgung mit fossilen Brennstoffen gab, die Vorteile der Wärmepumpe zur Beheizung von Gebäuden. In unserem Lande sind wir erst durch die Ölkrise und die danach diskutierten und öffentlich geförderten Maßnahmen zur Energieeinsparung wieder auf die Wärmepumpe aufmerksam geworden.

Der Einsatz von Wärmepumpen im privaten, öffentlichen und industriellen Bereich erlebte in der ersten Hälfte der 80er Jahre wegen hoher Energiepreise und die Förderung durch Bund und Länder einen Aufschwung, der jedoch in der zweiten Hälfte wegen genau gegenläufiger Entwicklung wieder abgeklungen ist.

Danach standen dem Neubau von Wärmepumpenanlagen derzeit zwei Fakten entgegen, nämlich

- der Preisverfall für Primärenergie und
- die Problematik mit den FCKW-Kältemitteln.

Bezüglich der Preise für Primärenergie hat sich die Situation völlig verändert. Gemessen daran, müsste die Wärmepumpe in allen Anwendungsbereichen eine Renaissance erleben. Dennoch erleben wir, außer im Bereich der Haustechnik, nur zögerliches Interesse.

Ein Grund hierfür ist sicherlich das Verbot von FCKW-Kältemitteln und die Restriktionen bei Verwendung von FKW.

Wie bereits erwähnt, werden derzeit natürliche Kältemittel bereits erfolgreich eingesetzt und deren Einsatzmöglichkeiten weiterentwickelt.

Abschließend sei auf die Normen für Wärmepumpen DIN EN 255, Teil 1–4 und DIN 8901 hingewiesen. DIN EN 255 gilt für anschlussfertige Wärmepumpen mit elektrisch

Abb. 6-6:
Verbrennungsmotor-Wärmepumpe *(Linde)*

angetriebenen Verdichtern. DIN 8901 befasst sich mit dem *Schutz von Erdreich, Grund- und Oberflächenwasser* vor wassergefährdenden Stoffen (Kältemitteln).

6.5 Service an Wärmepumpen

Servicearbeiten an Wärmepumpen unterscheiden sich grundsätzlich nicht von denen an Kälteanlagen.

Wir haben es mit den gleichen Komponenten zu tun und mit den gleichen Kältemitteln. Da Wärmepumpen Heizzwecken dienen, werden sie häufig auch in Heizungsräumen gemeinsam mit Heizkesseln aufgestellt. In Abschnitt 1.8.4 – Umgang mit FKW-, FCKW-Kältemitteln – wurde bereits darauf hingewiesen, dass diese Kältemittel sich unter Einwirkung offener Flammen (Zigarettenglut, Löt- oder Schweißflammen) zersetzen. Die Zersetzungsprodukte sind nicht nur giftig, in Verbindung mit Feuchtigkeit oder Wasser bilden sich äußert korrosive Säuren (Salzsäure, Flusssäure). Gelangt FCKW-Kältemittel in einen Heizungsraum, aus dem Verbrennungsluft angesaugt wird, sind Korrosionen in den Heizkesseln zu erwarten.

Kesselraum und Wärmepumpenraum sollten voneinander getrennt sein, und sei es durch entsprechende Belüftung.

Ist dies nicht der Fall, sind bei Servicearbeiten (Ölwechsel, Austausch der Arbeitsventile), bei denen Kältemittel in den Raum gelangen kann, die Kessel abzuschalten und anschließend zu belüften.

Ähnliche Vorsichtsmaßnahmen sind zu treffen, wenn der Verdichter der Wärmepumpe durch einen Verbrennungsmotor angetrieben wird. Es ist unbedingt zu vermeiden, dass FKW-, FCKW-Kältemittel in die Ansaugluft gelangen. Auch hier wären Korrosionen im Motor die Folge. Tritt dieser Umstand doch einmal ein und die Kontrolle der Zylinderräume des Motors zeigt keine Schäden, muss unbedingt Ölwechsel durchgeführt werden. Saure Bestandteile der Abgase kommen auch mit dem Schmieröl in Berührung und werden von diesem adsorbiert.

Wärmepumpen werden häufig saisonal stillgesetzt. Reine Heizanlagen im Sommer oder Wärmepumpen der Freibäder im Winter. Hierzu sind spezielle Maßnahmen erforderlich. Der Kältemittelkreislauf wird sorgfältig auf Dichtheit geprüft. Wenn es möglich ist, wird der Verdampfer abgesaugt und das Kältemittel im Flüssigkeitssammler eingesperrt. Der Füllstand wird zur Kontrolle markiert. Vorsicht bei Wärmequelle Wasser! Rohrbündelverdampfer dabei nicht einfrieren.

Bei offenen Verdichtern werden Saug- und Druckabsperrventile geschlossen, damit über die Wellenabdichtung kein Kältemittel entweichen kann.

Kappen der Absperrventile fest anziehen.

Wasserführende Apparate – Verdampfer, Verflüssiger, Ölkühler, Kühlwasser- und Abgaswärmetauscher – sind bei Frostgefahr zu entleeren.

Besteht diese Gefahr nicht, muss jedoch verhindert werden, dass geringe Mengen Luft in den Wasserkreislauf eindringen können und Fäulnisbildung eintritt. Das ist besonders bei Verdampfern zu befürchten, die mit Brunnen- oder Oberflächenwasser betrieben werden und organische Schwebstoffe enthalten. Durch Fäulnis entsteht u. a. Ammoniak und Schwefelwasserstoff, die besonders bei Kupferrohren zu Lochfraß führen.

Als Gegenmaßnahme ist das Wasser abzulassen und der Apparat gut zu belüften. Entweder bleibt der Apparat dann geöffnet stehen oder unter leichtem Stickstoffüberdruck.

Die Lagerstellen der Verbrennungsmotoren werden von den Motorherstellern mittels spezieller Konservierungsöle, die Zylinderräume durch Verschließen der Ansaugluft- und Abgasleitung geschützt.

Elektromotore, die im Freien (Lüftermotore der Verdampfer) oder in unbeheizten Kellerräumen installiert sind, was häufig bei Freibädern der Fall ist, müssen mit Stillstandsheizungen ausgerüstet sein. Hierzu werden bei kleinen Motoren die Wicklungen mit Niederspannung beaufschlagt.

Es wurden verschiedentlich Wärmepumpen erwähnt, die im Bereich der Haustechnik eingesetzt werden. Hier handelt es sich in der Regel um serienmäßig gefertigte Wärmepumpen. Für diese Wärmepumpen gelten die Wartungsvorschriften der Hersteller.

7 Instandhaltung

Es wurde bereits an verschiedenen Stellen dieses Buches darauf hingewiesen, dass einzelne Bauteile der Kälteanlage abnutzen und Betriebsmittel altern oder verschmutzen; d. h. regelmäßiger Wartung bedürfen.

Ferner haben wir festgestellt, dass z. B. wesentliche Teile von Verdichter, Ventilatoren, Pumpen und deren Antriebsmaschinen ständigem Verschleiß unterliegen. Darüber hinaus sind diese Maschinen Erreger von Schwingungen und Vibrationen, die – besonders bei schlechtem Wartungszustand – wiederum andere Anlagenteile dynamisch belasten und beschädigen können. Rohrleitungen können dadurch verspröden und brechen oder durchgescheuert werden. Brüche durch Wechselbelastung, hervorgerufen durch Schwingungen, sind nicht ungewöhnlich.

Andere Teile korrodieren oder verschmutzen durch Verunreinigungen der Luft und des Wassers oder durch ständig wechselnde Temperatureinflüsse.

Kleine Montagefehler, z. B. beim Aufbringen von Schutzanstrichen oder Wärmedämmungen machen sich irgendwann negativ bemerkbar.

Elektrische Schalteinrichtungen können ausfallen, entweder durch äußere Einflüsse oder durch Erreichen der maximalen Schaltspiele, Spannungsspitzen o. ä. m.

Zusammenfassend kann gesagt werden, dass jede Kälteanlage gewartet und überwacht werden muss und Reparaturen – *Instandsetzungsarbeiten* – in irgendeinem Umfang nötig werden. Eine Ausnahme hiervon machen allenfalls Haushaltsgeräte (Kühlschränke, Klimageräte).

Alle Servicearbeiten dienen der Instandhaltung. Die Norm DIN 31051:2003, *Instandhaltung* definiert allgemein die hierfür erforderlichen Begriffe und Maßnahmen.

Die für den Kältemonteur wesentlichen Maßnahmen sind in DIN 31051 wie folgt definiert:

- **Wartung:**
  Maßnahmen zur Verzögerung des Abbaus des vorhandenen Abnutzungsvorrats.
- **Inspektion:**
  Maßnahmen zur Feststellung und Beurteilung des Istzustandes einer Betrachtungseinheit einschließlich der Bestimmung der Ursachen der Abnutzung und dem Ableiten der notwendigen Konsequenzen für eine künftige Nutzung.
- **Instandsetzung:**
  Maßnahmen zur Rückführung einer Betrachtungseinheit in den funktionsfähigen Zustand, mit Ausnahme von Verbesserungen.
- **Verbesserung:**
  Kombination aller technischen und administrativen Maßnahmen des Managements zur Steigerung der Funktionssicherheit einer Betrachtungseinheit, ohne die von ihr geforderte Funktion zu ändern.

Zur Durchführung von Instandhaltungsarbeiten bedarf es einer Qualifikation. Fachbetriebe (mit Eignung gemäß Wasserhaushaltsgesetz WHG § 19l) sind verpflichtet, nur Mitarbeiter mit ausreichender Qualifikation mit Instandhaltungsarbeiten an Kälteanlagen zu beauftragen und geeignetes Werkzeug, Messgeräte und Hilfsmittel vorzuhalten. Die Qualifikation muss durch Schulungen und Weiterbildung ständig aktualisiert werden. Die erforderlichen Anforderungen können u. a. der Norm EN 13313, *Kälteanlagen und Wärmepumpen – Sachkunde von Personal*, entnommen werden.

Sachkunde wird in einer Reihe von Regelwerken ähnlich definiert. Gleichlautend ist, dass Sachkunde nachgewiesen, bzw. zertifiziert werden muss und die sachkundige Person an anerkannten Fortbildungsveranstaltungen teilgenommen hat.

Die Betriebssicherheitsverordnung spricht in diesem Zusammenhang von *befähigten Personen*. Diese müssen gemäß § 2, Abs. 7 BetrSichV für diese Tätigkeiten über Fachkenntnisse verfügen, die sie durch

1. Berufsausbildung
2. Berufserfahrung
3. zeitnahe berufliche Tätigkeit

erworben haben.

Eine weitergehende Definition findet man in der TRBS 1203 (www.druckgeraete-online.de)

Für die Durchführung der Arbeiten wird auf folgende Gesetze, Verordnungen, Vorschriften sowie Richtlinien der EU, einschließlich der harmonisierten Normen, hingewiesen:

Wasserhaushaltsgesetz, WHG
regelt den Umgang mit wassergefährdenden Stoffen, z. B.

- Kältemittel: Ammoniak, halogenierte Kohlenwasserstoffe (HFKW, FKW, HFCKW),
- Kältemaschinenöle,
- Wärmeträger,

definiert den Fachbetrieb,
definiert die Pflichten des Betreibers.

Geräte- und Produktsicherheitsgesetz

Druckgeräterichtlinie (97/23/EG),
regelt die Auslegung, Fertigung und Konformitätsbewertung der Druckgeräte

Zur Richtlinie gehörende harmonisierte Normen für:

Kälteanlagen und Wärmepumpen, *Sicherheitstechnische und umweltrelevante Anforderungen*

EN 378-1	Grundlegende Anforderungen, Definition, Klassifikationen und Auswahlkriterien,
EN 378-2	Konstruktion, Herstellung, Prüfung, Kennzeichnung und Dokumentation,
EN 378-3	Aufstellungsort und Schutz von Personen,
EN 378-4	Betrieb, Instandhaltung, Instandsetzung und Rückgewinnung.

(Alle Teile der derzeitigen Normenreihe EN 378:2000 sind z. Z. in Überarbeitung, da bei deren Erstellung nicht alle Anforderungen der DGRL berücksichtigt werden konnten.)

EN 12693 Kältemittel-Verdichter

Kälteanlagen und Wärmepumpen

EN 12284	Ventile, Anforderungen, Prüfungen und Kennzeichnung,
EN 13136	Druckentlastungseinrichtungen und zugehörige Leitungen, *Berechnungsverfahren*
EN 12263	Sicherheitsschalteinrichtungen zur Druckbegrenzung, *Anforderungen und Prüfungen*
EN 12178	Flüssigkeitsstandanzeiger, *Anforderungen, Prüfung und Kennzeichnung*
EN 1736	Flexible Rohrleitungen, *Anforderungen, Konstruktion und Einbau*

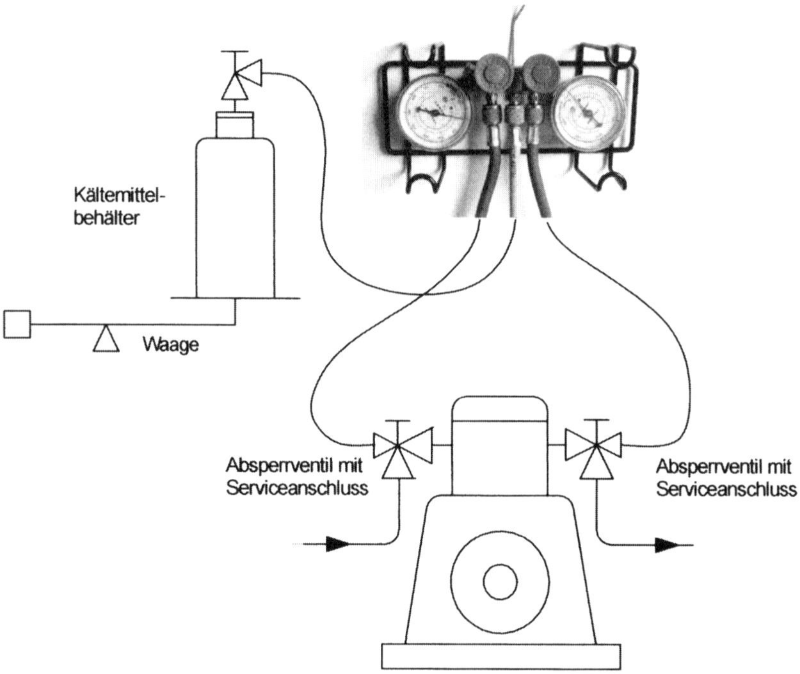

Abb. 7-2: Monteurhilfe schematisch angeschlossen

sen zum Füllen, Evakuieren und Entsorgen der Anlage. Am Füllanschluss ist zusätzlich ein Schauglas angeordnet.

Der Anschluss der Monteurhilfe an den Verdichter erfolgt vorwiegend über druckfeste Schläuche hinter dem Rücksitz der Absperrventile. Vorsicht, die Absperrventile müssen deshalb vollständig geöffnet sein, wenn die Anschlusskappe abgeschraubt wird!

Um den Anlagendruck über ein Schraderventil zu messen, z. B. im Verdampfer, ist ein Einzelmanometer oft handlicher.

Für genauere Messungen werden Feinmessmanometer (d. h. mindestens Klasse 1,0) mit 0,1 bar-Teilung verwendet (siehe Abb. 1-12).

Unbedingt zu beachten ist, dass Manometer in einer bestimmten Lage, entweder liegend oder senkrecht, geeicht sind. In dieser Lage ist auch abzulesen.

Anlagen mit größeren Kältemittelfüllmengen müssen mit Druckanzeigern an jeder Stufe ausgerüstet sein. Sind diese direkt am Verdichter oder Kältesatz montiert und ständigen Vibrationen ausgesetzt, leidet eventuell die Anzeigegenauigkeit. Im Servicefall ist Skepsis angebracht, man sollte deshalb parallel zum Betriebsmanometer ein Prüfmanometer anschließen.

Temperaturmessgeräte

Nicht sämtliche zur Beurteilung des Kältemittelkreislaufs oder anderer Anlagenteile wichtigen Punkte sind mit stationären Temperaturmessstellen versehen. Eine schnelle Möglichkeit der Temperaturmessung bietet das elektrische Thermometer.

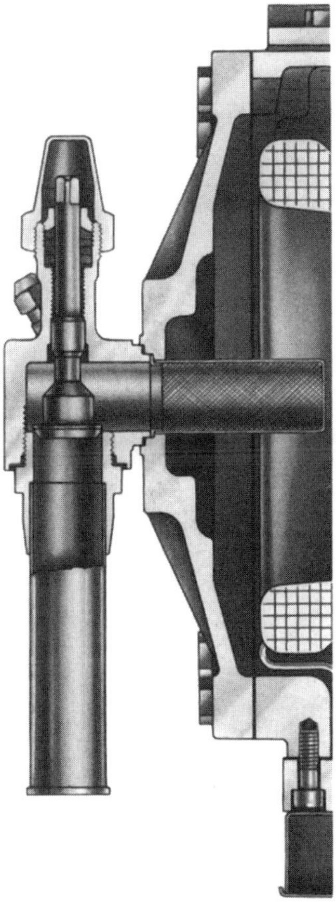

Abb. 7-3:
Saugseitiges Absperrventil mit Manometeranschluss

Einige Hinweise zum Messen und auf mögliche Messfehler wurden im Abschnitt 1.1.5 behandelt.

Elektrische Thermometer werden in großer Vielfalt für unterschiedlichste Anwendungen angeboten. Die Hersteller veröffentlichen umfangreiche technische Unterlagen, sodass an dieser Stelle nicht auf Details eingegangen wird.

Kälteanlagenbauer, die nach ISO 9000 zertifiziert sind, sollten bei der Anschaffung der Thermometer darauf achten, dass diese *kalibrierfähig* sind. Bei qualitätsrelevanten Messungen müssen kalibrierte Messgeräte verwendet werden.

Temperaturmessungen im Kältemittelkreislauf mit dem Ziel, dynamisches Verhalten von Bauteilen (z. B. TEV) oder Regelvorgängen aufzuzeichnen, waren früher sehr zeitaufwendig und ungenau. Hier haben sogenannte *Datenlogger* Abhilfe geschaffen. Das sind Messgeräte, deren Messwerte in einem integrierten elektronischen Speicher automatisch gesammelt werden. Über ein ebenfalls integriertes Display oder einen PC (mit entsprechender Software und Schnittstelle) können diese Daten abgerufen oder auch Online verfolgt werden.

Abb. 7-6 zeigt, dass mit diesem Datenlogger nicht nur Temperaturen, sondern auch andere in der Kältetechnik zu messende physikalische Größen aufgezeichnet werden können (Feuchte, Druck, Luftgeschwindigkeit, elektrische Messgrößen).

Abb. 7-4:
Prüfmanometer

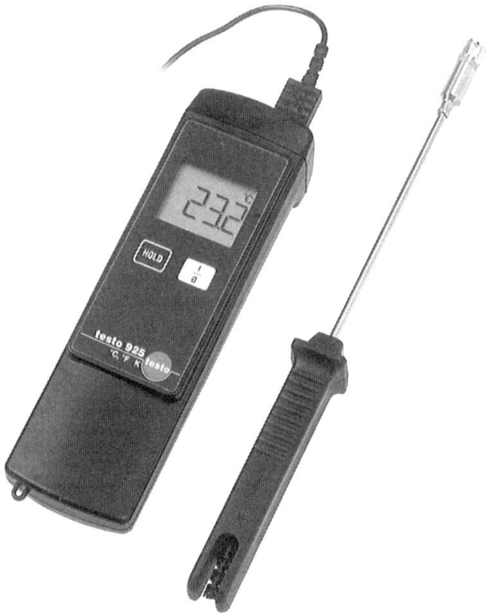

Abb. 7-5:
Thermometer zum Messen von Oberflächentemperaturen *(Testo)*

Abb. 7-6: Datenlogger *(Testo)*

Komfortable Software ermöglicht die Auswertungen der Messwerte und das Erstellen übersichtlicher Reports.

Für die *Schnellmessung* von Temperaturen werden zunehmend auch berührungslose Thermometer eingesetzt, die mit Infrarot-Messtechnik arbeiten. Lebensmittel-Kontrolldienste arbeiten mit solchen Geräten. Die genaue Messung setzt die Einstellung des Emissionsgrades (abhängig von der Farbe) des Messkörpers voraus, der z. B. für die in einem Kühlmöbel eingelagerten Waren abhängig von der Verpackung ist.

Die Tabelle 7-1 zeigt, dass für Infrarot-Temperaturmessungen der Emissionsgrad des Messkörpers bekannt sein muss. Aufkleber mit definiertem Emissionsgrad ermöglichen eine rasche Einstellung der Geräte.

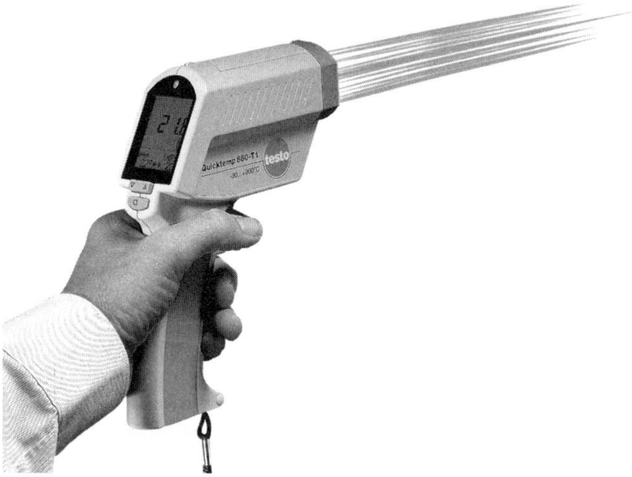

Abb. 7-7:
Infrarot-Temperaturmessgerät
(Testo)

Tabelle 7-1: Emissionsgradtabelle (Auszug)

Messkörper	Emissionsgrad [%]
Schwarzer Strahler	100
Aluminium, blank (Folie)	2 bis 15
Aluminium, eloxiert	10 bis 40
Brot im Backofen	96
Emaille	84 bis 88
menschliche Haut	98
Papier, Plastik	80 bis95
Kunststoff, durchsichtig	65 bis 95
Kupfer, blank	3 bis 10
Wasser, Schnee, Eis	90 bis 95

Lecksuchgeräte

Auf die Notwendigkeit der ständigen Dichtheitskontrollen wurde in verschiedenen Abschnitten dieses Buches bereits ausführlich hingewiesen.

Bei der Lecksuche ist das Kältemittel zu berücksichtigen. Undichtigkeiten bei einer Ammoniakkälteanlage kann man in der näheren Umgebung riechen. Das eigentliche Leck wird dann mit Hilfe von Phenolphtaleinpapier geortet.

Halogenierte Kohlenwasserstoffe als Kältemittel enthalten, wie der Name schon sagt, Halogene (Chlor, Fluor). Mit Hilfe elektronischer Lecksuchgeräte lassen sich Halogene in sehr geringen Mengen nachweisen.

Auch für brennbare Kohlenwasserstoffe als Kältemittel sind elektronische Lecksuchgeräte auf dem Markt.

Elektronische Lecksuchgeräte für den Service-Einsatz arbeiten nach zwei unterschiedlichen Messverfahren:

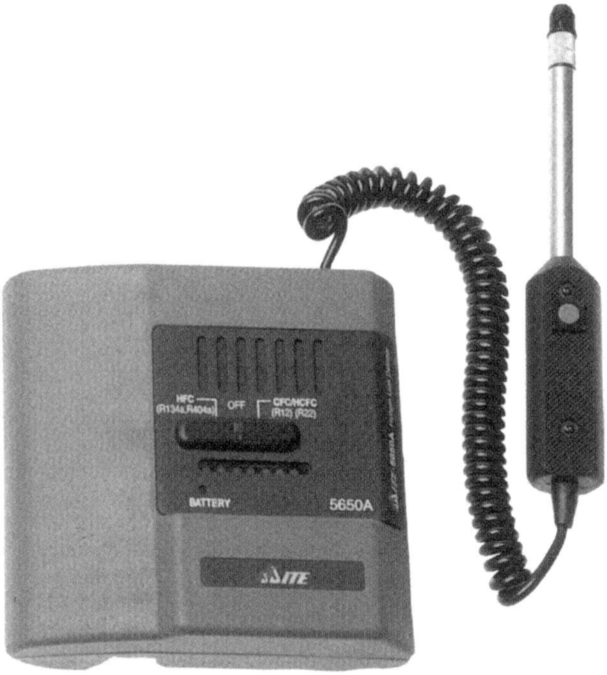

Abb. 7-8:
Elektronisches Lecksuchgerät
(ITE)

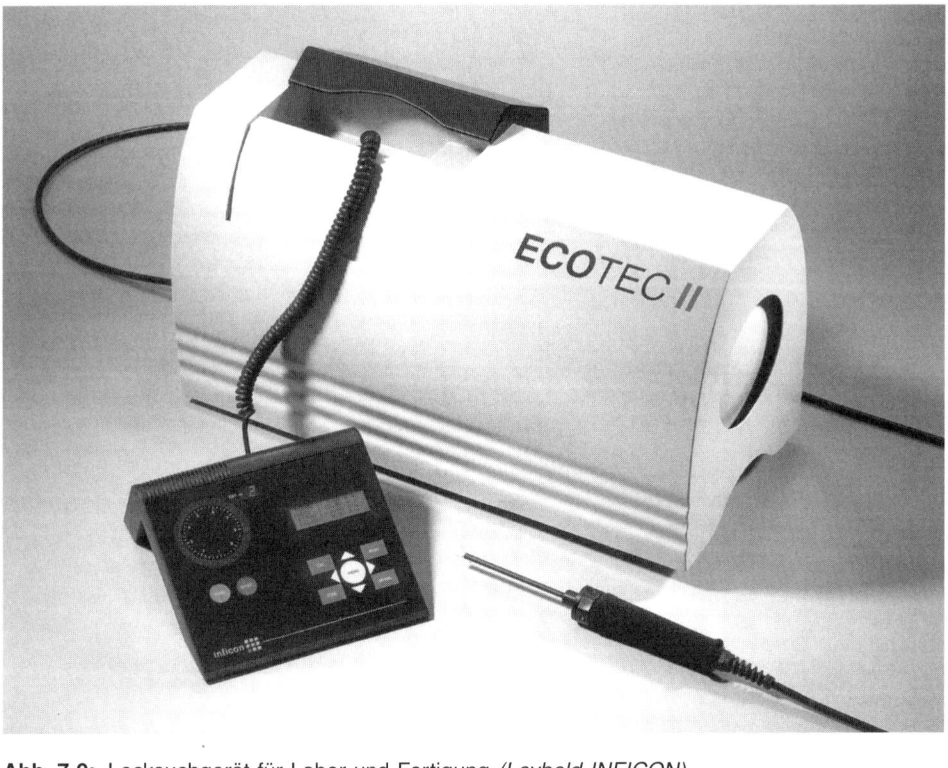

Abb. 7-9: Lecksuchgerät für Labor und Fertigung *(Leybold INFICON)*

- dem Prinzip Koronastromeffekt und
- dem Prinzip Halbleitersensor, *geheizte Diode*.

Kriterien zur Beurteilung der Geräte (außer dem Preis) für den Service-Einsatz sind:

- *Erforderlicher Luftdurchsatz* durch den Sensor. Das bedeutet bei der praktischen Anwendung, wie nahe muss der Sensor an eine Leckstelle geführt werden, damit das Gerät anspricht.
- *Querempfindlichkeit* gegenüber anderen Gasen (z. B. Wasserdampf, Lösungsmitteln usw.).
- *Nachweisempfindlichkeit* gegenüber dem Kältemittel (zwischen 5 und 30 g/a).
- *Ansprechzeit* beim Auffinden eines Lecks (Suchgeschwindigkeit des Sensors ca. 2,5 cm/s).

Untersuchungen ergaben, dass Lecksuchgeräte, die nach dem Prinzip des Koronastromeffekt arbeiten, eine größere Querempfindlichkeit aufweisen als Halbleitersensoren. Das führt zur Verunsicherung des Kältemonteurs. Die Ansprechempfindlichkeit der Geräte mit Halbleiter-Sensoren ist geringer als die nach dem Prinzip des Koronastromeffekt arbeitenden Geräte.

Daneben gibt es eine Anzahl von Lecksuchgeräten (Tischgeräten) höchster Ansprechempfindlichkeit, die allerdings für den Service-Einsatz zu unhandlich und zu teuer sind.

Vakuumpumpe, Vakuummanometer

Das Fördervolumen der Vakuumpumpe und damit deren Größe sollte dem Inhalt der Anlage oder des zu evakuuierenden Anlagenteils angepasst sein. Große Pumpen, Förderleistung größer als 4 m^3/h, mit 6 mm Kupferrohr oder Schlauch anzuschließen, ist wenig sinnvoll.

Die Vakuumpumpen müssen in der Lage sein, ein Vakuum von mindestens 0,1 mbar zu erreichen, um außer der Trocknung auch eine ordnungsgemäße Vakuumprüfung zu ermöglichen. Dazu sind am besten zweistufige Hochvakuumpumpen mit Gasballast geeignet. Diese Drehschieberpumpen zeichnen sich durch hohe Wasserdampfverträglichkeit, gutes Saugvermögen, tiefes Endvakuum und Robustheit aus. Der Gasballast ist eine Luftmenge, die vor Beginn des eigentlichen Verdichtungstaktes in die Pumpe eingelassen wird. Er verhindert ein zu großes Druckverhältnis im Ausschubtakt, so dass der in der Luft enthaltene Wasserdampf nicht über seinen Sättigungspunkt verdichtet und daher nicht verflüssigt wird. Bei Beginn eines Evakuierungsvorgangs und über die längste Zeit des Betriebes sollen Gasballast-Vakuumpumpen mit geöffnetem Gasballastventil laufen. Das verhindert eine Emulgierung des Pumpenöls durch Kondenswasser und damit verbundene Verschlechterung der Schmiereigenschaften.

Die den Pumpen mitgegebenen Betriebsanleitungen sind sorgfältig zu beachten, Ölwechsel sind rechtzeitig durchzuführen. Die Hersteller brauchten meist zur Reparatur eingeschickte Pumpen nur zu spülen und mit neuem Öl zu füllen. Es ist zu empfehlen, nach jedem Evakuierungsvorgang Ölwechsel durchzuführen, und zwar solange die Pumpe noch warm ist. Unbedingt sind ausschließlich die von den Herstellern vorgeschriebenen Spezialöle einzufüllen, die den besonderen Beanspruchungen in einer Vakuumpumpe gerecht werden (Emulgieren).

Ein Absperrentil zwischen Vakuumpumpe und Kreislauf ermöglicht ein Abtrennen der Pumpe zum Ölwechsel, es dient aber auch zur Kontrolle der Pumpe, wobei nach dem Schließen des Ventils das mit der Pumpe erzielbare Vakuum geprüft werden kann.

Die Betriebsmanometer der Kälteanlagen werden häufig beim Absaugen zur Anzeige des Vakuums benutzt. Der Bereich des Unterdrucks von 0 bis –1 bar ist bei diesen

Abb. 7-10: Mini-Vakuumpumpe

Abb. 7-11: Vakuummanometer

jedoch zu grob und für exaktere Vakuummessungen nicht geeignet. Hierzu eignen sich besser Membranvakuummeter, z. B. Diavac, deren Skalen im entscheidenden Messbereich von 100 bis 1 mbar weit auseinandergezogen und daher für die Ablesung einer Druckänderung gut geeignet sind.

Ein Vakuskop, ein gläsernes, für zwei Messbereiche drehbares Messinstrument mit Quecksilberfüllung und einem Messbereich von 35 bis 0,01 mbar, ist zwar diffizil, bietet aber eine sehr gute Anzeige des erreichten Vakuums.

Thermoelement-Vakuummeter haben im Bereich von 1 bis 10^{-3} mbar eine sehr hohe Messgenauigkeit. Es muss darauf geachtet werden, dass kein Öl in das Gerät eindringt. Wird der heiße Draht in dem Vakuummeter-Messrohrfühler mit Öl benetzt, so bildet sich ein Überzug, der keine korrekte Messung mehr zulässt. Es ist deshalb ein Absperrventil in der Messleitung vorzusehen, damit nach dem Abstellen der Vakuumpumpe kein Öl in das Messgerät hineingezogen werden kann.

Absauggeräte (Rückgewinnungsgeräte)

Das Entweichen von Kältemittel in die Atmosphäre bei Servicearbeiten lässt sich nur mit Absauggeräten wirkungsvoll reduzieren.

Absauggeräte sind Verflüssigungssätze, mit denen Kältemittel dampfförmig aus der Anlage oder aus Anlagenteilen abgesaugt und verflüssigt werden. An den Sammler des Absauggerätes kann über einen geeigneten Kältemittelschlauch direkt eine Kältemittel-*Recyclingflasche* (gekennzeichnet mit einem großen, gut sichtbar aufgemalten *R*) angeschlossen werden.

Um eine Wiederaufbereitung zu ermöglichen, dürfen rückgewonnene Kältemittel nicht vermischt werden.

Viele Absauggeräte sind geeignet, auch direkt flüssiges Kältemittel aus der Anlage zu entnehmen. Dies erfolgt entweder mit Hilfe einer eingebauten Pumpe oder durch Einrichtungen, Anlagen mit Druckdampf zu beaufschlagen. Hierdurch sind erhebliche Zeiteinsparungen möglich.

Absauggeräte sind mittlerweile in verschiedensten Größen verfügbar, von Geräten zum Absaugen der Kältemittelfüllung von Großanlagen bis zum Kühlschrank.

Bei der Anschaffung ist darauf zu achten, dass bei den eingebauten Verdichtern Öl-

Abb. 7-12: Absauggerät *(Schiessl)*

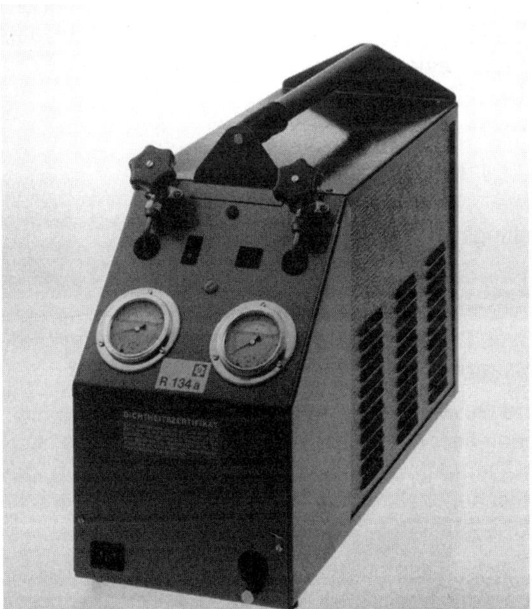

Abb. 7-13:
Absauggerät *(Schiessl)*

Abb. 7-14: Absauggerät mit angeschlossener Recyclingflasche *(Schiessl)*

wechsel einfach und schnell durchführbar sind. Nach dem Absaugen feuchter oder versäuerter Kältemittel ist stets ein Ölwechsel vorzunehmen.

Äußerste Vorsicht ist geboten, damit die Recyclingflaschen nicht überfüllt werden. Mit Hilfe einer Waage, die an manchen Geräten bereits montiert ist, kann das Füllgewicht ständig kontrolliert werden. Das maximale Füllgewicht ist auf der Flasche eingeschlagen (siehe 7.3.2). Notfalls kann zum Füllen auch eine Personenwaage benutzt werden.

Messgeräte für Luftmengen

Diese Geräte werden in der Kälte- und Klimatechnik zu Messungen an

- Luftkühlern, Verkaufskühlmöbeln,
- luftgekühlten Verflüssigern, Verdunstungsverflüssigern und
- klimatechnischen Anlagen

benötigt.

Luftmengenmessungen an Luftkühlern und Verflüssigern werden mit dem Flügelrad-Anemometer oder dem Prandtlschen Staurohr durchgeführt.

Bei den Messungen ist stets eine mittlere Geschwindigkeit zu ermitteln. Exakte Messungen an runden Querschnitten setzen theoretische Kenntnisse voraus, die über den Rahmen dieses Buches hinausgehen. Der Kältemonteur kann sich helfen, indem er den runden Querschnitt in eine Anzahl konzentrischer Kreisringe einteilt, diese getrennt berechnet und dann addiert.

Ein rechteckiger Querschnitt wird in möglichst viele gleichmäßige Quadrate oder Rechtecke unterteilt und dann der Mittelwert aus den gemessenen Geschwindigkeiten errechnet.

$V_{\text{Luft}} = 3600 \cdot A \cdot w_{\text{mittel}}$ [m³/h]

Abb. 7-15:
Flügelrad-Anemometer, Gerät und Sonde
(Testo)

A gesamter Querschnitt [m^2]
w_{mittel} mittlere errechnete Geschwindigkeit [m/s]

Der Klimatechniker benutzt zur Messung der Luftgeschwindigkeit in Kanälen Mini-Anemometer, die in der Spitze einer zylindrischen Messsonde mit lediglich 12 bis 25 mm untergebracht sind. Derartige Geräte werden mit digitalanzeigenden, elektronischen Messgeräten verbunden.

Nur vergleichend sind Luftmengenmessungen in Verkaufskühlmöbeln eines geöffneten Marktes möglich. In diesen Kühlmöbeln treten nur geringe Luftgeschwindigkeiten auf (0,1 bis 0,5 m/s), die mit den beschriebenen Instrumenten kaum messbar sind. Bei Kühlmöbeln im NK-Bereich eignen sich Hitzdraht-Anemometer (auch für den Anschluss an Datenlogger geeignet). Der Umgang mit Hitzdraht-Anemometern bedarf gewisser Übung.

Messgeräte für Luftfeuchte

Das klassische und sehr genaue Messgerät ist das Aspirations-Psychrometer. Wegen der fallweise schwierigen Handhabung (das Gerät kann nicht in Kanälen einer Klimaanlage eingesetzt werden, siehe Abb. 1-31 und 1-32) werden diese Geräte nur selten verwendet.

Elektronische Hygrographen (Feuchtemesser) können sowohl für Einzelgeräte als auch zum Anschluss an Datenlogger bezogen werden.

Die Feuchtefühler aller Gerätearten müssen von Zeit zu Zeit neu kalibriert werden. Hierzu gibt es Feuchteabgleich-Sets.

Abb. 7-16:
Datenlogger für Feuchtemessungen mit Fühlern

Abb. 7-17:
Datenlogger für Feuchtemessungen mit eingebautem Fühler

Als sehr nützlich haben sich spezielle Datenlogger für Feuchtemessungen erwiesen. Diese Geräte sind klein und kompakt. Sie können beispielsweise über längeren Zeitraum in einem Kühlraum oder Kühlmöbel zum Sammeln von Messwerten belassen werden.

Das Auslesen und Auswerten der Messwerte erfolgt im Anschluss mit Hilfe eines PC.

Messgeräte für Beleuchtungsstärke

Die Messung der Beleuchtungsstärke in Kühltheken ist wegen gelegentlicher Warenverfärbung (Vergrauung bestimmter Fleischwurstsorten) wichtig geworden. Aus Gründen der Warenpräsentation werden hohe Werte an Beleuchtungsstärke gewünscht und auch ausgeführt. Werte von weit über 1500 Lux wurden gemessen. Verschiedene Wurst- und Schinkensorten vertragen jedoch bei Liegezeiten von mehr als 15 Minuten nur 600 bis 700 Lux.

Einfach handhabbare Geräte sind auf dem Markt. Der Kältemonteur sollte bei einem entsprechenden Reklamationsfall nicht ohne ein solches Gerät zum Kunden fahren.

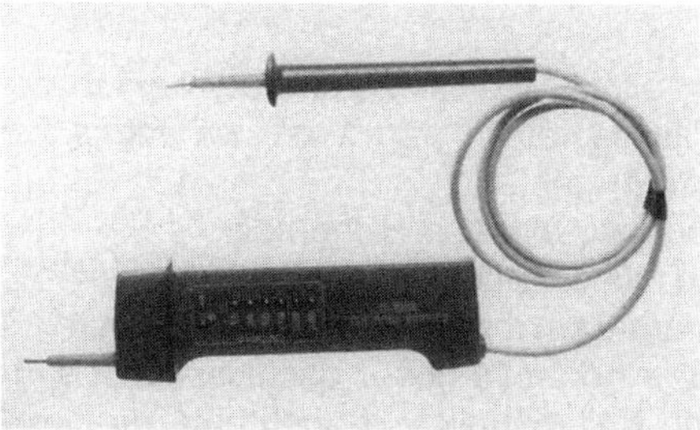

Abb. 7-18: Spannungsprüfer für verschiedene Messbereiche

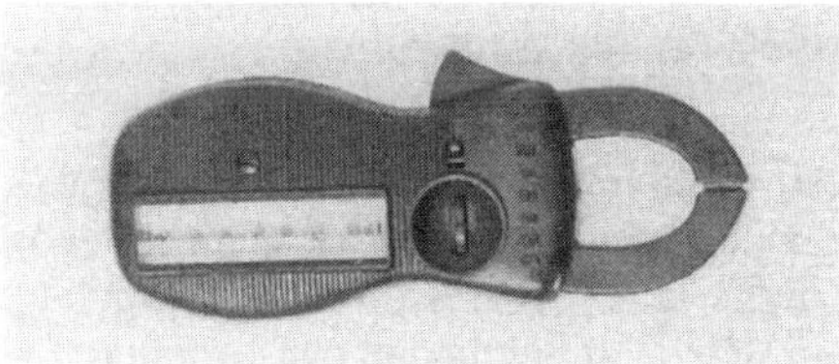

Abb. 7-19: Zangen-Amperemeter

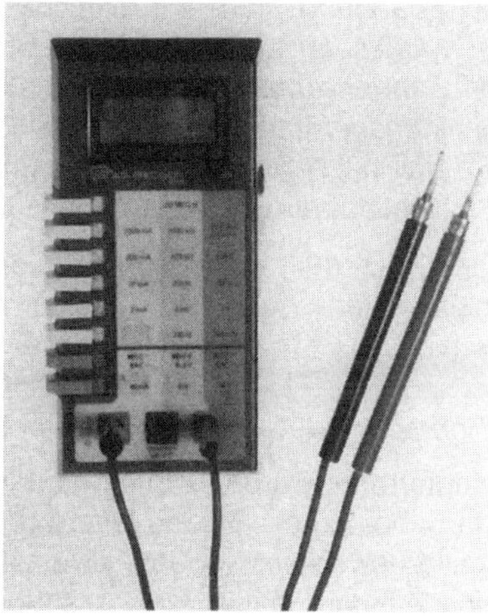

Abb. 7-20: Multimeter

Abb. 7-21: Rohrbördelgerät

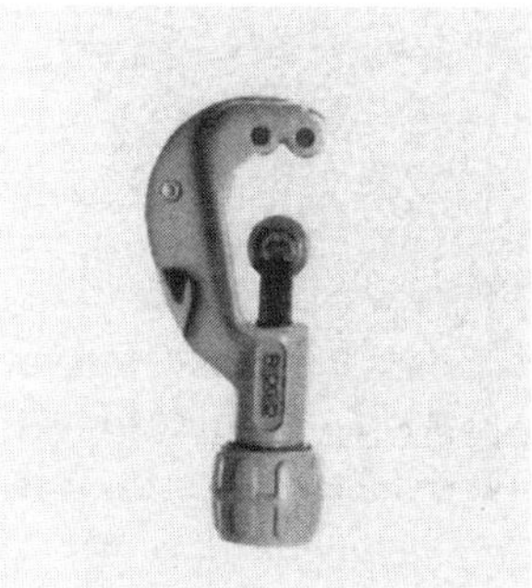

Abb. 7-23: Rohrschneider

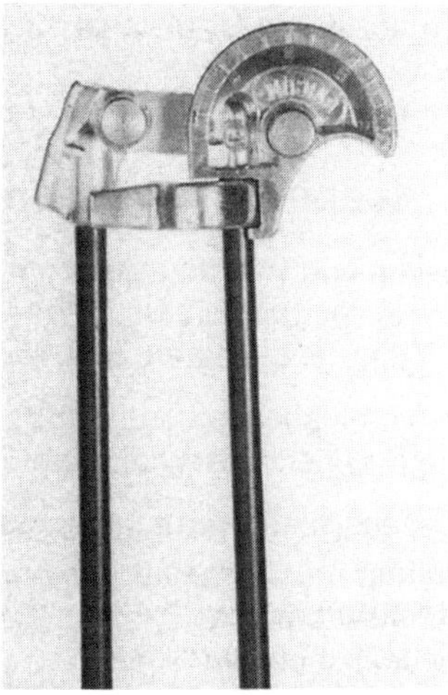

Abb. 7-22: Rohrbiege-Werkzeuge

Elektrotechnische Messgeräte

Obwohl dieses Buch bewusst keine Themen der Elektrotechnik behandelt, werden der Vollständigkeit halber diejenigen elektrischen Messgeräte erwähnt, die unbedingt zur Ausrüstung des Kältemonteurs (Service-Technikers) gehören.

- *Spannungsprüfer* für einfache Prüfungen, auch zur eigenen Sicherheit.
- *Multimeter* für Spannungs-, Stromstärke- und Widerstandsmessungen.
- *Zangen-Ampermeter* für Betriebsmessungen an Elektromotoren und Heizungen.
- *Messgerät zur Kontrolle des Erdschlusses.* Die Kontrolle des Erdschlusses ist speziell nach Service-Arbeiten an steckerfertigen Kühlmöbeln vorzunehmen, da diese Kühlmöbel unmittelbar von Kunden berührt werden.

Bezüglich der Handhabung dieser Geräte und der Beachtung der erforderlichen Sicherheitsvorkehrungen wird auf die entsprechenden Normen und Vorschriften sowie die einschlägige Fachliteratur verwiesen.

Rohrschneide- und Rohrbiegewerkzeuge

Kupferrohre werden immer mit dem Rohrschneider geschnitten – nicht mit einer Säge –, da dabei Sägespäne ins Innere der Rohre gelangen können. Das Schneidrad muss rechtzeitig gewechselt werden, da unscharfe Schneidräder keinen sauberen Schnitt ergeben, sondern das Rohr in der Schnittfuge eindrücken. Ein sich beim Schneiden evtl. bildender feiner Grat wird mit dem am Rohrschneider vorhandenen Schaber entfernt, wobei das Rohr immer mit der Schnittkante nach unten gehalten wird. Beim Bördeln ist nicht zu vergessen, die Überwurfmutter vorher überzustreifen. Ist der Bördel zu groß geraten, sodass die Überwurfmutter nicht darüber geht, so ist es besser, einen neuen Bördel zu fertigen, als den zu großen abzufeilen (1. Material am Bördel zu dünn, 2. Späne-Gefahr).

7.2 Inspektion, Wartung

Inspektion und Wartung sind zum Unterschied von Instandsetzung (Reparatur) Tätigkeiten, die *nicht spontan* als Folge eines Schadens notwendig werden, sondern nach einem vorher festgelegten Zeitplan.

Zweck von Inspektion und Wartung ist die Sicherstellung des Betriebs sowie die Erhaltung und Wirtschaftlichkeit einer Anlage.

Die wesentlichen Wartungsarbeiten an einer Kälteanlage sind:

- Prüfung und Korrektur der Anzeige- und Sicherheitsgeräte
- Dichtheitsprüfung
- Ölwechsel der Verdichter
- Wartung der Arbeitsventile der Verdichter
- Reinigung von Verdampfern und Verflüssigern
- Schmierung der Lager der Elektromotore
- Reinigen und Überprüfen der elektrischen Schaltschränke

Inspektionen und Wartungen werden nach Programmen, sogenannten Leistungsprogrammen, durchgeführt, in denen die einzelnen Tätigkeiten und der Zeitplan dazu festgelegt sind.

Zur Erstellung dieser Leistungsprogramme haben sich die Empfehlungen des VDMA, niedergelegt in den Einheitsblättern VDMA 24186, *Leistungsprogramm für die Wartung von technischen Anlagen und Ausrüstungen in Gebäuden*, gut eingeführt.

Nachstehend als Beispiel Seite 4 des Einheitsblattes VDMA 24186-3 – *Kältetechnische Geräte und Anlagen zu Kühl- und Heizzwecken.* Die anderen Teile des Einheitsblattes sind analog aufgebaut.

Position Baugruppe/ Bauelement/ Tätigkeit	**Tätigkeit**	**Ausführung**	
		Periodisch	**bei Bedarf**
1 Verdrängungs- und Strömungsmaschinen			
1.1 Hubkolben- und Rotationsverdichter			
1.1.1	Äußerlich auf Verschmutzung, Beschädigung und Korrosion prüfen	X	
1.1.2	Funktionserhaltendes Reinigen[1]		X
1.1.3	Auf Befestigung und Laufgeräusch prüfen	X	
1.1.4	Saugdruck messen[2]	X	
1.1.5	Sauggastemperatur vor dem Verdichter Messen[2]	X	
1.1.6	Verdichtungsdruck messen[2]	X	
1.1.7	Verdichtungsendtemperatur am Druckstutzen messen[2]	X	
1.1.8	Ölstand prüfen	X	
1.1.9	Öl auf Säuregehalt prüfen (Säuretest)	X	
1.1.10	Öl auswechseln[1]		X
1.1.11	Öldruck messen[2]	X	
1.1.12	Öldruck nachstellen		X
1.1.13	Öltemperatur vor und nach dem Ölkühler messen[2]	X	
1.1.14	Wassertemperatur vor und nach dem Ölkühler messen[2]	X	
1.1.15	Ölabscheider auf Funktion prüfen	X	
1.1.16	Kurbelwannenheizung auf Funktion prüfen	X	
1.1.17	Anlaufentlastung auf Funktion prüfen	X	
1.1.18	Leistungsregelung auf Funktion prüfen	X	
1.1.19	Wellenabdichtung auf Dichtheit prüfen	X	
1.1.20	Arbeitsventile prüfen[2]		X
1.1.21	Lagertemperaturen bei Verdichter prüfen	X	
1.1.22	Kältemittelseitig auf Dichtheit prüfen	X	
1.1.23	Antriebselemente[3]	siehe Pos. 9	
1.1.24	MSR-Technik	siehe VDMA 24186 Teil 4	
2 Wärmeaustauscher			
2.1 Wassergekühlte Verflüssiger			
2.1.1	Äußerlich auf Verschmutzung, Beschädigung und Korrosion prüfen	X	

Position Baugruppe/ Bauelement/ Tätigkeit	Tätigkeit	Ausführung	
		Periodisch	bei Bedarf
2.1.2	Funktionserhaltendes Reinigen[1]		X
2.1.3	Verflüssigungstemperatur messen[2]	X	

1 Die Wartung der Gas- und Dieselmotoren ist nicht Bestandteil dieses VDMA-Einheitsblattes. Für diese Antriebsmaschinen sind die Wartungsvorschriften des Herstellers zu beachten.
2 Bei Abschluss eines Wartungsvertrages muss diese Position besonders vereinbart werden.
3 Siehe auch VDMA 24 186 Teil 4

Abb. 7-24: Seite 4, VDMA 24186, Teil 3

Das Einheitsblatt VDMA 24186 umfasst die Teile 0–7.

Teil-Nr.	Gewerke	Einheitsblatt-Untertitel
0	Sämtliche Gewerke	Übersicht und Gliederung, Nummernsystem, Allgemeine Anwendungshinweise
1	Raumlufttechnik	Lufttechnische Geräte und Anlagen
2	Heiztechnik	Heiztechnische Geräte und Anlagen
3	Kälte- und Wärmepumpentechnik	Kältetechnische Geräte und Anlagen zu Kühl- und Heizzwecken
4	MSR- Technik und Gebäudeautomation	MSR- Einrichtungen und Gebäudeautomationssysteme
5	Elektrotechnik	Elektrotechnische Geräte und Anlagen
6	Sanitärtechnik	Sanitärtechnische Geräte und Anlagen
7	Brandschutztechnik	Brandschutztechnische Geräte und Anlagen

Da die Betriebsführung technischer Anlagen allgemein immer schneller in Richtung zentraler Leittechnik geht, nimmt die Überwachung durch Maschinenpersonal ab, in gleichem Maße auch die Schadensbegrenzung durch Früherkennung. Dieser Entwicklungsprozess setzt konsequent durchgeführte Wartung und Inspektion voraus.

7.3 Um- und Abfüllen von Kältemittel

7.3.1 Verlagern der Füllung

Bevor irgendein Teil aus dem Kältemittelkreislauf einer Anlage ausgebaut wird – sei es zur Reparatur, Inspektion oder zum Austausch – ist es notwendig, dieses Teil oder einen Abschnitt der Kälteanlage drucklos zu machen und das darin befindliche Kältemittel zu verlagern.

Absperrventile im Kältemittelkreislauf sollten es ermöglichen, fast alle Teile, mit Ausnahme des Verflüssigers und des Sammlers, mit dem Verdichter der Anlage abzusaugen.

Das Kältemittel wird dazu in den Verflüssiger und/oder den Sammler gefördert und darin gelagert. 7.3 Um- und Abfüllen von Kältemittel

Wie im Einzelnen vorzugehen ist, wird am Beispiel eines Kältesatzes erläutert.

- Die Monteurhilfe mit den Manometern für die Saug- und Druckseite wird an den Serviceanschlüssen des Verdichters montiert.
- Wenn möglich, lässt man den Verdichter so lange laufen, bis das Öl im Kurbelgehäuse die normale Betriebstemperatur erreicht hat.
- Jetzt wird das Absperrventil am Austritt des Sammlers bzw. an anderer Stelle in der Flüssigkeitsleitung geschlossen.
- Der Verdichter bleibt in Betrieb, bis das Saugmanometer nahezu –0,3bar anzeigt. Achtung, Druckrohrtemperatur beobachten! (Da die üblichen Rohrfedermanometer nur Über- oder Unterdruck messen können, wird Unterdruck mit einem Minuszeichen gekennzeichnet).
- Sobald dieses erste Absaugen beendet ist, wird das Druckabsperrventil am stillstehenden Verdichter geschlossen. Man beobachtet nun das Saugmanometer und stellt eventuell ein Ansteigen des Saugdruckes fest.
  Falls der Druck merklich über 0 bar ansteigt, wird das Druckabsperrventil wieder geöffnet und der Verdichter erneut in Betrieb gesetzt.

Sofern der Öldruck bei dieser Absaugaktion ausreichend hoch bleibt, lässt man den Verdichter weiterlaufen, bis das Saugmanometer erneut nahezu –0,3 bar anzeigt. Dieses Verfahren wird so oft wiederholt, bis das Saugmanometer nach dem Stillstand des Verdichters nur noch unwesentlich über 0 bar, gleich dem Atmosphärendruck, ansteigt.

Sind in der Kälteanlage Verdichter ohne Ölpumpe und Öldrucküberwachung eingesetzt, wird von diesem Verfahren abgeraten. Auch das Druckmanometer muss aufmerksam beobachtet werden, da in dem immer voller werdenden Verflüssiger und dem inzwischen schon gefüllten Sammler – dessen Flüssigkeitsabsperrventil ja geschlossen ist – der Druck ansteigt.

Falls sich in der Anlage ein Saugdruckwächter befindet, muss dieser für die beschriebene Aktion elektrisch überbrückt bzw. abgeklemmt werden.

Nachdem das Kältemittel in den Verflüssiger bzw. den Sammler verlagert worden ist, kann die beabsichtigte Reparatur am drucklosen Teil des Kreislaufes durchgeführt werden. Man sollte das Anlagenteil aber keinesfalls öffnen, wenn das Saugmanometer Unterdruck anzeigt. Ggf. öffnet man das Flüssigkeitsventil ein klein wenig und lässt etwas Kältemittel einströmen, um den Druck wieder auf 0 bar anzuheben. Dadurch wird das Eindringen von Luft verhindert, wodurch immer Schadstoffe – Feuchtigkeit und Staub – eingetragen werden können. Wurde der Kreislauf nur für eine geringfügige Reparatur geöffnet (z. B. Austausch der Düse eines TEV), so ist es nicht erforderlich, den betroffenen Teil vor der Wiederinbetriebnahme zu evakuieren. Natürlich muss in diesem Fall vor dem Verschließen des Kreislaufes entlüftet werden, indem mit Kältemittel aus der Anlage gespült wird. Der hierbei unvermeidliche Kältemittelverlust (Emission in die Atmosphäre) ist so gering wie möglich zu halten.

Kann eine Reparatur aus irgendwelchen Gründen nicht sofort beendet werden, so dürfen geöffnete Rohrleitungen keinesfalls in geöffnetem Zustand belassen werden, sondern sind mit geeigneten Mitteln zu verschließen. Dazu können beispielsweise Plastikstopfen oder Permagum verwendet werden, mit denen Neurohre gegen Verschmutzung verschlossen sind.

Nach ausgeführter Reparatur ist der entsprechende Teil der Anlage stets zu evakuieren.

Abschließend darf nicht vergessen werden, den außer Funktion gesetzten Saugdruckwächter wieder zu aktivieren.

Bei vorhandenen Anschlüssen ist es am einfachsten (bei Anlagen mit Verdichtern ohne Ölpumpe unumgänglich), zum Entleeren von Anlagenteilen ein *Absauggerät* zu benutzen.

Hierzu wird bei größeren Kälteanlagen, wie vorstehend beschrieben, die Kältemittelfüllung vorrangig innerhalb der Anlage verlagert. Das ist in den meisten Fällen möglich, da auf der Hochdruckseite der Anlage – im Verflüssiger und Sammler – nur wenige reparaturanfällige bzw. wartungsbedürftige Bauteile vorhanden sind.

Der betroffene Anlagenteil wird mit dem Absauggerät so weit wie möglich abgesaugt. Der Unterdruck kann mit trockenem Stickstoff (Druckminderer verwenden!) gebrochen werden. Nach Reparaturende muss der Anlagenteil evakuiert werden.

Ist es notwendig, eine Reparatur am Verflüssiger, Sammler oder angeschlossenen Armaturen vorzunehmen, wird als Erstes versucht, die gesamte Kältemittelfüllung der Anlage in die kaltgefahrenen Verdampfer überströmen zu lassen. In der Regel wird eine gewisse Menge im Sammler verbleiben.

Dieser Kältemittelrest wird entweder mittels Absauggerät oder direkt in vorher gewogene *Recycling*-Kältemittelflaschen umgefüllt. Die zu füllenden Behälter lassen sich leichter füllen, wenn sie vor Beginn des Füllens abgekühlt werden, z. B. durch zeitweiliges Einlagern in einen Kühlraum. Zur Kontrolle müssen die Behälter auch während des Füllens – am besten ständig – gewogen werden. Erforderliche Waagen werden vom Fachhandel angeboten. Nach der Reparatur am Verflüssiger oder Sammler oder der Armatur oder des Schaltgerätes des Hochdruckteils, ist dieser Bereich sorgfältig zu evakuieren.

Beim Wiederanfahren einer Anlage, deren Verdampfer auf diese Weise eventuell überfüllt waren, ist Vorsicht geboten, damit der Verdichter kein flüssiges Kältemittel ansaugt.

Das Saugabsperrventil am Verdichter ist unter Beobachtung des Manometers so weit zu drosseln, dass nur Kältemitteldampf in den Verdichter gelangt. Nach und nach kann das Saugabsperrventil weiter geöffnet werden, bis die Anlage wieder zum Normalbetrieb kommt. Vorsicht! Scroll-Verdichter nicht mit völlig geschlossenem Saugabsperrventil anfahren.

7.3.2 Das Füllen von Kältemittelbehältern für Montage und Service

In vielen Betrieben ist es sinnvoll, Kältemittel in Großbehältern zu beziehen und im eigenen Betrieb in Montage- bzw. Servicebehälter – geeignet für Servicefahrzeuge – umzufüllen.

Umgekehrt wird gebrauchtes Kältemittel in kleinen Servicebehältern (R-Kältemittelbehälter) durch die Kältemonteure zurückgeliefert und im eigenen Betrieb zur Aufbereitung oder Entsorgung in Großbehälter gefüllt.

Zwei unterschiedliche Füllmaßnahmen sind demnach zu behandeln:

- Umfüllen von ungebrauchtem Kältemittel aus Großgebinden in kleine Kältemittelbehälter für Montage und Service.
- Umfüllen von Recycling-Kältemittel (Rücklieferung des Kältemonteurs von Serviceeinsatz) aus kleinen Kältemittelbehältern in Großgebinde.

Beide Maßnahmen werden mit Hilfe von Einrichtungen durchgeführt, die im Sinne der zutreffenden Verordnungen *Füllanlagen* darstellen.

Füllanlagen sind gemäß Geräte- und Produktsicherheitsgesetz (GPSG) *überwachungsbedürftige* Anlagen. Das ist in beiden vorgenannten Anwendungen der Fall.

Das Betreiben solcher Anlagen regelt die Betriebssicherheitsverordnung (BetrSichV). Nach § 13 BetrSichV ist für Füllanlagen zum Abfüllen von Druckgasen in Druckbehälter zur Abgabe an andere mit einer Füllkapazität von mehr als 10 kg/h eine Erlaubnis der zuständigen Behörde erforderlich.

Die Erlaubnis ist in Deutschland bei der zuständigen Erlaubnisbehörde – den Gewerbeaufsichtsämtern oder den Regierungspräsidenten – schriftlich zu beantragen. Die Überprüfung erfolgt durch Sachverständige, denen die notwendigen technischen Unterlagen vorzulegen sind.

Die Erlaubnis zur Errichtung und den Betrieb einer Füllanlage wird nur erteilt, wenn die Bestimmungen und Anforderungen erlassener Verordnungen, Richtlinien, Durchführungsbestimmungen, Merkblätter etc. erfüllt sind. Dazu gehören beispielsweise: Technische Regeln zur Druckbehälterverordnung – Füllanlagen –

TRB 851: Füllanlagen zum Abfüllen von Druckgasen aus Druckgasbehältern in Druckbehälter, Errichten

TRB 852: Füllanlagen zum Abfüllen von Druckgasen aus Druckgasbehältern in Druckbehälter, Betreiben

TRG 400 Allgemeine Bestimmungen der Füllanlagen

TRG 401 Errichten von Füllanlagen

TRG 402 Betreiben von Füllanlagen

TRG 400 – 403 gilt für Füllanlagen zum Füllen von Druckgasbehältern.

Berufsgenossenschaftliche Regeln BGR 500, Kapitel 2.35, Betreiben von Kälteanlagen, Wärmepumpen und Kühleinrichtungen.

Die nachstehenden Ausführungen beziehen sich im Wesentlichen auf FKW/HFKW-Kältemittel.

Das Füllen der Kältemittelbehälter anderer Kältemittel, z. B. Ammoniak, würde sinngemäß gleich vorzunehmen sein. Jedoch wird Ammoniak derzeit in Kleingebinden nur sehr selten benötigt. Hierbei sind zusätzliche Maßnahmen für das Arbeiten mit giftigen Stoffen (persönliche Schutzausrüstung, Kennzeichnung von Fluchtwegen usw.) zu beachten.

Beim Füllen der Kältemittelbehälter brennbarer Kältemittel, z. B. Propan oder Propen, sind die zusätzlichen Anforderungen zu beachten (Explosionsschutz und Brandgefahr). Auf die BetrSichV §§ 5 und 6, deren Anhänge 3 und 4 sowie prEN 378-4 wird verwiesen.

An die Druckgasbehälter (Kältemittelflaschen) sind eine Reihe von Anforderungen zu stellen:

- Das Prüfzeichen und das Prüfdatum des Sachverständigen sowie die Angabe der Prüffrist müssen erkennbar sein.
- Die Prüffrist darf nicht verstrichen sein.
- Der Behälter darf keine Mängel aufweisen, durch die Beschäftigte oder Dritte gefährdet werden könnten.
- Der Druckgasbehälter (die Kältemittelbehälter) darf nur mit dem Kältemittel gefüllt werden, das auf ihm angegeben ist und nur in der Menge, die sich aus den Angaben auf dem Behälter über Druck, Volumen oder Gewicht ergibt.

Die in Verkehr gebrachten Behälter müssen einem amtlich vorgeschriebenen Prüfdruck standhalten.

Die Stahlbehälter sind alle 10 Jahre der Zulassungsbehörde zur Druckprüfung vorzustellen; die Prüffrist für Recycling-Behälter beträgt hingegen voraussichtlich nur 5 Jahre.

Die zulässige Füllmenge ist das Produkt aus dem Fassungsvermögen (Rauminhalt) des Behälters multipliziert mit den nachstehenden Füllfaktoren.

Der Kältemonteur muss den für Recycling-Behälter kleineren Füllfaktor der Kältemittelflaschen berücksichtigen.

Gemäß EN 378-4 soll das nutzbare Fassungsvermögen (Rauminhalt) der Behälter zu maximal 80 % (bei 20 °C) befüllt werden.

PrEN 378-4:2007 sieht für ölhaltige Kältemittel (Recycling) eine geänderte Anforderung vor, und zwar: 80 % der maximalen Kältemittelfüllmenge oder 70 % des Behältervolumens, es gilt der kleinere Wert.

Wegen des möglichen Ölanteils bei gebrauchtem Kältemittel hat der Füllfaktor (Recycling) einen niedrigeren Wert.

Nachstehend die Werte einer Auswahl von Kältemitteln:

Tabelle 7-2: Füllfaktoren für Kältemittel

Kältemittel	**Max. Füllung Flüssigkeit/Behälterinhalt**	**Dichte Flüssigkeit [kg/l]**		**Füllfaktor [kg/l]**	
	(Neuware)	**bei 20 °C**	**bei 60 °C**	**Neuware**	**Recycling**
R22	0,8	1,210	1,03	0,97	0,75
R134a	0,8	1,224	1,05	0,98	0,75
R401A	0,8	1,211	1,05	0,97	0,75
R402A	0,8	1,175	0,94	0,94	0,75
R403B	0,8	1,131	0,88	0,85	0,75
R404A	0,8	1,070	0,79	0,86*	0,75
R407C	0,8	1,157	0,97	0,93	0,75
R410A	0,8	1,087	0,82	0,87*	0,75
R413A	0,8	1,202	1,07	0,98	0,75
R417A	0,8	1,175	0,97	0,93	0,75
R507A	0,8	1,067	0,81	0,85*	0,75
R717 (NH_3)	0,8	0,610	0,55	0,49	0,4
R744 (CO_2)	0,8	0,77	0,46 (31,1 °C)	–	–
R290	0,8	0,500	0,43	0,40	0,35
R1270	0,8	0,515	0,43	0,41	0,35

* Füllfaktor Neuware ist größer als Dichte der Flüssigkeit bei 60 °C! Bei Verschiffung der Kältemittelbehälter in die Tropen beachten.
Erforderliches Volumen = Behältervolumen · Füllfaktor (Dichte bei 60 °C)

Beispiel 1:

Kältemittelbehälter Behältervolumen V_B = 20 l
Kältemittel R134a

Bei Berechnung mit Hilfe der Dichte bei 20 °C:

zulässiges Füllgewicht 20 l · 0,8 · 1,224 kg/l = 19,6 kg
oder bei Anwendung des Füllfaktors
zulässiges Füllgewicht 20 l · 0,98 = 19,6 kg

Beispiel 2:

Kältemittelbehälter Behältervolumen V_B = 20 l
Kältemittel R404A

Bei Anwendung des Füllfaktors:

zulässiges Füllgewicht 20 l · 0,86 = 17,2 kg

Überprüfung bei Umgebungstemperatur und Dichte bei 60 °C

$$V_{KM} = \frac{G_{KM}}{\rho_{60\,°C}} = \frac{17{,}2}{0{,}79} = 21{,}8\ \text{l}$$

G_{KM} Kältemittel-Füllgewicht (kg)
V_{KM} Kältemittel-Volumen (l)

Unter diesen Bedingungen ergibt sich ein Volumen des Kältemittels V_{KM} größer als das Behältervolumen V_B. Das Füllgewicht muss entsprechend reduziert werden.

Durch die Einhaltung der in internationalen Normen festgelegten Reinheitswerte für die einzelnen Kältemittel werden die wichtigsten Voraussetzungen für ein störungsfreies Arbeiten der Kälteanlagen erzielt.

Der sachgemäße Umgang mit Kältemitteln – insbesondere im Reparaturgeschäft – kann nur geschehen, wenn geeignete Behälter und Zubehör zur Verfügung stehen. Auf keinen Fall dürfen Recycling-(R)Behälter zur Befüllung mit ungebrauchtem Kältemittel (Neuware) verwendet werden.

Nur Behälter, deren Innenräume vor der Befüllung peinlich sauber sind, gewährleisten die garantierten Produkteigenschaften.

Beim Umfüllen von Kältemitteln ist äußerste Sorgfalt und Sauberkeit geboten, damit die in den Normen festgelegten Reinheitswerte erhalten bleiben. Es ist also sehr wichtig, alle Kältemittelbehälter und Verbindungsleitungen, speziell für Montagezwecke, stets sauber, ölfrei und trocken zu halten. Zum Erreichen dieser Forderung dient insbesondere das Evakuieren des Behälters unmittelbar vor der Befüllung.

Anforderungen an den Füllbetrieb

Für den Betrieb der Füllanlage muss die Erlaubnis der landesrechtlich zuständigen Behörde vorliegen (in Deutschland des Gewerbeaufsichtsamts oder des Arbeitsministeriums). Die Füllanlage muss in ordnungsgemäßem Zustand sein. Notwendige Instandsetzungsmaßnahmen sind stets unverzüglich vorzunehmen.

Mit dem Betrieb einer Füllanlage dürfen nur Personen beauftragt werden, die

- das 18. Lebensjahr vollendet haben,
- die für die Bedienung der Anlage notwendige Sachkunde besitzen und
- Kenntnis der Bedienungsvorschriften und -regeln besitzen.

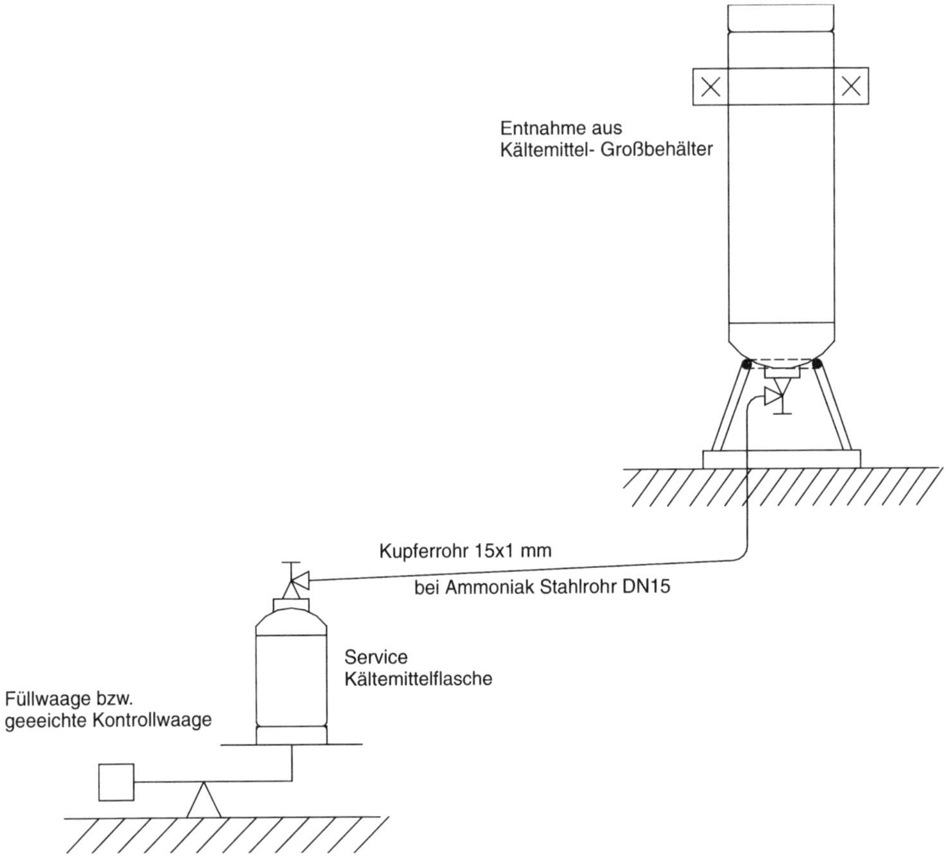

Abb. 7-25: Umfüllen von Kältemittel durch Höhendifferenz

Zur Vermeidung von Überfüllung der Kältemittelbehälter wird aus der TRG 402, Abs. 5.4, wörtlich wiedergegeben:

> **Die Behälter sind während der Füllung zu wiegen und zur Feststellung einer etwaigen Überfüllung einer nachfolgenden Kontrollwägung auf einer besonderen Waage zu unterziehen. Waagen für die Kontrollwägung müssen geeicht sein.**

Zur Kontrollwägung dürfen an dem Kältemittelbehälter keine Fülleitungen angeschlossen sein. Die Kontrollwägung muss von einer zweiten Person vorgenommen werden.

Gemäß TRG 270 müssen die Behälter unter anderem mit der Art des Füllgutes (Bezeichnung des Druckgases – Kältemittels –), dem Tara- und dem Netto-Gewicht (Füllgewicht) gekennzeichnet sein müssen.

Die TRG 280 regelt die allgemeinen Anforderungen an das Betreiben von Druckgasbehältern.

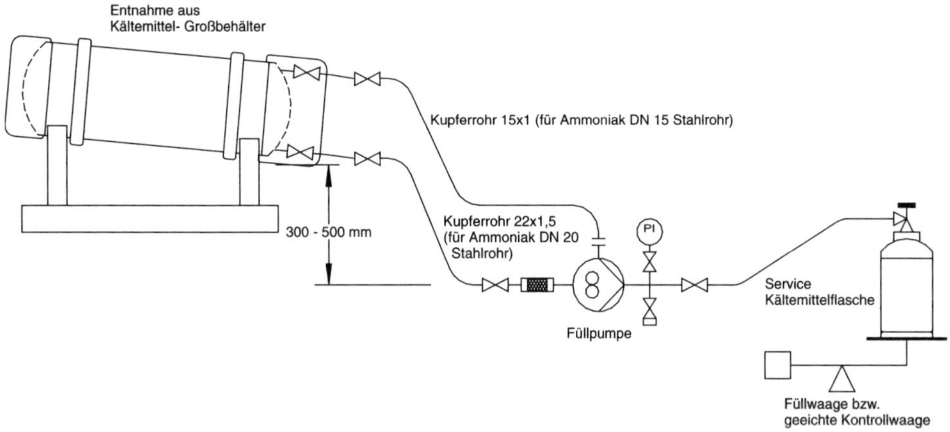

Abb. 7-26: Umfüllen von Kältemittel mit Pumpe

Anforderungen an die Füllanlage ohne Pumpe

Das Befüllen eines Behälters aus einem anderen kann nur funktionieren, wenn zwischen beiden ein Druckunterschied vorhanden ist. Dieser kann unmittelbar vorhanden sein oder sich indirekt ergeben, z. B. in Form von Höhenunterschieden und/oder Temperaturdifferenzen. Es muss also erreicht werden, dass in den zu füllenden Kältemittelbehälter ein geringerer Druck herrscht als im Vorratsgebinde.

Die im äußersten Falle erlaubten Druckunterschiede sind sowohl durch das verwendete Material (maximal zulässiger Betriebsdruck) gegeben als auch durch die nachstehenden Grenztemperaturen.

Die Grenztemperaturen betragen –20 °C bzw. +50 °C. D. h. die Abkühlung der Behälter auf unter –20 °C bzw. die Erwärmung über +50 °C ist untersagt (TRG 310 Flaschen, TRG 330 Fässer).

Umfüllen durch Höhendifferenz

Die Grundidee besteht darin, den notwendigen Druckunterschied durch Aufstellen der beiden Behälter in unterschiedliche Höhenebenen herzustellen (Schaffung einer geodätischen Höhe). Der Kältemittel abgebende Behälter wird hoch gestellt, während der zu Füllende tief steht. Der hochstehende, gefüllte Behälter wird mit dem Ventil nach unten platziert. Dies ist für ein 9-mm-Ventil Normallage, während beim Doppelventil in dieser Lage das *rote* Handrad (gasförmig oder vapor) geöffnet werden muss.

Je größer der Höhenunterschied zwischen den Behältern und je besser der Montagebehälter evakuiert wurde, umso schneller läuft der Umfüllvorgang ab. Der Umfüllvorgang kann noch unterstützt werden, wenn die üblicherweise in einem geschlossenen Raum vorhandene Temperaturdifferenz zwischen der Decken- und der Bodenluft genutzt wird.

Diese einfache Umfüllanlage erfordert geringe Materialkosten, aber verhältnismäßig hohe Personalkosten, solange die Bedienungsperson gezwungen ist, während des gesamten Füllvorgangs die Füllwaage zu beobachten. Es erscheint daher sinnvoll, in die Füllleitung ein Magnetventil zu installieren, welches über einen einstellbaren Kontaktgeber an der Füllwaage gesteuert wird. Sobald das vorgeschriebene Füllgewicht erreicht ist, wird der Füllvorgang unterbrochen.

Kontrollwägung nicht vergessen!

Füllverfahren mit Pumpe

Was auf natürliche Weise nicht möglich ist, wird mit technischen Mitteln machbar.

Reicht der durch örtliche Gegebenheiten entstehende Differenzdruck für ein rationelles Umfüllen nicht aus, muss eine Pumpe dafür sorgen. Da das Medium Kältemittel als siedende Flüssigkeit (mit temperaturabhängigem Sättigungsdampfdruck) vorliegt, kommen nur wenige Pumpenbauarten in Frage.

Gut eignen sich langsam laufende Verdrängerpumpen, da diese nur geringen internen Druckabfall aufweisen. Die Verwendung einer möglichst kurzen, großzügig dimensionierten Saugleitung unterstützt die Vermeidung größerer Druckabfälle und damit störende Dampfblasenbildung im Kältemittelstrom.

Das zu fördernde Kältemittel muss der Pumpe zulaufen; die Pumpe muss also tiefer (und möglichst kälter) stehen als der Vorratsbehälter.

In jedem Fall muss die Summe der Druckabfälle zur Pumpe geringer sein als der Wert, der sich aus dem Produkt von Zulaufhöhe und Dichte des flüssigen Kältemittels ergibt (s. 1.2.2.1).

Für kleinere Füllanlagen werden derzeit verschiedene Arten von Zahnradpumpen mit gutem Erfolg eingesetzt.

Die Pumpenwahl wird von mehreren Faktoren bestimmt, unter anderem auch von der Anzahl der Behälteranschlüsse (Entnahmemöglichkeiten); die handelsüblichen Stahlbehälter haben meist nur einen. An diese Anschlussmöglichkeit muss die Saugseite der Kältemittelpumpe angeschlossen werden; eine (Teil)-Rückführleitung der Druckseite (Förderleistung) in den Behälter muss zwangsläufig entfallen.

Am überzeugendsten lässt sich das Füllverfahren mit einer Kolbenpumpe durchführen, die pneumatisch angetrieben wird. Sobald das Füllgewicht erreicht und das Montagebehälterventil geschlossen ist, bleibt die Pumpe stehen, da kein Fördermedium mehr abgenommen wird (ohne dass die treibende Pressluft abgestellt werden muss).

Diese Methode würde bei Benutzung einer elektrisch angetriebenen Zahnradpumpe scheitern. Aus verfahrenstechnischen Gründen (Antrieb mit Elektromotor, der nicht ständig ab- und angeschaltet werden kann), müsste bei durchlaufender Pumpe eine Rückführleitung in den Vorratsbehälter vorhanden sein. Das Anschließen einer Rückführleitung in den Vorlauf (Saugseite) ist nicht möglich, da das hierdurch entstehende Fördern von Kältemittel im Kreis zur Temperatur- und folglich zur Druckerhöhung führt. Damit entsteht vor der Pumpe ein höherer Druck als in dem Abgabebehälter, womit der Zulauf in die Pumpe unterbunden wird. So sind für den Einsatz einer elektrisch angetriebenen Verdrängerpumpe mit Überströmventil (Druckhalteventil) zwei Behälteranschlüsse Voraussetzung. Diese sind im Allgemeinen nur an größeren Gebinden vorhanden.

Mit der Verwendung von Pumpen können hohe Druckdifferenzen überwunden werden. Damit wird es möglich, zwischen Pumpe und Montageflasche *Widerstände* in Form von Trocknern einzubauen, die der Qualität der umgefüllten Kältemittel zugute kommen.

Restlose Entleerung

Die Kraft, mit der ein eingeschlossenes Gas auf die Behälterwandung drückt (Druck = Kraft pro Flächeneinheit), ist proportional der Anzahl der Moleküle (und der Temperatur) im Gasraum. Besteht die Füllung des Behälters neben dem Gas auch noch aus dem Gaskondensat, d. h. dem (unter Druck) verflüssigtem Gas, dann besteht ein temperaturabhängiges Verhältnis zwischen der Menge der Moleküle im *Gasraum* und in der *Flüssigkeit*. Mit steigender Temperatur *verkocht* Flüssigkeit, d. h., der Dampfdruck muss sich erhöhen. Ein erhöhter Dampfdruck – als Entleerungshilfe stets willkommen – bedeutet viel gasförmigen Anteil über der Flüssigkeit im Kopfraum des Behälters. Verlässt in diesem Zustand der letzte Tropfen Flüssiggas das Gefäß, verbleibt eine größere Menge im Behälter als bei niedrigerer Temperatur. Es ist mithin ein Trugschluss zu glauben, einen Druckgasbehälter durch (unerlaubtes) Erwärmen besser, d. h. mit geringerer Restmenge, entleeren zu können. Es ist folgerichtig durchaus sinnvoll, den mit höherer Temperatur entleerten Behälter anschließend in der Absicht abzukühlen, ihm noch etwas kondensiertes Gas (verflüssigtes Gas) entnehmen zu wollen.

Zum Beispiel enthält ein handelsüblicher Stahlbehälter von 61 Liter Rauminhalt, der mit FKW R404A gefüllt ist,

bei 15 °C	Spezifisches Volumen des Dampfes = 21,0 l/kg
Restmenge	61/21,0 = *2,9 kg* Kältemittel,
bei 40 °C	Spezifisches Volumen des Dampfes = 10,0 l/kg
Restmenge	61/10,0 = *6,1 kg* Kältemittel.

Einem bei 15 °C entleerten 61-Liter-Behälter können also *3,2 kg* mehr Kältemittel R404A in flüssiger Form entnommen werden.

Restlos entleert ist der Kältemittelbehälter nach dem Evakuieren auf 0 bar [16].

Anhang A Terminologie

Zum Zwecke der einheitlichen Sprachregelung auf dem Gebiet der Kälte- und Klimatechnik erstellte die CECOMAF eine Terminologie (Fachsprache), die Ausdrücke festlegt und einen großen Teil davon auch definiert [17].

Diese Ausdrücke wurden im vorliegenden Buch konsequent angewandt.

Ein Auszug der gebräuchlichsten Ausdrücke ist deshalb zum guten Verständnis im Anhang des Buches erläutert.

CECOMAF: Europäisches Komitee der Hersteller von kältetechnischen Erzeugnissen

C 10 Kältemaschinen und Kälteanlagen

C 10–00 Kältemaschine

Gattungsbegriff für thermische Maschinen, die bei niederer Temperatur einen Wärmestrom aufnehmen und mittels eines zugeführten Energiestromes bei höherer Temperatur wieder abgeben.

C 10–01 Kühlmaschine

Kältemaschine, die zur Nutzung des bei niederer Temperatur aufgenommenen Wärmestromes betrieben wird.

C 10–02 Wärmepumpe

Kältemaschine, die zur Nutzung des bei höherer Temperatur abgegebenen Wärmestromes betrieben wird.

C 10–03 Kältemaschine für Kühl- und Heizbetrieb

Kältemaschine, die entweder zur Nutzung des bei niederer Temperatur aufgenommenen Wärmestroms oder, nach Umschalten des Kreislaufs, zur Nutzung des bei höherer Temperatur abgegebenen Wärmestroms betrieben wird.

C 11–10 Dampfkältemaschine

Kältemaschine, in der das Kältemittel bei der Wärmeaufnahme verdampft und sich bei der Wärmeabgabe verflüssigt.

C 11–11 Verdichter-Kältemaschine

Dampfkältemaschine, in der der Kältemitteldampf durch Verdrängungsverdichter oder Turboverdichter auf den Verflüssigungsdruck gebracht wird.

C 11–12 Absorptionskältemaschine

Dampfkältemaschine, in der der Kältemitteldampf von einem festen oder flüssigen Stoff absorbiert und aus diesem durch Wärmezufuhr bei höherem Partialdruck wieder ausgetrieben wird.

C 12–00 Kälteanlage

Anlage, bestehend aus einer oder mehreren Kältemaschinen und allen zu deren Betrieb, zur Kälteverteilung und Kälteanwendung notwendigen Maschinen, Apparaten, Geräten, Stoffen und Leitungen.

C 31–23 **Verdunstungsverflüssiger**

Verflüssiger, der mit Wasser berieselt und zwangsbelüftet wird, sodass die Wärme hauptsächlich durch Wasserverdunstung abgeführt wird.

C 31–30 **Rohrbündel-Verflüssiger**

Verflüssiger aus mehreren, als Bündel innerhalb eines Mantels angeordneten Rohren, die an ihren beiden Enden in einem Rohrboden münden; die eine Flüssigkeit strömt durch die Rohre, die andere innerhalb des Mantels um die Rohre.

C 32–00 **Verdampfer**

Wärmeaustauscher, in dem flüssiges Kältemittel durch Wärmezufuhr aus dem zu kühlenden Stoff verdampft.

C 32–10 **Luftkühler**

Wärmeaustauscher zur Kühlung eines Luftstromes durch verdampfendes Kältemittel oder einen Kälteträger.

C 32–30 **Rohrbündel-Verdampfer**

Verdampfer aus mehreren, als Bündel innerhalb eines Mantels angeordneten Rohren, die an ihren beiden Enden in einem Rohrboden münden; die eine Flüssigkeit strömt durch die Rohre, die andere innerhalb des Mantels um die Rohre.

C 32–80 **Platten-Verdampfer**

Verdampfer, bestehend entweder aus zwei Platten, zwischen denen die Kältemittelkanäle verlaufen, oder aus einer Platte mit aufgelöteter Rohrschlange oder aus zwei Platten mit dazwischenliegender Rohrschlange.

C 32–91 **trockener Verdampfer**

Verdampfer, in dem der Kältemittelstrom in einer Richtung vom Verdampfereintritt zum Verdampferaustritt fließt und dabei vollständig verdampft.

C 32–92 **überfluteter Verdampfer**

Verdampfer, in dem nur ein Teil des über die Wärmeübertragungsfläche zirkulierenden Kältemittels verdampft; die restliche Flüssigkeit wird vom Dampf getrennt und verbleibt im Verdampfer.

C 34–00 **Flüssigkeits-Saugdampf-Wärmeaustauscher**

Wärmeaustauscher, in dem das flüssige Kältemittel durch den aus dem Verdampfer kommenden Dampf unterkühlt wird.

C 35–00 **Sekundärkühler**

Wärmeaustauscher zur Kühlung mit einem Kälteträger.

C 37–00 **Wasserrückkühl-Einrichtung**

Apparat zum Abkühlen des im Verflüssiger erwärmten Kühlwassers.

C 37–10 **Kühlturm**

Wasserrückkühl-Einrichtung zur Kühlung eines Wasserstromes durch teilweise Verdunstung.

C 38–00 **Apparate für Absorptionskältemaschinen**

Apparate als Bestandteil von Absorptionskältemaschinen.

C 38–10 **Absorber**

Apparat in der Niederdruckseite von Absorptionskältemaschinen, in dem der Kältemitteldampf von der armen Lösung unter Wärmeabfuhr absorbiert wird.

C 38–20 **Austreiber**

Apparat in der Hochdruckseite von Absorptionskältemaschinen, in dem das Kältemittel aus der reichen Lösung durch Wärmezufuhr dampfförmig ausgetrieben wird.

C 38–31 **Rektifikator**

Apparat in einer Absorptionskältemaschine, in dem der vom Austreiber kommende Kältemitteldampf von mitgeführtem Lösungsmittel gereinigt wird.

C 38–32 **Dephlegmator**

Kleine Trennsäule in Absorptionskältemaschinen zwischen Austreiber und Verflüssiger.

C 40 **Regel- und Sicherheits-Einrichtungen**

C 41–00 **Kältemittelstromregler**

Gerät für Kältemaschinen zur Regelung des Kältemittelstromes.

C 41–10 **Expansionsventil**

Kältemittelstromregler in einer Dampfkältemaschine zur Regelung und Entspannung des flüssigen Kältemittelstromes.

C 41–11 **Konstantdruck-Expansionsventil (automatisches Expansionsventil)**

Expansionsventil, das den Kältemittelstrom selbsttätig so regelt, dass der Druck des Kältemittels hinter dem Ventil nahezu konstant bleibt.

C 41–12 **thermostatisches Expansionsventil**

Expansionsventil, das den Zustrom flüssigen Kältemittels zum Verdampfer in Abhängigkeit von der Überhitzung des Sauggases am Verdampferaustritt regelt.

C 41–13 **druckbegrenztes thermostatisches Expansionsventil**

Thermostatisches Expansionsventil, dessen Öffnungsdruck begrenzt ist, um zu verhindern, dass der Saugdruck einen eingestellten Wert überschreitet.

C 41–21 **Kapillardrosselrohr**

Rohr mit kleinem kalibriertem Querschnitt als Kältemittelstromregler für Dampfkältemaschinen.

C 41–22 **Niederdruck-Schwimmerventil**

Kältemittelstromregler, der den Flüssigkeitsstand auf der Niederdruckseite des Ventils konstant hält.

C 41–23 **Hochdruck-Schwimmerventil**

Kältemittelstromregler, gesteuert vom Flüssigkeitsstand auf der Hochdruckseite des Reglers, der das kondensierte Kältemittel zur Niederdruckseite abfließen lässt und das Nachströmen von Kältemitteldampf verhindert.

kühllagerung oder zum Gefrieren von Produkten, eingerichtet zur Kühlung durch eine ganz oder teilweise eingebaute Kältemaschine.

C 62–00 Gewerbekühlschrank

Kühlschrank, nach Ausstattung und Rauminhalt der Verwendung in gewerblichen Betrieben angepasst, mit eingebautem Kältesatz oder mit getrennt aufgestelltem Verflüssigungssatz.

C 63–00 Tiefkühlmöbel

Isolierter Behälter mit kühlbarem Innenraum und der dazugehörenden Kältemaschine, mit einem oder mehreren Fächern, von denen mindestens eines mit einer Temperatur von –18 °C oder tiefer betrieben werden kann, um Tiefkühlkost aufzubewahren.

C 64–00 Gefriermöbel

Isolierter Behälter mit kühlbarem Innenraum und der dazugehörenden Kältemaschine, mit einem oder mehreren Fächern, von denen mindestens eines zum Gefrieren von Lebensmitteln geeignet ist.

C 64–80 Gewerbegefriermöbel mit Sprühfroster

Gewerbe-Gefriermöbel mit zusätzlicher Einrichtung zum Sprühfrosten mit einem verflüssigten tiefsiedenden Gas.

C 65–00 Verkaufskühl- und -tiefkühlmöbel

Kühlmöbel zum Verkaufen und Ausstellen zu kühlender oder tiefzukühlender Waren.

C 65–10 Verkaufskühlmöbel

Kühlmöbel zum Verkauf zu kühlender Ware.

C 65–11 Verkaufskühltruhe

Oben offenes Verkaufskühlmöbel, in dem die Waren im wesentlichen auf einer horizontalen Ebene gelagert werden.

C 65–12 Kühltheke

Verkaufskühlmöbel, gegen den Käufer durch Glasscheiben abgedeckt, sodass die Ware nur von der Verkäuferseite zugänglich ist.

C 65–13 Kühlinsel

Verkaufskühltruhe, in der die Ware für den Käufer von allen Seiten her zugänglich gelagert ist.

C 65–14 Kühlregal

Verkaufskühlmöbel, von vorn zugänglich mit mehreren übereinanderliegenden Böden zur Kühllagerung von Waren.

C 65–16 Schaukühlschrank

Gewerbekühlschrank mit mindestens einer verglasten Wand.

C 70 Spezielle Kühl- und Gefriereinrichtungen

C 71–10 Flüssigkeitskühlsatz

Kältesatz bestimmt und ausgerüstet zur Kühlung einer Flüssigkeit.

C 71–11 Wasserkühlsatz

Flüssigkeitskühlsatz zur Abkühlung eines Wasserstromes.

C 73–00 **Gefrieranlage**
Anlage zum Einfrieren von Produkten.

C 74–10 **Froster**
Gerät, in dem leicht verderbliche Produkte eingefroren werden.

C 74–11 **Plattenfroster**
Froster, in dem das Kühlgut in unmittelbarer Berührung mit gekühlten ebenen Metallplatten eingefroren wird.

C 74–13 **Etagenfroster**
Froster in Form eines aus Kühlflächen gebildeten Regals.

C 80 **Verschiedenes**

C 81–10 **Kältemittel**
Arbeitsmittel, das in einer Kältemaschine umläuft, um den Wärmestrom bei niedriger Temperatur aufzunehmen und bei höherer Temperatur wieder abzugeben.

C 81–20 **Kälteträger**
Fluid, das zum Wärmetransport zwischen den zu kühlenden Gegenständen oder Stellen und der Kältemaschine benutzt wird.

C 81–21 **Sole**
Als Kälteträger benutzte Salzlösung.

C 82–00 **kältetechnische Hilfsstoffe**
Flüssige und feste Werkstoffe, die zur Errichtung, zum Betrieb und zur Verwendung von Kältemaschinen und Kälteanlagen notwendig sind.

C 82–50 **Isolierstoff**
Material mit geringer Wärmeleitfähigkeit, verwendet zum Aufbau von Wärmedämmschichten.

C 82–60 **Dampfsperrmittel**
Werkstoff zur Herstellung einer wasserdampfdichten Schicht an oder in den Wänden isolierter Räume.

C 83–11 **(Kältemittel-)Trockner**
Apparat in Dampfkältemaschinen zur Abscheidung von Feuchtigkeit aus dem Kältemittelstrom.

C 83–12 **(Kältemittel-)Filter**
Bauteil von Kältemaschinen zur Abscheidung fester Verunreinigungen aus dem Kältemittelstrom.

C 83–14 **Ölabscheider**
Apparat in Verdichterkältemaschinen zur Abscheidung von Schmieröl aus dem Kältemitteldampf.

C 83–21 **Flüssigkeitssammler**
Behälter auf der Hochdruckseite von Dampfkältemaschinen zur Speicherung flüssigen Kältemittels.

C 83–22 Flüssigkeitsabscheider

Behälter, eingebaut in die Saugleitung von Dampfkältemaschinen, um das Ansaugen von flüssigem Kältemittel durch den Verdichter zu vermeiden.

C 83–41 Kältemittelpumpe

Pumpe zur Förderung flüssigen Kältemittels.

Stichwortverzeichnis